测绘工程管理与法规(第 2 版)

王建敏　主　编
祝会忠　王井利　副主编

清华大学出版社
北京

内 容 简 介

本书内容涵盖了管理、管理者与管理学，测绘管理的原理与基本方法，测绘管理，测绘工程项目管理，测绘法律与法规。本书从管理基础知识入手，突出测绘行业管理的特点，以测绘工程项目管理为重点，以新修订的《中华人民共和国测绘法》和《注册测绘师资格考试大纲》为主线，全面介绍了测绘行业管理的法律法规的立法宗旨、适用范围、地位和作用，分析了各项测绘法律制度的概念、内容和使用特点。

本书具有较强的针对性、实用性和可操作性，可作为高等学校本科测绘工程、地理信息科学、遥感科学与技术等专业的工程管理和法律法规课程教材，也可作为全国注册测绘师资格考试的参考书，对于从事测绘类专业教学、科研、生产、管理的工作人员也有一定的参考价值。

本书封面贴有清华大学出版社防伪标签，无标签者不得销售。
版权所有，侵权必究。举报：010-62782989，beiqinquan@tup.tsinghua.edu.cn。

图书在版编目(CIP)数据

测绘工程管理与法规/王建敏主编. —2版. —北京：清华大学出版社，2020.6（2023.1重印）
ISBN 978-7-302-55397-7

Ⅰ.①测… Ⅱ.①王… Ⅲ.①工程测量—高等学校—教材 ②工程测量—测绘法令—中国—高等学校—教材 Ⅳ.①TB22 ②D922.17

中国版本图书馆 CIP 数据核字(2020)第 068568 号

责任编辑：石　伟　桑任松
装帧设计：杨玉兰
责任校对：李玉茹
责任印制：沈　露

出版发行：清华大学出版社
　　　　网　　址：http://www.tup.com.cn, http://www.wqbook.com
　　　　地　　址：北京清华大学学研大厦 A 座　　邮　编：100084
　　　　社 总 机：010-83470000　　邮　购：010-62786544
　　　　投稿与读者服务：010-62776969，c-service@tup.tsinghua.edu.cn
　　　　质量反馈：010-62772015，zhiliang@tup.tsinghua.edu.cn
　　　　课件下载：http://www.tup.com.cn，010-62791865
印 装 者：三河市君旺印务有限公司
经　　销：全国新华书店
开　　本：185mm×260mm　　印　张：19.25　　字　数：468 千字
版　　次：2015 年 1 月第 1 版　　2020 年 6 月第 2 版　　印　次：2023 年 1 月第 5 次印刷
定　　价：59.00 元

产品编号：083907-01

前 言

全面建成小康社会，实现中华民族复兴的伟大梦想，不仅要靠先进的科学技术，而且要靠科学管理。随着航空航天技术、对地观测技术、计算机技术、网络及通信技术的飞速发展，测绘工作经历了由传统测绘向数字化测绘的过渡，目前已步入信息化测绘时代。测绘工作是国民经济建设、国防建设和社会发展的重要基础工作。在支持国民经济持续稳定发展、重大自然灾害防治与预警、地矿资源调查与大型工程建设、天气预报与气候预测、海洋监测与海洋开发等国家重大需求方面，测绘工作的基础性地位更加稳固，先导性作用愈加突出。管理学是研究和探讨各种社会组织管理活动的基本规律和一般方法的学科。测绘工作者不仅应该掌握扎实的测绘科学技术，还应该了解必备的测绘管理知识，理解测绘管理的原理，掌握测绘项目管理和生产管理的内容和方法，在测绘法律法规的框架下依法开展测绘工作。

本书是为满足高等学校测绘类专业教学改革需要，以培养全面发展、适应信息化测绘、具有国际视野和法律意识的高级专门人才为目标而编写的。全书共分5章：第1章，管理、管理者与管理学；第2章，测绘管理的原理与基本方法；第3章，测绘管理；第4章，测绘工程项目管理；第5章，测绘法律与法规。本书从测绘工程管理基础知识入手，突出测绘行业管理的特点，以测绘工程项目管理为重点，以新修订的《中华人民共和国测绘法》和《注册测绘师资格考试大纲》为主线，详细介绍了测绘项目管理与生产管理中的项目合同管理，项目设计与组织，测绘安全生产管理，测绘项目技术总结、验收的内容、格式和具体要求；全面介绍了测绘行业管理的法律法规的立法宗旨、适用范围、地位和作用，分析了各项测绘法律制度的概念、内容和使用特点。

本书由王建敏(辽宁工程技术大学)任主编，祝会忠(辽宁工程技术大学)、王井利(沈阳建筑大学)任副主编，其中王建敏编写了第3、5章，祝会忠编写了第1、2章，王井利编写了第4章。在本书的编写过程中，编者阅读了大量测绘管理与法规方面的研究资料，参考了一些相关的专著和教材，吸收和借鉴了相关作者的研究成果和学术精华，得到了有关专家学者的指导和帮助，在此深表感激和敬意。

由于编者水平有限、时间仓促，书中难免存在疏漏和不妥之处，敬请广大读者批评指正。

编 者

第1版前言

全面建成小康社会，实现中华民族复兴的伟大梦想，不仅要靠先进的科学技术，而且要靠科学管理。随着航空航天技术、对地观测技术、计算机技术、网络及通信技术的飞速发展，测绘工作经历了由传统测绘向数字化测绘的过渡，目前已步入信息化测绘时代。测绘工作是国民经济建设、国防建设、社会发展和生态保护的重要基础工作。在支持国民经济持续稳定发展、重大自然灾害防治与预警、地矿资源调查与大型工程建设、天气预报与气候预测、海洋监测与海洋开发等国家重大需求方面，测绘工作的基础性地位更加稳固，先导性作用愈加突出。管理学是研究和探讨各种社会组织管理活动的基本规律和一般方法的学科。测绘工作者不仅应该掌握扎实的测绘科学技术，还应该了解必备的测绘管理知识，理解测绘管理的原理，掌握测绘项目管理和生产管理的内容和方法，在测绘法律法规的框架下依法开展测绘工作。

近年来，经济社会快速发展，测绘科技水平不断提升，社会需求日益增长，对测绘地理信息应用和管理提出新需求，测绘法的部分规定已经不能适应新形势的需要，2017年4月27日，第十二届全国人大常委会第二十七次会议通过了新修订的测绘法。与测绘地理信息相关的法律法规近几年也做了大量修订或废止。为了更加全面准确地把握测绘法律法规的核心要义和具体规定，编者查阅并使用了最新的测绘地理信息相关法律法规，组织编写了本书。

本书是为满足高等学校测绘类专业教学改革需要，以培养全面发展、适应信息化测绘、具有国际视野和法律意识的高级专门人才为目标而编写的。全书共分5章：第1章，管理、管理者与管理学；第2章，测绘管理的原理与基本方法；第3章，测绘管理；第4章，测绘工程项目管理；第5章，测绘法律与法规。本书从测绘工程管理基础知识入手，突出测绘行业管理的特点，以测绘工程项目管理为重点，以2017年第二次修订的《中华人民共和国测绘法》和《注册测绘师资格考试大纲》为主线，详细介绍了测绘项目管理与生产管理中的项目合同管理，项目设计与组织，测绘安全生产管理，测绘项目技术总结、验收的内容、格式和具体要求；全面介绍了测绘地理信息行业管理的法律法规的立法宗旨、适用范围、地位和作用，分析了各项测绘法律制度的概念、内容和使用特点。

本书由王建敏(辽宁工程技术大学)任主编，祝会忠(辽宁工程技术大学)、王井利(沈阳建筑大学)任副主编，其中王建敏编写了第3、5章，祝会忠编写了第1、2章，王井利编写了第4章。在本书的编写过程中，编者阅读了大量测绘管理与法规方面的研究资料，参考了一些相关的专著和教材，吸收和借鉴了相关作者的研究成果和学术精华，得到了有关专家学者的指导和帮助，在此深表感激和敬意。

由于编者水平有限、时间仓促，加之涉及的法律法规繁杂，书中难免存在疏漏和不妥之处，敬请广大读者批评指正。

编　者

目　　录

第 1 章　管理、管理者与管理学 1

1.1　管理 1
 1.1.1　管理的产生 1
 1.1.2　管理的含义 1
 1.1.3　管理的职能 2
 1.1.4　管理的二重性 3
 1.1.5　管理的重要性 3

1.2　管理者 4
 1.2.1　管理者及其分类 4
 1.2.2　管理者的角色 4
 1.2.3　管理者的技能 5
 1.2.4　管埋者能力的培养与提高 5
 1.2.4　管理者能力的培养与提高 6

1.3　管理学 6
 1.3.1　管理学的研究对象 6
 1.3.2　管理学的研究方法 6
 1.3.3　管理学的构架 6
 1.3.4　管理学的特点 6
 1.3.5　如何学习管理学 8

第 2 章　测绘管理的原理与基本方法 11

2.1　测绘管理原理 11
 2.1.1　系统原理 11
 2.1.2　人本原理 13
 2.1.3　动态原理 15
 2.1.4　效益原理 16

2.2　测绘管理方法 17
 2.2.1　行政方法 17
 2.2.2　法律方法 17
 2.2.3　经济方法 18
 2.2.4　思想教育方法 18

第 3 章　测绘管理 20

3.1　测绘管理概述 20
 3.1.1　测绘管理的概念 20
 3.1.2　测绘工作的历史与现状 20
 3.1.3　国家对测绘工作的远景规划 29

3.2　测绘行业管理 34
 3.2.1　测绘行业管理的概念 34
 3.2.2　测绘行业管理的特征 35
 3.2.3　测绘行业管理的实施 36

3.3　测绘生产单位管理 39
 3.3.1　测绘生产单位管理的主要内容 39
 3.3.2　测绘生产单位组织设计原则 40

第 4 章　测绘工程项目管理 45

4.1　测绘工程项目合同 45
 4.1.1　合同内容 45
 4.1.2　成本预算 48

4.2　测绘项目设计与组织 49
 4.2.1　测绘项目技术设计概述 49
 4.2.2　测绘项目技术设计书的主要内容 50
 4.2.3　测绘项目技术设计书的编写要求 51
 4.2.4　设计评审、验证和审批 53

4.3　专业技术设计 54
 4.3.1　大地测量 54
 4.3.2　工程测量 57
 4.3.3　摄影测量与遥感 59
 4.3.4　野外地形数据采集及成图 61
 4.3.5　地图制图与印刷 62
 4.3.6　界线测绘 65
 4.3.7　基础地理信息数据建库 66

4.4　测绘项目组织 67
 4.4.1　项目目标与工序分解 68
 4.4.2　人员和设备配备 68

4.5 测绘项目质量控制 69
  4.5.1 工序(过程)质量控制 69
  4.5.2 质量管理职责 71
  4.5.3 测绘仪器检定与校准基本
       规定 71
  4.5.4 ISO 9000 族质量管理体系 73
  4.5.5 测绘单位贯标的组织与实施 ... 77
  4.5.6 质量管理体系文件的编制 79
  4.5.7 质量管理体系的审核与认证 ... 82
  4.5.8 质量管理体系的运行与持续
       改进 83
4.6 测绘安全生产管理 85
  4.6.1 测绘外业生产安全管理 85
  4.6.2 测绘内业生产安全管理 90
  4.6.3 测绘生产仪器设备安全管理 ... 91
4.7 测绘项目技术总结 94
  4.7.1 测绘项目技术总结基本规定 ... 94
  4.7.2 项目总结的主要内容 96
  4.7.3 专业技术总结的主要内容 97
  4.7.4 大地测量 98
  4.7.5 工程测量 101
  4.7.6 摄影测量与遥感 106
  4.7.7 地图制图与制印 109
  4.7.8 不动产测绘 111
4.8 测绘产品检查验收 112
  4.8.1 检查验收的基本概念和
       术语 112
  4.8.2 测绘产品检查验收基本
       规定 113
  4.8.3 测绘产品检查验收工作的
       组织实施 114
  4.8.4 质量评分方法 117
  4.8.5 大地测量成果的质量元素及
       检查项 118
  4.8.6 工程测量成果的质量元素及
       检查项 123
  4.8.7 摄影测量与遥感成果的质量
       元素及检查项 127
  4.8.8 地图编制成果的质量元素及
       检查项 129
  4.8.9 地籍测绘成果的质量元素及
       检查项 131
  4.8.10 测绘航空摄影成果的质量
        元素及检查项 133
  4.8.11 地理信息系统的质量元素及
        检查项 134
  4.8.12 数字线画地形图产品的质量
        元素 135
  4.8.13 数字高程模型产品的质量
        元素 135
  4.8.14 数字正射影像图产品的质量
        元素 135
  4.8.15 数字栅格地图产品的质量
        元素 136
  4.8.16 数字测绘产品的质量检查
        验收方法 136

第5章 测绘法律与法规 137

5.1 测绘法律法规概述 137
  5.1.1 我国测绘法律法规现状 137
  5.1.2 我国测绘基本法律制度 144
  5.1.3 相关的法律法规 154
5.2 测绘资质资格管理 156
  5.2.1 测绘资质管理 157
  5.2.2 测绘执业资格制度 164
  5.2.3 测绘人员权利保护制度 170
5.3 测绘项目招投标 175
  5.3.1 招标投标 175
  5.3.2 测绘合同 179
  5.3.3 反不正当竞争 184
5.4 测绘基准和测绘系统 188
  5.4.1 测绘基准 188
  5.4.2 测绘基准管理 189
  5.4.3 测绘系统 190
  5.4.4 测量标志 193
5.5 测绘标准化 199
  5.5.1 测绘标准化管理 199

5.5.2 测绘计量管理 206
5.6 测绘成果管理 210
　　　5.6.1 测绘成果的概念与特征 210
　　　5.6.2 测绘成果质量 211
　　　5.6.3 测绘成果汇交 214
　　　5.6.4 测绘成果保管 217
　　　5.6.5 测绘成果保密管理 222
　　　5.6.6 测绘成果提供利用 225
　　　5.6.7 重要地理信息数据审核与
　　　　　　公布 228
　　　5.6.8 地图管理 230
5.7 基础测绘管理 237
　　　5.7.1 基础测绘概述 237
　　　5.7.2 基础测绘规划 238
　　　5.7.3 基础测绘项目的组织实施 239
　　　5.7.4 基础测绘成果的更新与
　　　　　　利用 240
　　　5.7.5 法律责任 241
5.8 界线测绘和其他测绘管理 242
　　　5.8.1 界线测绘管理 242
　　　5.8.2 地籍测绘管理 245
　　　5.8.3 房产测绘 247
　　　5.8.4 地理信息系统建设管理 248
　　　5.8.5 海洋测绘 250
　　　5.8.6 涉外测绘管理 251
　　　5.8.7 军事测绘 254

附录一 中华人民共和国测绘法 257

**附录二 国务院关于加强测绘工作的
　　　　意见** 265

**附录三 测绘地理信息事业"十三五"
　　　　规划** 270

**附录四 测绘地理信息科技发展
　　　　"十三五"规划** 281

**附录五 测绘地理信息人才发展
　　　　"十三五"规划** 291

参考文献 297

第1章 管理、管理者与管理学

本章主要介绍管理的产生、含义、特征、职能、性质，管理者的分类、角色、技能，以及管理学的研究对象、内容与特点等，为以后各章的学习奠定基础。

1.1 管　　理

1.1.1 管理的产生

管理作为一种普遍的社会活动，其产生的历史悠久。世界著名的金字塔、中国的长城和至今仍灌溉着成都平原的都江堰水利工程都表明，几千年前人类就能够完成规模浩大的、由成千上万人参加的大型工程。其宏伟的建设规模都是人类管理和组织能力的见证。以金字塔为例，建成一座金字塔要动用 10 万人干 20 年，是谁来吩咐每个人该干什么？谁来保证在工地上有足够的石料让每个人都有活干？答案是管理。不管当时人们怎么称呼管理，总得有人计划要做什么，总得有人组织人们去做这件事，以及采取某些控制措施来保证每件事情都按计划进行。

历史上，当管理活动主要是由少数统治者或生产资料所有者所从事的活动时，人们常常把管理概括为管辖、治理。这种概括强调了管理中的权力因素，并以"治国、平天下"为主要内容，其意与"统治"一词相近，带有浓厚的政治色彩。对此，孙中山先生曾做过很好的解释。他说："政治两字的意思，浅而言之，政就是众人之事，治就是管理，管理众人之事便是政治。"到了资本主义时期，随着商品经济和生产社会化的发展，当企业成为社会经济普遍的经济组织形式，经济竞争成为社会发展的主要动力，追求最大利润成为资本家的主要目标时，人们对管理的研究逐渐从政治转向经济，特别是转向企业管理。

总之，在漫长的历史长河中，管理一直是人类组织活动的一个最基本的手段，它存在于一切领域、一切部门和一切组织之中。大到一个大的跨国企业、一个国家，小到一个商店、一个班组，无一不需要进行有效的管理。管理的实践活动是人类社会任何历史阶段都不可缺少的普遍活动，管理是带有普遍性的人类实践活动。

1.1.2 管理的含义

关于管理的含义，不同的学者有着不同的认识。

1. 中国古代管理的含义

"管",在我国古代指钥匙,后来引申为管辖、管制之意,体现着权力的归属。"理",本意是处理玉,后来引申为整理或处理。"管""理"二字连用,即表示在权力的范围内,对事物的管束和处理过程。后来孔子将其概括为"治国、平天下"。

2. 西方管理的含义

人类在实践中发现,许多人在一起工作就能够完成个人无法完成的任务,于是慢慢产生了各种社会组织。在组织内,为了协调每个人的行动,解决意见分歧,使大家共同服从于组织目标,就产生了管理。实际上,人类活动被分成了两部分:其一是作业活动,即人们所从事的各种具体劳动;其二是管理活动,即为实现具体劳动而进行的协调、领导、指挥等活动。

在西方,由于众多学者研究的角度不同,对管理含义的认识也不同,比较有代表性的有以下几种。

(1) 孔茨在其《管理学》一书中指出:"管理就是设计和保持一种良好环境,使人在群体里高效率地完成既定目标。"

(2) 德鲁克认为:"管理是什么的问题应该是第二位的,应该通过管理的任务来阐明管理。"

(3) 西蒙认为:"管理就是决策,决策贯穿于管理的全部过程。"

(4) 罗宾斯认为:"管理是指同别人一起,或通过别人使活动完成得更有效的过程。"

3. 我国学者对管理的定义

我国学者对管理定义的认识与描述并不完全一致,综述各种不同认识,我们可以认为:管理就是管理者通过计划、组织、领导和控制等环节来协调所有资源,以有效地实现组织目标的过程。

从以上对管理定义的描述中,可以看出这个定义包含以下六层含义。

(1) 管理的主体是管理者;
(2) 管理的客体是所有资源;
(3) 管理的实质是协调;
(4) 管理的手段或措施是计划、组织、领导和控制;
(5) 管理的载体是组织;
(6) 管理的目的是有效地实现组织目标。

此外,这里所指的有效不仅包括效率,而且包括效果。

- 效率(efficiency):Do the thing right,是输入与输出的关系。
- 效果(effectiveness):Do the right thing,是指实现预定的目标。

1.1.3 管理的职能

管理的职能,即管理过程中的要素或手段。关于管理的职能,至今众说纷纭。这里介绍几种有代表性的提法。

(1) 法约尔(最早的或古典的提法):计划(plan)、组织(organize)、指挥(command)、协调

(coordinate)和控制(control)。

(2) 古利克和厄威克(1937)：计划、组织、人事、指挥、协调、报告和预算。
(3) 孔茨(1955)：计划、组织、人事、领导和控制。
(4) 罗宾斯(常见的提法)：计划、组织、领导和控制。

1.1.4　管理的二重性

管理的二重性可分为自然属性和社会属性。
(1) 自然属性(一般属性)：同生产力、社会化大生产和联系。
(2) 社会属性(特殊属性)：同生产关系、社会制度相联系，不同的社会制度，生产目的、管理方式不同，其社会属性也不同。比如企业管理者要服从生产资料所有者的意志和利益(以国有企业为例)。

思考：从管理的二重性中你受到何种启发？

管理的自然属性为我们学习、借鉴发达国家先进的管理经验和方法提供了理论依据，使我们可以大胆地引进和吸收国外成熟的经验，来迅速提高我国的管理水平。管理的社会属性则告诉我们，绝不能全盘照搬国外的做法，必须考虑我国的国情，逐步建立有中国特色的管理模式。

1.1.5　管理的重要性

IBM 公司的创办人托马斯·约翰·沃森(Thomas J. Walson)曾经讲过一个故事，深入浅出地说明了管理的重要性。

有一个男孩弄到一条长裤，穿上一试，裤子长了一些。他请奶奶帮忙把裤子剪短一点，奶奶说，家务太忙，让他去找妈妈。妈妈回答他，她已经同别人约好去玩桥牌。男孩又去找姐姐，姐姐正好有约会，就要到时间了。男孩非常失望，担心第二天穿不上这条裤子，就这样入睡。奶奶忙完家务，想起了孙子的裤子，就去把裤子剪短了一点；姐姐回来后心疼弟弟，又把裤子剪短了一点；妈妈回来后同样把裤子剪短了一点。可以想象，第二天早上男孩起来后会是怎么样的一个情景。

结果会怎样呢？

由上面的故事可以看出，任何集体活动都需要管理。如果没有管理活动进行协调，即使集体中每个成员目标一致，由于没有整体的配合，也可能无法实现总体的目标。

关于管理的重要性，主要有以下两种观点。

(1) 管理万能论(omnipotent view of management)：认为管理者对组织的成败负有直接的责任。这是管理学理论和社会中占支配地位的观点。它认为在实践中，成功的企业都有一个优秀的管理者。

(2) 管理象征论(symbolic view of management)：认为管理者对组织成败的影响非常有限，组织的成败在很大程度上取决于管理者无法控制的外部力量。

1.2 管 理 者

1.2.1 管理者及其分类

1. 组织中的成员

组织中的成员根据其在组织中的地位和作用不同分为两类。
(1) 操作者(operatives)：直接从事某项工作，不具有监督他人工作的职责。
(2) 管理者(managers)：指挥别人活动并为其工作好坏负责任的人，在组织中有一定的职权。

在组织中区分管理者和操作者并不难，因为管理者一般都有某种头衔。

2. 管理者的分类

(1) 根据管理者所处的地位与层次不同可将其分为以下几类。
- 高层管理者：对组织负有全面的责任，其职责主要是制定组织的目标和战略等。
- 中层管理者：其职责是贯彻高层管理者制定的大政方针，指挥基层管理者的活动。
- 基层管理者：其职责是直接指挥和监督现场作业人员，保证完成上级下达的各项工作任务。

(2) 根据管理者在组织中所起的作用不同可将其分为以下几类。
- 业务管理者：对组织目标的实现负有直接责任，负责计划、组织和控制组织内部业务活动的开展。
- 财务管理者：主要从事与资金的筹措、核算和投资、使用等有关活动的管理，并对此承担责任。
- 人事管理者：主要从事人力资源管理，保证组织所需的各类人员和组织中人力资源的合理使用，负责员工招聘、选拔、培训、使用、评估、奖惩等管理工作。
- 行政管理者：主要负责后勤保障工作。任何组织都少不了行政管理人员和行政工作人员，没有他们，专业管理人员和操作者都难以专心致志地工作。
- 其他管理者：除了上述几类管理者外，不同的组织中还有其他各种管理者，均归入此类。如技术管理者、公共关系管理者、信息管理者等。

1.2.2 管理者的角色

管理学大师亨利·明茨伯格(Henry Mintzberg)通过对 5 位总经理的工作的仔细观察与研究，发现不论哪种类型以及组织和在组织的哪个层次上，管理者都扮演着 10 种不同但却是高度相关的角色。这 10 种角色可以组合成三个方面：人际关系、信息和决策。

1. 人际关系(interpersonal roles)方面

管理者与人发生各种联系时所担当的角色，包括以下三种。
- 挂名首脑(figurehead)：如接待来访者。

- 领导者(leader)：如对下属的激励、人员的配备和培训等。
- 联络者(liaison)：与上级和外部联系，从事有外部人员参加的活动，如参加外界的各种会议和社会活动。

2. 信息(information)方面

管理者在获取、处理和传递各种信息时所担当的角色，包括以下三种。

- 监听者(monitor)：寻求和获取各种信息，如阅读期刊和报告。
- 传播者(disseminator)：将获得的信息传递给组织的其他成员。
- 发言人(spokesperson)：向外界发布有关组织的计划、政策、行动、结果等信息。

3. 决策(decision)方面

- 企业家(entrepreneur)：寻找组织和环境中的机会，制定战略。
- 混乱驾驭者(disturbance handler)：当组织面临重大、意外的动乱时，负责采取补救行动。
- 资源分配者(resorce allocator)：分配组织中的各种资源。
- 谈判者(negotiator)：在谈判中作为组织的代表。

研究表明，管理者角色的重要性在大企业与小企业中是不同的，在小企业中重要的是发言人，而在大企业中是资源分配者。同时，对于不同层次的管理者，其重要性也是不同的。对于基层管理者，领导者角色比较重要；而对于高层管理者，传播者、挂名首脑、谈判者、联络者和发言人角色比较重要。

1.2.3 管理者的技能

根据罗伯特·卡茨(Robert L. Katz，1974)的研究，管理者要具备以下三类技能。

1. 技术技能

技术技能是指使用某一专业领域内有关的程序、技术、知识和方法完成组织任务的能力。

2. 人际技能

人际技能是指与处理人际关系有关的技能，即理解、激励他人并与他人共事的能力。

3. 概念技能

概念技能是指综观全局、认清为什么要做某事的能力，也就是洞察企业与环境要素间相互影响和作用的能力。

对于不同层次的管理者而言，三种技能的重要性是不同的。一般地，对于高层管理者来说，最重要的是概念技能；对于基层管理者来说，最重要的是技术技能；人际技能对于各个层次的管理者来说都是重要的，如图1-1所示。

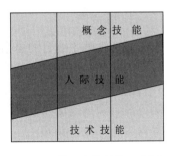

图1-1 管理者的技能示意图

1.2.4 管理者能力的培养与提高

管理者如何才能获得或提高自己的管理技能呢？基本的途径有以下两个。
(1) 通过教育获得管理知识和技能。
(2) 通过实践提高管理能力。

1.3 管 理 学

1.3.1 管理学的研究对象

各类组织管理工作中普遍适用的原理和方法是管理学的研究对象。

1.3.2 管理学的研究方法

像其他许多社会科学一样，管理学的研究方法基本上有三种，具体如下。
(1) 归纳法，即由特殊到一般。
(2) 试验法。
(3) 演绎法，即由一般到特殊。

1.3.3 管理学的构架

当前，关于管理学的构架，不论是国外的管理学著作，还是国内的管理学著作，都不一致。但是主流的观点是按管理职能展开管理学的构架。

1.3.4 管理学的特点

管理学作为一门学科，与其他学科相比有很多独特的特点，了解这些特点，将有助于学好管理学。

1. 综合性

管理学的主要目的是指导管理实践活动。而由于管理活动的复杂性，作为管理者，仅掌握一方面的知识是远远不够的，只有具备广博的知识，才能对各种管理问题应付自如。以企业为例，厂长、经理要处理有关生产、销售、计划和组织等问题，就要了解或熟悉工艺、预测方法、计划方法和授权的影响因素等，这里包括工艺学、统计学、数学、政治学、经济学等内容；而最主要的，厂长要处理企业中与人有关的各种问题，像劳动力的配置、工资、奖励、调动人的积极性和协调各部门之间的关系等，这些问题的解决又有赖于心理学、人类学、社会学、生理学、伦理学等学科的一些知识和方法。机关、医院、学校等组织的管理活动也有类似的情况。管理活动的复杂性、多样性决定了管理学内容的综合性。管理学就是这样一门综合性学科,它不分门类,针对管理实践中所存在的各种活动,在人类已有的知识宝库中广泛收集对自己有用的东西,并加以拓展,以便更好地指导人们的管理实践,这是管理学的一大特点。

2. 科学性与艺术性

管理学首先是一门科学,这是因为它确实具有科学的特点。

(1) 客观性。管理学研究的是各种组织的管理活动,它从客观实际出发,揭示管理活动的各种规律。这些规律是客观存在的,只有遵循这些规律,管理活动才能收到预期的效果;违反了这些规律,则必然受到惩罚。

(2) 实践性。管理学是从实践中产生并发展起来的一门学科,它来自实践,其内容都是人类多年来实践经验的总结;又服务于实践,其直接目的就是有效地指导实践。

(3) 理论系统性。管理学已经形成了一整套理论,这是通过对大量的实践经验进行概括和总结而完成的。管理学的各个部分所包括的内容相互间有着紧密的联系,从而形成了一个合乎逻辑的系统。

(4) 真理性。管理学的真理性是不言而喻的,它的许多原则都是经过了实践的反复检验才抽象出来的。因此,它是一种科学知识,是对客观事物及其规律的真实反映。

(5) 发展性。管理学处于不断发展、完善的过程当中。因为受到各方面条件的限制,它不可能达到尽善尽美的程度,要在发展中不断允实、完善,有些内容还要进行修正,这样才能更有效地指导实践。

总之,管理学完全具备科学的特点,确实是一种反映客观规律的综合的知识体系。此外,管理学还要利用严格的方法来收集数据,并对数据进行分类和测量,建立一些假设,然后通过验证这些假设来探索未知的东西,所以我们说管理学是一门科学。

那么,为什么说管理学又是一门艺术呢?这是因为艺术的含义是指能够熟练地运用知识,并且通过巧妙的技能来达到某种效果,而有效的管理活动正是如此。真正掌握了管理学知识的人,应该能够熟练、灵活地把这些知识应用于实践,并能根据自己的体会不断创新。这一点与其他学科不同。如学会了数学分析,就能求解微分方程;背熟了制图的所有规则,就能画出机器的图纸。管理学则不然,即使背会了所有的管理原则,也不一定能够有效地进行管理,重要的是培养灵活运用管理知识的技能,这种技能在课堂上是很难培养的,需要在实际的管理工作当中去掌握。

管理的科学性与艺术性并不相互排斥,而是相互补充的。所以,管理是科学性与艺术性的统一。

3. 不精确性

在给定条件下能够得到确定结果的学科称为精确的学科。数学就是一门精确的学科,只要给出足够的条件或函数关系,按一定的法则进行演算就能得到确定的结果。管理则不同,在已知条件完全相同的情况下,有可能产生截然相反的结果。用管理学的术语来解释这种现象,就是在投入的资源完全相同的情况下,其产出却可能不同。比如两个企业,已知其生产条件、人员素质和领导方式完全相同,但它们的经营效果可能相差甚远。为什么会出现这种现象呢?这是因为影响管理效果的因素太多,许多因素是无法完全预知的,如国家的方针、政策和法令，自然环境的突然变化，其他企业的经营决策等。这种无法预知的因素被称为"本性状态"。正是由于"本性状态"的存在，才造成了管理结果的多样性。实际上，所谓"两个企业的投入完全相同"这句话本身就是不精确的，因为"投入"不可能完全相同，即使表面上数量、质量、种类完全相同，人的心理因素也不可能完全相同。管理主要是同人发生关系，对人进行管理，那么人的心理因素就必然是一种不可忽略的因素。而人的心理因素是难以精确测量的。在这样的复杂情况下，我们还没有找出更有效的定量方法来使管理本身精确化，而只能借助于定性的办法，或者利用统计学的原理来研究管理，因此，我们说管理学是一门不精确的学科。

1.3.5 如何学习管理学

1. 准确、深刻地理解

许多人认为管理学非常容易学，书本上的内容一看就懂。这是对管理学很大的误解。管理学作为介绍管理的最基本理论的学科，其内容都是高度精练、高度抽象的，许多概念、理论的背后，都有丰富的背景和含义。仅仅把书本上的文字背得滚瓜烂熟，而不去领悟文字背后的东西，只能算是学到了管理学的皮毛。要学好管理学，一定不能满足于背熟、记住，更要弄明白为什么这样讲，在实际中怎么用，即不仅要知道 what，还要知道 why 和 how。

2. 理论联系实际

理论联系实际是学习管理学最重要的方法。管理学是致用之学，而且它也是来自于实践的。所有的管理理论，都是对实践经验的总结和升华。把理论与实际相联系，可以有两条途径。

一是联系自己的实践经验。无论我们是管理者还是被管理者，在实际工作或学习中都会亲身经历或耳闻目睹各种各样的人和事，在学习理论时，联想一下自己的经历、体会，而不是一味地死记硬背，将有助于对理论的理解。其实，对于管理学中所讲的大部分内容，我们都不会一无所知。

二是借助案例。一个人的实践经验总是有限的，要联系自己没经历过的实践，就只有靠间接经验了。正是出于这样的目的，美国哈佛商学院在20世纪20年代创造了案例教学法。作为一种成功的教学与学习方法，这种方法迅速得以流传。案例是对实际管理问题的客观描述，具有很强的真实性、典型性，每个案例中都隐含了一个或几个方面的管理原理。正因为案例具有这样的一些特点，它就成为人们进行模拟训练、将理论与实际相联系的有力工具。但遗憾的是，国内现在出版的管理学书籍案例并不多，已有的案例大多也比较分散，这给管理学的学习带来了一定的困难。即使如此，这条路还是不能放弃的。除了找现成的案例外，多读一些管理方面的书籍、报纸、杂志对学习也有很大的帮助。理论联系实际要求学生有很高的主动性，要积极思考、善于思考。

3. 转变思维方式

学习、研究和应用管理学，需要养成特定的思维习惯和思维方式，这些思维方式主要包括定性思维和系统思维。

1) 定性思维

管理学的研究和表述主要是应用定性方法,即使有些地方使用的是定量方法,也往往是不严格的,需要与定性相结合。例如期望值理论,其公式表述是 $M=VE$,如果完全用定量思想考虑的话,显然 E 越大越好,但人的心理因素却否定了这一点。上述公式并不能完整地表达期望值理论的含义,而必须辅之以定性的描述。在管理学中,定量方法往往只是借以描述问题的手段,不要只看到其形式,而应深刻理解其思想内涵。

与定性思维相关的是不精确思维。管理学是一门不精确的学科,这要求我们的思维方式也不能强求精确。例如,菲德勒的权变理论对八种不同情境的区分、领导生命周期理论对四个象限的区分,都是不精确的,在实际中,我们不可能精确地做出这种区分,不同情境、不同领导方式之间的界限往往是很模糊的。在做管理学的练习题时常常会有这样的感觉,几个选项都有道理,很难断言这个选项是错误的,那个选项是正确的。这告诉我们,在管理问题上,我们不能总是用"正确"与"错误"这样泾渭分明的标准来作判断,而必须树立"最佳"思想,即通过比较哪种方案或说法"更好""更有道理"来做出判断和选择。

2) 系统思维

组织作为一个整体是由各要素通过有机结合而构成的,各要素之间相互联系、相互作用、相互影响,其中每个要素的性质或行为都将影响整个组织的性质和行为。因此在进行管理时,就要考虑各要素之间的相互关系,考虑每个要素的变化对其他要素和整个组织的影响。这种从全局或整体考虑问题的方式称为系统思维。系统思维主要强调以下几点。

(1) 相互作用、相互依存性。系统中的各要素不是简单地堆积或叠加,它们相互作用、相互制约,互为存在的条件,具有整体性与协作性。管理的各项职能就是一个系统,我们只是为了研究的方便才把管理分为一项一项职能的,它们不是彼此独立而是密切相关的。

(2) 重视系统的行为过程,即从行为与功能的角度来确定系统的要素及其联系,同时,为了更好地把握系统的功能与行为,也要注重对系统的结构进行分析。

(3) 根据研究目的来考查系统。系统的要素及联系,乃至系统与外部环境的边界等内容,都与研究目的有关。这正如我们前面提到过的,管理强调目的性,管理的一切活动都要为实现组织目标服务,正是因为有了同样的目标,不同的管理职能、管理活动才成为一个整体。

(4) 系统的功能或行为可以通过输入与输出的关系表现出来。即可以把系统看作一个转换模式,它接受投入,在系统中进行转换,从而输出产出。

(5) 系统趋向目标的行为是通过信息反馈,在一定的有规律的过程中进行的。所谓反馈,是指将系统的产出或系统运行过程中的信息作为系统的投入返回系统而使转换过程和未来产出发生变化。

(6) 系统具有多级递阶结构。任何系统都是由次一级的子系统组成的,同时它又是高一级系统的子系统或组成部分。一个企业可以看成一个系统,它是由人事、生产、销售、财务等次一级子系统组成的,同时它又是整个国民经济的一个子系统。

(7) 等价原则。系统某一给定的最终状态可以通过不同的方式、不同的途径来达到,这些不同的方式和途径是等价的。这种观点认为,组织可以通过不同的投入和不同的内部运动来达到组织目标。管理活动并不一定非要寻找最优的、固定的解决办法,而在于寻求各种可能的、令人满意的解决方案。

(8) 开放系统与封闭系统。系统按其与外部环境的关系分为开放系统和封闭系统。开放系统是指系统本身和外部环境有信息交流。封闭系统是指与外部环境没有信息交流的系统。但开放与封闭都是相对的，不是绝对的。例如，现代企业与传统企业相比，前者是一个开放系统。

(9) 系统通过其要素的变化而得到发展，最后达到进一步整合，即达到更高层次的整体优化。这一过程可以由外部施加影响来完成，也可以由内部机制变化来完成。

建立这种系统思维对学习管理和从事管理工作都是十分重要的。在学习过程中要注意前后联系、融会贯通。学习管理学的过程是一个"整分合"的过程，即首先把管理学这个整体分成一项项职能、一个个概念、一种种理论来分别学习，然后再把这些零散的内容联系起来，形成一个系统。能否形成系统，是检查自己是否学好管理学的标准之一。

第 2 章 测绘管理的原理与基本方法

本章主要介绍测绘管理的原理与基本方法，为全面掌握管理思想、规律及方法奠定基础。本章的重点是测绘管理的基本原理及相应原则，本章的难点是系统原理及其应用。

2.1 测绘管理原理

所谓管理的基本原理，是指对客观事物的实质及其运动规律的基本表述。掌握管理的基本原理，对做好任何一项管理工作都有普遍的指导意义。但是，真正做好工作还必须掌握与基本原理相应的若干管理原则。所谓管理原则，是反映客观事物的实质和运动规律而要求人们共同遵守的行动规范。现代管理原理是一个涉及多领域、多层次的重大理论问题，本节主要讲述系统原理、人本原理、动态原理和效益原理及相应原则。

2.1.1 系统原理

1. 系统的含义及特征

所谓系统，是指由相互作用和相互依赖的若干组成部分(要素)结合而成的具有特定功能的有机整体。明确系统的特征是认识系统的关键，系统具有如下四个特征。

1) 目的性

每个系统都应有明确的目的，不同的系统有不同的目的。系统的结构不是盲目建立的，而是按系统的目的和功能建立的。要根据系统的目的和功能设置子系统的位置，建立子系统之间的联系。在组织、调整系统的结构时，要强调子系统服从主系统的目的。

由于种种原因，在已有的系统中常常存在着没有明确目的性的子系统，它们是产生内耗的根源。因此，必须及时调整，使每个子系统都有确定的功能，为实现系统的目的而共同努力。一个系统通常只有一个目的。如果一个系统有多个目的，必然相互干扰，不易实现优化。

2) 整体性

整体性是指具有独立功能的各子系统围绕共同的目标而组成不可分割的整体。任何一个系统要素都不能离开系统整体而孤立地发挥作用，要素之间的联系和作用必须从整体协调的角度考虑。所以，对系统进行控制时，只有从系统整体的目的出发，局部服从全局，才能使系统的整体功能超过系统内各要素的功能之和。

3) 层次性

层次性是系统的本质属性，是指系统内各组成要素构成多层次递阶结构。这个多层次递阶结构通常呈金字塔形。

4) 环境适应性

环境适应性是指系统要适应环境的变化。任何一个系统都存在于一定的物质环境之中，都要与环境进行物质的、能量的和信息的交换。环境的变化对系统有很大的影响，只有经常与外部环境保持最佳适应状态的系统才是理想的系统，不能适应环境变化的系统是难以生存的。

2．系统原理的内容及原则

1) 系统原理的内容

从管理的对象分析，任何管理对象都是一个特定的系统。现代管理的每一个基本要素都不是孤立的，它们根据整体目标相互联系，按一定的结构组合在一起，既在自己的系统之内，又与其他各系统发生各种形式的联系。因此，为了达到管理的优化目标，必须对管理对象进行细致的系统分析，这就是管理的系统原理。

系统原理认为：任何管理对象都是一个整体的动态系统，而不是一个个孤立分割的部分，必须从整体看待部分，使部分服从整体；同时还应当明确，不但眼下管理的对象是一个整体系统，而且这个系统还是更大系统的一个构成部分，应该从更大的全局考虑，摆好自己系统的位置，使之为更大系统的全局服务。如何运用系统原理来分析具体管理对象呢？一般来说要将管理对象看作一个系统，对以下方面进行分析。

(1) 系统要素方面：分析系统是由什么组成的，它的要素是什么，可以分为怎样的一些子系统。

(2) 系统结构方面：分析系统内部的组织结构如何，各要素相互作用的方式是什么。

(3) 系统功能方面：弄清系统及其要素具有什么功能。

(4) 系统集合方面：弄清维持、完善与发展系统的源泉和因素是什么。

(5) 系统联系方面：研究这一系统与其他系统在纵横方面的联系怎样。

(6) 系统历史方面：研究系统如何产生，发展阶段及发展前景如何。

系统原理是贯穿整体管理过程中的第一个基本原理，这个原理在实践中可具体化为若干管理原则。

2) 系统原理的原则

(1) 整分合原则：整分合原则是指对一项管理工作要进行整体把握、科学分解、组织综合。具体地说：①首先必须对完成整体工作有充分细致的了解(整的意思)；②在此基础上，将整体科学地分解为若干个组成部分，据此明确分工，制定工作规范，建立责任制(分的意思)；③再进行总体组织综合，实现系统的目标(合的意思)。

管理者的责任在于从整体要求出发，制定系统的目标，进行科学的分解，明确各子系统的目标，按照确定的规范检查执行情况，处理例外和考虑发展措施。在这里，分解是关键，分解正确，分工就合理，规范才明确、科学。现代管理强调分工，但分工仅是围绕目标对管理的工作进行分解，而不是对管理功能的分解。

(2) 相对封闭原则：相对封闭原则是指对于一个系统内部，管理的各个环节必须首尾相接，形成回路，使各个环节的功能作用都能充分发挥；对于系统外部，又必须具有开放性，与相关系统有输入和输出关系。

既然管理在系统内部是封闭的，管理过程中的机构、制度和人也都应是封闭的。管理机构应该有决策机构、监督机构、反馈机构和执行机构。执行机构必须准确无误地贯彻决策机构的指令，为了保证这一点，应有监督机构。没有准确的执行，就没有正确的输出，为了检查输出，还要有反馈机构，有了反馈机构，才能保证决策的准确，这样就形成了封闭系统。法的管理也要形成回路，不仅要有一个尽可能全面的执行法，而且应有对执行的监督法、反馈法、仲裁法。只有形成一个封闭的法网，才能法网恢恢，疏而不漏。管理中的人也应是封闭的，要一级管一级，一级对一级负责，形成回路才能发挥各级的作用。不封闭的管理没有效能。

2.1.2 人本原理

1. 人本原理的内容

现代管理认为管理的核心是人，管理的动力是人的积极性。一切管理均应以调动人的积极性、做好人的工作为根本，这就是管理的人本原理。

人本原理要求每个管理者必须明确，要做好整个管理工作，管好资金、技术、时间、信息等，首先都必须紧紧抓住做好人的工作这个根本，使全体人员明确整体目标、自己的职责、相互的关系，主动地、创造性地完成自己的任务。

承认人本原理就要反对见物不见人、见钱不见人、靠权力不靠人的错误认识和做法。要把人的因素放在第一位，重视如何处理人与人的关系，创造条件来尽量发挥人的能动性。要强调和重视人的作用，就要善于发现人才、培养人才和使用人才，树立新的人才观念、民主观念、行为观念和服务观念，搞好对人的管理。

2. 人本原理的原则

人本原理强调以人为核心的管理，与之相应，要研究人的能级原则、动力原则和行为原则。

1) 能级原则

能量是物理学上的名词，表示做功的量。能级是指微观粒子系统在束缚状态只能处于一系列不连续的、分立的稳定状态，这些状态分别具有不同的能量。人们把这些状态按大小排列起来，形成梯级，这就是能级。在管理中，机构、法和人同样有一个本领大小的问题，有一个能量问题。按一定标准、一定规范、一定秩序将管理中的机构、法和人分级，就是管理的能级原则。

管理的能级是不依人的意志为转移而客观存在的，正是能级构成了管理的"场"和"势"，使管理有规律地运动。管理的任务是建立一个合理的能级，使管理内容能动地处于相应的能级中。

怎样实现能级原则呢？

(1) 管理能级必须具有分层的、稳定的组织形态。任何一个系统的结构都是分层次的，层次等级结构是物质普遍存在的方式，管理系统也不例外。管理层次不是随便划分的，各层次也不是可以随便组合的。稳定的管理结构应是上面具有尖锐锋芒、下面又有宽厚基础的正三角形。管理系统划分为若干个层次，可以指导人们科学地分解目标。

(2) 不同能级应该表现出不同的权力、物质利益和精神荣誉。权力、物质利益和精神荣誉是能量的一种外在体现，只有与能级相对应，才符合封闭原则。在其位，谋其政，行其权，尽其责，取其值，获其荣，惩其误。有效的管理不是消灭或拉平这种权力利益和荣誉上的差别；恰恰相反，必须对应不同能级给予相应的待遇。

(3) 各类能级必须动态地对应。人有各种不同的才能，管理岗位有不同的能级，只有相应的人才处于相应能级的岗位上，管理系统才能处于高效运转的稳定状态。

怎样才能实现管理能级的对应？各类管理人员首先必须树立正确的人才观念，认识到人才是决定国家科技水平和生产力高低的决定性因素。人才是财富，要珍惜、爱护和尊重人才，要善于发现、识别人才，要创造条件保证人们在各个能级中不断地自由运动，通过各个能级的实践，施展、锻炼和检验人们的才能，使之各得其位。

总之，只有岗位能级合理有序，人才运动无序，才能实现合理的管理。

2) 动力原则

管理活动必须有强大的动力，离开动力，管理活动就无法进行。正确地运用动力，使管理持续而有效地进行下去，并达到管理组织整体功能和目标的优化，这就是管理的动力原则。

管理动力是管理的能源。正确运用管理动力可以激发人的劳动潜能和工作积极性。管理动力也是一种制约因素。它能够减少组织中各种资源的相互内耗，使各种资源有序运动。一般来说，在管理中有三种不同而又相互联系的动力。

(1) 物质动力。物质动力是指通过一定的物质手段，推动管理活动向特定方向运动的力量。对物质利益追求而激发出来的力量是支配人们活动的最初也是最后的原因。对管理中人的物质刺激，是开发人力资源促使其加速做功的最原始、最基本的手段。忽视物质激励，否认个体要素合理而正当的利益追求，搞绝对平均主义，这是许多管理活动失败的主要原因。

(2) 精神动力。精神动力是在长期的管理活动中培育形成的，包括大多数人所认同和恪守的理想、奋斗目标、价值观念、道德规范、行为准则等对个体行为的推动和约束力量。精神动力不仅可以补偿物质动力的缺陷，而且在特定情况下，可以成为决定性的动力。日常思想政治工作是精神动力的一个重要内容。我国传统的思想工作在几十年的社会主义建设和管理实践中，已显示出了无穷的威力。

人的需求可以概括为物质需求和精神需求。作为管理者，要激发人们的利益动机，就必须把被管理者的工作绩效和物质奖励挂钩；要激发人们的精神动机，就必须把工作绩效和精神奖励挂钩。物质动力和精神动力是两种既相互联系、相互协同，又各有自身特点的力量。一方面，物质是基础，精神动力以物质动力为前提；另一方面，精神动力会对物质动力产生巨大的能动作用。它不仅能大大地制约物质动力的方向、速度和持续时间，而且一旦转化为个人的信念，就会对个体行为产生深远而持久的影响。

现在，精神动力作为推动管理活动趋向优化的重要力量，已被越来越多的人所认识。国内外的管理学者已经形成一种共识，是否懂得精神动力的重要作用和运用方法是决定管理工作成功与否的必要条件。

(3) 信息动力。把信息作为一种动力，是现代管理的一大特征。当今社会是信息社会，对于一个国家而言，信息的拥有量和利用程度是国家物质文明和精神文明水平高低的象征。对于一个企业来说，信息是企业活动的神经，是企业经营中的关键性资源，是推动企业发展的动力。

我们在运用信息动力时，要学会分析与综合，要正确区分有用信息、无益信息和有害信息，善于从大量信息中获取有用的信息。

对每一个管理系统，三种动力都是同时存在的，要注意综合利用。在不同的管理系统中，三种动力所占的比重不同。即使同一系统，随着时间、地点和条件的变化，这种比重也随之变化。现代管理者要及时洞察和掌握这种差异和变化，采取"实则泻之，虚则补之"的方法，协调运用。

3) 行为原则

行为原则是指管理者要掌握和熟悉被管理对象的行为规律，进行科学的分析和有效的管理。行为是人类在认识和改造世界的实践中发生并且通过社会关系表现出来的自觉的、能动的活动，具有目的性、方向性、连续性和创造性的特点。由于人们所处的环境、经历、职业、受教育程度以及性格、情绪等不同，人们的现实行为有很大的差异。人的行为与人的需要、动机、个性有着内在的关联，是人的心理、意识、情绪、动机、能力等因素的综合反映。

深入认识人的行为规律，加强对人的科学管理必须注意两个方面：一是激发人的合理需要和积极健康的行为动机，及时了解并满足人们的合理需要，充分调动人的积极性；二是注意不同个体的个性倾向和特征，积极创造良好的工作和生活环境，以利于人们良好个性的形成和发展，同时用人之所长，避人之所短，科学地使用人才，形成群体优化组合，从而提高管理效果。

2.1.3 动态原理

1. 动态原理的内容

管理者在管理活动中，要注意把握被管理对象运动、变化的情况，不断调整各个环节以实现整体目标，这就是管理的动态原理。

管理对象是个系统。任何系统的正常运转，不但受系统本身条件的限制和制约，而且受环境的影响和制约，经常发生变化。随着系统内外条件的变化，人们对系统的目标认识也在不断地深化，不仅会提出目标的更新与变换问题，而且对目标衡量的准则也会变动。因此，管理者必须明确管理对象、目标会发展变化，必须用变化的观点去研究它们。

2. 动态原理的原则

面对瞬息万变的管理对象，管理者要想把握动向，保证不离目标，就必须遵循与动态原理相应的反馈原则和弹性原则。

1) 反馈原则

反馈原则是指管理者应及时了解所发生指令的反馈信息，及时做出应有的反应并提出相应的新建议，以确保管理目标的实现。

反馈是电子学名词，是控制论中一个极其重要的概念。反馈是指由控制系统把信息输送出去，又把其作用结果返送回来以便对信息的再输出产生影响，从而起到控制的作用。在人体运动中，大脑通过信息输出指挥各部门的活动，同时，大脑又接收人体各部门与外界接触发回的反馈信息，不断调节发出新的指令。如果没有反馈信息不断输入大脑，人体运动就不能协调。同样，没有反馈，管理就没有效能。

在现代管理中，无论实施哪一种控制，为使系统达到既定目标，必须贯彻反馈原则，而且，为了保持系统的有序性，必须使系统具有自我调节的能力。因为任何一种调整，开始时都并不完善，但只要有反馈结构，就可以在不断调节的过程中，逐步趋于完善，直到处于优化状态。

2) 弹性原则

弹性原则是指任何管理活动都要有适应客观情况变化的能力，都必须留有余地。

为什么管理必须遵循弹性原则呢？

(1) 管理所遇到的问题，是涉及多因素的复杂问题。人要完全掌握所有因素是不可能的，管理者必须如实地承认自己认识上的缺陷，因此管理必须留有余地。

(2) 管理活动具有很大的不确定性。管理者与被管理者都是具有积极思维活动的生命，始终处于运动和变化之中。某种管理方法，也许非常适应一种情况，但如果把这种方法僵化起来，没有一定的弹性，在另外的情况下就可能不起作用。

(3) 管理是行动的科学，它有后果问题。由于管理的因素多、变化大，一个细节的疏忽都可能产生巨大的影响，正所谓"失之毫厘，谬以千里"。因此，管理从一开始就应保持可调节的弹性，即使出现差之盈尺，也可应付自如。

2.1.4 效益原理

1. 效益原理的内容

效益原理要求每个管理者必须时刻不忘管理工作的根本目的在于创造出更多更好的经济效益和社会效益，能为社会提供有价值的贡献，充分发挥管理的生产力职能。不能创造更多更好的效益就是一种无效的管理，就是管理工作的失职。我们是动机和效果的统一论者，即使管理者一天到晚忙累不堪，但如果没有功劳只有苦劳，那么他仍然是一名失职的管理者。

作为一个现代的管理者，应该从广泛的社会联系中，从整个社会发展的高度上去进行管理活动。管理者在讲求自身经济利益和经济效益的同时，应注重其活动所引起的社会效益，并且以讲求社会效益为最高目标。管理者要强化时间观念，认识到时间也是一种极为珍贵的资源，只有节约时间，提高每单位时间的价值，才能在激烈的市场竞争中立于不败之地。

2. 效益原理的原则

与效益原理相应的原则是价值原则。价值原则是指在管理工作中通过不断地完善自己的结构、组织与目标，科学地、有效地使用人力、物力、财力、智力和时间资源，为创造更大的经济效益和社会效益而尽心工作。

这里所说的价值是客观效用与耗费的比值，它既不是单纯的商品价值，也不是单纯的经济价值，而是经济价值和社会价值的统一，是更高意义上的价值概念。这里所说的耗费是广义的，是物力资源、智力资源和时间资源的综合支出。现代管理工作如果不重视和不考虑智力和时间的耗费，就不可能正确地运用价值原则。

2.2 测绘管理方法

现代测绘管理的方法包含三个层次。第一个层次是马克思主义哲学，它是科学的方法论与世界观，是现代管理的有效的、具有普遍指导意义的理论与方法。一个合格的管理者应该用马克思主义哲学作为现代管理的根本指导性科学，自觉地运用唯物主义和辩证法分析管理对象的相互关系、运动变化、发展转换，从实际出发，按管理对象的客观规律办事。系统论、控制论和信息论处于第二个层次，是指导现代管理研究方法的科学，是指导自然科学、社会科学、思维科学共同方法论的横断性科学。第三个层次的方法是在管理实践中，为实现管理目标，调节和控制的具体方法。本节就一般常用的几个具体方法作一些说明。

2.2.1 行政方法

行政即行使政治权威。行政方法是指依靠行政组织的权威，运用命令、规定、指示等行政手段，以权威和服从为前提，直接指挥下属工作。

行政方法的实质是通过行政组织中的职务和职位来进行管理。它的主要特点如下：

(1) 权威性。它依靠上级组织和领导人的权力和威信以及下级的绝对服从，直接影响被管理者的意志，控制被管理者的行动。

(2) 强制性。实施行政方法要通过行政组织发出命令、指示和规定，对管理对象来说，具有强制性。

(3) 单一性。一方面，下级组织只接受一个上级的领导；另一方面，一个管理指令只适合于某一具体工作。

(4) 稳定性。行政管理系统具有严密的组织机构、统一的目标、统一的行动和强有力的控制，对于外界干扰有较强的抵抗作用。

(5) 无偿性。运用行政方法进行管理，一切根据需要，不考虑价值补偿问题。

行政方法是管理的基本方法之一，采取这种方法便于被管理系统集中统一，能够迅速地贯彻上级意图，对全局活动可以实施有效的控制，特别适用于处理紧急问题。同时，当管理系统存在着大量组织协调工作时，运用行政方法特别有效。

行政方法如果运用不当，违背客观规律，就会变成唯意志的产物；不适当地扩大其应用范围，甚至单纯依靠行政方法进行管理都会产生副作用。所以应注意将行政方法、法律方法、经济方法有机地结合起来，发挥每种方法各自的优势，从而提高管理效果。

2.2.2 法律方法

法律是国家制定或认可、体现统治阶级意志、以国家强制力保证实施的行为规则的总和。法律方法是指通过法律、法令、条例和司法、仲裁工作，调整社会经济总体活动和相应的各种关系，以保证和促进社会发展的管理方法。它既包括国家正式颁布的法，也包括各级机构和各个管理系统制定的具有法律效力的规范。

法律方法的实质是实现统治阶级的意志，代表他们的利益对社会经济、政治、文化活动实行强制性的、统一的管理。法律方法的主要特点如下。

(1) 强制性。法律规范是由国家强制实施的，任何组织和个人都不允许违犯。否则，要受到国家强制力量的惩处。

(2) 规范性。法律和法规是所有组织和个人行动的统一的准则，对其有同等的约束力。法律和法规语言严谨，解释唯一。

(3) 严肃性。法律和法规都必须严格地按照规定的程序制定，一旦颁布就具有相对的稳定性。

法律方法的使用对于建立和健全科学的管理制度具有特别重要的意义。运用法律方法进行管理，便于管理系统的每个子系统明确自己的职责、权利和义务，以减少扯皮，防止内耗，从而建立一种正常的管理秩序；运用法律方法进行管理，有助于将行之有效的管理制度规范化、条文化，这就大大加强了管理系统的稳定性；运用法律方法进行管理，有助于约束每个人的行为，保证系统健康地发展。

目前，运用法律方法进行管理仍是个薄弱环节。可以说，管理者和领导者能否模范地遵纪守法，严格依法办事，是法律方法有效发挥作用的关键。另外，被管理者知法、懂法、强化法律意识也是不可缺少的重要方面。

2.2.3 经济方法

经济方法是根据客观经济规律，运用各种经济手段，调节各种不同经济利益之间的关系，以提高整体的经济效益与社会效益的方法。根据条件和背景不同，经济方法的具体手段可以多种多样。但是，任何经济方法的实质都是贯彻物质利益原则，因此应从物质利益上处理好国家、单位、个人三者的经济关系。

经济方法和行政方法相比，有着明显的不同特点。

(1) 利益性。这是经济方法的实质所在。经济方法是把单位及个人的物质利益与工作成果相联系，充分体现按劳分配的原则。

(2) 平等性。经济方法认为各个经济组织和个人在获取自己的经济利益上是平等的，经济手段的运用对经济组织应起同样的效力。

(3) 关联性。各种经济手段之间的关联错综复杂，每一种手段的变化都会引起多方面经济关系的连锁反应。

在运用经济方法进行管理时，要有清醒的认识：经济方法是一种强调物质利益原则的方法，主要调节利益关系，不去直接干涉人们的行为，所以不能依靠它来解决管理中需要严格规定或立刻采取行动的问题；人们除了物质需求外，还有精神和社会方面的需求，所以不能单纯依靠经济方法来调动人们的积极性。

2.2.4 思想教育方法

思想教育方法是通过深入细致的思想教育，帮助管理对象正确看待和处理人与人之间以及人与社会之间的关系，使之成为有理想、有道德、有文化、有纪律的新型劳动者的方法。

思想教育方法是调动人们积极性的根本方法。要保证思想教育工作行之有效，必须贯彻以下原则。

(1) 思想教育与物质鼓励相结合。

(2) 科学的原则。思想教育必须以马克思主义的观点方法为指导，同时借鉴西方行为科学的研究成果，研究被管理者的需要、动机和行为，把握思想状况和变化规律，提高思想教育工作的针对性、预见性和科学性。

(3) 言教与身教相结合。欲正人，先正己。各级领导要不断提高自身的思想素质，言行一致，以己作则，刻苦自律。

思想教育的方法多种多样。

(1) 正面教育法，即向管理对象传播马克思主义，用系统的科学理论和党的路线、方针、政策武装人们的头脑的方法。

(2) 示范教育法，即以先进典型为榜样，运用典型人物的先进思想、先进事迹教育群众，从而提高人们思想认识和觉悟的一种方法。

(3) 比较鉴别法，即对不同事物的属性、特点进行对照，通过比较得出正确的判断，从而提高人们思想认识和觉悟的方法。

(4) 个别谈心的方法，即针对管理对象的不同特点采取不同的教育方法，坚持"一把钥匙开一把锁"的原则，使上下级之间在平等无心理压力的气氛中交换意见，可以及时有效地解决思想问题。

(5) 自我教育法，即受教育者自己教育自己，自己做思想工作的方法。它是在群众有较高自觉性、力求上进的心理基础上和较好的社会环境中进行的思想教育，能发挥受教育者自身的教育力量，融教育者与受教育者于一体，主动积极，易见成效。

第3章 测绘管理

本章主要介绍测绘管理的概念、任务、测绘发展历程、测绘管理的内容。本章的重点是测绘管理的内容，即测绘行业管理和测绘生产单位管理；本章的难点是测绘生产单位管理的原理和具体管理方法。

3.1 测绘管理概述

3.1.1 测绘管理的概念

从所管理的内容来讲，测绘管理是测绘行业管理和测绘生产单位管理的总称。从管理学的角度讲，测绘管理是指测绘管理者运用科学的、艺术的方法，为有效地实现测绘组织的目标而对组织的资源进行计划、组织、领导和控制的过程。

测绘管理的任务是从测绘行业和测绘单位的角度出发来研究测绘生产经营活动的原理、方法、内容、特点和规律性。即通过协调生产关系，使生产力三要素(劳动力、劳动工具、劳动对象)在一定条件下实行最佳组合；通过合理组织测绘生产和改善经营管理，使测绘单位的人、财、物和信息得到有效而充分的利用，即以最少的投入，取得尽可能多的社会需要的测绘成果和测绘产品，获取最大的经济效益。

3.1.2 测绘工作的历史与现状

测绘是各国在现代军事、国民经济等社会各领域生产和发展所必备的技术。测绘事业直接关系着经济建设和规划的科学性、工程质量和预期效益的实现。测绘工作是国民经济建设和国防建设的重要基础工作。

1. 测绘工作的历史

测绘学有着悠久的历史。古代的测绘技术起源于水利和农业。古埃及的尼罗河每年洪水泛滥，淹没了土地界线，水退以后需要重新划界，从而开始了测量工作。公元前2世纪，司马迁在《史记·夏本纪》中叙述了禹受命治理洪水的情况："左准绳，右规矩，载四时，以开九州、通九道、陂九泽、度九山。"这说明在公元前很久，中国人为了治水，已经会使用简单的测量工具了。

测绘学的研究对象是地球，人类对地球形状认识的逐步深化，要求对地球形状和大小进行精确的测定，因而促进了测绘学的发展。地图制图是测量的必然结果，所以地图的演变及其制作方法的进步是测绘学发展的重要方面。测绘学是一门技术性较强的学科，它的形成和发展在很大程度上依赖于测绘方法和仪器工具的创造和变革。从原始的测绘技术，发展到近代的测绘学，其过程可由下列三个方面来说明。人类对地球形状的科学认识，是从公元前6世纪古希腊的毕达哥拉斯(Pytha-goras)最早提出地是球形的概念开始的。两个世纪后，亚里士多德(Aristotle)作了进一步论证，支持这一学说，称为地圆说。又一世纪后，亚历山大的埃拉托斯特尼 (Era-tosthenes)采用在两地观测日影的办法，首次推算出了地球子午圈的周长，以此证实了地圆说。这也是测量地球大小的"弧度测量"方法的初始形式。世界上有记载的实测弧度测量，最早是中国唐代开元十二年(724)南宫说在张遂(一行)的指导下在今河南省境内进行的，根据测量结果推算出了纬度1度的子午弧长。17世纪末，英国的牛顿(I.Newton)和荷兰的惠更斯(C.Huygens)首次从力学的观点探讨地球形状，提出地球是两极略扁的椭球体，称为地扁说。1735—1741年，法国科学院派遣测量队在南美洲的秘鲁和北欧的拉普兰进行了弧度测量，证明牛顿等的地扁说是正确的。1743年法国A.C.克莱洛证明了地球椭球的几何扁率同重力扁率之间存在着简单的关系。这一发现，使人们对地球形状的认识又进了一步，从而为根据重力数据研究地球形状奠定了基础。19世纪初，随着测量精度的提高，通过对各处弧度测量结果的研究，发现测量所依据的垂线方向同地球椭球面的法线方向之间的差异不能忽略。因此法国的P.S.拉普拉斯和德国的C.F.高斯相继指出，地球形状不能用旋转椭球来代表。1849年Sir G.G.斯托克斯提出了利用地面重力观测资料确定地球形状的理论。1873年，利斯廷(J.B.Listing)提出"大地水准面"一词，以该面代表地球形状。自那时起，弧度测量的任务，不仅是确定地球椭球的大小，而且还包括求出各处垂线方向相对于地球椭球面法线的偏差，用以研究大地水准面的形状。1945年，苏联的M.C.莫洛坚斯基创立了直接研究地球自然表面形状的理论，并提出"似大地水准面"的概念，从而回避了长期无法解决的重力归算问题。人类对地球形状的认识和测定，经过了球—椭球—大地水准面三个阶段，花去了约二千五六百年的时间，随着对地球形状和大小的认识和测定的愈益精确，测绘工作中精密计算地面点的平面坐标和高程逐步有了可靠的科学依据，同时也不断丰富了测绘学的理论。

17世纪之前，人们使用简单的工具，如中国的绳尺、步弓、矩尺和圭表等进行测量。这些测量工具都是机械式的，而且以用于量测距离为主。17世纪初发明了望远镜。1617年，荷兰的斯涅耳(W. Snell)为了进行弧度测量而首创了三角测量法，以代替在地面上直接测量弧长，从此测绘工作不仅量测距离，而且开始了角度测量。约于1640年，英国的加斯科因(W.Gascoigne)在两片透镜之间设置十字丝，使望远镜能用于精确瞄准，用以改进测量仪器，这可以说是光学测绘仪器的开端。约于1730年，英国的西森(Sisson)制成测角用的第一架经纬仪，大大促进了三角测量的发展，使它成为建立各种等级测量控制网的主要方法。在这一段时期里，由于欧洲又陆续出现小平板仪、大平板仪以及水准仪，地形测量和以实测资料为基础的地图制图工作也相应得到了发展。从16世纪中叶起，欧美间的航海问题变得特别重要。为了保证航行安全和可靠，许多国家相继研究在海上测定经纬度的方法，以确定船舰位置。经纬度的测定，尤其是经度测定方法，直到18世纪发明时钟之后才得到圆满解决。从此开始了大地天文学的系统研究。19世纪初，随着测量方法和仪器的不断改进，测量数据的精度也不断提高，精确的测量计算就成为研究的中心问题。此时数学的进展开始对测绘学产生重大影响。1806年和1809年法国的勒让德(A.M.Legendre)和德国的高斯分别发表了最小二乘准则，这为测量平差计算奠定了科学基础。19世纪50年代初，法国的洛斯达(A.Lausse-dat)首创了摄影测量方法。随后，相继出现了立体坐标量测仪、地面立体测图仪等。到20世初,则形成比较完备的地面立体摄影测量法。由于航空技术的发展,1915 年出现了自动连续航空摄影机,因而可以将航摄图像在立体测图仪器上加工成地形图。从此,在地面立体摄影测量的基础上,发展了航空摄影测量方法。在这一时期,由于在 19 世纪末和 20 世纪 30 年代,先后出现了摆仪和重力仪,尤其是后者的出现,使重力测量工作既简便又省时,不仅能在陆地上,而且也能在海洋上进行,这就为研究地球形状和地球重力场提供了大量实测重力数据。可以说,从 17 世纪末到 20 世纪中叶,测绘仪器主要在光学领域内发展,测绘学的传统理论和方法也已发展成熟。

从 20 世纪 50 年代起,测绘技术又朝电子化和自动化方向发展。首先是测距仪器的变革。1948 年起陆续发展起来的各种电磁波测距仪,由于可用来直接精密测量远达几十千米的距离,因而使得大地测量定位方法除了采用三角测量外,还可采用精密导线测量和三边测量。大约与此同时,电子计算机出现了,并很快应用到测绘学中。这不仅加快了测量计算的速度,而且还改变了测绘仪器和方法,使测绘工作更为简便和精确。例如具有电子设备和用电子计算机控制的摄影测量仪器的出现,促进了解析测图技术的发展,继而在 60 年代,又出现了计算机控制的自动绘图机,可用以实现地图制图的自动化。自 1957 年第一颗人造地球卫星发射成功后,测绘工作有了新的飞跃,在测绘学中开辟了卫星大地测量学这一新领域,就是观测人造地球卫星,用以研究地球形状和重力场,并测定地面点的地心坐标,建立全球统一的大地坐标系统。同时,由于利用卫星可从空间对地面进行遥感(称为航天摄影),因而可将遥感的图像信息用于编制大区域内的小比例尺影像地图和专题地图。在这个时期里还出现了惯性测量系统,它能实时地进行定位和导航,成为加密陆地控制网和海洋测绘的有力工具。随着脉冲星和类星体的发现,又有可能利用这些射电源进行无线电干涉测量,以测定相距很远地面点的相对位置,即甚长基线干涉测量。所以 50 年代以后,测绘仪器的电子化和自动化以及许多空间技术的出现,不仅实现了测绘作业的自动化,提高了测绘成果的质量,而且使传统的测绘学理论和技术发生了巨大的变革,测绘的对象也由地球扩展到月球和其他星球。

1949年,中华人民共和国成立,我国的测绘事业进入了一个崭新的发展阶段。1956年建立了国家测绘总局,加强了对全国测绘工作的管理。尤其是1978年改革开放以后,测绘事业获得了历史性的新发展。

2. 测绘工作的现状

继"数字地球"这一理念提出后不久,在北京举办了世界上第一个和"数字地球"有关的国际会议——数字地球国际会议。时任国务院副总理的李岚清同志在会上强调,我国政府高度重视数字地球的作用,实行"需求牵引、统筹规划、阶段发展、共建共享"的方针,力争在数字地球建设中实现跨越式发展。在这样的大好形势下,我国测绘行业得到了前所未有的飞速发展。十八大以后,测绘地理信息事业以习近平新时代中国特色社会主义思想为行动指南,围绕国家发展改革大局,确立了"全力做好测绘地理信息服务保障,大力促进地理信息产业发展,尽责维护国家地理信息安全"的发展定位,明确了测绘地理信息总体发展思路,着力建设科学完备的政策法规体系、基础测绘体系、公共服务体系、地理信息产业体系、科技创新体系和人才队伍体系,全面提升运用法治思维和法治方式的管理能力、基础地理信息资源供给能力、公益性服务保障能力、地理信息产业竞争能力、创新驱动发展能力、维护国家地理信息安全能力,加快转型升级,充分发挥支撑、保障和服务作用,为国民经济和社会发展奠定坚实基础。

近年来，我国统筹建成 2500 多个站组成的全国卫星导航定位基准站网，基本形成全国卫星导航定位基准服务系统。实现了我国陆地国土 1∶5 万基础地理信息全部覆盖和重点要素年度更新、全要素每五年更新，基本完成省级 1∶1 万基础地理信息数据库建设。"资源三号"卫星影像全球有效覆盖达 7112 万平方千米，后续星研建工作进展顺利。"天地图"实现了 30 个省级节点、205 个市(县)级节点与国家级主节点服务聚合，形成了网络化地理信息服务合力。333 个地级城市和 476 个县级城市数字城市建设全面铺开。全国智慧城市试点取得阶段性成果。完成了第一次全国地理国情普查，初步构建起支撑常态化地理国情监测的生产组织、技术装备、人才队伍等体系。信息化测绘基础设施更加健全，形成了天空地一体化的数据获取能力。测绘科技创新能力稳步提升，机载雷达测图系统、大规模集群化遥感数据处理系统、无人飞行器航摄系统等方面的建设取得了重要突破，研制的 30 米分辨率全球地表覆盖数据产品在国际上产生了重要影响。测绘地理信息行业主动服务区域经济发展、主体功能区建设等重要领域，大力开展地理国情普查成果应用和地理国情监测试点示范。形成了 1000 多个基于"天地图"的业务化应用，为公安、水利、海关、邮政等提供了高效的基础服务。累计开发数字城市应用系统超过 5600 个，取得了显著的经济效益和社会效益。为新疆和田、云南鲁甸、四川芦山等地震灾害救助和恢复重建等提供了及时可靠的应急测绘保障。为 APEC 会议、第三次经济普查、第一次全国水利普查、不动产登记等重大事项和各级政府决策、环境治理等重要方面提供了高效有力的技术支持与产品服务。地理信息产业持续快速健康发展，形成了数千亿级的产业规模，有力促进了智能交通、电子商务、现代物流、精细农业等相关产业的发展，为人民群众提供了更加丰富的地理信息产品和服务。

1) 卫星定位测量

(1) 现代测绘基准建设。

现代测绘基准，是确定地理空间信息的几何形态和时空分布的基础，是反映真实世界空间位置的参考基准，它由大地测量坐标系统、高程系统/深度基准、重力系统和时间系统及其相应的参考框架组成。近年来我国现代测绘基准的建设取得了重要进展。基于现代理念和高新技术的新一代大地坐标系已进入实用阶段。经国务院批准，我国自 2008 年 7 月 1 日起启用"2000 国家大地坐标系(简称 CGCS2000)"，并规定 CGCS2000 与现行国家大地坐标系的转换、衔接过渡期为 8～10 年。关于我国的高程基准，除了建立新的一等精密水准网作为高程参考框架外，还可借助厘米级精度(似)大地水准面形成全国统一的高程基准。

国家加快了陆海一体的现代测绘基准体系建设，完成卫星导航定位基准站的北斗化升级改造，统筹建成 2500 个以上站点规模的全国卫星导航定位基准站网，实现了我国地心坐标框架的动态维持与更新，形成覆盖全国的分米级实时位置服务能力，全面提升了基准和位置服务水平。统筹开展全国似人地水准面精化工作，建成新一代全国统一的厘米级似大地水准面。完善国家重力基准，开展重力空白区航空重力测量，构建新一代高阶重力场模型。建立国家测绘基准数据库，提升测绘基准成果的管理和社会化服务水平。强化国家、行业及地方卫星导航定位基准站的统筹管理、资源整合、数据共享，加强测绘基准服务机构建设，制定相关管理制度、建设标准和技术规范，形成一体化管理和协同服务机制。深入推进北斗卫星导航系统应用，拓展测绘地理信息领域北斗卫星导航系统的业务范围、产品体系和服务模式。

(2) 全球导航卫星系统(GNSS)的组建。

卫星导航定位技术目前已基本取代了地基无线电导航、传统大地测量和天文测量导航定位技术，并推动了大地测量与导航定位领域的全新发展。当今，GNSS系统不仅是国家安全和经济的基础设施，也是体现现代化大国地位和国家综合国力的重要标志。由于其在政治、经济、军事等方面具有重要的意义，世界主要军事大国和经济体都在竞相发展独立自主的卫星导航系统。2007年4月14日，我国成功发射了第一颗北斗卫星，标志着世界上第4个GNSS系统进入实质性的运作阶段，几年后美国GPS、俄罗斯GLONASS、欧盟GALILEO和中国北斗卫星导航系统等4大GNSS系统将建成或完成现代化改造。除了上述4大全球系统外，还包括区域系统和增强系统，其中区域系统有日本的QZSS和印度的IRNSS，增强系统有美国的WAAS、日本的MSAS、欧盟的EGNOS、印度的GAGAN以及尼日利亚的NIG-GOMSAT-1等。

GPS是在美国海军导航卫星系统的基础上发展起来的无线电导航定位系统。具有全能性、全球性、全天候、连续性和实时性的导航、定位和定时功能，能为用户提供精密的三维坐标、速度和时间。目前，GPS共有在轨工作卫星31颗，其中GPS-2A卫星10颗，GPS-2R卫星12颗，经现代化改进的带M码信号的GPS-2R-M和GPS-2F卫星共9颗。根据GPS现代化计划，2011年美国推进了GPS更新换代进程。GPS-2F卫星是第二代GPS向第三代GPS过渡的最后一种型号，将进一步使GPS提供更高的定位精度。

GLONASS是由苏联国防部独立研制和控制的第二代军用卫星导航系统，该系统是继GPS后的第二个全球卫星导航系统。GLONASS系统由卫星、地面测控站和用户设备三部分组成，系统由21颗工作星和3颗备份星组成，分布于3个轨道平面上，每个轨道面有8颗卫星，轨道高度为19 000千米，运行周期为11小时15分。GLONASS系统于20世纪70年代开始研制，1984年发射首颗卫星入轨。但由于航天拨款不足，该系统部分卫星一度老化，最严重时曾只剩下6颗卫星运行，随着苏联解体，GLONASS系统也无以为继，到2002年4月，该系统只剩下8颗卫星可以运行。2001年8月起，俄罗斯在经济复苏后开始计划恢复并进行GLONASS现代化建设工作，2003年12月，由俄罗斯应用力学科研生产联合公司研制的新一代卫星交付联邦航天局和国防部试用。2006年12月25日，俄罗斯用质子-K运载火箭发射了3颗GLONASS-M卫星，使格洛纳斯系统的卫星数量达到17颗。经过多方努力，GLONASS导航星座历经10年瘫痪之后终于在2011年年底恢复全系统的运行。在技术方面，GLONASS系统的抗干扰能力比GPS要好，但其单点定位精确度不及GPS系统。

伽利略卫星导航系统(GALILEO)是由欧盟研制和建立的全球卫星导航定位系统，该计划于1992年2月由欧洲委员会公布，并和欧空局共同负责。该系统由30颗卫星组成，其中27颗工作卫星，3颗备份卫星。卫星轨道高度为23 616千米，位于3个倾角为56°的轨道平面内。2012年10月，伽利略全球卫星导航系统第二批两颗卫星成功发射升空，与太空中已有的4颗正式的伽利略卫星组成网络，初步实现地面精确定位的功能。GALILEO系统是世界上第一个基于民用的全球导航卫星定位系统，投入运行后，全球的用户将使用多制式的接收机，获得更多的导航定位卫星的信号，这将无形中极大地提高导航定位的精度。

北斗卫星导航系统(BDS)是中国着眼于国家安全和经济社会发展需要，自主建设、独立运行的卫星导航系统，是为全球用户提供全天候、全天时、高精度的定位、导航和授时服务的国家重要空间基础设施。20世纪后期，中国开始探索适合国情的卫星导航系统发展道路，逐步形成了三步走发展战略：2000年年底，建成北斗一号系统，向国内提供服务；2012年年底，建成北斗二号系统，向亚太地区提供服务；计划在2020年前后，建成北斗全球系统，向全球提供服务。2035年前还将建设完善更加泛在、更加融合、更加智能的综合时空体系。2017年11月5日，中国第三代导航卫星——北斗三号的首批组网卫星(2颗)以"一箭双星"的发射方式顺利升空，它标志着中国正式开始建造"北斗"全球卫星导航系统。2018年11月19日2时7分，我国在西昌卫星发射中心用长征三号乙运载火箭，以"一箭双星"的方式成功发射了第四十二、四十三颗北斗导航卫星，这两颗卫星属于中圆地球轨道卫星，是我国北斗三号系统第十八、十九颗组网卫星，北斗系统的服务范围由区域扩展为全球，标志着中国北斗系统正式迈入全球时代。北斗卫星导航系统由空间段、地面段和用户段三部分组成，可在全球范围内全天候、全天时为各类用户提供高精度、高可靠定位、导航、授时服务，并具备短报文通信能力。实验结果表明，北斗系统的信号质量总体上与GPS相当。

(3) 卫星定位技术的研究热点。

网络RTK(Real-Time Kinematic)和精密单点定位技术仍是当前的研究热点。尤其是利用网络RTK技术在大区域内建立连续运行基准站网系统(CORS)，为用户全天候、全自动、实时地提供不同精度的定位/导航信息。卫星定位技术的研究主要研究其技术实现方法。现在比较成熟的方法有虚拟基准站技术(VRS)、主辅站技术(FKP)以及数据通信模式等。由于当前出现了多种卫星和多种传感器导航定位系统，因此产生了多模组合导航和多传感器融合导航技术，前者如GPS/GLONASS/GALILEO/BDS的组合导航，后者则是将GNSS同惯性、天文、多普勒、地形、影像等相融合的导航系统。它们都是按某种最优融合准则进行最优组合，实现提高目标跟踪精度的目的。

(4) GNSS/重力相结合的高程测量新方法。

GNSS可测出地面一点的大地高，如果能在同一点上获得高程异常(或大地水准面差距)，那么就可容易地将大地高通过高程异常(或大地水准面差距)转换成正常高(或正高)。这里的关键技术是高精度、高分辨(似)大地水准面数值模型的确定方法。由于这种方法可以替代繁重的几何水准测量，因此要求(似)大地水准面数值模型达到同几何水准测量相当的厘米级精度水平。目前在我国出现了一些新的(似)大地水准面精化理论和解算方法，并且用于实际解算的各种观测数据也在不断丰富。

2) 航空航天测绘

(1) 高分辨率卫星遥感影像测图。

随着高分辨率立体测绘卫星数据处理技术的突破，如今卫星影像测图正在逐步走向实用化。高分辨率遥感卫星成像方式在向多样化方向发展，由单线阵推扫式逐渐发展到多线阵推扫成像；更加合理的基高比和多像交会方式进一步提高了立体测图精度。通过获取并处理大范围同轨或异轨立体影像，推动了地形测绘技术的变革。高分辨率遥感卫星数据处理技术的进展，主要包括高精度的有理函数模型求解技术、稀少地面控制点的大范围区域网平差技术、基于多基线和多重匹配特征的自动匹配技术等。基于现代摄影测量与遥感科学技术理论，融合计算机和网络技术，研制成功的高分辨率卫星遥感影像数据一体化测图系统Pixel Grid已成为我国西部困难空白区1∶5万地形图测图的主要测图技术，并广泛用于其他有关测图工程中。地面无控制条件下自由网平差技术还可以使大范围边境区域和境外地形图测绘成为现实。

(2) 航空数码相机的摄影测量数据获取。

目前航空数码相机已逐渐取代传统胶片式相机，成为大比例尺地理空间信息获取的主要手段。我国自主研发的 SWDC 系列航空数码相机已经应用于我国基础航空摄影。该系统基于多台非量测型相机构建，经过严格的相机检校过程，可拼接生成高精度的虚拟影像，其大幅面航空数码相机的高程精度高达 1/10 000。2008 年我国自主研制的另一个型号 TOPDC4 四拼数码航空摄影仪试验成功，并应用于我国第二次全国土地调查。而在国外又推出了新型号的 UltraCamXP、ADS80，新的大幅面 DiMAC WiDE、RolleiMetric AICX4，中幅面 ApplaniX DSS439 等数码相机，其硬件性能进一步提高。在我国"5·12"汶川特大地震中，利用中型通用航空飞机搭载 ADS40 等数码航影仪，在中高空获取大区域影像。实践证明，POS(Point Of Sale)系统支持的高分辨机载三线阵数码航空相机具有很好的快速反应能力。

(3) 轻小型低空摄影测量平台的实用化作业。

轻小型低空摄影测量平台分为无人驾驶固定翼型飞机、有人驾驶小型飞机、直升机和无人飞艇等几种。其由于具有机动灵活、经济便捷等优势得到了迅速发展，并逐步进入实用阶段。低空摄影测量平台能够实现低空数码影像获取，可以满足大比例尺测图、高精度城市三维建模以及各种工程应用的需要。特别是无人机可在超低空进行飞行作业，对天气条件的要求较宽松，且无须专用机场，在"5·12"汶川特大地震灾害应急响应的应用中，展现出巨大的潜力。

(4) 机载激光雷达技术的广泛应用。

机载激光雷达技术通过主动发射激光，接收目标对激光光束的反射及散射回波来测量目标的方位、距离及目标表面特性，能够直接得到高精度的三维坐标信息。与传统航空摄影测量方法相比，机载激光雷达技术可部分地穿透树林遮挡，直接获取地面点的高精度三维坐标数据，且具有外业成本低、内业处理简单等优点。目前机载激光雷达系统的硬件技术已经比较成熟，激光测距精度可达到厘米级。而其数据处理软件的发展则相对滞后，数据处理过程中的诸多算法和模型还不够完善，同时由于获取的点云数据为离散点，缺乏纹理信息，不易进行同名地物匹配和地面控制。现在一般在系统中集成中小型幅面的数码相机或数码摄像机，将点云数据与影像数据进行融合，能够有效地提高测量精度和可靠性。

(5) 数字摄影测量网格的大规模自动化快速数据处理。

为有效解决海量遥感数据处理的瓶颈问题，将计算机网络技术、并行处理技术、高性能计算技术与数字摄影测量技术相结合，开发了新一代航空航天数字摄影测量数据处理平台，即数字摄影测量网格 DPGrid。该平台实现了航空航天遥感数据的自动快速处理，建立了人机协同的网络全无缝测图系统，革新了现行摄影测量的生产流程，既能发挥自动化的高效率，又能大大提高人机协同的效率。目前 DPGrid 已进入实用化阶段，满足了超大范围摄影测量数据快速处理的需要。DPGrid 在"5·12"汶川特大地震的抗震救灾影像处理中，在 110 小时内成功制作了 4000 余幅航空数码影像的 DSM 与 DOM 产品，为抗震救灾决策提供了现势资料。

3) 数字化地图制图与地理信息工程

(1) 地图制图的数字化、信息化与一体化。

地图制图生产全面完成了由手工模拟方式到计算机、数字化方式的转变，构建了地图制图与出版一体化系统，特别是结合地理信息系统软件和图形软件，形成了以符号图形为基础的地图制图系统，以数字地图产品的生产为最终目标。而这种数字化地图制图的延伸则是信息化地图制图。它是以地理空间信息存储、管理、处理、服务的一体化作为一个系统，以提供地理空间信息综合服务为最终目标。

(2) 地理空间数据同化与空间数据库的构建。

地理空间数据同化是指将异构地理空间数据进行整合，为研究区域规律、综合规划管理、应急决策指挥提供统一的、高质量的地理空间信息服务。多源地理空间数据的不一致主要表现在基准、尺度、时态、语义等的不一致，因此数据同化主要表现为不同数学基础、不同语义、不同尺度和不同时态地理空间数据的同化，另外，还有多源非空间数据与空间数据同化(通称为"非空间数据的空间化")的问题，这是构建空间数据库首先应解决的问题。

目前我国已构建了1∶5万比例尺的空间数据库、各种比例尺的海洋测绘数据库、1∶300万中国及周边地图数据库、1∶500万世界地图数据库，还有大规模数字政府影像数据库，各省、区、直辖市的1∶1万数据库以及各城市的基础地理信息数据库。这些数据库为数字中国、数字省区、数字城市等的建设奠定了坚实的基础空间数据框架。此外，我国还深入研究了空间数据库的更新技术，有效地支持了数据库的更新机制，保持了其现势性和可用性。

(3) 可量测的实景影像产品。

实景影像产品通过在机动车上装配GNSS、CCD、INS或航位推算系统等传感器和设备，在车辆行驶中快速采集道路及两旁地物的空间位置和属性数据，并同步存储在车载计算机系统中，经事后编辑处理，形成内容丰富的道路空间信息数据库。它包含街景影像视频及其内外方位元素，将它们与一般二维城市地图集成在一起，可生成众多与老百姓衣食住行相关的兴趣点(POI)，形成为城市居民服务的新的地理空间信息产品。

(4) 基于网格服务的地理信息资源共享与协同工作。

网格(grid)是利用高速互联网把分布在不同地理位置的计算机组成一台"虚拟超级计算机"，以实现信息资源共享和协同工作的一种计算环境。网格地理信息系统(grid GIS)就是利用网格技术将多台地理信息系统服务器构成一个网格环境，利用网格中间件提供的基础设施实现地理信息服务器的网格调度、负载均衡和快速地理信息服务。网格地理信息系统对政府跨部门的综合决策，特别是应急综合决策尤其重要，无论用户在何种服务终端上都能为政府综合决策提供综合集中的地理空间信息服务和协同解决问题的功能。在"5·12"汶川特大地震中，利用灾区震前基础地理信息和灾后遥感影像，快速开发了抗震救灾综合服务地理信息平台，可对灾区房屋倒塌、道路交通等基础设施损毁以及泥石流、滑坡、堰塞湖等次生灾害进行解释分析。

(5) 基于"一站式"门户的地理空间信息网络自主服务系统。

这是一个建立在分布式数据库管理与集成基础上的"一站式"地理空间信息服务平台，面向公众提供空间信息的自主加载、查询下载、维护、统计信息及其他非空间信息的空间化、公众信息处理与分析软件的自动插入与共享等一系列服务。这个新一代服务系统是基于网络地图服务和空间数据库互操作等新技术开发而成的，将分布在各地不同机构、不同系统的空间数据库在统一标准和协议下连成一个整体，采用相同的标准和协议，进行互操作，使信息共享从数据交换提升到系统集成的共享。

4) 精密工程与工业测量

(1) 基于卫星定位的工程控制测量。

由于卫星定位具有速度快、精度均匀、无须站间通视、对控制网图形要求低等特点，已广泛用于建立各种工程控制网，并且同高精度、高分辨率(似)大地水准面数据模型相结合，使工程控制网从二维发展到三维一体化建设，彻底改变了传统工程测量中将平面和高程控制网分别布设和多级控制的方法。

(2) 城市GNSS连续运行基准站系统的多用途实用化服务。

城市GNSS连续运行基准站系统是一个将空间定位技术、现代通信技术、计算机网络技术、测绘新技术等集成，并与测绘学、气象学、水利学、地震学、建筑学等多学科相融合的实用化综合服务系统，可为城市规划、市政建设、交通管理、城市基础测绘、工程测量、气象预报、灾害监测等多种行业提供导航、定位和授时等多种信息服务，实现一网多用。

(3) 三维测绘技术的工程应用。

三维测绘技术就是测量目标的空间三维坐标，确定目标的几何形态、空间位置和姿态，对目标进行三维重建，并在计算机上建立虚拟现实景观模型，真实再现目标。目前有多种三维测量仪器，其中三维激光扫描仪是近年发展起来的新型三维测绘仪器。

(4) 精密大型复杂工程的施工测量新技术。

近年来我国完成了许多世界建筑史上具有开创意义的建筑工程。这些工程建筑物造型独特、设计新颖、结构复杂、施工困难。因此针对这些建筑的施工测量必须开展一系列技术开发，创造出相应的新方法，攻克大量施工技术难关。如在国家大剧院施工测量中研制了一套复杂曲面计算程序与放样、检核方法；在国家体育场"鸟巢"的施工测量中研制了超大型弯扭钢构件数据采集、三维拼装测量和高空三维定位测量等一整套测量方法；在国家游泳中心"水立方"施工测量中创造了空间无规则球形节点快速定位测量方法。这些新的施工测量技术和方法对提高测量质量、满足施工要求、保证施工周期等起到了突出的保障作用。

(5) 精密工业测量系统的建立与应用。

工业测量已成为现代工业生产不可缺少的重要生产环节。工业测量的技术手段和仪器设备主要以电子经纬仪或全站仪、投影仪或显微投影仪、激光扫描仪等为传感器，在电子计算机硬件和软件的支持下形成三维测量系统。三维测量系统按其传感器不同分为六类：工业大地测量系统、工业摄影测量系统、激光扫描测量系统、基于莫尔条纹的工业测量系统、基于磁力场的三维测量系统和用于空间抛物体运动轨迹测定的全球定位系统等。工业测量系统归纳起来主要应用于众多工业目标的外形、容积、运动状态测量，现在工业生产流水线上产品的直径、厚度、斑痕、平整度等的快速检测，动态目标的运动轨迹、姿态等的测定。

5) 海洋与航道测绘新技术

(1) 海洋与航道中的卫星定位测量。

在海洋测量中目前已基本摒弃了传统的无线电定位手段，大量采用GNSS所衍生的各种形式的定位方式，要研究的问题也同陆地卫星导航定位测量相似。其中将提高定位精度后的北斗三代卫星定位系统的应用范围扩展到海上的问题已经着手探讨。研究的问题有：北斗三代卫星定位系统用于船只姿态测量的可行性。经仿真计算证明，利用北斗多频观测进行船只姿态测量具有很高的精度和效率。另外，可基于GNSS测速的基本原理，采用单点定位、无线电信标/差分GNSS和RTK等模式，研究运动物体速度测量的方法和精度，为声学多普勒海流剖面仪作业提供准确的位置信息。在航道测量中，GNSS定位技术的应用，从根本上改变了原来传统经纬仪测量的人工操作方式，保证了水上(特别是洪水期)测量的安全和效率。目前长江航道已全部采用空间定位技术，将GNSS与测深仪结合进行水上测量，不仅极大地提高了航道测量的生产效率，而且成果精度高、质量好。

(2) 海底地形测量中的水深测量。

在运动平台上进行水深测量，由于受到测量船与仪器噪声、海况和测深仪参数设置等因素的影响，导致异常深度和虚假地形现象，因此对单波速或多波速测深技术的研究，主要集中在提高测量效率和精度以及测深数据的处理上。例如，走航测线数据跳点的剔除；海洋表层声速对多波速测深的影响；序统计滤波估计检测海洋测深异常数据以及利用趋势面滤波法进行粗差标定等方法。采用这些方法可以消除不同水下地形测量的粗差，较好地保留真实的水下地形信息。

(3) 海洋与航道的遥感遥测技术。

海洋与航道的遥感遥测技术的研究同陆地航空航天测绘技术相似。这里的研究主要集中在该技术在海洋与航道测绘中的应用，如水域界限的提取、海岸带监测、浅海障碍物探测、声呐图像处理、影像制图以及航道水下地形和水文因子的实时更新、助航标志的动态变化监测等。不同的对象有不同的技术方法。例如，采用基于 IKONOS 卫星影像的面向对象的信息提取技术，可获取红树林、其他植被和非植被覆盖分类结果；依据合成孔径雷达(SAR)成像机理分析水下障碍物 SAR 成像数字物理模型，依此模型设计水下障碍物的通用仿真计算流程，由此模拟仿真水下沙波、沙丘、暗礁、沉船等典型障碍物。另外，声呐探测及其图像分析与判读也是海洋测绘技术的重点研究方向之一。

(4) 基于"数字海洋"与"数字航道"的测绘信息化服务。

海洋地理信息系统是在海洋测绘、海洋水文、海洋气象、海洋生物、海洋地质等学科研究成果的基础上建立起来的面向海洋的地理信息系统。它是集合了 GIS、数据库和实用数字模型等技术，可以为遥感数据、海图数据、GIS 和数字模型信息提供协调坐标、数据存储、管理和集成信息的系统结构。要在海洋地理信息系统上实现海洋信息服务，还必须建立统一的海洋信息管理网络系统，在现有相关部门局域网的基础上，进行统一规划，实现网络互联，建立集成化的海洋信息服务门户网站，提供海洋信息的社会化、网络化的应用服务。同样，为了提供航道信息服务，必须建立"数字航道"。它是以航道为对象，以地理坐标为依据，将江河干流航道及相关的附属设施，以多维、多尺度、多分辨率的信息进行描述，实现真实航道的虚拟化、数字化、网络化、智能化和可视化的规划、设计、建设、养护、管理和综合应用。

3.1.3 国家对测绘工作的远景规划

国家对测绘工作高度重视。国务院多次召开会议专门研究部署测绘工作。原国家测绘局以"测绘发展战略研究项目"科研项目立项研究，该项目组编写完成了中国测绘事业发展战略研究报告，深入分析了测绘发展的现状与趋势，研究了国民经济、社会发展和国家安全对测绘的需求，揭示了新时期测绘在国民经济和社会发展中的机遇和挑战。2007 年国务院下发了《国务院关于加强测绘工作的意见》，对加强测绘工作的重要性、指导思想、基本原则、战略部署提出了明确的意见。2006 年国务院办公厅转发了《全国基础测绘中长期规划纲要(2006—2020 年)》，这是国务院批准实施的第一个测绘方面的国家级专项规划。提出到 2020 年，我国要建立起完善的基础测绘管理体制和运行机制，基本建成数字中国地理空间框架，形成信息化测绘体系，全面提升基础测绘保障能力和服务水平，满足全面建设小康社会和构建社会主义和谐社会对基础测绘的需求。随着测绘科技的快速发展，2015年6月国务院批复了《全国基础测绘中长期规划纲要(2015—2030年)》，明确了2015—2030年全国基础测绘的发展目标、重点任务和保障措施。2016年8月31日，国家发展改革委、国家测绘地理信息局联合发布了《测绘地理信息事业"十三五"规划》，对新时期全国测绘地理信息事业的发展做出总体部署。为贯彻落实好《测绘地理信息事业"十三五"规划》，结合测绘地理信息科技发展实际，国家测绘地理信息局于2016年10月18日印发了《测绘地理信息科技发展"十三五"规划》，该规划分形势分析、总体思路、重点任务、保障措施四个部分，对"十三五"测绘地理信息科技工作做了部署；为贯彻落实中央关于人才工作决策部署，结合测绘地理信息人才工作实际，国家测绘地理信息局党组于2016年9月19日印发了《测绘地理信息人才发展"十三五"规划》，提出到"十三五"末期培养造就一支适应事业发展总体要求，规模适度、结构合理、素质优良、作风扎实、善于创新、充满活力的测绘地理信息人才队伍。以上规划详见附录二～五。

1. 《国务院关于加强测绘工作的意见》

《国务院关于加强测绘工作的意见》是2007年以国务院的名义发布的指导未来测绘科学发展的纲领性文件。该文件从六个方面，分19个问题全面规划了今后较长一段时期测绘行业的发展。

(1) 充分认识加强测绘工作的重要性和紧迫性。测绘是准确掌握国情国力、提高管理决策水平的重要手段。同时，测绘工作涉及国家秘密，对于维护国家主权、安全和利益至关重要。现代测绘技术已经成为国家科技水平的重要体现，地理信息产业正在成为新的经济增长点。全面提高测绘保障服务水平，对于经济社会又好又快地发展具有积极的促进作用。

(2) 加强测绘工作的指导思想。坚持以邓小平理论和"三个代表"重要思想为指导，全面贯彻落实科学发展观，把为经济社会发展提供保障服务作为测绘工作的出发点和落脚点，完善体制机制，着力自主创新，加快信息化测绘体系建设，构建数字中国地理空间框架，加强测绘公共服务，发展地理信息产业，努力建设服务型测绘、开放型测绘、创新型测绘，全面提高测绘对促进科学发展、构建社会主义和谐社会的保障服务水平。

(3) 加强测绘工作的基本原则。一是坚持统筹规划，协调发展。二是坚持保障安全，高效利用。三是坚持科技推动，服务为本。贯彻自主创新、重点跨越、支撑发展、引领未来的基本方针，以科技创新为动力，以经济社会发展需求为导向，紧密围绕党和国家的中心任务，提供可靠、适用、及时的测绘保障服务。四是坚持完善体制，强化监管。健全测绘行政管理体制，理顺和落实各级测绘行政主管部门的职责，强化测绘工作统一监督管理，全面推进测绘依法行政，加大测绘成果管理和测绘市场监管力度。

(4) 加快基础地理信息资源建设。加大基础测绘工作力度，加强基础测绘规划和年度计划的衔接，按照统一设计、分级负责的原则，全面推进数字中国地理空间框架建设。

(5) 构建基础地理信息公共平台。

(6) 推进地理信息资源共建共享。加快建立国家测绘与地方测绘、测绘部门与相关部门以及军地测绘之间的地理信息资源共建共享机制，明确共建共享的内容、方式和责任，统筹协调地理信息数据采集分工、持续更新和共享服务工作，充分利用现有和规划建设的国家信息化设施，避免重复建设。

(7) 拓宽测绘服务领域。大力提高测绘公共服务水平，切实加强测绘成果的开发应用，充分发挥测绘在管理社会公共事务、处理经济社会发展重大问题、提高人民生活质量以及城乡建设、防灾减灾等方面的作用。

(8) 促进地理信息产业发展。

(9) 完善测绘科技创新体系。加强测绘科研基地、科技文献资源以及科技服务网络等测绘科技基础条件平台建设。

(10) 增强测绘科技自主创新能力。

(11) 加强现代化测绘装备建设。

(12) 健全测绘行政管理体制。县级以上地方人民政府要进一步落实和强化测绘工作管理职责，加强测绘资质、标准、质量以及测绘成果提供和使用等方面的统一监督管理。

(13) 完善测绘法规和标准。加强依法行政，建立健全适应社会主义市场经济体制的测绘法律法规体系。

(14) 加强测绘成果管理。

(15) 加强地图管理。测绘行政主管部门要加强对地图编制的管理，完善地图审核制度，严把地图审核关。

(16) 加大测绘市场监管力度。进一步加强测绘资质管理，从事地理信息数据的采集、加工、提供等测绘活动必须依法取得测绘资质证书，严格市场准入。加快建立测绘市场信用体系，严格市场准入和退出机制，加强测绘执法监督，形成统一、竞争、有序的测绘市场。

(17) 加强对测绘工作的组织领导和统筹协调。

(18) 完善测绘投入机制。各级政府要切实将基础测绘投入纳入本级财政预算，不断提高经费投入水平。

(19) 加强测绘队伍建设。加大测绘人才培养力度，全面提高测绘队伍整体素质。继续弘扬"爱祖国、爱事业、艰苦奋斗、无私奉献"的测绘精神，脚踏实地，开拓进取，为全面建设小康社会、构建社会主义和谐社会做出更大的贡献。

2. 《全国基础测绘中长期规划纲要(2006—2020 年)》

《全国基础测绘中长期规划纲要(2006—2020 年)》(以下简称《纲要》)由国务院办公厅于 2006 年转发。《纲要》提出，到 2020 年，我国要建立起完善的基础测绘管理体制和运行机制，基本建成数字中国地理空间框架，形成信息化测绘体系，全面提升基础测绘保障能力和服务水平，满足全面建设小康社会和构建社会主义和谐社会对基础测绘的需求。

《纲要》指出，基础测绘是为经济建设、国防建设和社会发展提供基础地理信息的基础性、公益性事业，关系国家主权、国防安全和国家秘密，是实现经济社会可持续发展的基础条件和重要保障。《纲要》是国务院根据《中华人民共和国测绘法》批准实施的第一个测绘方面的国家级专项规划，由国家测绘局会同发展改革委、国防科工委、民政部、财政部、国土资源部、交通部、水利部、总参测绘局和国务院西部开发办共同组织编制。规划范围为我国陆地国土区域。规划期为 2006 年至 2020 年。

《纲要》指出，"九五"和"十五"期间，我国基础测绘发展较快，取得了一系列可喜的成就，积累了较为丰富的基础地理信息资源，建立了数字化测绘技术体系，基础测绘服务与应用领域不断拓展，为今后基础测绘的快速健康发展奠定了良好基础。我国基础测绘在取得一系列成就和面临新的良好发展机遇的同时，由于法规政策尚不完善、总体投入不足、统筹协调能力较弱等原因，其滞后于国民经济和社会发展需要的局面尚没有得到根本改变。基础地理信息数据获取能力不强，基础地理信息资源还十分短缺，基础地理信息的应用服务水平仍然较低。加快基础测绘发展，满足经济社会对基础地理信息日益迫切的需求已经刻不容缓。

《纲要》提出，2006年至2010年，要全面提高基础测绘的管理水平，进一步完善基础测绘的政策和法制环境；基本建成现代化国家测绘基准体系，基本实现陆地国土1∶5万比例尺基础地理信息的全覆盖、1∶1万比例尺基础地理信息的必要覆盖、1∶2000或更大比例尺基础地理信息对城镇建成区的全覆盖以及多分辨率和多类型正射影像对全部国土的必要覆盖；基础地理信息更新和共建共享机制基本建立，现势性明显提高；形成一批具有影响力的基础测绘公共产品，基本满足经济社会发展对基础测绘的需求。2011年至2020年，要建立起高效协调的基础测绘管理体制和运行机制，形成以基础地理信息获取空间化实时化、处理自动化智能化、服务网络化社会化为特征的信息化测绘体系，建成结构完整、功能完备的数字中国地理空间框架，更好地满足经济社会发展对基础测绘的需求。

《纲要》确定了2006年至2020年全国基础测绘的七项主要任务：一是现代化测绘基准体系建设与维护，二是航空航天遥感资料获取，三是基本比例尺地形图测绘与更新，四是基础地理信息数据库建设与更新，五是信息化测绘基础设施建设，六是基础测绘成果开发与应用服务，七是测绘科技创新和标准化建设。

3.《全国基础测绘中长期规划纲要(2015—2030年)》

2015年6月1日，国务院批复同意由国土资源部、测绘地理信息局上报的《全国基础测绘中长期规划纲要(2015—2030年)》(以下简称《规划纲要》)。《规划纲要》指出，基础测绘是为经济建设、国防建设和社会发展提供地理信息的基础性、公益性事业，是经济社会可持续发展的重要支撑。加快发展基础测绘，形成新型基础测绘体系，对于全面建成小康社会具有重要意义。

《规划纲要》强调，全国基础测绘中长期工作要坚持服务大局、服务社会、服务民生的宗旨，按照"强化服务、加强管理，需求牵引、科技推动，统筹规划、协调发展，高效利用、保障安全"的基本原则，进一步完善政策法规体系，加强体制机制建设，强化科技创新和人才培养，构建新型基础测绘体系，全面提升测绘地理信息服务能力，为经济社会平稳健康发展提供有力支撑。

《规划纲要》明确，到2020年，建立起高效协调的基础测绘管理体制和运行机制，形成以基础地理信息获取立体化实时化、处理自动化智能化、服务网络化社会化为特征的信息化测绘体系，全面建成结构完整、功能完备的数字地理空间框架；到2030年，基本形成以新型基础测绘、地理国情监测、应急测绘为核心的完整测绘地理信息服务链条，具备为经济社会发展提供多层次、全方位服务的能力。

《规划纲要》确定了2015—2030年全国基础测绘发展的中长期主要任务。到2020年的中期任务，一是现代化测绘基准和卫星测绘应用体系建设，包括形成覆盖我国全部陆海国土，大地、高程和重力控制网三网结合的现代化高精度测绘基准体系及提升卫星测绘服务能力等；二是基础地理信息资源建设与更新，包括数字地理空间框架、重点地区基础测绘、全球地理信息资源建设等;三是基础设施建设,包括地理信息数据获取技术装备、国家地理信息公共服务平台"天地图"建设等;四是地理信息公共服务,包括地理信息公共服务体系、地理国情监测业务工作体系、应急测绘等;五是测绘地理信息科技创新和标准化建设,包括测绘地理信息自主创新体系和标准体系、智慧城市地理空间框架和时空信息平台建设等。到2030年的长期任务,主要是推进测绘基准体系现代化改造,加快对覆盖我国海洋国土乃至全球的基础地理信息资源获取,持续推进基础测绘创新,建立卫星测绘应用链条和业务运行体系,提升基础测绘公共服务能力等。

《规划纲要》提出六个方面的保障措施,一是加强管理与法制建设,二是加强规划计划管理,三是完善投融资体制机制,四是加快基础测绘组织体系和人才队伍建设,五是促进信息资源共建共享,六是加强对《规划纲要》实施的协调和管理。

4. 《测绘地理信息事业"十三五"规划》

《测绘地理信息事业"十三五"规划》(以下简称《规划》),2016年8月31日由国家发展和改革委与国家测绘地理信息局联合印发,这是首个由两部门联合印发的测绘地理信息综合性规划。

《规划》提出"十三五"期间测绘地理信息公益性生产服务的"五大业务":一是新型基础测绘,重点推进现代测绘基准体系建设、基础地理信息获取与更新以及数据库建设等,突出技术应用、成果形式、组织方式、服务模式等方面的创新;二是地理国情监测,重点开展基础性监测和专题性监测,建立常态化的监测能力和业务支撑体系;三是应急测绘,主要任务是建立反应迅速、运转高效、协调有序的应急测绘保障体系,形成国家和省级专业化应急保障能力;四是航空航天遥感测绘,着力推进测绘卫星应用系统以及常态化的航空航天遥感测绘生产服务体系建设;五是全球地理信息资源开发,重点获取"一带一路"沿线和全球重点地区的地理信息资源,并开展应用示范。

《规划》部署了五大能力建设:一是提升科技自主创新能力,主要是完善科技创新体制和工作机制,健全科技创新制度,加强科技攻关和标准化;二是提升基础设施装备保障能力,主要是开展空天地及水下和地下等技术装备的更新换代,推进生产服务流程的信息化改造;三是提升协调融合发展能力,主要是理顺区域间、军地间的发展关系,打破技术、标准、行业以及区位间的壁垒,形成区位优势互补、军地领域互助发展局面;四是提升公共服务能力,主要是增加测绘地理信息服务有效供给,增强按需定制服务的能力;五是提升地理信息产业竞争能力,主要是发展地理信息产业重点领域,完善地理信息产业政策,优化地理信息市场环境。

5. 《测绘地理信息科技发展"十三五"规划》

根据《中共中央国务院关于深化体制机制改革加快实施创新驱动发展战略的若干意见》《中华人民共和国国民经济和社会发展第十三个五年规划》和《测绘地理信息事业"十三五"规划》,为深入贯彻实施国家创新驱动发展战略,切实提高测绘地理信息科技创新能力和水平,增强科技创新对事业改革创新发展的支撑和引领作用,国家测绘地理信息局制定了《测绘地理信息科技发展"十三五"规划》。该规划要求按照"四个全面"战略布局总要求和加快实施创新驱动发展战略总部署,深入贯彻创新、协调、绿色、开放、共享发展理念,紧密围绕"加强基础测绘、监测地理国情、强化公共服务、壮大地信产业、维护国家安全、建设测绘强国"的发展战略,以支持"五大业务"为抓手,以创新为动力,以需求为牵引,以问题为导向,以项目为纽带,着力健全创新体制机制,提升科技自主创新能力,培养创新型科技人才队伍,攻克一批核心关键技术难题,全面推进信息化测绘体系技术能力建设。

6. 《测绘地理信息人才发展"十三五"规划》

人才作为事业发展的重要支撑,既面临着需求旺盛、舞台广阔的良好机遇,又面临着加快转型,跨越发展的紧迫需求,迫切需要进一步完善人才发展机制,营造人才发展良好环境,壮大人才规模,提升人才质量,发挥人才效能。为深入实施人才强测战略,扎实推进测绘地理信息事业改革创新发展,根据《国家中长期人才发展规划纲要(2010-2020年)》《关于深化人才发展体制机制改革的意见》以及《测绘地理信息事业"十三五"规划》,结合测绘地理信息人才发展实际,制定了《测绘地理信息人才发展"十三五"规划》。该规划作为测绘地理信息事业发展的保障性规划之一,是"十三五"时期测绘地理信息人才队伍建设的纲领性文件。该规划要求以服务和支撑事业发展为目标,以实施重点人才工程为抓手,以创新人才发展机制为保障,统筹推进各类人才发展,广开进贤之路,广纳天下英才,把各方面优秀人才聚集到测绘地理信息事业中来,为事业转型升级、创新发展提供坚强人才保障和智力支撑。

3.2 测绘行业管理

随着社会主义市场经济体制在我国的确立以及测绘企事业单位改革的深化,迫切要求各级政府测绘管理部门增强宏观调控能力,实现由部门管理向行业管理的转变。

3.2.1 测绘行业管理的概念

测绘行业是指从事测绘管理工作和生产技术的单位、企业及人员的总称。我国测绘行业有自己的特点,即行业管理统一而人员比较分散,基本分布在三大系统:自然资源部(原国家测绘地理信息局,这是主体)、解放军总参谋部测绘局系统、国家各经济建设的专业测绘地理信息系统。中华人民共和国成立以来,在党和政府的关怀和领导下,测绘事业由小到大、由弱到强,获得了迅速发展,现在已建立起包括大地测量学与测量工程、摄影测量与遥感、地图制图学与地理信息工程、工程测绘、海洋测绘、地籍测绘在内的门类比较齐全的现代测绘行业,设有专门的测绘科学研究机构和大中专测绘院校。截至2018年6月底,测绘地理信息产业从业单位数量超过9.5万家,其中测绘资质单位已超过1.9万家。测绘地理信息产业从业人员数量超过117万人。其中测绘资质单位从业人员超过46万人,专业技术人员超过40万人。建国70年来,我国基础测绘从建国初期的"一穷二白"局面,逐步发展到了现在的基本满足经济社会发展各方面的建设。国家不断加强测绘基准体系建设和更新改造,建成了由约4.8万个控制点组成的国家平面控制网、由约22万千米水准路线组成的国家高程控制网、由2518个控制点组成的国家高精度卫星定位控制网和由259个重力点组成的国家重力基本网。目前，统筹建成 2500 多个站组成的全国卫星导航定位基准站网，基本形成了全国卫星导航定位基准服务系统，实现了我国陆地国土 1∶5 万基础地理信息全部覆盖和重点要素年度更新、全要素每五年更新，基本完成了省级 1∶1 万基础地理信息数据库建设，"资源三号"卫星影像全球有效覆盖达 7112 万平方千米，后续星研建进展顺利，"天地图"实现 30 个省级节点、205 个市(县)级节点与国家级主节点服务聚合，形成网络化地理信息服务合力，333 个地级城市和 476 个县级城市数字城市建设全面铺开，全国智慧城市试点取得阶段性成果，完成了第一次全国地理国情普查，初步构建起支撑常态化地理国情监测的生产组织、技术装备、人才队伍等体系，信息化测绘基础设施更加健全，形成了天空地一体化的数据获取能力，测绘科技创新能力稳步提升，机载雷达测图系统、大规模集群化遥感数据处理系统、无人飞行器航摄系统等方面建设取得重要突破，研制的高分辨率全球地表覆盖数据产品在国际上产生了重要影响。

测绘行业管理是指在社会主义市场经济条件下，管理者按照经济的同一性原则，对测绘经济活动进行的一种专业化分类管理。

3.2.2 测绘行业管理的特征

测绘行业管理的定义中强调了测绘行业管理的以下六个特征。

(1) 测绘行业管理以行业利益的客观存在为前提。维护和发展测绘行业利益是同行业生产者自发要求进行行业管理的直接而基本的原因。在市场经济条件下，各行业利益相对独立存在，所以协调行业利益和国民经济整体利益才会有必要。测绘行业利益的客观存在是由于测绘企事业单位存在着自己相对独立的经济利益，各企事业单位之间存在着利益差别。

(2) 测绘行业管理以测绘行业的客观存在为基础。测绘行业自身并不是一级组织，而是由多个组织组成的集合体。任何独立的生产经营单位不论它是企业单位还是事业单位，不论其经济类型如何，不论其行政隶属关系怎样，只要是从事同类的测绘经济活动，都属于测绘行业管理的对象。

(3) 测绘行业管理是一种专业化性质的经济管理。它的任务主要是对同一劳动领域内不同经济实体之间相互协作关系的统一计划、组织、指导、监督、协调；解决同类独立生产经营单位所面临的共同问题；通过为测绘企事业单位提供各种服务等方式来促进行业经济的发展。

(4) 测绘行业管理的基本性质属于国家宏观经济管理的范畴。它是介于国民经济管理与企事业单位管理之间的一个中间管理层次。其具体管理方式是以行政性行业管理方式和中介性行业管理方式相结合。因此，测绘行业管理主要运用宏观调控进行间接管理，即主要运用经济、法律和必要的行政手段进行管理。

(5) 测绘行业管理既是市场经济的产物，是社会分工与商品竞争的必然结果；又是由科学技术进步和生产力高度发展所决定的。随着科学技术的迅猛发展，当前人类正处于一个以微电子技术应用为中心的新技术革命时代，测绘行业也随着"3S"技术及高速数据通信技术的快速发展，由传统的测绘产业向现代地理信息产业过渡和发展。科学技术的进步使通用型技术逐步减少，技术开发应用的专业化程度越来越高，并由此产生了一批新兴行业。同时，科学技术的高速发展也必将带来专业化社会分工的快速进行，以使企事业单位生产管理社会化程度日益提高,这样就使得每个行业的技术经济特点更为突出,在技术、生产、管理等方面的专业性越来越强,专业化协作对于社会再生产就显得更为重要。因此,行业管理不仅是行业内部的需要,而且也成为整个社会的需要。

(6) 测绘行业管理不仅具有集中性,而且还具有分散性。测绘行业管理的分散性是由测绘生产力和生产关系两方面因素决定的。具体表现为:①专业化协作的不可分割性决定了测绘行业层次结构的分散性。这是因为形成测绘行业的途径具有多样性,纵向上可分为航空、航天、摄影、测绘、印刷、出版等行业,横向上又可拓展为电子计算机、光学精密机械、地理信息等行业。行业划分标准的多元性,专业化与联合化两种组织形式的交错发展,使测绘单位实行"一业为主,多种经营"的经营战略,导致一个测绘单位按其经营项目的不同可同属几个行业。这种各行业间的相互渗透和交叉形成了同一专业分散于不同行业或不同企事业单位的层次结构。②多种经济类型和多种经营方式的长期存在决定了同行业测绘企事业单位隶属关系的分散性。就测绘行业来说,在1.9万个测绘资质单位中,只有几百个单位归口测绘部门管理,占总数的3%,其他97%的测绘单位分别属于水、电、地矿、建设、煤炭、交通、冶金、有色金属、铁道石油等部门。它们在经济行政和技术上受各部门、各地方的直接控制,行政隶属关系上的分散性,又导致行业管理对象的分散性。因此,这种隶属关系上的分散性,实际上反映了在企事业单位属于不同类型所有者的条件下,行业主管部门就不具备部门管理体制那样的直接统管全行业企事业单位的基础,而必须从我国多层次的技术结构和"大而全""小而全"的单位组织结构的实际出发,走具有中国特色的行业管理道路。

3.2.3 测绘行业管理的实施

1. 各级人民政府测绘地理信息主管部门

国务院测绘地理信息主管部门负责全国测绘工作的统一监督管理。国务院其他有关部门按照国务院规定的职责分工,负责本部门有关的测绘工作。

县级以上地方人民政府测绘地理信息主管部门负责本行政区域测绘工作的统一监督管理。县级以上地方人民政府其他有关部门按照本级人民政府规定的职责分工,负责本部门有关的测绘工作。

军队测绘部门负责管理军事部门的测绘工作,并按照国务院、中央军事委员会规定的职责分工负责管理海洋基础测绘工作。

2. 各级测绘地理信息主管部门的职责

1) 国务院测绘地理信息主管部门主要工作职责

2011年5月23日,国家测绘局更名为国家测绘地理信息局,国家测绘地理信息局是原国土资源部管理的主管全国测绘事业的行政机构。2018年3月,根据十九大和第十九届三中全会部署,党和国家机构进行了改革,国务院组成部门进行了调整,国家测绘地理信息局的职责整合并入了自然资源部,自然资源部成为国务院测绘地理信息主管部门。自然资源部承担全国测绘地理信息行业管理的主要职责如下。

(1) 起草测绘法律法规和部门规章草案,拟定测绘地理信息事业发展规划,会同有关部门拟定全国基础测绘规划,拟定测绘地理信息行业管理政策、技术标准并监督实施。

(2) 负责基础测绘、国界线测绘、行政区域界线测绘、地籍测绘和其他全国性或重大测绘项目的组织和管理工作，建立健全和管理国家测绘基准和测量控制系统。

(3) 拟定地籍测绘规划、技术标准和规范，确认地籍测绘成果。

(4) 承担规范测绘市场秩序的责任。负责测绘资质资格管理工作，监督管理测绘成果质量和地理信息获取与应用等测绘活动，组织协调地理信息安全监管工作，审批对外提供测绘成果和外国组织、个人来华测绘。组织查处全国性或重大测绘违法案件。

(5) 承担组织提供测绘公共服务和应急保障的责任。组织、指导基础地理信息社会化服务，审核并根据授权公布重要地理信息数据。

(6) 负责管理国家基础测绘成果，指导、监督各类测绘成果的管理和全国测量标志的保护，拟定测绘成果汇交制度并监督实施。

(7) 承担地图管理的责任。监督管理地图市场，管理地图编制工作，审查向社会公开的地图，管理并核准地名在地图上的表示，与有关部门共同拟定中华人民共和国地图的国界线标准样图。

(8) 负责测绘地理信息科技创新相关工作，指导测绘基础研究、重大测绘科技攻关以及科技推广和成果转化，开展测绘对外合作与交流。

(9) 承办国务院交办的其他有关测绘地理信息行业管理工作。

2) 省、自治区、直辖市人民政府测绘地理信息主管部门主要工作职责

各省、自治区、直辖市自然资源厅是该省、自治区、直辖市测绘地理信息主管部门，其承担全省测绘地理信息行业管理的主要职责如下。

(1) 起草测绘与地理信息地方性法规、规章草案；拟定全省测绘与地理信息事业发展规划；拟定测绘与地理信息行业管理政策、技术标准并监督实施；会同省财政部门监督管理省级测绘与地理信息事业经费、专项资金。

(2) 负责组织和管理全省基础测绘、海洋测绘、地籍测绘、行政区域界线测绘、城市测绘和其他重大测绘项目。会同有关部门编制相关的项目规划和年度计划，并组织实施；负责全省以开展测绘与地理信息活动为目的的航空摄影与遥感、卫星影像采购计划的审核工作，编制和实施省级基础航空摄影与遥感、卫星影像采购计划。

(3) 承担规范测绘市场秩序的责任。按规定权限负责全省测绘与地理信息资质资格管理工作，监督管理地理信息获取与应用等测绘活动；负责测绘项目和外国组织、个人来本省从事测绘与地理信息活动的备案，监督管理全省测绘与地理信息项目招投标工作；组织查处全省性或重大的测绘与地理信息违法案件，负责有关行政复议工作。

(4) 承担组织提供测绘与地理信息公共服务和应急保障的责任。组织、指导测绘与地理信息公共服务，编制突发公共事件处置应急测绘保障预案，并提供应急测绘保障；审核并根据授权公布重要地理信息数据；负责全省地理信息数据变化监测和综合统计分析工作。

(5) 负责管理全省测绘成果与地理信息。指导、监督管理全省各类测绘成果与地理信息和全省测量标志的保护；管理测绘成果与地理信息目录和副本汇交工作；组织测绘与地理信息安全监管工作；负责省级基础测绘成果、基础地理信息数据提供和本省向境外组织、个人提供未公开的测绘成果与地理信息的审批。

(6) 承担地图管理的责任。监督管理地图编制、地图产品制作、地图展示登载、境外地图引进和地图市场，按规定权限审批向社会公开的地图和地图产品；管理并核准地名在地图

上的表示；会同省民政厅共同拟定本省地图的行政区域界线标准样图。

(7) 负责全省地理空间数据交换和共享工作。会同有关部门制定全省地理空间数据交换和共享规划，建设、管理省地理空间数据交换和共享平台，审核有关部门报送的测绘与地理信息项目计划，指导市、县地理空间数据交换和共享平台建设。

(8) 指导全省地理信息产业发展。拟定全省地理信息产业发展规划和产业发展政策，指导和组织协调地理信息资源开发利用和地理信息产业发展工作。

(9) 负责全省新型测绘基准，测绘与地理信息标准、质量、计量和技术的监督管理工作。按规定权限审核、审批本省行政区域内建立相对独立的平面坐标系统；负责建立、完善和管理"数字省份"地理空间框架，指导市、县(市)开展"数字城市""智慧城市"地理空间框架建设，并做好推广应用工作。

(10) 负责全省测绘与地理信息科技创新和外事管理等相关工作。组织实施测绘与地理信息基础研究、重大测绘与地理信息科技攻关、科技成果鉴定以及科技推广和成果转化，组织测绘与地理信息对外合作与交流；组织制定并实施全省测绘与地理信息科技发展和人才规划、计划。

(11) 承办省政府交办的其他测绘地理信息有关事项。

3) 县(市)人民政府测绘地理信息主管部门主要工作职责

依据《中华人民共和国测绘法》等有关法律法规及规章的规定，县(市)人民政府测绘地理信息主管部门负责本行政区域测绘地理信息工作的统一监督管理，其主要职责如下。

(1) 贯彻执行国家、省测绘工作方针、政策和法律法规；制定县(市)测绘事业发展规划和测绘管理政策措施，并依法监督实施；指导乡级人民政府做好测量标志的保护工作。

(2) 负责组织县(市)测绘科技项目的攻关、测绘新技术的普及推广和应用及科技成果的转化工作；负责组织县(市)测绘科技成果的评审鉴定及测绘科技奖励管理工作。

(3) 组织编制县(市)基础测绘规划和地籍测绘规划；配合本级政府发展改革部门编制县(市)基础测绘年度计划，并负责组织实施；负责复测与加密县(市)城镇首级平面和高程控制网，测制与更新县(市)1：500、1：1000、1：2000国家基本比例尺地图，编制与更新县(市)综合地图集和普通地图集，建立、维护与更新县(市)基础地理信息系统。

(4) 负责对财政核拨的基础测绘经费使用情况进行监督与检查。

(5) 负责国家和省规定的测绘基准和测绘系统、测绘技术规范及标准的贯彻执行。

(6) 负责县(市)测绘航空摄影项目申请材料的核实及转报工作；负责县(市)建立相对独立的平面坐标系统申请材料的核实及转报工作。

(7) 负责县(市)测绘市场监管。开展测绘资质单位日常监管等有关工作；负责对使用财政性资金的测绘项目和使用财政性资金的建设工程测绘项目批准立项和核定财政补助金之前的审核，提出立项意见；会同有关部门依法监督管理测绘项目的招投标活动，负责测绘合同款项及合同履约行为的监管；负责县(市)测绘成果质量的监督管理，督促测绘单位建立健全测绘成果质量保证体系；负责测绘市场信用体系建设。

(8) 负责县(市)测绘成果的监管工作。协助省人民政府测绘主管部门执行测绘成果汇交制度，依法确定测绘成果保管单位，确保测绘成果资料的完整和安全，及时汇编测绘成果目录，报送省人民政府测绘主管部门；按照有关规定向社会提供测绘成果资料。负责本级国家秘密基础测绘成果提供的审批工作，核实县(市)有关单位使用所需省级以上国家秘密基础测绘成果的申请；会同本级保密工作部门对使用国家秘密测绘成果的单位定期进行保密检查。

(9) 负责监督县(市)建立地理信息系统的单位采用县级以上人民政府测绘主管部门提供的基础地理信息数据，鼓励对基础地理信息数据的增值开发和应用服务工作，促进地理信息产业发展。

(10) 负责县(市)地图编制、印刷、展示、登载和地图产品生产销售的监管工作；开展国家版图意识宣传教育工作。

(11) 负责县(市)测量标志的管理与维护工作。定期检查、维护永久性测量标志；负责县(市)内永久性测量标志迁建申请材料的核实及转报工作。

(12) 负责县(市)测绘行政执法工作，查处测绘违法案件；负责本行政区域的测绘行政诉讼工作。

(13) 负责县(市)测绘法制宣传计划制订和实施工作。协助做好测绘行业职工岗位培训和继续教育工作。

(14) 负责县(市)测绘综合统计，并按年度汇总后上报省、设区市人民政府测绘主管部门。

(15) 承办省、设区市人民政府测绘主管部门及县(市)人民政府交办的其他工作。

3. 主要的测绘法规

目前，我国已建立健全了具有中国特色的社会主义测绘法律法规体系，它们将成为指导和约束测绘地理信息行业健康发展的可靠保障，具体法律法规将在后续章节叙述。

3.3 测绘生产单位管理

测绘生产单位管理是指在测绘生产单位内，科学正确地应用测绘管理的原理和原则，充分发挥测绘管理的职能，使测绘生产经营活动处于最佳水平，创造出最好的经济效益的一系列活动的总称。

3.3.1 测绘生产单位管理的主要内容

测绘生产单位管理的主要内容如下。

(1) 确定单位测绘管理机构和建立管理的规章制度。主要包括设置管理机构的组织原理，确定组织形式，决定管理层次，设置职能部门，划分各机构的岗位及相应的职责、权限，配备管理人员，建立测绘单位的基本制度等。

(2) 测绘市场预测与经营决策。主要包括测绘市场分类、市场调查与市场预测；经营思想、经营目标、经营方针、经营策略以及经营决策技术等。

(3) 全面计划管理。主要包括招投标策略的制定，测绘长期计划的确定，年度生产经营计划的编制，原始记录、统计工作等基础工作的建立，以及滚动计划、目标管理和网格计划技术等现代管理方法的应用。

(4) 生产管理。主要包括测绘生产过程的组织、生产类型和生产结构的确定、物流方式的选择、生产能力的核定、质量标准的制定、生产任务的优化分配以及线性规划等。

(5) 技术管理。主要包括测绘工程，测绘产品的技术设计、工艺流程、新技术的开发和新产品开发、科学研究、技术革新、技术信息与技术档案工作以及生产技术(设计)等。

(6) 全面质量管理。主要包括全面质量管理意识的树立，PDCA 循环，质量保证体系，产品质量计划、质量诊断、抽样检验以及全面质量管理的常用方法等。

(7) 仪器设备管理。主要包括仪器设备的日常管理，维修保养，仪器设备的利用、改造和更新，仪器设备的检验、维修计划的制订和执行等。

(8) 物质供应及产品销售管理。主要包括原材料、燃料、动力等消耗定额和储备定额的制定，物质供应计划的编制、执行和检查分析，物质的采购、运输、保管和发放，物资的合理使用、回收和综合利用，产品的销售工作等。

(9) 劳动人事与工资管理。主要包括劳动定额，人员编制，劳动组织，职工的招聘、调配、培训和考核，劳动保护，劳动竞赛，劳动计划的编制、执行和检查分析以及工资制度、工资形式、工资计划、奖励和津贴、职工生活福利工作等。

(10) 成本与财务管理。主要包括成本计划和财务计划的编制与执行，成本核算、控制与分析，固定资金、流动资金和专用基金的管理以及经济核算等。

(11) 技术经济分析。主要包括静态分析、动态分析和量本利分析方法，价值工程，工程项目的可行性研究等。

(12) 测绘新技术在测绘企业管理中的应用。主要包括应用条件、范围和效果，有关管理信息系统、数据处理系统、数据库、应用软件的收集、建立和制作等。

上述管理内容，不仅适合于测绘企业单位，也适合于测绘事业单位。不过测绘企业单位更加重视市场研究和预测、经营活动和技术经济分析，同时也侧重于机构设置、指标考核、资金运用和现代管理方法的推广应用等。测绘企业单位同测绘事业单位相比较，测绘企业单位按照现代企业制度，其经营自主权将进一步扩大，主要体现在下列方面。

(1) 扩大经营管理的自主权，即测绘企业单位在产、供、销计划管理上的权限。测绘企业由现在执行的指令性计划、指导性计划和市场调节计划，逐渐过渡到靠招投标的方法，到测绘市场上去招揽工程(测绘任务)和推销测绘产品。

(2) 扩大财务管理自主权，即测绘企业拥有资金独立使用权。在资金实行有偿占用的情况下，测绘企业所需要的生产建设资金，可以向银行贷款；有权使用折旧资金和大修理资金，支配利润留成资金；有权自筹资金扩大再生产，并从利润留成中建立生产发展基金、职工福利基金和奖励基金；多余固定资产可以出租、转让。

(3) 扩大劳动人事管理自主权。测绘企业按照国家规定招收新工人，有权根据考试成绩和生产技术专长择优录用；有权对原有职工根据考核成绩晋级提升，对严重违纪并屡教不改者给予处分，直至辞退、开除；有权根据需要实行不同的工资形式和奖励制度；有权决定组织机构设置及其人员编制。

凡是测绘企业单位，对国家授予其经营管理的财产享有占有、使用和依法处置的权力。根据其主管部门的决定，可采用承包、租赁等多种经营责任制形式。

3.3.2 测绘生产单位组织设计原则

现代测绘企事业单位是一个有机的整体，它集中着成百近千的职工，分工从事各类测绘生产和经营管理活动。为了使整个测绘生产经营活动能够协调有效地进行，就必须设置管理机构，明确职责分工，配备适当人员，制定规章制度，使组织中的每一个成员都明确自己的工作任务和职责，明确应向谁请示汇报，具有哪些处理问题的权力，等等。这些都属于测绘管理的组织职能。

组织设计是实施组织职能的主要环节，是测绘行业和测绘单位组织的建立过程和改善过程。组织设计包括高层决策组织系统、生产经营组织指挥系统、专业职能管理组织系统的设计。

组织设计，就是把测绘管理系统的五个组织要素(人员、职位、职责、关系和信息)从单位的整体上加以综合考虑，达到生产经营组织的合理化，并使该组织在实施既定目标中获得最大的效率。根据管理学者提出的各种组织设计原理，测绘生产单位的组织设计应遵循以下基本原则。

1. 统一领导、分级管理原则

统一领导、分级管理，它体现了集权与分权相结合的组织形式。就测绘单位来说，其实只是建立经营管理组织的纵向分工，设计合理的垂直领导机构。所谓统一领导，是指测绘单位的生产行政管理的主要权力，要集中在最高管理层，下级服从上级的统一指挥，实行一个头的领导。所谓分级管理，是指在统一领导的前提下，根据单位的具体情况把管理机构合理地划分为若干级，并相应地赋予一定的职责和权利，对本职范围内的工作进行管理。要使测绘单位管理机构实行有效的管理，必须有统一的领导和指挥；同时，由于现代测绘单位都具有一定的生产规模，管理和技术业务比较复杂，又必须实行分级管理。

测绘单位实行高度集中统一的领导和指挥是由现代化大生产的特点决定的，它协调着整个测绘生产经营活动，保证千百人的统一意志和行动，使各工种、各工序按照统一的技术要求进行生产作业。作为生产单位，不仅要贯彻执行党和国家的路线、方针、政策以及上级主管机关的规定和指示，遵守法律和法规，坚持社会主义方向，按照国家指令性计划和市场需要组织生产；而且要合理地利用单位内部的人力、物力、财力，多快好省地发展生产，力争全面完成和超额完成计划。要做到这一点，就必须把主要的管理权力集中起来，对整个测绘生产、经营活动进行统一的组织和管理，使单位各部门都服从统一的意志，使全体职工的积极性和创造性统一到一个共同的目标上来。

测绘单位要实行高度集中统一的领导和指挥，就必须建立一个精干的、有权威的、强有力的生产经营指挥系统，即由院(队)长为首的生产行政组织，统一指挥日常的生产经营活动，统一部署各个时期的工作任务，统一调配单位内部的人力、物力和财力。

测绘单位的分级管理层次一般分为三级，即大队、中队、班组。按其层次执行的任务来分，也可分为高层管理、中层管理和基层管理，如图3-1所示。

高层管理是单位的最高经营决策层次。它的任务是战略决策、制定控制标准和方法，进行财务监督，决定干部的选用及调动等。中层管理是执行和监督层次，它的任务是把高层领导决定的目标和决策具体化，对下面执行层颁发指令并进行协调，包括制订业务计划、组织产品的生产和销售、组织科研项目及产品开发、实施内部经济核算等。基层管理是生产作业层次，它的主要任务是合理地组织生产，对生产人员进行鼓励，组织劳动竞赛，协调人的矛盾和生产联系中的矛盾，进行思想政治工作。现代测绘生产如同一台机器，是一个有机的整体,上下层之间的连接组成一个等级链(即层次),各层次的指挥体现了单位的纵向分工。为保证各层次的信息畅通和管理效率,应尽量减少管理层次。

图 3-1 分级管理层次

在分级管理中,下级必须服从上级的命令和指挥,但下级只接受一个上级机构的命令和指挥,不能有多头指挥;各级管理层次实行逐级指挥和逐级负责,一般情况下不允许越级指挥,只有遇到特殊的情况,才由上一级亲自处理;要赋予各级行政组织及其相应的职能机构以必要的职责和权限,使它们能够根据各自的具体情况,灵活地处理各种具体问题。

实行统一领导、分级管理的原则,既有利于上级管理人员摆脱日常事务,集中精力研究和解决更重要的管理业务;又有利于调动下级管理人员的积极性和主动性,及时处理常规业务。

2. 有效管理幅度原则

有效管理幅度是指一个行政主管人员所能直接而有效地领导下级的人数。如一个测绘院的领导能直接领导多少名队长、处长或科长;一个队长领导多少名科长、中队长或小队长;一个组长领导多少名作业人员等。所能直接领导的人越多,管理幅度就越大;反之,管理幅度就越小。一般情况下,有效管理幅度取决于下列因素。

(1) 管理层次的高低。高层管理人员以调研、决策、制定方案为主,基层管理人员以执行为主,所以,高层管理人员所能直接领导的人数一般应少于基层管理人员直接领导的人数,例如,院长直接领导的人数应少于班组长直接领导的人数。

(2) 处理业务的性质。处理业务复杂,管理幅度就小一些。例如,技术部门与总务部门虽在同一个层次,但总务部门处理的大都是日常事务,其管理幅度相对技术部门就可以宽一些;同样,仪器维修工作的班组长其管理幅度应比一般作业组长的管理幅度窄一些。

(3) 领导人员的工作能力。一个工作能力强的领导人员,往往能领导较多的下级人员而不感到负担过重,其管理幅度可以适当放宽。

(4) 领导作风。一个善于走群众路线,注重民主政策,大胆授权给下属的领导者,比一个细致而又事必躬亲的领导人员的管理幅度大。

(5) 职工成熟程度。职工素质好,成熟度高,领导者的管理幅度就大;反之就小。

此外,有效管理幅度还与管理活动中新问题的发生率、管理业务的标准化和自动化程度、管理机构中各部门在空间上的分散程度等因素有关。

一个领导者的有效管理幅度到底有多大,因涉及的因素很多,至今还没有一个公认的数学模型来定量地表示。法国管理学家 V.A.格丘纳斯在 1933 年就管辖人数所产生的人群关系数计算公式,被认为是一个较好的模型,其公式为

$$C=N(2^N/2+N-1) \tag{3-1}$$

式中：C 为可能存在的人群关系数；N 为管理幅度。

由式(3-1)的计算结果表明，管理幅度 N 的增加，将引起人群关系的急剧上升。例如，当 $N=7$ 时，$C=490$；当 $N=8$ 时，$C=1080$。考虑到高层和基层管理的不同性质，格丘纳斯认为，高层管理者的有效管理幅度以 3～6 人为宜。基层管理者的有效管理幅度以 7～11 人为宜。但调查材料表明，实际的管理幅度比这个标准宽得多，它可以从 1 至 20 多人。所以，问题不在管理幅度的具体数字究竟有多大，而是要明确一个管理人员要实行有效的领导，它的幅度终究是有限的。

在组织设计原则中，管理幅度与管理层次是直接相关的两个基本参数。在一个单位的人员、规模既定的条件下，管理幅度与管理层次成反比。管理幅度越小，管理层次就要越多；反之，管理幅度加大，管理层次就可以减少。管理层次过多，就会影响管理的效率，造成上下信息渠道不畅，甚至传递失真，贻误工作。管理幅度过大，就会影响管理的效能。这里就有一个效能和效率的平衡问题。所谓管理效能，是指实现测绘单位生产经营目标的能力，也是指为实现生产经营目标而进行有效工作的程度；所谓管理效率，是指机构精练、办事迅速、信息畅通的程度。要提高管理的效能和效率，必须有计划地培训各级管理人员，提高他们的业务技术能力和管理能力。

3. 按专业化设置机构原则

随着生产技术的发展，按照专业化原则来组织社会生产的要求愈发强烈。专业化生产是现代测绘生产的必然趋势。一个有效的组织，就是要把生产经营活动中那些性质相同或相类似的工作、活动、职能归并在一起，实现部门、单位、班组专业化，使整个测绘生产经营活动能有组织地、协调地、高效率地进行。

测绘生产单位的专业化划分标准，可以按工艺过程、生产设备、产品进行划分。职能机构的专业化划分，要从各种管理业务的性质出发。管理职能的分化，是测绘生产技术发展的必然结果。测绘单位在按照业务性质设置专业职能机构时，必须仔细分析各种职能间的分工协作关系。一般来说，对于业务性质不同的管理职能，应单独设立机构。而对于那些业务性质相同或相近的专业职能机构应加以合并。对某些涉及面广、与多方面管理职能有制约关系的职能机构，如质量管理、财务管理等应单独设立机构，防止削弱它的制约作用。

4. 责权对等原则

职责与职权是管理组织理论中的两个基本概念。在管理组织的等级链上其每一环节都应该无一例外实行责权对等。

职责是指在职位(岗位)上必须履行的责任。职位是指组织机构中的位置，也就是组织体内纵向分工与横向分工的结合点。职位的工作内容就是职务。在组织体中职责是单位之间连接的环，有了这个环，组织的上下左右才能协调动作，完成总任务。把组织机构的全部职责连接起来，就构成组织体的责任体系。职责在纵向要与工作程序结合，在横向要顾及人、事、物三者的关系。职责不明，组织体的结合就不牢固，甚至松垮、瘫痪。

职权是指在一定职位上，为完成其职务范围内的责任所赋予的指挥权和决策权。

职责和职权虽然不能精确地定量，但在任何职位上都必须协调它们，使之大体对等。职责与职权的适应叫作权限，即权力限制在责任的范围内。权力的授予受职务和职责的限制，这就是说，如果要求一个任职者履行其责任，就必须赋予他充分而必要的权力，使他能在本职工作的权力范围内履行其责任。同样，如果赋予一个任职者一定的权力，那就要求他对行使这个权力后所产生的结果承担责任。有权无责或权大责小，就会助长瞎指挥，以至滥用权力等官僚主义作风；反之，如果有责无权或责重权小，也就难以执行其职责，同时也会挫伤工作人员的积极性，而且，这种责任只不过是形式上的规定，而不是实际上的真正责任。

权力是由上级授予的。这就产生了受权者和授权者相互间的责任关系问题。责任与权力不同，它既来自上级对这个岗位所规定的职责要求，同时，它又来自工作人员本身对自己岗位提出的应履行的责任要求，而这种工作人员本身的责任感，往往是更重要的因素。一个领导人可以授权给下级，但不能把责任转嫁给下级。例如，一个测绘队长可以将安全工作授权给安全主管人员，但如果在外业工地发生了重大伤亡事故，安全主管人员固然要承担相应的工作责任，但队长不能因此而推卸其对国家对社会应负的行政甚至法律责任。把责、权、利联系起来，就能更妥善地处理好这方面的关系。

5. 才职相称原则

明确了岗位的职权和职责，也就提出了担负这个岗位的人员相应必须具备的才能和素养。所谓管理者的素养，是指管理者必须具有的素质和修养。它包括政治思想素养、文化专业素养、道德品质素养等。所谓才能，是指管理者必须具有的经营决策能力、不断探索和勇于创新的能力、知人善任的能力和良好的管理作风。概括起来说，就是德和才(包括智和能)两个方面。管理者的素养是管理作风的内涵；管理者的作风(包括思想作风、工作作风、生活作风)则是管理者素养的外在表现。每一个测绘单位都必须为各岗位配备或培训适当的人员，使他们的才能、素养与岗位要求相适应。

才职相称是保证管理效能的必要条件。每一个岗位都要确保"因事设人"，即根据单位的生产经营目标和需要来确定管理机构和工作岗位，相应配备适当人员，而不应当"因人设事"。由于受现有人员条件的局限，要求完美无缺地做到才职相称是很困难的，但应力求做到基本相称。

第 4 章 测绘工程项目管理

本章主要介绍测绘工程项目合同(项目的来源)、测绘项目设计与组织、测绘项目质量控制、测绘生产安全管理、测绘的技术总结、测绘产品检查验收等内容。

测绘工程项目管理是测绘系统运用系统工程的观点,对测绘项目计划的组织监督、控制、协调等,以实现项目目标全过程管理的总称。近年来,由于我国经济的迅速发展,测绘市场日趋成熟,测绘单位承担的测绘项目越来越多,测绘生产规模也不断壮大,掌握测绘工程项目管理的内容和方法就显得格外重要。

4.1 测绘工程项目合同

4.1.1 合同内容

按照《中华人民共和国合同法(以下简称《合同法》)》的规定,合同是平等主体的自然人、法人、其他组织之间设立、变更、终止民事权利义务关系的协议,所以,测绘合同的制定应在平等协商的基础上来对合同的各项条款进行规约,应当遵循公平原则来确定各方的权利和义务,并且必须遵守国家的相关法律和法规。

按照《合同法》的规定,合同的内容由当事人约定,一般应包括以下条款:当事人的名称或者姓名和住所,标的,数量,质量,价款或者报酬,履行期限、地点和方式,违约责任,解决争议的方法。当事人可以参照各类合同的示范文本(如国家测绘局发布的《测绘合同示范文本》等)订立合同,也可以在遵守合同法的基础上,由双方协商去制定相应的合同。测绘项目一般需要项目委托方和项目承揽方共同协作来完成。在项目实施过程中存在多种不确定因素,所以测绘合同的订立又和一般的技术服务合同有所区别,特别是在有关合同标的(包括测绘范围、数量、质量等方面)的约定上,以及报酬和履约期限等的约定上,一定要根据具体的项目及相关条件(技术及其他约束条件)来进行约定,以保证合同能够正常执行。同时,这也有利于保证合同双方的权益。

鉴于测绘项目种类繁多,其规模、工期及质量要求存在较大差异,所以合同的订立也存在一定的差异,合同内容自然也不尽相同。为不失一般性,这里将仅对测绘合同中较为重要的内容(或合同条款)进行详细描述。

1. 测绘范围

测绘项目有别于其他工程项目,它是针对特定的地理位置和空间范围展开的工作,所以在测绘合同中,首先必须明确该测绘项目所涉及的工作地点、具体的地理位置、测区边界和所覆盖的测区面积等内容。这也是合同标的的重要内容之一,测绘范围、测绘内容和测绘技术依据及质量标准构成了对测绘合同标的的完整描述。对于测绘范围，尤其是测区边界，必须有明确的、较为精细的界定，因为它是项目完工和项目验收的一个重要参考依据。测区边界可以用自然地物或人工地物的边界线来描述，如测区范围东至××河，西至××公路，北至××山脚，南至××单位围墙；也可以由委托方在小比例尺地图上以标定测区范围的概略地理坐标来确定，如测区范围地理位置为东经106°45′～106°56′，北纬33°22′～33°30′。

2. 测绘内容

合同中的测绘内容是直接规约受托方所必须完成的实际测绘任务，它不仅包括所需开展的测绘任务种类，还必须包括应完成任务的具体数量(或大致数量)，即明确界定本项目所涉及的具体测绘任务，以及必须完成的工作量。测绘内容也是合同标的的重要内容之一。测绘内容必须用准确简洁的语言加以描述，明确地逐一罗列出所需完成的任务及需提交的测绘成果种类、等级、数量及质量，这些内容也是项目验收及成果移交的重要依据。例如，某测绘合同为某市委托某测绘单位完成该市的控制测量任务，其测绘内容包括：①城市四等GPS测量约60点；②三等水准测量约80 km；③一级导线测量约80 km；④四等水准测量约120 km；⑤5″级交会测量1～2点。城市四等GPS网点和三等水准网点属××市城市平面、高程基础(首级)控制网，控制面积约120 km^2；一级导线网点和四等水准网属××市城市平面、高程加密控制网，控制面积约30 km^2。

3. 技术依据和质量标准

和一般的技术服务合同不同，测绘项目的实施过程和所提交的测绘成果必须按照国家的相关技术规范(或规程)来执行，需依据这些规范及规程来完成测绘生产的过程控制及质量保证。所以，测绘合同中需对所采用的技术依据及测绘成果质量检查及验收标准有明确的约定，这是项目技术设计、项目实施及项目验收等的主要参照标准。一般情况下，技术依据及质量标准的确定需在合同签订前由当事人双方协商确定；对于未做约定的情形，应注明按照本行业相关规范及技术规程执行，以避免出现合同漏洞，导致不必要的争议。

另一个极为重要的内容是约定测绘工作开展及测绘成果的数据基准，包括平面控制基准和高程控制基准。例如，某测绘合同中该部分文本为，经双方协商约定执行的技术依据及标准为：①《城市测量规范》CJJ/T 8—2011；②《卫星定位城市测量技术规范》CJJ/T 73—2010；③对于本合同未提及情形，以相应的测绘行业规范、规程为准；④平面控制测量采用1980西安坐标系，并需计算出2000国家大地坐标系坐标成果，以满足甲方今后多方面工作的需要；⑤测区y坐标投影，需满足长度变形值不大于2.5 cm/km；⑥高程控制测量采用1985国家高程基准。

4. 工程费用及其支付方式

合同中工程费用的计算，首先应注明所采用的国家正式颁布的收费依据或收费标准，然后需全部罗列出本项目涉及的各项收费分类明细项，而后根据各明细项的收费单价及其估算的工程量得出该明细项的工程费用。除直接的工程费用外，可能还包括其他费用，都需在费用预算列表中逐一罗列，整个项目的工程总价为各明细项费用的总和。

费用的支付方式由甲乙双方参照行业惯例协商确定，一般按照工程进度(或合同执行情况)

分阶段支付,包括首付款、项目进行中的阶段性付款及尾款几个部分。视项目规模大小不同,阶段性付款可以为一次或多次。阶段性付款的阶段划分一般由甲乙双方约定,可以按阶段性标志成果来划分,也可以按照完成工程进度的百分比来划分,具体支付方式及支付额度需由双方协商解决。如《测绘合同示范文本》对工程费用的支付方式描述如下。

(1) 自合同签订之日起××日内甲方向乙方支付定金人民币××元,并预付工程预算总价款的××%,人民币×××元。

(2) 当乙方完成预算工程总量的××%时,甲方向乙方支付预算工程价款的××%,人民币×××元。

(3) 当乙方完成预算工程总量的××%时,甲方向乙方支付预算工程价款的××%,人民币×××元。

(4) 乙方自工程完工之日起××日内,根据实际工作量编制工程结算书,经甲乙双方共同审定后,作为工程价款结算依据。自测绘成果验收合格之日起××日内,甲方应根据工程结算结果向乙方全部结清工程价款。

5. 项目进度安排

项目进度安排也是合同中的一项重要内容,对项目承接方(测绘单位)的实际测绘生产有指导作用,是委托方及监理方监督和评价承接方是否按计划执行项目、是否达到约定的阶段性目标的**重要依据**,也是阶段性工程费用结算的重要依据。进度安排应尽可能详细,一般应将拟定完成的工程内容罗列出来,标明每项工作计划完成的具体时间,以及预期的阶段性成果。对工程内容出现时间重叠和交错的情形,应按照完成的工程量进行阶段性分割。概括来说,进度计划必须明确,既要有时间分割标志,也应注明预期所获得的阶段性标志成果,使项目关联的各方都能准确理解及把握,避免产生歧义与分歧。

6. 甲乙双方的义务

测绘项目的完成需要双方共同协作及努力,双方应尽的义务也必须在合同中予以明确陈述。

甲方应尽义务主要如下。

(1) 向乙方提交该测绘项目相关的资料。

(2) 完成对乙方提交的技术设计书的审定工作。

(3) 保证乙方的测绘队伍顺利进入现场工作,并对乙方进场人员的工作、生活提供必要的条件,保证工程款按时到位。

(4) 允许乙方内部使用执行本合同所生产的测绘成果。

乙方的义务主要如下。

(1) 根据甲方的有关资料和本合同的技术要求完成技术设计书的编制,并交甲方审定。

(2) 组织测绘队伍进场作业。

(3) 根据技术设计书要求确保测绘项目如期完成。

(4) 允许甲方内部使用乙方为执行本合同所提供的属乙方所有的测绘成果。

(5) 未经甲方允许,乙方不得将本合同标的全部或部分转包给第三方等内容。

在合同中一般还需对各方拟尽义务的部分条款进行时间约束,以保证限期完成或达到要求,从而保障项目的顺利开展。

7. 提交成果及验收方式

合同中必须对项目完成后拟提交的测绘成果进行详细说明,并逐一罗列出成果名称、种类、技术规格、数量及其他需要说明的内容。成果的验收方式须由双方协商确定,一般情况下,应根据提交成果的不同类别进行分类验收;在存在监理方的情况下,验收工作必须由委托方、项目承接方和项目监理方三方共同完成成果的质量检查及成果验收工作。

8. 其他内容

除了上述内容外,合同中还需包括以下内容。
(1) 对违约责任的明确规定。
(2) 对不可抗拒因素的处理方式。
(3) 争议的解决方式及办法。
(4) 测绘成果的版权归属和保密约定。
(5) 合同未约定事宜的处理方式及解决办法。

4.1.2 成本预算

测绘单位取得与甲方签订的测绘合同后,财务部门根据合同规定的指标、项目施工技术设计书、测绘生产定额、测绘单位的承包经济责任制及有关的财务会计资料等编制测绘项目成本预算。如果项目是生产承包制,其成本预算由生产成本预算和应承担的期间费用预算组成;如果项目是生产经营承包制,其成本预算由生产成本预算、应承担的承包部门费用预算和应承担的期间费用预算组成。

1. 成本预算的依据

根据测绘单位的具体情况,其成本管理可分为三个层次:为适应测绘项目生产承包制的要求,第一层次管理的成本就是测绘项目的直接生产费用,它包括直接工资、直接材料、折旧费及生产人员的交通差旅费等,这一层次的项目成本合计数应等于该项目生产承包的结算金额。为适应测绘项目生产经营承包制的要求,第二层次管理的成本不仅包括测绘项目的直接生产费用,还包括可直接记入项目的相关费用和按规定的标准分配记入项目的承包部门费用。可直接记入项目的相关费用包括项目联系、结算、收款等销售费用,项目检查验收费用,按工资基数计提的福利费、工会经费、职工教育经费、住房公积金、养老保险金等。分配记入项目的承包部门费用包括承包部门开支的各项费用及根据承包责任制应上交的各项费用。为了正确反映测绘项目的投入产出效果,及全面有效地控制测绘项目成本,第三层次管理的成本包括测绘项目应承担的完全成本,它要求采用完全成本法进行管理。鉴于会计制度规定采用制造成本法进行成本核算,可在会计核算的成本报表中加入两栏,将可直接记入项目的期间费用和分配记入项目的期间费用列出,以全面反映和控制测绘项目成本。

2. 成本预算的内容

成本预算除了直接的项目实施工程费用外,还包括多项其他的内容(如员工他项费用及机构运作成本等)。成本预算方式也包括多种形式，其具体采用的方式依赖于所在单位的机构组织模式、分配机制和相关的会计制度等。总的来说，成本预算的主要内容包括以下几个部分。

1) 生产成本

生产成本即直接用于完成特定项目所需的直接费用，主要包括直接人工费、直接材料费、交通差旅费、折旧费等，实行项目承包(或费用包干)的情形则只需计算直接承包费用和折旧费等内容。

2) 经营成本

除去直接的生产成本外，成本预算还应包含维持测绘单位正常运作的各种费用分配，主要包括两大类：①员工福利及他项费用，包括按工资基数计提的福利费、职工教育经费、住房公积金、养老保险金、失业保险等分配记入项目的部分；②机构运营费用，包括业务往来费用、办公费用、仪器购置、维护及更新费用、工会经费、社团活动费用、质量及安全控制成本、基础设施建设等反映测绘单位正常运作的费用分配记入项目的部分。

3. 成本预算的注意事项

成本预算具体操作需视相关情况而定。如前所述，它和单位的组织形式、用工方式和会计制度都有直接关系。当然，严格的、合理的项目成本预算有利于调动测绘人员的积极性，同时能最大限度地降低成本，创造相应的经济效益和社会效益。

4.2 测绘项目设计与组织

4.2.1 测绘项目技术设计概述

测绘项目技术设计的目的是制定切实可行的技术方案，保证测绘项目成果(或产品)符合技术标准和满足顾客要求，并获得最佳的社会效益和经济效益。因此，每个测绘项目作业前都应进行技术设计。

技术项目设计文件是测绘生产的主要技术依据，也是影响测绘成果(或产品)能否满足顾客要求和技术标准的关键因素。为了确保技术设计文件满足规定要求的适宜性、充分性和有效性，测绘技术的设计活动应按照策划、设计输入、设计输出、评审、验证(必要时)、审批的程序进行。

测绘项目是由一组有起止日期的、相互协调的测绘活动组成的独特过程，该过程要达到符合包括时间、成本和资源的约束条件在内的规定要求的目标，且其成果(或产品)可供社会直接使用和流通。测绘项目通常包括一项或多项不同的测绘活动。构成测绘项目的测绘活动根据其内容不同可以分为大地测量、摄影测量与遥感、野外地形数据采集及成图、地图制图与印刷、工程测量、界线测绘、基础地理信息数据建库等测绘专业活动；也可根据测区的不同划分不同的专业活动；亦可将两者综合考虑进行划分。

测绘技术设计是将顾客或社会对测绘成果的要求(即明示的、通常隐含的或必须履行的需求或期望)转换为测绘成果(或产品)、测绘生产过程或测绘生产体系规定的特性或规范的一组过程。

测绘项目技术设计文件是为测绘成果(或产品)固有特性和生产过程或体系提供规范性依据的文件，主要包括项目设计书、专业技术设计书以及相应的技术设计更改文件。其中，技术设计更改文件是设计更改过程中由设计人员提出，并经过评审、验证(必要时)和审批的技术设计文件。技术设计更改文件既可以是对原设计文件技术性的更改，也可以是对原设计文件技术性的补充。

设计过程是一组将设计输入转化为设计输出的相互关联或相互作用的活动。设计过程通常由一组设计活动所构成，主要包括策划、设计输入、设计输出，设计评审、验证(必要时)、审批和更改。其中，设计输入是与成果(或产品)、生产过程或生产体系要求有关的、设计输出必须满足的要求或依据的基础性资料。设计输入通常又称设计依据。设计输出是指设计过程的结果，测绘技术设计输出的表现形式为测绘技术设计文件。设计评审是为确定设计输出达到规定目标的适宜性、充分性和有效性所进行的活动。设计验证是通过提供客观证据对设计输出满足输入要求的认定。

4.2.2 测绘项目技术设计书的主要内容

测绘技术设计分为项目设计和专业技术设计。项目设计是对测绘项目进行的综合性整体设计，一般由承担项目的法人单位负责编写。专业技术设计是对测绘专业活动的技术要求进行设计，它是在项目设计基础上，按照测绘活动内容进行的具体设计，是指导测绘生产的主要技术依据。专业技术设计一般由具体承担相应测绘专业任务的法人单位负责编写。工作量较小的项目，可根据需要将项目设计和专业技术设计合并为项目设计。

1. 技术设计的依据

(1) 技术设计应依据设计输入内容，充分考虑顾客的要求，引用适用的国家、行业或地方的相关标准或规范，重视社会效益和经济效益。相关标准或规范一经引用，便构成技术设计内容的一部分。

(2) 技术设计方案应先考虑整体而后局部，而且应考虑未来发展。要根据作业区实际情况，考虑作业单位的资源条件，如作业单位人员的技术能力、仪器设备配置等情况，以挖掘潜力，选择最适用的方案。

(3) 对已有的测绘成果(或产品)和资料，应认真分析和充分利用。对于外业测量，必要时应进行实地勘察，并编写踏勘报告。应积极采用适用的新技术、新方法和新工艺。

2. 精度指标设计

技术设计书不仅要明确作业或成果的坐标系、高程基准、时间系统、投影方法，而且须明确技术等级或精度指标。对于工程测量项目，在精度设计时，应综合考虑放样误差、构建制造误差等影响，既要满足精度要求，又要考虑经济效益。

3. 工艺技术流程设计

工艺技术流程设计应说明项目实施的主要生产过程和这些过程之间输入、输出的接口关系。必要时，应用流程图或其他形式清晰、准确地规定出生产作业的主要过程和接口关系。

4. 工程进度设计

工程进度设计应对以下内容做出规定。

(1) 划分作业区的困难类别。
(2) 根据设计方案,分别计算统计各工序的工作量。
(3) 根据统计的工作量和计划投入的生产实力,参照有关生产定额,分别列出年度进度计划和各工序的衔接计划。

工程进度设计可以编绘工程进度图或工程进度表。

5. 质量控制设计

工程质量控制设计内容主要如下。

(1) 组织管理措施。规定项目实施的组织管理和主要人员的职责和权限。
(2) 资源保证措施。对人员的技术能力或培训的要求;对软、硬件装备的需求等。
(3) 质量控制措施。规定生产过程中的质量控制环节和产品质量检查、验收的主要要求。
(4) 数据安全措施。规定数据安全和备份方面的要求。

6. 提交成果设计

提交的成果应符合技术标准和满足顾客要求,根据具体成果(或产品),规定其主要技术指标和规格,一般可包括成果(或产品)类型及形式、坐标系统、高程基准、重力基准、时间系统、比例尺、分带、投影方法,分幅编号及其空间单元,数据基本内容、数据格式、数据精度以及其他技术指标等。

4.2.3 测绘项目技术设计书的编写要求

技术设计实施前,承担设计任务的单位或部门的总工程师或技术负责人负责对测绘技术设计进行策划,并对整个设计过程进行控制。必要时,亦可指定相应的技术人员负责。

1. 收集资料

技术设计前,需要收集作业区自然地理概况和已有资料情况。

根据测绘项目的具体内容和特点,需要收集与测绘作业有关的作业区自然地理概况,内容如下。

(1) 作业区的地形概况、地貌特征,如居民地、道路、水系、植被等要素的分布与主要特征、地形类别、困难类别、海拔高度、相对高差等。
(2) 作业区的气候情况,如气候特征、风雨季节等。
(3) 其他需要说明的作业区情况等。

对于收集到的已有资料,需掌握其数量、形式、主要质量情况(包括已有资料的主要技术指标和规格等)和评价,掌握已有资料利用的可能性和利用方案等。

要收集项目设计书编写过程中所引用的标准、规范或其他技术文件。文件一经引用,便构成项目设计书设计内容的一部分。

2. 踏勘调查

为了保证技术设计的可行性和可操作性，应根据项目的具体情况实施踏勘调查，并编写踏勘报告。

踏勘报告应包括以下内容。

(1) 作业区的行政区划、经济水平、踏勘时间、人员组成及分工、踏勘线路及范围。
(2) 作业区的自然地理情况。
(3) 作业区的交通情况。
(4) 居民的风俗习惯和语言情况。
(5) 作业区的供应情况。
(6) 作业区的测量标志完好情况。
(7) 对技术设计方案和作业的建议。

3. 总体设计(项目设计)

项目设计书应包括以下内容。

1) 概述

说明项目来源、内容和目标、作业区范围和行政隶属、任务量、完成期限、项目承担单位和成果(或产品)接收单位等。

2) 作业区自然地理概况和已有资料情况

(1) 作业区自然地理概况。根据测绘项目的具体内容和特点，根据需要说明与测绘作业有关的作业区自然地理概况。
(2) 已有资料情况。说明已有资料的数量、形式、主要质量情况(包括已有资料的主要技术指标和规格等)和评价；说明已有资料利用的可能性和利用方案等。

3) 引用文件

说明项目设计书编写过程中所引用的标准、规范或其他技术文件。

4) 成果(或产品)主要技术指标和规格

说明成果(或产品)的种类及形式、坐标系统、高程基准、比例尺、分带、投影方法、分幅编号及其空间单元，数据基本内容、数据格式、数据精度以及其他技术指标等。

5) 设计方案

(1) 软件和硬件配置要求。规定测绘生产过程中的硬、软件配置要求，主要包括：①硬件，规定对生产过程所需的主要测绘仪器、数据处理设备、数据存储设备、数据传输网络等设备的要求；其他硬件配置方面的要求(如对于外业测绘，可根据作业区的具体情况，规定对生产所需的主要交通工具、主要物资、通信联络设备以及其他必需等装备的要求)。②软件，规定对生产过程中主要应用软件的要求。

(2) 技术路线及工艺流程。说明项目实施的主要生产过程和这些过程之间输入、输出的接口关系。必要时，应用流程图或其他形式清晰、准确地规定出生产作业的主要过程和接口关系。

(3) 技术规定。主要内容包括：①规定各专业活动的主要过程、作业方法和技术、质量要求；②特殊的技术要求，采用新技术、新方法、新工艺的依据和技术要求。

(4) 上交和归档成果(或产品)及其资料内容和要求。分别规定上交和归档的成果(或产品)内容、要求和数量，以及有关文档资料的类型、数量等，主要包括：①成果数据，规定数据内容、组织、格式、存储介质、包装形式和标识及其上交和归档的数量等；②文档资料，规定需上交和归档的文档资料的类型(包括技术设计文件、技术总结、质量检查验收报告、必要的文档簿、作业过程中形成的重要记录等)和数量等。

(5) 质量保证措施和要求。

(6) 进度安排和经费预算。

6) 附录

(1) 需进一步说明的技术要求。

(2) 有关的设计附图、附表。

4.2.4 设计评审、验证和审批

1. 设计评审

在技术设计的适当阶段，应对技术设计文件进行评审，以确保达到规定的设计目标。

设计评审应确定评审依据、评审目的、评审内容、评审方式以及评审人员等。其主要内容和要求有以下几点。

(1) 评审依据：设计输入的内容。

(2) 评审目的：①评价技术设计文件满足要求(主要是设计输入要求)的能力；②识别问题并提出必要的措施。

(3) 评审内容：送审的技术设计文件或设计更改内容及其有关说明。

(4) 评审方式：依据评审的具体内容确定评审的方式，包括传递评审、会议评审以及有关负责人审核等。

(5) 评审人员：评审负责人、与所评审的设计阶段有关的职能部门的代表、必要时邀请的有关专家等。

2. 设计验证

为确保技术设计文件满足输入的要求，必要时应对技术设计文件进行验证。根据技术设计文件的具体内容，设计验证可选用如下方法。

(1) 将设计输入要求和相应的评审报告与其对应的输出进行比较验证。

(2) 试验、模拟或试用，根据其结果验证输出是否符合输入的要求。

(3) 对照类似的测绘成果(或产品)进行验证。

(4) 变换方法进行验证，如采用可替换的计算方法等。

(5) 其他适用的验证方法。

设计方案采用新技术、新方法和新工艺时，应对技术设计文件进行验证。验证宜采用试验、模拟或试用等方法，根据其结果验证技术设计文件是否符合规定要求。

3. 设计审批

为确保测绘成果(或产品)满足规定的使用要求或已知的预期用途的要求，应对技术设计文件进行审批。设计审批的依据主要包括设计输入内容、设计评审和验证报告等。

设计审批方法如下：

(1) 技术设计文件报批之前，承担测绘任务的法人单位必须对其进行全面审核，在技术设计文件和(或)产品样品上签署意见并签名盖章。

(2) 技术设计文件经承担测绘任务的法人单位审核签字后，一式二至四份报测绘任务的委托单位审批。

4.3 专业技术设计

专业技术设计也称分项设计，根据专业测绘活动内容的不同分为大地测量、工程测量、摄影测量与遥感、野外地形数据采集及成图、地图制图与印刷、界线测绘、基础地理信息数据建库等。下面介绍各种专业技术设计书应包括的内容。

4.3.1 大地测量

1. 任务概述

说明任务的来源、目的、任务量、测区范围和行政隶属等基本情况。

2. 测区自然地理概况和已有资料情况

1) 测区自然地理概况

根据需要说明与设计方案或作业有关的测区自然地理概况，内容可包括测区地理特征、居民地、交通、气候情况和困难类别等。

2) 已有资料情况

说明已有资料的数量、形式、施测年代、采用的坐标系统、采用的高程和重力基准、主要质量情况和评价、利用的可能性和利用方案等。

3. 引用文件

引用文件是指专业技术设计书编写过程中所引用的标准、规范或其他技术文件。文件一经引用，便构成专业技术设计书设计内容的一部分。

4. 主要技术指标

说明作业或成果的坐标系统、高程基准、重力基准、时间系统、投影方法、精度或技术等级以及其他主要技术指标等。

5. 设计方案

1) 选点、埋石

(1) 规定作业所需的主要装备、工具、材料和其他设施。

(2) 规定作业的主要过程、各工序作业方法和精度质量要求。

① 选点。
- 测量线路、标志布设的基本要求。
- 点位选址、重合利用旧点的基本要求。
- 需要联测点的踏勘要求。
- 点名及其编号规定。
- 选址作业中应收集的资料和其他相关要求等。

② 埋石。
- 测量标志、标石材料的选取要求。
- 石子、沙、混凝土的比例。
- 标石、标志、观测墩的数学精度。
- 埋设的标石、标志及附属设施的规格、类型。
- 测量标志的外部整饰要求。
- 埋设过程中需获取的相应资料(如地质、水文、照片等)及其他应注意的事项。
- 路线图、点之记绘制要求。
- 测量标志保护及其委托保管要求。
- 其他有关的要求。

(3) 上交和归档成果及其资料的内容和要求。
(4) 有关附录。

2) 平面控制测量

(1) 全球定位系统(GPS)测量。

① 规定 GPS 接收机或其他测量仪器的类型、数量、精度指标以及对仪器校准或检定的要求，规定测量和计算所需的专业应用软件和其他配置。

② 规定作业的主要过程、各工序作业方法和精度质量要求。
- 确定观测网的精度等级和其他技术指标等。
- 规定观测作业各过程的方法和技术要求。
- 规定观测成果记录的内容和要求。
- 外业数据处理的内容和要求：外业成果检查(或检验)、整理、预处理的内容和要求。基线向量解算方案和数据质量检核的要求。必要时需确定平差方案、高程计算方案等。
- 规定补测与重测的条件和要求。
- 其他特殊要求，如拟定所需的交通工具、主要物资及其供应方式、通信联络方式以及其他特殊情况下的应对措施等。

③ 上交和归档成果及其资料的内容和要求。
④ 有关附录。

(2) 三角测量和导线测量。

① 规定测量仪器的类型、数量、精度指标以及对仪器校准或检定的要求，规定测量和计算所需的计算机、软件及其他配置等。

② 规定作业的主要过程、各工序作业方法和精度质量要求。
- 说明所确定的锁(网或导线)的名称、等级、图形、点的密度、已知点的利用和起始控

制情况等。规定觇标类型和高度、标石的类型等。
- 水平角和导线边的测定方法和限差要求等。
- 三角点、导线点的高程测量方法、新旧点的联测方案等。
- 数据的质量检核、预处理及其他要求。
- 其他特殊要求，如拟定所需的交通工具、主要物资及其供应方式、通信联络方式以及其他特殊情况下的应对措施。

③ 上交和归档成果及其资料的内容和要求。

④ 有关附录。

3) 高程控制测量

(1) 规定测量仪器的类型、数量、精度指标以及对仪器校准或检定的要求，规定测量和计算所需的专业应用软件及其他配置。

(2) 规定作业的主要过程、各工序作业方法和精度质量要求。

① 规定测站设置基本要求。

② 规定观测、联测、检测及跨越障碍的测量方法；观测的时间、气象条件及其他要求等。

③ 规定观测记录的方法和成果整饰的要求。

④ 说明需要联测的气象站、水文站、验潮站和其他水准点。

⑤ 规定外业成果计算、检核的质量要求。

⑥ 规定成果重测和取舍的要求。

⑦ 必要时，规定成果的平差计算方法、采用软件和高差改正等技术要求。

⑧ 其他特殊要求，如拟定所需的交通工具、主要物资及其供应方式、通信联络方式以及其他特殊情况下的应对措施。

(3) 上交和归档成果及其资料的内容和要求。

(4) 有关附录。

4) 重力测量

(1) 规定测量仪器的类型、数量、精度指标以及对仪器校准或检定的要求，规定对重力仪的维护注意事项，规定测量和计算所需的专业应用软件和其他配置，并规定测量仪器的运载工具及其要求。

(2) 规定作业的主要过程、各工序作业方法和精度质量要求。

① 规定重力控制点和加密点的布设和联测方案。

② 规定重力点平面坐标和高程的施测方案，说明已知重力点的利用和联测情况。

③ 规定测量成果检查、取舍、补测和重测的要求和其他相关的技术要求。

④ 其他特殊要求，如拟定所需的交通工具、主要物资及其供应方式、通信联络方式以及其他特殊情况下的应对措施。

(3) 上交和归档成果及其资料的内容和要求。

(4) 有关附录。

5) 大地测量数据处理

(1) 规定计算所需的软、硬件配置及其检验和测试要求。

(2) 规定数据处理的技术路线或流程。

(3) 规定各过程作业要求和精度质量要求。

① 说明对已知数据和外业成果资料的统计、分析和评价的要求。

② 说明数据预处理和计算的内容和要求，如采用的平面、高程、重力基准和起算数据；确定平差计算的数学模型、计算方法和精度要求；规定程序编制和检验的要求等。

③ 提出精度分析、精度评定的方法和要求等。

④ 其他有关的技术要求内容。

⑤ 规定数据质量检查的要求。

⑥ 规定上交成果的内容、形式、打印格式和归档要求等。

4.3.2 工程测量

1. 任务概述

说明任务来源、用途、测区范围、内容与特点等基本情况。

2. 测区自然地理概况和已有资料情况

1) 测区自然地理概况

根据需要说明与设计方案或作业有关的测区自然地理概况，内容可包括测区的地理特征、居民地、交通、气候情况以及测区困难类别，测区有关工程地质与水文地质的情况等。

2) 已有资料情况

说明已有资料的施测年代，采用的平面基准、高程基准，资料的数量、形式、质量情况评价，利用的可能性和利用方案等。

3. 引用文件

说明专业技术设计书编写过程中所引用的标准、规范或其他技术文件。文件一经引用，便构成专业技术设计书设计内容的一部分。

4. 成果(或产品)规格和主要技术指标

说明作业或成果的比例尺、平面和高程基准、投影方式、成图方法、成图基本等高距、数据精度、格式、基本内容以及其他主要技术指标等。

5. 设计方案

1) 平面和高程控制测量

平面控制测量和高程控制测量设计方案的内容参照 4.3.1 节大地测量中的有关要求执行。

2) 施工测量

(1) 规定测量仪器的类型、数量、精度指标以及对仪器校准或检定的要求，规定作业所需的专业应用软件及其他配置。

(2) 规定作业的技术路线和流程。

(3) 规定作业方法和技术要求。

① 规定施工场区控制网及建筑控制网的布设方法和精度要求，确定场区高程控制点的

布设、精度要求和施测规定。

② 对施工放样使用的图纸和资料提出技术要求，规定各施工工序间放样、抄平的技术要求、检核方法和限差规定等。

③ 规定结构安装测量中放样的方法和测量允许的偏差。

④ 规定灌注桩、界桩和红线点的布设和施测方法及要求。

⑤ 水工建筑物施工放样的方法和测量允许偏差、高层建筑物与预制构件拼装的竖向测量偏差的规定。

⑥ 其他有关要求和规定。

(4) 质量控制环节和质量检查的主要要求。

(5) 上交和归档成果及其资料的内容和要求。

(6) 有关附录。

3) 竣工测量

(1) 规定测量仪器的类型、数量、精度指标以及对仪器校准或检定的要求，规定作业所需的应用软件及其他配置。

(2) 规定作业的技术路线和流程。

(3) 规定作业方法和技术要求。

① 规定竣工图的分幅、编号、比例尺以及图例、符号等。

② 规定竣工测量的内容、方法和精度要求。

③ 规定竣工图的内容、精度要求和作业技术要求。

④ 规定对竣工图的各项注记及其他要求。

⑤ 其他有关要求和规定。

(4) 质量控制环节和质量检查的主要要求。

(5) 上交和归档成果及其资料的内容和要求。

(6) 有关附录。

4) 线路测量

线路测量包括铁路测量、公路测量、管线测量，以及架空索道和架空送电线路、光缆线路测量等。

(1) 规定测量仪器的类型、数量、精度指标以及对仪器校准或检定的要求，规定作业所需的专业应用软件及其他配置。

(2) 规定作业的技术路线和流程。

(3) 规定作业方法和技术要求。

① 规定线路控制点的布设方案和要求，联测方法和技术要求，确定线路的测图比例尺。

② 规定中线、曲线的起点与终点位置、布设要求、实测方法、技术要求以及断面的间距和断面点密度的要求等。

③ 规定各种桩点(如中桩、转点、交叉点、断面点、曲线点等)的平面和高程的施测方法和精度要求。

④ 线路测量各阶段对各种点位复测的要求，各次复测值之间的限差规定。

⑤ 架空索道的方向点偏离直线的精度要求等。

⑥ 其他有关要求和规定。

(4) 质量控制环节和质量检查的主要要求。
(5) 上交和归档成果及其资料的内容和要求。
(6) 有关附录。
5) 变形测量
(1) 规定测量仪器的类型、数量、精度指标以及对仪器校准或检定的要求,规定作业所需的专业应用软件及其他配置。
(2) 规定作业的技术路线和流程。
(3) 规定作业方法和技术要求。
① 基准点设置和变形观测点的布设方案、标石埋设规格、施测方法及其精度要求。
② 规定变形测量的观测周期和观测要求。
③ 规定数据处理方法、计算公式和统计检验方法等。
④ 规定手簿、记录和计算的要求。
⑤ 其他有关要求和规定。
(4) 上交和归档成果及其资料的内容和要求。
(5) 有关附录。

4.3.3 摄影测量与遥感

1. 任务概述

说明任务来源、测区范围、地理位置、行政隶属、成图比例尺、任务量等基本情况。

2. 测区自然地理概况和已有资料情况

1) 测区自然地理概况

根据需要说明与设计方案或作业有关的作业区自然地理概况,内容可包括测区地形概况、地貌特征、海拔高度、相对高差、地形类别、困难类别和居民地、道路、水系、植被等要素的分布与主要特征,气候、风雨季节及生活条件等情况。

2) 已有资料情况

说明地形图资料采用的平面和高程基准、比例尺、等高距、测制单位和年代等;说明基础控制资料的平面和高程基准、精度及其点位分布等;说明航摄资料的航摄单位、摄区代号、摄影时间、摄影机型号、焦距、像幅、像片比例尺、航高、底片(像片)质量、扫描分辨率等;说明遥感资料数据的时相、分辨率、波段等;说明资料的数量、形式、主要质量情况和评价等;说明资料利用的可能性和利用方案等。

3. 引用文件

说明专业技术设计书编写过程中所引用的标准、规范或其他技术文件。文件一经引用,便构成专业技术设计书设计内容的一部分。

4. 成果(或产品)规格和主要技术指标

说明作业或成果的比例尺、平面和高程基准、投影方式、成图方法、图幅基本等高距、数据精度、格式、基本内容以及其他主要技术指标等。

5. 设计方案

1) 航空摄影

航空摄影技术设计的要求按《航空摄影技术设计规范》(GB/T 19294—2016)执行。

2) 摄影测量

(1) 软、硬件环境及其要求。

① 规定作业所需的测量仪器的类型、数量、精度指标以及对仪器校准或检定的要求；规定对作业所需的数据处理、存储与传输等设备的要求。

② 规定对专业应用软件的要求和其他软、硬件配置方面需特别规定的要求。

(2) 规定作业的技术路线或流程。

(3) 规定各工序作业要求和质量指标。

① 控制测量：规定平面和高程控制点的布设方案及其相关的技术要求等；规定平面和高程控制测量的施测方法、技术要求、限差规定和精度估算。

② 调绘：提出室内判绘和实地调绘的方案和技术要求，提出新增地物、地貌以及云影、阴影地区的补测要求；根据测区地理景观特征，对居民地、地形要求的特征和主要表示方法提出要求。

- 水系：规定测定水位的方法和要求，水网区河流、湖泊、沟渠的取舍原则，对水系附属建筑物的表示方法与要求等。
- 居民地与建(构)筑物：按测区居民地与建(构)筑物的分布情况，说明其类型、特征、表示方法和综合取舍的原则。
- 交通：描述铁路、公路类型和分布情况，对公路以下的道路，着重规定综合取舍的要求等。
- 境界：明确境界表示到哪一级，对国界和其他有争议的境界要提出具体的表示方法和要求等。
- 地貌和土质：说明测区内各类地貌的特征，对地貌符号和土质符号表示提出要求。
- 植被：说明测区内主要植被的种类、配合表示的要求、地类界综合取舍的要求等。

③ 其他关于地图要素的技术要求。

- 地名调查：规定确定地名的依据和方法、人口稠密和人烟稀少地区地名综合取舍要求，对少数民族地区地名应写明译音规则，对地名中的地方字要有统一的注释等。
- 碎部点测量：规定碎部点测量及其相关的技术要求。
- 影像扫描：规定扫描分辨率、色彩模式、数据格式、数据编辑、扫描质量等主要技术要求。
- 空中三角测量：确定加密方案及其要求，内容包括采用的空三系统、平差方法、检测点的选点规则和数量及其精度指标、技术要求和上交成果要求等。
- 数据采集和编辑。
  ◆ 规定矢量数据的采集方法和编辑要求，包括数据的分层、编码、属性内容、数据编辑和接边、图幅裁切、图廓整饰等技术和质量要求。
  ◆ 规定数字高程模型格网间隔、格网点高程中误差、数据格式等技术、质量要求。
  ◆ 规定数字正射影像图的分辨率、影像数据纠正、镶嵌、裁切、图廓整饰等技术、质量要求。
- ◆ 规定元数据的制作要求。
- ◆ 对图历簿、文档簿的样式和填写做出规定。

(4) 在隐蔽地区、困难地区或特殊情况下测图，或采用新技术、新仪器测图时，需规定具体的作业方法、技术要求、限差规定和必要的精度估算和说明。

(5) 质量控制环节和质量检查的主要要求。

(6) 成果上交和归档要求。

(7) 有关附录。

3) 遥感

(1) 硬件平台和软件环境。

(2) 作业的技术路线和工艺流程。

(3) 规定遥感资料获取、控制和处理的技术和质量要求。

- 遥感资料获取：说明选取遥感资料的基本要求，并说明所获取遥感资料的名称、摄影参数、范围、格式、质量情况等。
- 控制要求：规定控制点选取的方法、点数及其分布和计算的精度要求等。
- 处理要求：规定各工序(包括纠正、融合及其他内容等)的技术要求及影像质量、误差精度要求等。规定遥感图像解译的方法、技术指标和标志(如解译、形态、影像、色调)及其整饰、注记的方法和技术要求等。

(4) 其他相关的技术、质量要求。

(5) 质量控制环节和质量检查的主要要求。

(6) 成果上交和归档要求。

(7) 有关附录。

4.3.4 野外地形数据采集及成图

1. 任务概述

说明任务来源、测区范围、地理位置、行政隶属、成图比例尺、采集内容、任务量等基本情况。

2. 测区自然地理概况和已有资料情况

1) 测区自然地理概况

根据需要说明与设计方案或作业有关的测区自然地理概况，内容可包括测区地理特征、居民地、交通、气候情况和困难类别等。

2) 已有资料情况

说明已有资料的施测年代、采用的平面及高程基准、数量、形式、主要质量情况和评价、利用的可能性和利用方案等。

3. 引用文件

说明专业技术设计书编写过程中所引用的标准、规范或其他技术文件。文件一经引用，便构成专业技术设计书设计内容的一部分。

4. 成果(或产品)规格和主要技术指标

说明作业或成果的比例尺、平面和高程基准、投影方式、成图方法、成图基本等高距、数据精度、格式、基本内容以及其他主要技术指标等。

5. 设计方案

(1) 规定测量仪器的类型、数量、精度指标以及对仪器校准或检定的要求，规定作业所需的专业应用软件及其他配置。

(2) 图根控制测量：规定各类图根点的布设、标志的设置，观测使用的仪器、测量方法和测量限差的要求等。

(3) 规定作业方法和技术要求。

① 规定野外地形数据采集方法，包括采用全站型速测仪、平板仪、全球定位系统(GPS)测量等。

② 规定野外数据采集的内容、要素代码、精度要求。

③ 规定属性调查的内容和要求。

④ 数字高程模型(DEM)，应规定高程数据采集的要求。

⑤ 规定数据记录要求。

⑥ 规定数据编辑、接边、处理、检查和成图工具等要求。

⑦ 数字高程模型(DEM)和数字地形模型(DTM)，还应规定内插 DEM 和分层设色的要求等。

(4) 其他特殊要求：拟定所需的主要物资及交通工具等，指出物资供应、通信联络、业务管理以及其他特殊情况下的应对措施或对作业的建议等；采用新技术、新仪器测图时，需规定具体的作业方法、技术要求、限差规定和必要的精度估算和说明。

(5) 质量控制环节和质量检查的主要要求。

(6) 上交和归档成果及其资料的内容和要求。

(7) 有关附录。

4.3.5 地图制图与印刷

1. 地图制图

1) 任务概述

说明任务来源、制图范围、行政隶属、地图用途、任务量、完成期限、承担单位等基本情况。对于地图集(册)，还应重点说明其要反映的主体内容等。对于电子地图，还应说明软件基本功能及应用目标等。

2) 作业区自然地理概况和已有资料情况

(1) 作业区自然地理概况。根据需要说明与设计方案或作业有关的作业区自然地理概况，内容可包括作业区地形概况、地貌特征、困难类别和居民地、水系、道路、植被等要素的主要特征。

(2) 已有资料情况。说明已有资料采用的平面和高程基准、比例尺、等高距、测制单位和年代；资料的数量、形式；主要质量情况和评价，并列出基本资料、补充资料和参考资料(包括可利用的图表、图片、文献等)以及资料利用的可能性和利用方案等。

说明作者原图或其他专题资料的形式、质量情况，并对其利用方案加以说明。

3) 引用文件

说明专业技术设计书编写过程中所引用的标准、规范或其他技术文件。文件一经引用，便构成专业技术设计书设计内容的一部分。

4) 成果(或产品)规格和主要技术指标

说明地图比例尺、投影、分幅、密级、出版形式、坐标系统及高程基准、等高距、地图类别和规格、地图性质、精度以及其他主要技术指标等。

对于地图集(册)，还应说明图集的开本及其尺寸、图集(册)的主要结构等主要情况。

对于电子地图，则应说明其主题内容、制图区域、比例尺、用途、功能、媒体集成程度、数据格式、可视化模型、数据发布方式及可视化模型表现等。

5) 设计方案

(1) 普通地图和专题地图设计方案。

① 说明作业所需的软、硬件配置。

② 规定作业的技术路线和流程。

③ 规定所需作业过程、方法和技术要求。

- 地图扫描处理：规定地图扫描分辨率、色彩模式、数据格式、纠正方法、数据编辑的主要内容、色彩处理等作业方法和质量要求等。
- 数学基础：规定地图的数学基础及其作业方法和技术要求。
- 数据采集与编辑处理，包括以下内容。
  ◆ 规定地图表示的数据内容、采集方法、要求表示关系的处理原则、数据接边以及数据编辑处理的其他要求等。
  ◆ 规定地图的图面配置、图廓整饰、图幅裁切等技术、质量要求。
  ◆ 规定地图各要素符号、注记等的表示要求。
  ◆ 规定地图数据的色彩表示、输出分版(或分色)、排版式样、输出材料以及印刷原图的制作要求等。
  ◆ 对于地图集(册)，规定其详细结构、内容安排、排版样式等，并规定各图幅诸内容的选取原则，表示方法，图片、文字的编排样式，文字的字体、大小等。
  ◆ 规定对地图或图集印刷、装帧的基本要求。
  ◆ 图历簿的填写及其他要求。

④ 质量控制环节和质量检查的主要要求。

⑤ 最终提交和归档成果、资料的内容及要求。

⑥ 有关附录。

(2) 电子地图设计方案。

① 制作电子地图以及多媒体制作与浏览所需的各种软、硬件配置要求。

② 电子地图制作的技术路线和主要流程。

③ 电子地图制作的主要内容、方法和要求。

- 规定空间信息可视化对象的基本属性内容。
- 规定多媒体可视化表现形式和对媒体数据的要求。
- 规定对地图符号系统设计和地图层次结构(由主题信息内容、主题相关信息和背景信息内容等组成)设计的内容、表现手段和要求等。
- 规定电子地图系统设计的主要内容,包括主题内容、表现形式、软件功能及应用目标等。
- 规定电子地图空间信息可视化的表现手段与基本形式等。
- 规定电子地图空间信息的流程结构和组织方式。
- 规定电子地图的界面结构和交互方式等。
- 其他需要规定的内容和要求等。

④ 最终提交和归档成果、资料的内容及要求。

⑤ 有关附录。

2. 地图印刷

1) 任务概述

说明任务来源、性质、用途、任务量、完成期限等基本情况。

2) 印刷原图情况

说明印刷原图的种类、形式、分版情况、制作单位、精度和质量情况,并对存在的问题提出处理意见;说明其他有关资料的数量、形式、质量情况和利用方案等。

3) 引用文件

说明专业技术设计书编写过程中所引用的标准、规范或其他技术文件。文件一经引用,便构成专业技术设计书设计内容的一部分。

4) 主要质量指标

说明印刷的精度、印色、主要材料(如纸张、胶片、板材等)、装帧方法以及成品的主要质量、数量情况等。

5) 设计方案

(1) 确定印刷作业的主要工序和流程(必要时应绘制流程图)。

(2) 规定所需工序作业的方法和技术、质量要求,包括拼版的方法和要求。

① 制版:规定制版作业的方法、材料、技术和质量要求。

② 修版:规定修版的方法、内容和要求。

③ 印刷:规定打样的种类、数量和质量要求;规定印刷设备、纸张类型、印色、印序和印数、印刷精度和墨色等要求。

④ 装帧的方法、技术要求,采用的材料以及清样本的制作等。

⑤ 裁切设备、尺寸和精度要求。

⑥ 采用新工艺、新方法、新材料的技术、质量要求。

⑦ 其他有关的技术、质量要求。

(3) 提交和归档成果(或产品)和资料的要求。

(4) 有关附录。

4.3.6 界线测绘

1. 任务概述

说明任务来源、测区范围、行政隶属、测图比例尺、任务量等基本情况。

2. 测区自然地理概况和已有资料情况

1) 测区自然地理概况

根据需要说明与设计方案或作业有关的作业区自然地理概况，内容可包括测区的地理特征，居民地、道路、水系、植被等要素的主要特征，地形类别以及测区困难类别，经济总体发展水平，土地等级及利用概况等。

2) 已有资料情况

说明已有控制成果和图件的形式，采用的平面、高程基准，比例尺，大地点分布密度、等级，行政区划资料，质量情况评价，利用的可能性和利用方案等。对于地籍测绘和房产测绘，还应说明房屋普查资料、土地利用现状调查资料的现势性和可靠性、土地利用分类、土地权属单元的划分、城镇房产类别、房屋建筑结构分类等标准的制定单位和年代等资料情况和利用方案。

3. 引用文件

说明专业技术设计书编写过程中所引用的标准、规范或其他技术文件。文件一经引用，便构成专业技术设计书设计内容的组成部分。

4. 成果(或产品)规格和主要技术指标

说明作业或成果的比例尺、平面和高程基准、投影方式、成图方法、数据精度、格式、基本内容，以及其他主要技术指标等。

5. 设计方案

1) 地籍测绘

(1) 规定测量仪器的类型、数量、精度指标以及对仪器校准或检定的要求，规定作业所需的专业应用软件及其他配置。

(2) 规定作业的技术路线和流程。

(3) 规定作业方法和技术要求。

① 控制测量：规定平面控制的布设方案、觇标和埋石的规格、观测方法、观测限差、新旧点联测方案及控制网的精度估算。

② 外业调绘：规定调绘图件(地形图、航摄像片、影像平面图及其他图件)，确定地籍要素调绘或调查的内容和方法，规定各种权属界线的表示和地块的编号方法等。

③ 规定界址点实测和面积量算的方法和技术、质量要求。

④ 测图作业要求：规定测图的作业方法、使用的仪器、精度要求和各项限差、地籍要素和地形要素的表示方法等。

⑤ 其他技术要求。

(4) 质量控制环节和质量检查。

(5) 上交和归档成果及其资料的内容和要求。

(6) 有关附录。

2) 房产测绘

(1) 规定测量仪器的类型、数量、精度指标以及对仪器校准或检定的要求，规定作业所需的专业应用软件及其他配置。

(2) 规定作业的技术路线和流程。

(3) 规定作业方法和技术要求。

① 控制测量：规定平面控制的布设方案、觇标和埋石的规格、观测方法、观测限差、新旧点联测方案及控制网的精度估算。

② 房产调查(或调绘)：规定房产调查(或调绘)的内容和方法、地块和房屋(幢号)的编号方法、房产调查表的填写要求等。

③ 规定界址点布设、编号和实测的方法和技术、质量要求。

④ 房产图绘制和面积量算的方法和技术、质量要求。

⑤ 其他技术、质量要求。

(4) 质量控制环节和质量检查。

(5) 上交和归档成果及其资料的内容和要求。

(6) 有关附录。

3) 境界测绘

(1) 规定测量仪器的类型、数量、精度指标以及对仪器校准或检定的要求，规定作业所需的专业应用软件及其他配置。

(2) 规定作业的技术路线和流程。

(3) 规定作业方法和技术要求。

① 控制测量：规定平面控制的布设方案、觇标和埋石的规格、观测方法、新旧点联测方案及控制网的精度估算。

② 外业调绘：确定调绘的内容、方法和技术要求等。

③ 规定界址点实测和界桩埋设的方法和要求。

④ 其他技术要求。

(4) 质量控制环节和质量检查。

(5) 上交和归档成果及其资料的内容和要求。

(6) 有关附录。

4.3.7 基础地理信息数据建库

1. 任务概述

说明任务来源、管理框架、建库目标、系统功能、预期结果、完成期限等基本情况。

2. 已有资料情况

说明数据来源、数据范围、数据产品类型、数据格式、数据精度、数据组织、主要质量指标和基本内容等质量情况,并结合数据入库前的检查、验收报告或其他有关文件,说明数据的质量情况和利用方案。

3. 引用文件

说明专业技术设计书编写过程中所引用的标准、规范或其他技术文件。文件一经引用,便构成专业技术设计书设计内容的一部分。

4. 成果(或产品)规格和主要技术指标

说明数据库范围、内容、数学基础、分幅编号、成果(或产品)的空间单元、数据精度、格式及其他重要技术指标。

5. 设计方案

(1) 规定建库的技术路线和流程,应用流程图或其他形式清晰、准确地规定建库的主要过程及其接口关系。

(2) 系统软件和硬件的设计:规定建库的操作系统、数据库管理系统及有关的制图软件等;规定数据库输入设备、输出设备、数据处理设备(如服务器、图形工作站及计算机等)、数据存储设备及其他设备的功能要求或型号、主要技术指标等;规划网络结构(如网络拓扑结构、网线、网络连接设备等)。

(3) 数据库概念模型设计:规定数据库的系统构成、空间定位参考、空间要素类型及其关系、属性要素类型及其关系等。

(4) 数据库逻辑设计:应规定要素分类与代码、层(块)、属性项及值域范围以及数据安全性控制技术要求等。

(5) 数据库物理设计:应描述数据库类型(如关系型数据库、文件型数据库)、软、硬件平台,数据库及其子库的命名规则、类型、位置及数据量等。

(6) 其他技术规定:如用户界面形式、安全备份要求及其他安全规定等。

(7) 数据库管理和应用的技术规定。

(8) 数据库建库的质量控制环节和检查要求(包括对数据入库前的检查和整理要求)。

(9) 上交和归档成果及其资料的内容和要求。

(10) 有关附录。

4.4 测绘项目组织

项目组织在测绘项目的整个过程中起着十分重要的作用。项目组织的好坏直接决定了项目的成本、项目的工期以及项目的质量。在项目组织过程中,首先要对项目的目标进行分解,然后对项目的作业工序进行分解,在此基础上再进行人员配备和设备配备。

4.4.1 项目目标与工序分解

项目目标与工序分解就是将项目合同中所要完成的任务进行细化，达到可操作的程度。

1. 项目目标分解

测绘项目目标实际上就是在规定的工期内尽量降低成本且保证质量地完成项目所下达的测绘任务，这是总体目标。项目目标可分解为工期目标、成本目标和质量目标。

1) 工期目标

工期目标就是在项目合同规定的时间内完成整个项目。项目要通过不同的工序完成，如地形图测量项目，包括收集资料、技术设计、控制测量、图根测量、细部测量、检查验收等工序。工期目标应分解为各个工序的工期目标。各工序的工期目标集合起来就构成了项目的整体工期目标。

2) 成本目标

成本目标就是完成项目所需花费的目标数额，也可称为成本预算。任何项目都期望花尽量少的费用完成项目，但必须保证质量。成本可分解为人工成本、设备折旧或租用成本、消耗材料成本三大类成本。这三类成本还可按不同的工序进一步分解，如地形图测量项目，在细部测量工序中，每个测量小组3人，每个小组配备1台全站仪、1台电脑，每组消耗材料包括1卷绘图纸、1箱复印纸、100个木桩、50个道钉、4盒水泥钉、3支油性记号笔、2罐喷洒式油漆等。假定工期为50天，整个项目需要10个组进行细部测量，人工费200元/天、全站仪折旧费300元/天、电脑折旧费20元/天、绘图纸230元/卷、复印纸130元/箱、木桩0.5元/个、道钉2元/个、水泥钉6元/盒、油性记号笔15元/支、油漆16元/罐，则项目细部测量的成本目标为316 611元。同理，可算出其他项目工序的成本目标。全部工序的成本目标加起来就构成了整个项目的成本目标。

3) 质量目标

质量目标就是期望项目最终能够达到的质量等级。质量等级分为合格、良好和优秀。衡量项目质量有很详细的质量指标体系。目前，各省市测绘地理信息主管部门都有测绘产品质量监督机构，根据委托专门负责测绘项目的质量检查。整个项目的质量目标也要按工期进行分解，这样才能保证整个项目的最终质量目标。

2. 项目工序分解

项目工序分解就是按照时间顺序和工作性质，将项目分解为若干工序，也称子项目。前面地形图测量的例子将项目分成了收集资料、技术设计、控制测量、图根测量、细部测量、检查验收等工序。不同的工序可由不同的人员来完成。例如，收集资料一般由项目负责人和前期工作人员来完成，技术设计一般由项目技术负责人来完成，控制测量一般由控制测量队负责，图根测量和细部测量一般由细部测量队负责，检查验收工作一般由专门的队伍负责。

4.4.2 人员和设备配备

人员和设备是完成测绘项目的两个主要条件，项目要求每个工序都要配备合适的人员和设备。下面分别讲述人员配备和设备配备。

1. 人员配备

测绘项目人员配备分为技术人员、管理人员、后勤人员和质量控制人员，其中技术人员是项目的主要人员，下面分别说明。

1) 技术人员

测绘项目中的技术人员一般分为 5 个层次：项目总工、项目副总工、工序技术队长、技术组长、作业员。项目总工有时也称项目技术负责人，是测绘项目的最高技术主管。对于较大的测绘项目还设项目副总工，协助总工进行技术负责，分管一个或几个工序的技术工作。对于多个作业组实施的工序，要设工序技术队长，负责整个工序的技术工作。作业组是最基本的作业单位，每个组设一个技术组长，负责全组的技术工作，技术组长一般由组长兼任。作业员具体从事观测、数据处理等工作，作业组的组长(技术组长)也兼作业员的工作。

2) 管理人员

测绘项目中的管理人员一般分为 4 个层次：项目经理、项目副经理、工序队长和作业组长。项目经理全面负责整个项目的工作，包括经费控制、进度控制、质量控制、人员管理等工作。项目副经理协助经理管理一个或几个方面的工作。工序队长全面负责整个工序的工作，也包括经费控制、进度控制、质量控制、人员管理等工作。作业组长负责本组的全面工作，作业组一般不负责经费管理，只负责作业组的进度、质量和人员管理。

3) 后勤人员

测绘项目的后勤人员包括财务人员、办公室人员、材料管理人员、食堂人员等，各自负责项目的后勤服务工作。

4) 质量控制人员

测绘项目的质量控制人员一般由质量控制办公室负责对每一道工序进行质量检查。

2. 设备配备

目前测绘项目的主要设备包括水准仪、经纬仪、全站仪、GPS 测量系统、航空摄影机、数字摄影测量工作站和数字成图系统等。前五类属于外业设备，后两类属于内业设备。测绘项目要配备合适的设备。例如，在地形图测绘中，由于地形图的比例尺和范围大小不同，需要采用不同的测绘方法，而不同的测绘方法，又需要采用不同的测绘设备。

4.5 测绘项目质量控制

4.5.1 工序(过程)质量控制

1. 质量控制的内容

在产品形成过程中，与产品(服务)质量有关且相互作用的全部活动或工作有以下 11 项：营销和市场调研；设计与规范的编制和产品开发；采购；工艺策划和开发；生产制造；检验、试验和检查；包装和储存；销售和分发；安装和运行；技术服务和维护以及用后处置。

2. 质量控制的目的

质量控制的目的是保证质量，满足要求，即使各项质量活动及结果达到质量要求。质量控制的核心思想是以预防为主。

3. 工序质量的状态

(1) 工序质量处于受控状态时，质量特性值的分布特性不随时间而变化，始终保持稳定且符合质量规格的要求。

(2) 工序质量处于失控状态时，质量特性值的分布特性发生变化，不再符合质量规格的要求。

不论是何种形式的失控状态，都表示存在导致质量失控的系统性因素。一旦发现工序质量失控，就应立即查明原因，采取措施，使生产过程尽快恢复受控状态，减少因过程失控所造成的质量损失。

4. 质量控制的分类

质量控制分为广义的质量控制和狭义的质量控制。

(1) 广义的质量控制包括质量控制的全部内容。

(2) 狭义的质量控制，通常是指生产系统涉及的质量控制职能活动，大体包括设计与规范的编制和产品开发、采购、工艺策划和开发、生产制造、检验、试验和检查，共六个环节的控制职能活动。

质量控制从宏观上又分为物质技术形态的质量控制和价值形态的质量控制。

(1) 物质技术形态的质量控制，是指以各种理化技术标准为依据，对产品(劳务)性能、形态等所进行的监测与校正活动。

(2) 价值形态的质量控制，应将质量控制过程视为资金流动的过程(价值流)，然后运用一定的经济标准(价值指标)对产品(服务)质量以及质量活动实施控制，以提高质量活动自身乃至整个企业的经济效益和社会效益。

5. 质量控制的主要环节

质量控制活动的完成，一般分为标准、信息(反馈)、纠正三个环节。

(1) 确定控制计划和标准(即需建立标准系统)。质量控制首先要有标准。没有标准，也就不存在控制。凡是有重复性的事务和概念均可标准化。

(2) 按计划和标准实施，并在实施过程中进行监视和验证，即需建立信息反馈系统。

(3) 对不符合计划或标准的情况进行处置，并及时开展有效的纠正、补救等活动，即要建立一个灵敏、有效、权威的纠正系统，使各项质量活动及结果始终处于受控状态。

6. 工序能力分析

1) 工序能力的概念

工序能力是受控状态下工序对加工质量的保证能力，具有再现性和一致性的固有特性。

2) 工序能力的用途

(1) 选择经济合理的工序方案，预测对质量标准的符合程度，确定工序工艺装备、工艺方法和检测方法。

(2) 协调工序之间的相互关系，进行工艺设计时，要规定各道工序的加工余量、定位基准等，了解每道工序的能力对工序设计是有益的。

(3) 验证工序质量保证能力，分析工序质量缺陷因素，估计工序不合格率，控制工序实际加工质量。

4.5.2 质量管理职责

1. 测绘单位最高领导层在质量管理体系运行中的职责

(1) 组织贯彻质量政策、法规和指令，采取有效措施使质量方针为全体职工理解、掌握并贯彻执行。

(2) 重视目标管理，实行目标分解，对质量目标的实现情况进行监督检查，有效地将质量目标落实到全体职工，共同为实现质量目标努力工作。

(3) 实现质量方针，重视资源投入，保证人员素质与产品质量相适应。

2. 测绘单位中层领导在质量管理体系运行中的职责

(1) 深刻理解、积极贯彻质量方针，做到以身示范。

(2) 按照质量目标开展工作、制定本部门的工作目标及相应的完成措施，对本部门质量目标的实现情况进行监督检查。

(3) 落实质量责任制，促使本部门的职工做好本职工作，实现贯彻 ISO 9000 族国际标准的目的。

(4) 注意培训教育，采取有效措施做好本部门的宣贯工作。

(5) 认真组织贯彻质量管理体系文件，保证质量体系有效运行，以实现质量目标。

4.5.3 测绘仪器检定与校准基本规定

1. 测绘计量标准

测绘计量标准是指用于检定、测试各类测绘计量器具的标准装置、器具和设施。测绘计量器具是指用于直接或间接传递量值的测绘工作用仪器、仪表和器具。测绘计量器具须定期进行检查，其检查周期见表 4-1。

表 4-1 测绘计量器具检定周期表

项 目	名 称	检定周期
计量标准器具	多齿分度台、彩电副载波校频仪、经纬仪检定仪、水准尺检定仪、激光干涉仪、水准器检定仪、因瓦基线尺、周期误差测试平台、长度基线场、GPS 接收机检定场、航测仪器检定场、重力仪格值检定场、高低温箱、温度膨胀系数检定设备	执行国务院计量行政主管部门或测绘主管部门的规定

续表

项目	名称	检定周期
工作计量器具	经纬仪：光学经纬仪、激光经纬仪、电子经纬仪、陀螺经纬仪； 水准仪：光学水准仪、激光水准仪、电子水准仪、自动安平水准仪； 测距仪：光学测距仪、微波测距仪、激光测距仪、电磁波测距仪； 重力仪：微伽级重力仪、毫伽级重力仪； 尺类：钢卷尺、水准标尺、基线尺、线纹米尺、坐标格网尺； 电子速测仪(全站仪)、全球定位系统(GPS)测量型接收机	①J2级以上经纬仪，S3级以上水准仪，精度优于 $10\ mm+3\times10^{-6}D$ 的GPS接收机，精度优于 $5\ mm+5\times10^{-6}D$ 的测距仪、全站仪，毫伽级重力仪以及尺类等一般为一年；其他精度的仪器一般为两年； ②新购置的以及修理后的仪器、器具应及时检定
	平板仪：光学平板仪、电子平板仪； 摄影仪：航空摄影仪、地面摄影经纬仪； 测图仪器：立体坐标量测仪、精密立体测图仪、解析测图仪、自动绘图仪、数字采集仪、坐标展点仪、直角定点仪； 工程仪器：准直仪、铅直仪、扫平仪； 其他辅助设备：直角棱镜、重锤、拉力器等	①一般为两年； ②新购置的以及修理后的仪器、器具应及时检定； ③测图仪器可暂由使用单元自行检校

(1) 省级以上测绘地理信息主管部门和其他有关主管部门建立的各项最高等级的测绘计量标准，以及政府计量行政主管部门授权建立的社会公用计量标准，必须有计量溯源，并且向同级政府计量行政主管部门申请建标考核。取得计量标准证书后，即具备在本部门或本单位开展计量器具检定的资格。

(2) 计量标准考核的内容和要求应执行国务院计量行政主管部门发布的《计量标准考核办法》的规定。

(3) 取得计量标准证书后，属社会公用计量标准的，由组织建立该项标准的政府计量行政主管部门审批核发社会公用计量标准证书，方可使用，并向同级测绘主管部门备案；属于部门最高等级计量标准的，由主管部门批准使用，并向国务院测绘地理信息主管部门备案。测绘计量标准在合格证书期满前6个月，应按规定向原发证机关申请复查。

(4) 社会公用计量标准、部门最高等级的测绘计量标准，均为国家强制检定的计量标准器具，应按国务院计量行政主管部门规定的检定周期向同级政府计量行政主管部门申请周期检定，周期检定结果报同级测绘地理信息主管部门备案。未按照规定申请检定或检定不合格的，不准使用。

(5) 申请面向社会开展测绘计量器具检定、建立社会公用计量标准、承担测绘计量器具产品质量监督试验以及申请作为法定计量检定机构的，应根据申请承担任务的区域，向相应的政府计量行政主管部门申请授权；申请承担测绘计量器具新产品样机试验的，向当地省级政府计量行政主管部门申请授权；申请承担测绘计量器具新产品定型鉴定的，向国务院计量行政主管部门申请授权。

(6) 取得计量授权证书后，必须按照授权项目和授权范围开展有关检定、测试工作；需新增计量授权项目的，必须申请新增项目的授权。被授权单位在授权证书期满前 6 个月，应按规定向原发证机关申请复查。

(7) 从事政府计量行政主管部门授权项目检定、测试的计量检定人员，必须经授权部门考核合格；其他计量检定人员，可由其上级主管部门考核合格。取得计量检定员证书后，才能开展检定、测试工作。根据实际需要，省级以上测绘地理信息主管部门也可经同级政府计量行政主管部门同意，组织计量检定人员考核并发证。

2. 测绘计量器具校准基本规定

测绘计量器具校准应执行国家、部门或地方的计量检定规程。对没有正式计量检定规程的，应执行有关测绘技术标准或自行编写检校办法报主管部门批准后使用。自行编写的检校办法应与有关测绘技术标准的内容协调一致。

(1) 进口以销售为目的的测绘计量器具，必须由外商或其代理人向国务院计量行政主管部门申请型式批准，取得《中华人民共和国进口计量器具型式批准证书》后，方准予进口并使用有关标志。

(2) 承担测绘任务的单位和个体测绘业者，其所使用的测绘计量器具必须经政府计量行政主管部门考核合格的测绘计量检定机构或测绘计量标准检定合格，方可申领测绘资格证书。无检定合格证书的，不予受理资格审查申请。

(3) 测绘单位和个体测绘业者使用的测绘计量器具，必须经周期检定合格，才能用于测绘生产，检定周期见表 4-1。未经检定、检定不合格或超过检定周期的测绘计量器具，不得使用。教学示范用测绘计量器具可以免检，但须向省级测绘地理信息主管部门登记，并不得用于测绘生产。在测绘计量器具检定周期内，可由使用者依据仪器使用状况自行检校。

(4) 测绘产品质量监督检验机构，必须向省级以上政府计量行政主管部门申请计量认证。取得计量认证合格证书后，在测绘产品质量监督检验、委托检验、仲裁检验、产品质量评价和成果鉴定中提供作为公证的数据，具有法律效力。

4.5.4 ISO 9000 族质量管理体系

由国际标准化组织(ISO)颁发的 ISO 9000 族质量管理体系国际标准，总结了当代世界质量管理领域的成功经验，应用当前先进的管理理论，以简单明确的标准形式向世界各国推荐了一套实用的管理方法和管理模式。

随着经济的发展，质量管理逐步成为管理科学中一门独立的学科。为统一质量管理，适应社会化大生产的要求，需要将质量管理的有关要求系统化、规范化、普遍化和统一化。

ISO 9000 族标准在吸收全面质量管理的理论基础上，用国际标准的形式，使质量管理和质量保证在世界范围内统一起来，具有通用、协调、可操作性的特点。ISO 9000 族标准是面向 21 世纪的质量管理标准，它贯穿了当代经济管理理论，尤其是全面质量管理理论的思想和方法。

1) 1987 版 ISO 9000 族标准

1987 版 ISO 9000 族标准首批发布了六个标准。

(1) ISO 8402 质量——术语(该标准为 1986 年发布)。

(2) ISO 9000 质量管理和质量保证标准——选择和使用指南。

(3) ISO 9001 质量体系——开发设计、生产、安装和服务的质量保证模式。

(4) ISO 9002 质量体系——生产和安装的质量保证模式。

(5) ISO 9003 质量体系——最终检验和试验的质量保证模式。

(6) ISO 9004 质量管理和质量体系要素——指南。

2) 1994 版 ISO 9000 族标准

国际标准化组织(ISO)在 1994 年对 1987 版 ISO 9000 族标准进行改版,形成了 1994 版 ISO 9000 族标准。

1994 版 ISO 9000 族标准继承了 1987 版 ISO 9000 族标准的总体结构和思路,力图采取增加标准数量的方式,解决适用性差、通用性差、协调困难等问题。1994 版 ISO 9000 族标准对 ISO 9000、ISO 9001、ISO 9002、ISO 9003 等几个核心标准,在技术上做出修改;同时,增加分标准来完善补充。为了适应其他领域,如服务、流程性材料等方面质量管理的应用,对 ISO 9004 标准也增加了分标准,使之适应各类产品质量管理的要求。

1994 版 ISO 9000 族标准没有从根本上改变通用性、适用性差的问题。质量保证与质量管理两类标准协调性差的问题也没有解决。经过这次修改,原本问题没有从根本上解决,标准数量大大增加。标准与标准之间协调性和连贯性差,应用起来不方便等问题更加突出。

3) 2000 版 ISO 9000 族标准

2000 版 ISO 9000 族标准是面向 21 世纪的质量管理标准。它贯穿了当代经济管理理论,尤其是全面质量管理理论的思想和方法。

2000 版 ISO 9000 族标准的主要特点如下。

(1) 系统地提出质量管理理论基础及其在质量管理体系中的应用。质量管理的 8 项基本原则和质量管理体系的 12 项基本原理的提出,使标准的理论基础更明确坚实。

(2) 质量管理的境界提高了,以顾客为关注的焦点,满足顾客的要求和期望,增强顾客满意度。质量管理的重心发生了变化,适应当今世界经济发达、技术进步、商品丰富的现状。质量管理要求提高了,不仅要保持,还要持续改进。持续改进质量管理体系是系统的、规范的、永恒的活动。

(3) 系统完整的应用过程方法,将全面质量管理理论中的 PDCA 方法应用到具体质量管理的每项活动和过程中,将每项质量管理的活动作为过程来加以管理。

(4) 标准的数量减少,目前仅有 5 个,通用性更强了。标准中的语言、术语都更加通俗清晰、简洁易懂,减少了专业性色彩,便于各行各业使用。

(5) 从质量管理的提高、完善的角度来建立标准。

(6) 标准的内外兼容性好了。标准对人力资源、顾客要求、测量、分析和改进等方面的要求,与组织人力资源管理、营销管理、发展战略管理等方面的要求可以兼容,以便有效地促进这些方面管理的独立发展。标准不排斥和环境管理、职业安全与健康等方面的管理的衔接。

4) 2000 版 ISO 9000 族标准四大核心标准

2000 版 ISO 9000 族标准的四大核心标准是:①ISO 9000 质量管理体系基础和术语;②ISO 9001 质量管理体系要求;③ISO 9004 质量管理体系业绩改进指南;④ISO 19011 质量

和(或)环境管理体系审核指南。

支持性标准是：ISO 10012 测量控制系统。

5) 我国贯彻 ISO 9000 族标准的状况

我国作为 ISO 组织的成员国，积极参加标准的建立工作。自 1987 年 ISO 9000 族标准发布后，引起了我国的关注，即开始对 ISO 9000 族标准进行研究和转换为我国国家标准的工作。1988 年 12 月，我国发布等效采用的 GB/T 10300 系列标准。1992 年 10 月，我国又进一步将 ISO 9000 族标准转换为等同采用的 GB/T 19000 系列标准。对 ISO 9000 族标准的修改、换版，我国有关部门一直进行同步跟踪。对于 ISO 9000 族标准 1994 年换版和 2000 年换版，我国均以最快的速度组织了对新版标准的宣传学习，同时将其转换为了新版的国家标准。

6) 质量管理的原则

2000 版 ISO 9000 族标准第一次提出质量管理的八项原则。

(1) 以顾客为关注焦点原则。

组织依存于顾客，因此，组织应理解顾客当前和未来的需求，满足顾客要求并争取超越顾客期望。组织以顾客为关注的焦点，满足顾客的需求和期望，这也是其自身生存、发展的基础和需要。

(2) 领导作用原则。

领导者确立本组织统一的宗旨及方向。在质量体系下，领导作用归结为以下几项：制定组织的质量方针、质量目标；树立以顾客为关注焦点的思想；在组织内创造公平、公开、民主、开放和谐的氛围，系统和规范的管理方法，充分发挥全体员工的主动性、创造性；协调内外部各方关系，平衡各相关方利益，不断开拓市场，创造未来；建立、健全组织机构，明确各级人员职责、权限及相互关系。

(3) 全员参与原则。

各级人员都是组织之本，只有他们充分参与，才能使他们的才干为组织带来收益。全员参与不是自发的、无序的活动，而是在领导作用下开展的自觉的、有序的活动。

(4) 过程方法原则。

将活动和相关的资源作为过程进行管理，可以更高效地得到期望的结果。

(5) 管理的系统方法原则。

将相互关联的过程作为系统加以识别、理解和管理，有助于组织提高实现目标的有效性和效率。

(6) 持续改进原则。

持续改进总体业绩是组织的一个永恒目标。

(7) 基于事实的决策方法原则。

有效决策建立在数据和信息分析的基础上。决策是通过各类策划活动来实现的。

(8) 互利的供方关系原则。

组织和供方是相互依存的，互利的关系可增强双方创造价值的能力。

7) 质量管理基本原理的运用说明

质量管理的八项原则在质量管理体系中的运用做如下说明。

(1) 质量管理体系说明。

按照 2000 版 ISO 9000 族标准建立的质量管理体系，能够为组织增进顾客的满意度，促使组织持续地改进其产品、过程和质量管理体系，为组织及其顾客提供信任。

(2) 质量管理体系要求与产品要求。

2000版ISO 9000族标准强调质量管理体系要求和产品要求应明确区分。一个是管理要求，一个是技术要求。这两者相互区别、相互依存，不可替代与偏废。组织在产品实现过程与质量管理体系运行过程中，质量管理体系要求和产品要求是平行的、相互影响、相互制约和相互促进的活动。组织对这两方面应分别加以管理、控制。

(3) 质量管理体系方法。

质量管理体系方法是一个管理的系统方法。其八项原则既适用于组织建立质量管理体系，也适用于组织针对设定的质量方针、质量目标，并实现它所涉及的具体的质量管理体系活动和过程的逻辑步骤。

(4) 过程方法。

质量管理体系的所有活动都可以作为一系列相互关联、相互作用的过程和过程网络。组织应系统地识别、确定质量管理体系的各个过程，对各个过程的形成、转化、相互关联、相互作用的输入、输出和资源等影响因素进行管理控制，以达到预期的过程结果。

(5) 质量方针和质量目标。

质量方针是组织在质量上的方向性的、长远的、宏观的发展与追求。质量目标是质量方针的阶段性目的和实现的要求。质量方针提供了质量目标的框架，质量目标不能偏离质量方针。质量目标应是具体的、可测量的、可分解的和可实现的，组织实现质量目标，直接体现内部运作的成果和外部顾客及相关方的满意程度，质量目标的实现反映了质量方针正逐步得到贯彻实施。

(6) 最高管理者在质量管理体系中的作用。

最高管理者在组织质量管理体系中起着领导与核心的作用。最高管理者应建立质量方针、质量目标；确保关注顾客的要求；确定适宜的过程；获得必要的资源；调动广大员工的积极性和参与精神；在建立、实施和保持质量管理体系以及持续改进等方面发挥作用。

(7) 文件。

文件用于沟通意图，统一行动。质量管理体系涉及六种类型的文件，即质量手册、程序文件、质量计划、规划、指南和记录等。

(8) 质量管理体系评价。

组织的最高管理者主持进行的管理评审，是对质量管理体系关于质量方针和质量目标的适应性、充分性、有效性和效率性进行的评价，组织还可以开展其他形式的自我评价。

(9) 持续改进。

组织对质量管理体系开展各种形式的自我评价，评价质量管理体系的过程与结果，通过评价使组织内部进一步开展对质量管理体系的持续改进，增强顾客满意度，提高组织效率。持续改进方法的主要步骤有分析现状、确定改进的目标、实施改进措施、验证改进的效果和纳入质量管理体系等。

(10) 统计技术的作用。

组织在产品实现和质量管理体系运行中，应选择适宜的统计技术。统计技术作为一种工具，可用于了解、分析产品实现和质量管理体系运行过程中的现状和变异，支持各项决策进而促进持续改进。

(11) 质量管理体系与其他管理体系的关注点。

质量管理体系是组织的各项管理体系的一部分，质量管理体系与组织其他管理体系有着密切的联系。在组织的管理体系中，质量管理体系与其他管理体系相辅相成、相互作用、相互依存和相互制约。

(12) 质量管理体系与优秀模式之间的关系。

质量管理体系与其他优秀模式之间具有共同点，采用质量管理体系并不排斥其他优秀管理模式，质量管理体系与其他优秀模式都具有共同的原则、方法和目标。质量管理体系与其他优秀模式可以相互促进，吸取各自的优点，以适应质量管理体系的系统性和开放性的要求。

4.5.5 测绘单位贯标的组织与实施

测绘单位贯彻质量管理体系标准决策之前，应认识到贯标是一项战略性决策。必须在思想上、组织上、资源上和制度上做好各项准备；领导班子必须统一思想，充分认识贯彻质量管理体系标准的重要性、必要性、持久性和艰巨性；最高领导者亲自挂帅，机构落实，全员参与贯标活动；在总结现有质量管理的基础上，对照 ISO 9000 族标准要求，完善自己的质量管理体系，进一步提高质量管理水平和测绘产品质量；识别、分析本单位各级组织在质量管理中的薄弱环节和缺陷，以便在贯标工作中改进；围绕测绘产品的生产和新技术的开发与应用，整理、完善测绘产品的质量管理、技术管理和设备管理等方面的制度、规范和章程等文件；确定质量管理所必需的资源，尤其是培训部分贯标骨干人员，作为测绘单位贯标工作和质量管理的基础人员。

1. 贯标目的和必要性

1) 决策因素

(1) 贯标工作需要投入相当的人力。分析、调整和充实生产的资源和过程，整理、补充和编制各类质量管理程序、规范和作业指导书等文件。

(2) 明确实施贯标工作的目的。其目的是和国际接轨，提高质量管理水平，更好地满足顾客对测绘产品的需求和期望，提高整体效率和市场竞争能力，增加利润。

(3) 测绘单位原有质量管理体系较完整，需考虑质量管理体系的国际化和先进性。按照国际标准建立质量管理体系，使测绘单位具备国际通用、先进、不断完善的质量管理体系，有利于在竞争中发展。

(4) 测绘单位必须考虑测绘行业正经历向现代化地理信息产业过渡的历史性变革。

2) 标准的应用

在现代地理信息产业发展过程中，测绘单位要具备较强的综合实力，必须具备 GIS 信息系统设计、网络设计、地图设计等综合能力。因此，测绘单位应当用标准建立质量管理体系并形成文件，以保证质量管理体系文件符合要求。

质量管理体系文件的形成需考虑的因素如下。

(1) 标准的各项要求。

(2) 产品的特性及复杂程度。

(3) 产品满足法律法规等要求。

(4) 组织的管理水平与装备水平。

(5) 各级人员的素质与能力。

(6) 质量经济性与效率等。

3) 咨询机构的选择

测绘单位确定开展贯标工作,一般应选择咨询机构帮助建立质量管理体系。这有利于测绘单位准确地理解标准;分析质量管理的现状,建立适应性和可操作性强的质量管理体系。

选择咨询机构要考虑的因素如下。

(1) 咨询机构应是具有法律地位的实体,能够独立地承担民事责任。

(2) 咨询机构应经国家认证认可监督管理委员会(简称国家认监委)批准。

(3) 咨询机构的实力如何,是否熟悉测绘行业,拥有对测绘单位开展咨询的业绩。

(4) 咨询机构是否为测绘行政、质量和专业技术等部门所推荐。

4) 认证机构的选择

测绘单位在质量管理体系建立、实施之后,要选择认证机构,考虑的因素如下。

(1) 顾客是否提出了需获得某一特定认证机构认证的特殊要求。

(2) 认证机构是否获得国家认监委批准;业绩与服务是否为你或你的顾客所熟悉。

(3) 认证机构的认证业务范围是否包括测绘产品。

(4) 认证机构具有公正地位:认证机构不能从事咨询,不能与咨询机构形成利益关系。否则就会影响认证机构的公正性,损害测绘单位的利益,违反国家或国际有关机构对认证机构管理的基本要求。

(5) 认证机构的收费标准和收费情况能否被接受。

(6) 了解认证机构实施质量管理体系审核、评定和注册的有关信息,对认可标志和认证证书的使用有何限制等。

2. 贯标工作策划

1) 人员培训

人员培训是贯标工作的重要内容。通过培训,可使单位全体员工了解本单位的质量方针、质量目标,熟悉、掌握和运用质量手册、程序文件和作业指导书等质量管理体系文件。以此作为规范每一个人参与质量活动的准则。

2) 应用标准考虑的因素

(1) 社会环境。测绘单位产品要满足顾客明确和隐含的需要、国家的法律法规和标准等要求。

(2) 文化背景。根据测绘单位历史、行业特点和文化传统,对标准的应用要通俗易懂、便于操作、适合单位实际情况和操作人员文化层次。

(3) 组织规模。根据单位规模、机构设置等决定质量管理体系的大小,形成文化体系的层次,确定文件的多少。

(4) 产品性质。测绘行业产品具有可修复性、共享性,是地理信息产品,是软件、软件与硬件或软件与服务的组合。

(5) 机构设置。建立质量管理体系一方面要满足 ISO 9000 族标准的要求,另一方面要考虑单位规模、组织机构设置、各级人员职责和权限;在识别、确定和实施质量管理体系的各个过程中,需确定人员职责、权限和工作要求。

(6) 管理经验。建立质量管理体系应对以往的质量管理经验进行总结,将已有的、有效的质量管理经验列入质量管理体系中,并注意管理成本与效益的协调。

(7) 过程分析。通过分析、确定各个质量管理过程,明确各过程的控制重点和要求,人员职责、权限,并对其现状进行识别与调查。

(8) 人员素质。建立质量管理体系应适应各层次人员,人员的政治思想素质、文化程度、技术能力是贯标工作的有效保证。

(9) 文件编写要点。要求内容符合标准,层次分明,上下连贯;注重文体、修辞,体现特点和风格。

3) 组织机构及编写人员的确定

测绘单位开展贯标工作,管理者要负责质量管理体系的建立、实施和改进。选定通过 ISO 9000 族标准培训人员为骨干,组成贯标工作班子,负责质量管理体系文件的编写,组织质量管理体系工作的运行和改进。

4) 组织步骤实施

(1) 组织策划和领导投入阶段。学习、宣贯 ISO 9000 族标准,统一思想、提高认识;领导层决策;成立领导机构和工作班子;分层次进行贯标培训;确定文件编写人员;组织培训骨干队伍,包括文件编写培训;制订工作计划及程序。时间一般需要 1 个月左右。

(2) 体系总体设计和资源配备阶段。制定质量方针和质量目标;对现有任务状况进行分析;对现有质量管理体系过程进行识别、分析;进行质量管理体系总体设计(体系结构、层次、过程及过程网络、接口等);确定质量管理体系各个过程的要求和控制方法;明确各级人员的职责、权限与工作要求;配置质量管理体系建立、运行和改进所必需的资源。时间需要 1 个月左右。

(3) 文件编制阶段。依据体系总体设计方案,拟定体系文件的类型、层次、结构和纲目;制订体系文件编制计划;文件编制的调研、讨论、起草、协调,形成草案;文件审定、修改、确认、批准;文件印刷出版和正式颁布;文件的分发、学习和实施准备等。时间一般需要 3 个月左右。

(4) 质量管理体系运行和实施阶段。质量手册、程序文件和其他质量文件发放到位;各级人员进行文件的学习;质量管理体系运行和改进等。时间一般应不少于 3 个月。

(5) 审核、评审和体系改进阶段。培训内部质量管理体系审核员;制订内部审核计划;在质量管理体系运行期间,开展覆盖体系的内部审核;开展管理评审;采取措施,包括文件的修改,完善质量管理体系;质量管理体系在运行中不断巩固、提高和改进;质量管理体系运行满足要求,向认证机构提出认证申请。

4.5.6 质量管理体系文件的编制

1. 质量管理体系文件的构成、编写原则和步骤

1) 质量管理体系文件的构成

质量管理体系文件应满足产品与质量目标的实现,满足 2000 版 ISO 9001 族标准的要求

和质量管理体系有效运行的需要。质量管理体系文件包括质量手册、程序文件、质量计划、规范、作业标准、作业指导书和记录等。质量管理体系文件要承上启下，相互支持、依存、制约，构成质量管理体系的文件系统。

2) 质量管理体系文件的编写原则

(1) 系统协调原则。质量管理体系文件应表述、规定和证实质量管理体系的全部结构和质量活动，并具有系统性和协调性。

(2) 整体优化原则。质量管理体系文件的编写过程也是对质量管理体系的优化过程。

(3) 采用过程方法原则。系统地识别和管理组织所应用的过程，包括管理活动、资源提供、产品实现和测量、分析和改进有关的过程，特别是这些过程之间的相互作用。

(4) 操作实施和证实检查的原则。质量管理体系文件具备实用性和可操作性，对质量管理体系的适用性和有效性提供依据。

3) 质量体系文件的编写步骤

(1) 领导支持和参与。编写质量管理体系文件工作量大，直接涉及职责权限的分配和协调，其过程是对质量管理体系的要求和过程进行策划和设计。在文件的编写过程中，领导直接参与、指导、监督，针对人力、物力、财力等相关资源给予充分支持。

(2) 成立文件编写组。应成立专门的文件编写部门或文件编写组，集中培训学习 2000 版 ISO 9000 族标准，搜集相关文件资料，统一思想认识。

(3) 文件编写计划的拟订。依据质量管理体系总体规划，对照质量管理体系标准的要求，确定所需的过程以及在各个职能部门开展的质量活动。应列出管理人员在体系中的职责、权限和工作要求，识别质量管理体系过程。编写计划中应列出拟制定的质量管理体系文件清单、人员分工、写作阶段的划分。

(4) 规范编写格式、落实编写任务。质量管理体系文件根据组织特点具体划分层次，规定不同的体例格式。质量管理体系文件上下相互支持，左右应衔接补充。编写文件格式，要求严谨、风格统一，手册各章节设置与体系标准章节一致。程序文件、质量计划、规范、作业文件和记录符合质量管理体系标准要求。

(5) 文件的起草。依据文件编写计划和分工，收集现行有效的文件和资料，对符合标准要求的应充分肯定和沿用，对不能满足要求的应进行更改、补充或重新制定。使文件起草工作建立在总结经验、教训，优化单位、部门及对应岗位的工作过程基础上。

(6) 文件的集中讨论、优化和修改。目的在于使文件之间、章节之间以及内容上协调，并符合要求；充分征求意见，使质量管理体系文件充分反映出有效经验和管理特点。

(7) 审定、批准和发布、实施。优化和修改的质量体系文件按规定程序组织审核，质量手册经最高管理者批准，程序文件和作业文件等由分管领导和部门负责人批准。经批准的质量管理体系文件成为法规性文件，便于实施。

2. 质量方针、质量目标的编写

质量方针是组织在质量上的宗旨和方向，是组织在质量上的追求。质量方针应满足标准要求，并体现组织的特点。质量方针由最高管理者批准颁布。质量目标是组织在质量方面所追求的目的。质量目标的制定依据质量方针，反映质量方针的要求。质量目标应为明确的、可测性的指标，包括满足产品要求所需的内容。质量方针、组织的质量目标均可单独形成文件，也可列入质量手册中。

3．质量手册的编写

1) 质量手册的性质和任务

质量手册是规定组织质量管理体系的文件。质量手册对组织的质量管理体系做出系统的、纲领性的阐述，反映组织质量管理体系的基本结构和全貌。质量手册满足质量管理体系标准的要求；针对组织的实际，确定质量管理体系的范围；明确对程序文件的规定或引用；表述质量管理体系过程之间的相互作用；对组织开展的质量活动和过程，控制要求和方法，各个职能部门和人员的职责、权限以及工作要求等方面做出规定。质量手册是相对稳定并需长期遵循的文件，是组织必须遵守的纲领和指南，用以协调一切质量活动和约束人们的行为。在合同条件下或第三方认证情况下，还可以作为质量管理体系的证实文件和认证的依据。

2) 质量手册的基本内容

质量手册作为组织质量管理体系的总体文件，应准确、规范、系统和完整地阐述组织的质量管理体系，反映组织的管理水平与风范，阐述组织的质量管理体系范围，符合 2000 版 ISO 9000 族标准的要求，明确对标准要求的和组织要求的程序文件的直接采用或引用，并对质量管理体系过程之间的相互作用、接口做出表述。

4．程序文件的编写

1) 程序文件的性质和任务

程序是为进行某项活动或过程所规定的途径，将这种途径用文件的形式明确规范，即得到程序文件。

程序文件的编制要做到满足标准要求、切合组织管理实际、通俗易懂和具有可操作性。它是组织质量管理活动和过程经验的结晶，涉及的质量活动或过程范围有大有小。组织根据质量管理体系要求，对质量管理体系的活动和过程形成程序文件。

对于涉及具体作业层面、环节、作业人员工作的活动或过程所制定的质量管理或技术管理方面的规范性文件，更强调可操作性，以区别于从管理层角度编制的程序文件。

2) 程序文件的基本内容

质量管理体系程序应当与相关的质量管理的各种管理标准、工艺标准和规章制度相结合，程序文件的基本内容如下。

(1) 质量管理体系过程和活动的目的、范围。

(2) 与过程和活动相关的管理、执行、验证部门和人员的职责和权限。

(3) 控制活动和过程的顺序、方法、时间、地点，依据的文件和规范，采用的设备和工具，应形成的必要的记录以及信息传递的接口和方式等。

(4) 规定和设计记录格式。

5．质量计划的编写

质量计划是一种特殊情况下使用的质量管理体系文件。质量计划是针对特定的项目、产品、过程或合同的质量管理文件，具有时效性。质量计划具有普遍性、长期性的作用，是对组织质量管理体系文件的补充，其编制的形式、风格多样。质量计划的内容包括：计划目标、资源提供、活动和过程顺序、控制准则要求、人员职责权限、获得结果证据和计划时限。

6. 作业文件的编写

1) 作业文件的性质和任务

作业文件是质量体系详细的操作性文件。作业文件的任务是指导员工顺利而正确地实现规定的质量活动和过程，是质量管理体系程序的有效补充。

2) 作业文件的种类

作业文件包括作业指导书、工艺文件、图式、规范、规程、规章、制度、标准、细则、范例、图表和记录格式等。作业文件除了组织内部专门制定外，很多来自顾客、供方、其他相关方和政府有关部门等。

3) 编写作业文件

(1) 作业文件可以是管理性的，规定某个具体过程、具体活动的质量管理要求；也可以是纯技术性的，规定某些具体产品、作业过程和活动的技术要求；还可以是作业文件管理和技术管理两者兼容。

(2) 作业文件考虑的内容为作业目的、应用性、过程，岗位适用人员的范围、职责和权限，具体工作要求，作业内容准则，使用方法和工作衔接性等。

7. 记录

记录来自质量体系实施和产品形成的过程和结果，是体现客观证据的文件。

记录表格的编制应考虑：质量管理过程或产品名称、标识和编号；所适用的质量活动或过程、合同、订单的名称和编号、产品实现过程等；需要填制的内容；填制和执行的时间、部门和责任人等。记录的填制应真实、准确、完整和及时。

4.5.7　质量管理体系的审核与认证

在整个贯标策划中，对认证活动的部署和计划应予以安排，必须先实施贯标，质量管理体系各项要求达标后，方可实施认证。

1. 认证原则

质量管理体系认证程序主要依据《质量体系审核指南》《质量体系认证机构认可基本要求》和《质量体系认证机构认可基本要求的说明》等 ISO/CASCO 和 IAF 颁布的相应文件。其基本原则是独立性、公正性和科学性，获认证的测绘单位有义务执行认证机构颁发的有关认证制度和有权利使用认证证书和认证标志。

2. 认证程序

(1) 确定认证机构，并向认证机构提交认证申请书，研究认证机构提供的文件审核费、现场审核费、监督审核费、证书注册管理费、审核人和审核日期等相关内容。确定认证日期，待认证机构接受认证申请后，与认证机构签订正式认证合同。签订认证合同后，应向认证机构提交现行有效版本的质量管理体系文件。具体提供的文件应满足认证机构文件审核的需要，如质量手册、标准要求的程序文件及其他需提供的文件或文件清单。认证机构在文件审核通过后，应提出文件审核意见，同时，认证机构应提出现场审核计划和审核组的组成名单。受审核单位对文件审核意见进行相应的回应，对现场审核计划和审核组进行确认。初访、预审并不是必需的审核工作过程。一般双方为了做好审核准备，通过初访、预审达到了解产品生产特性、质量管理体系状况和审核方法等目的。初访、预审的日期应在认证合同中明确。

(2) 审核组按计划抵达审核现场，审核组组长主持召开首次会议，确认审核计划，介绍审核方法，解决、澄清现场审核需解决的问题。审核组按照审核计划和分工开展现场审核。现场审核依据 2000 版 ISO 9001 族标准、质量手册、法律法规和有关质量管理体系文件进行；现场采用抽样方法，审核员通过交谈、观察、抽取客观证据，对质量管理体系现状做出判断；审核组组长主持召开末次会议，宣读不合格报告、确认不合格报告、审核报告和改进要求，审核宣告结束。

(3) 审核组提交不合格报告，受审核单位应明确在规定的时间内制定纠正措施，并报审核组认可。受审核方对不合格报告实施纠正，并验证合格；验证合格的证据提交审核机构，接受其书面或现场验证。

(4) 审核组组长在末次会议上应明确表示是否推荐认证，认证机构应根据审核组提交的审核报告及其他有关信息，做出是否批准认证注册的决定。认证机构应为获证的单位颁发带有认可标志、认证标志的认证证书，并明确提出认可标志、认证标志和认证证书的使用要求。认可标志和认证标志不可以使用在产品上，也不能超越认证证书的范围使用或宣传。

(5) 认证机构向获证的单位提出，在认证注册及证书有效期内(3 年)，进行年度监督审核和安排换证复评。若在监督审核、复评时发现，获证单位在认证注册及证书有效期内，未能有效地贯彻质量管理体系要求，出现重大产品质量事故，未按规定使用认可标志、认证标志和认证证书等，认证机构将向获证单位提出限期整改、暂停认证注册、撤销认证注册等处分。

3. 认证认可工作的管理

认证是保证产品、服务和管理体系符合技术法规和标准要求的合格评定活动。

认可是对从事认证及相关的检测机构(实验室)和审核人员资格条件与能力的合格评定活动。

国家建立国家认证认可监督管理委员会(简称国家认监委)。在国家认监委统一管理、监督和综合协调下，形成各有关方面共同实施的工作机制，建立全国统一的国家认可制度和强制性认证与自愿性认证相结合的认证制度。

4.5.8 质量管理体系的运行与持续改进

质量管理体系的运行是指测绘单位执行质量管理体系文件，实现其质量方针和质量目标，在测绘生产全过程中使影响测绘产品质量的全部因素始终处于受控状态。

1. 培训

(1) 培训的目的是贯彻实施已制定的质量方针、质量目标和质量管理体系文件，即运行已建立的文件的质量管理体系。

(2) 培训对象包括从事对产品质量有影响的活动的所有人员，即各级管理者、检验人员和生产人员。

(3) 培训内容主要是提高员工质量意识，宣传贯彻质量体系文件精神。要按照文件中涉及的质量活动对从事该活动的人员进行专门培训，对原有工作方式反复宣贯，使其认识到新的质量管理体系是按照 ISO 9000 族标准建立的，是对旧习惯的变革，令其自觉摒弃落后的习惯、作业和管理方法。

(4) 培训工作程序。

① 培训计划的编制。培训计划内容包括：确定师资、受训人员层次及培训的内容，培训的规模与次数，培训的时间安排以及培训效果的验证等。

② 培训计划的评审。培训计划编制完成后，由管理者代表组织培训人员对培训计划进行评审，计划应全面、准确、可行，经管理者代表批准即可实施。

③ 培训实施中的注意事项。培训工作严格按培训计划实施；注重培训效果，务必使每个员工都明确自己的职责。

④ 培训完成后，应按培训计划进行验证，当某些验证效果达不到要求时，应反复进行培训，只有达到预期效果后才可进入运行阶段。

2. 试运行

测绘单位根据自身规模大小及技术复杂程度，选择一个或几个典型部门或选择一个或几个典型的测绘工程项目进行试运行。其目的是通过试运行，考验质量管理体系文件的有效性和适宜性。

3. 整改

整改就是对在试运行中发现的问题进行处理，修正文件中含混不清的文字，以保证新的质量体系能够持续有效地运行。

质量体系文件按会议提出的要求修改后，按规定进行审批，根据整改结果适当调整培训计划。若要对组织结构进行调整，则应在最高管理者的主持下进行调整并确保在文件发布前完成组织结构调整工作。

4. 运行前的准备工作

测绘单位在修改完成质量管理体系文件，并按规定程序进行审批后，发布前应完成：质量管理体系文件的印刷、装订和受控号、发放记录的编制；各种技术文件的审批与发布；各种记录表格的编制、印刷、发放或确认、发布；独立行使职权的人员的资格确认和备案；规定需检验、试验和测量仪器的检验、校准与标识；各种生产项目中遗留问题的处理；组织对质量管理体系文件的学习，各级人员对其相关文件获得统一的正确认识和理解。

5. 质量管理体系正式运行

质量管理体系文件发布之后，就进入质量管理体系运行阶段。质量管理体系持续有效运行必须做到以下几点。

(1) 各种程序文件和作业指导书应适应测绘工作特点，能够有效地控制测绘产品质量，并被测绘职工所理解。

(2) 严格执行质量管理体系文件的要求，树立正确的质量意识，提高执行文件的自觉性，提高各级管理者的管理水平，规范作业。

(3) 认真做好质量记录。质量管理体系文件规定的所有质量记录与测绘生产记录同等重要，应采取措施确保所有质量记录真实、准确、齐全。

(4) 处理好执行文件与群众性技术革新的矛盾。

(5) 运行初期，在规定的内审频次之外，增加审核验证工作，可在验证人员的选择和审核内容安排上灵活处理，以验证质量管理体系的适宜性、有效性。

4.6 测绘安全生产管理

4.6.1 测绘外业生产安全管理

测绘作业单位应根据各部门、各工种和作业区域的实际特点，研究分析作业环境，评估安全生产潜在风险，制定安全生产细则，指导和规范职工安全生产作业。

1. 出测、收测前的准备

(1) 针对生产情况，对进入测区的所有作业人员进行安全意识教育和安全技能培训。

(2) 了解测区有关危害因素，包括动物、植物、微生物、流行传染病、自然环境、人文地理、交通、社会治安等状况，拟定具体的安全生产措施。

(3) 按规定配发劳动防护用品，并根据测区具体情况添置必要的小组及个人的野外救生用品、药品、通信或特殊装备，并应检查有关防护及装备的安全可靠性。

(4) 掌握人员身体健康情况，进行必要的身体健康检查，避免作业人员进入与其身体状况不适应的地区作业。

(5) 组织赴疫区、污染区和有可能散发毒性气体地区作业的人员学习防疫、防毒、防污染知识，并注射相应的疫苗和配备防毒、防污染装具。对于发生高致病的疫区，应禁止作业人员进入。

(6) 所有作业人员都应该熟练使用通信、导航定位等安全保障设备，以及掌握利用地图或地物、地貌等判定方位的方法。

(7) 出测、收测前，应制订行车计划，对车辆进行安全检查，严禁疲劳驾驶。

2. 行车

1) 基本要求

(1) 驾驶员应严格遵守《中华人民共和国道路交通安全法》等有关的法律、法规以及安全操作规程和安全运行的各种要求；具备野外环境下驾驶车辆的技能，掌握所驾驶车辆的构造、技术性能、技术状况、保养和维修的基本知识或技能。

(2) 驾驶员应了解所运送物品的性能，保证人员和物品的安全。运送易燃易爆危险品时，应防止碰撞、泄漏，严禁危险物品与人员混装运送。

(3) 货运汽车车厢内载人，应按公安交通部门的有关规定执行。行车时人要坐在安全位置上，人的身体不能超过车厢以外。车厢以外的任何部位严禁坐人和站人。

2) 行车前的准备

(1) 编制行车计划，明确负责人。单车行驶时，应配有押车人员。

(2) 外业生产车辆应配备必要的检修工具和通信设备。

(3) 驾驶员应检查车辆各部件是否灵敏，油、水是否足够，轮胎充气是否适度；应特别注意检查传动系统、制动系统、方向系统、灯光照明等主要部件是否完好，发现故障即行检修，禁止勉强出车。

(4) 机动车载货不得超过行驶证上核定的重量。运送的物资器材需装牢捆紧，其重量要分布均匀。

(5) 在戈壁、沙漠和高原等人员稀少、条件恶劣的地区应采用双车作业，作业车辆应加固，配备适宜的轮胎，每车应有双备胎。

3) 行车注意事项

(1) 途中停车休息或就餐，应锁好车门，关闭车窗。

(2) 夜间行车要保持灯光完好，降低行驶速度，充分判断地形及行进方向。

(3) 遇有暴风骤雨、冰雹、浓雾等恶劣天气时应停止行车。视线不清时不准继续行车。

(4) 在雨、雪或泥泞、冰冻地带行车时应慢速，必要时应安装防滑链，避免紧急刹车。遇陡坡时，助手或乘车人员应下车持三角木随车跟进，以备车辆下滑时抵住后轮。

(5) 车辆穿越河流时，要慎重选择渡口，了解河床地质、水深、流速等情况，采取防范措施安全渡河。

(6) 高温炎热天气行车应注意检查油路、电路、水温、轮胎气压；频繁使用刹车的路段应防止刹车片温度过高，导致刹车失灵。

(7) 沙土地带行车应停车观察，选择行驶路线，低挡匀速行驶，避免中途停车。若沙土松软，难以通过，应事先采取铺垫等措施。

(8) 高原、山区行车要特别注意油压表、气压表及温度表。气压低时应低挡行驶，少用制动，严禁滑行。遇到危险路段，如落石、滑坡、塌陷等，要仔细观察，谨慎驾驶。

3. 饮食

(1) 禁止食用霉烂、变质和被污染的食物，禁止食用不易识别的野菜、野果、野生菌菇等植物。禁止酒后生产作业。不接触和不食用死、病畜肉。禁止饮用异味、异色和被污染的地表水和井水。

(2) 使用煤气、天然气等灶具应保证其连接件和管道完好，防止漏气和煤气中毒。禁止点燃灶具后离人。

(3) 生熟食物应分别存放，并应防止动物侵害。

4. 住宿

1) 室内住宿

(1) 外业作业人员应尽量居住民房或招待所。对住宿的房屋应进行安全性检查，了解住宿环境和安全通道位置。禁止入宿存在安全隐患的房屋。

(2) 应注意用电安全。便携式发电机应在通风条件下使用，做到人、机分开，专人管理。应防止发电机漏电和超负荷运行对人员造成伤害。

(3) 使用煤油灯应安装防风罩。离开房间或休息时,应及时熄灭煤油灯或蜡烛。取暖使用柴灶或煤炉前应先进行检修,防止失火和煤气中毒。

(4) 禁止在草料旁堆放油料、易燃物品,禁止在仓库、木料场、木质建筑以及其他易燃物体附近用火。

2) 野外住宿

(1) 备好防寒、防潮、照明、通信等生活保障物品及必要的自卫器具。

(2) 搭设帐篷时应了解地形情况,选择干燥避风处,避开滑坡、觇标、枯树、大树、独立岩石、河边、干涸湖、输电设备及线路等危险地带,防止雷击、崩陷、山洪、高辐射等伤害。

(3) 帐篷周围应挖排水沟。在草原、森林地区,帐篷周围应开辟防火道。

(4) 治安情况复杂或野兽经常出没的地区,应设专人值勤。

5. 外业作业环境

1) 一般要求

(1) 应持有效证件和公函与有关部门进行联系。在进入军事要地、边境、少数民族地区、林区、自然保护区或其他特殊防护地区作业时,应事先征得有关部门同意;了解当地民情和社会治安等情况,遵守所在地的风俗习惯及有关的安全规定。

(2) 进入单位、居民宅院进行测绘时,应先出示相关证件,说明情况后再进行作业。

(3) 遇雷电天气应立刻停止作业,选择安全地点躲避,禁止在山顶、开阔的斜坡上、大树下、河边等区域停留,避免遭受雷电袭击。

(4) 在高压输电线路、电网等区域作业时,应采取安全防范措施,优先选用绝缘性能好的标尺等辅助测量设备,避免人员和标尺、测杆、棱镜支杆等测量设备靠近高压线路,防止触电。

(5) 外业作业时,应携带所需的装备以及水和药品等用品,必要时应设立供应点,保证作业人员的饮食供给;野外一旦发生水、粮和药品短缺,应及时联系补给或果断撤离,以免发生意外。

(6) 外业作业时,所携带的燃油应使用密封、非易碎容器单独存放、保管,防止暴晒。洒过易燃油料的地方要及时处理。

(7) 进入沙漠、戈壁、沼泽、高山、高寒等人烟稀少地区或原始森林地区,作业前须认真了解并掌握该地区的水源、居民、道路、气象、方位等情况,并及时记入随身携带的工作手册中。应配备必要的通信器材,以保持个人与小组、小组与中队之间的联系;应配备必要的判定方位的工具,如导航定位仪器、地形图等。必要时要请熟悉当地情况的向导带路。

(8) 外业测绘必须遵守各地方、各部门相关的安全规定,如在铁路和公路区域应遵守交通管理部门的有关安全规定;进入草原、林区作业必须严格遵守《森林防火条例》《草原防火条例》及当地的安全规定;下井作业前必须学习相关的安全规程,掌握井下工作的一般安全知识,了解工作地点的具体要求和安全保护规定。

(9) 安全员必须随时检查现场的安全情况,发现安全隐患立即整改。

(10) 外业测绘严禁单人夜间行动。在发生人员失踪时必须立即寻找,并应尽快报告上级部门,同时与当地公安部门取得联系。

2) 城镇地区

(1) 在人、车流量大的街道上作业时，必须穿着色彩醒目的带有安全警示反光的马夹，并应设置安全警示标志牌(墩)，必要时还应安排专人担任安全警戒员。迁站时要撤除安全警示标志牌(墩)，应将器材纵向肩扛行进，防止发生意外。

(2) 作业中以自行车代步者，要遵守交通规则，严禁超速、逆行和撒把骑车。

3) 铁路、公路区域

(1) 沿铁路、公路作业时，必须穿着色彩醒目的带有安全警示反光的马夹。

(2) 在电气化铁路附近作业时，禁止使用铝合金标尺、镜杆，防止触电。

(3) 在桥梁和隧道附近以及公路弯道和视线不清的地点作业时，应事先设置安全警示标志牌(墩)，必要时安排专人担任安全指挥。

(4) 工间休息应离开铁路、公路路基，选择安全地点休息。

4) 地下管线

(1) 无向导协助，禁止进入情况不明的地下管道作业。

(2) 作业人员必须佩戴防护帽、安全灯，身穿安全警示工作服，应配备通信设备，并保持与地面人员通信畅通。

(3) 在城区或道路上进行地下管线探测作业时，应在管道口设置安全隔离标志牌(墩)，安排专人担任安全警戒员。打开窨井盖做实地调查时，井口要用警示栏圈围起来，必须有专人看管。夜间作业时，应设置安全警示灯。工作完毕必须清点人员，在确保井下没有留人的情况下及时盖好窨井盖。

(4) 对规模较大的管道，在下井调查或施放探头、电极导线时，严禁明火，并应进行有害、有毒及可燃气体的浓度测定；有害、有毒及可燃气体超标时应打开连续的 3 个井盖排气通风半小时以上，确认安全并采取保护措施后方可下井作业。

(5) 禁止选择输送易燃、易爆气体管道作为直接法或充电法作业的充电点。在有易燃、易爆隐患的环境下作业时，应使用具备防爆性能的测距仪、陀螺经纬仪和电池等设备。

(6) 使用大功率电器设备时，作业人员应具备安全用电和触电急救的基础知识。工作电压超过 36 V 时，供电作业人员应使用绝缘防护用具，接地电极附近应设置明显警告标志，并设专人看管。雷电天气禁止使用大功率仪器设备作业。井下作业的所有电气设备外壳都应接地。

(7) 进入企业厂区进行地下管线探测的作业人员，必须遵守该厂的安全保护规定。

5) 水上

(1) 作业人员应穿救生衣，避免单人上船作业。

(2) 应选择租用配有救生圈、绳索、竹竿等安全防护救生设备和必要的通信设备的船只，行船时应听从船长指挥。

(3) 租用的船只必须满足平稳性、安全性要求，并具有营业许可证。雇用的船工必须熟悉当地水性并有载客的经验。

(4) 风浪太大的时段不能强行作业。对水流湍急的地段要根据实地的具体情况采取相应的安全防护措施后方可作业。

(5) 在海岛、海边作业时，应注意涨落潮时间，避免发生事故。

6) 涉水渡河

(1) 涉水渡河前，应观察河道宽度，探明河水深度、流速、水温及河床沙石等情况，了解上游水库和电站放水情况。根据以上情况选择安全的涉水地点，并应做好涉水时的防护措施。

(2) 水深在 0.6 m 以内、流速不超过 3 m/s，或者流速虽然较大但水深在 0.4 m 以内时允许徒涉。水深过腰，流速超过 4 m/s 的急流，应采取保护措施涉水过河，禁止独自一人涉水过河。

(3) 遇较深、流速较大的河流，应绕道寻找桥梁或渡口。通过轻便悬桥或独木桥时，要检查木质是否腐朽，若可使用，应逐人通过，必要时应架防护绳。

(4) 骑牲畜涉水时一般只限于水深 0.8 m 以内，同时应逆流斜上，不应中途停留。要了解牲畜的水性，必要时给牲畜蹄上采取防滑措施。

(5) 乘小船或其他水运工具时，应检查其安全性能，并雇用有经验的水手操纵，严禁超载。

(6) 暴雨过后要特别注意山洪的到来，严禁在无安全防护保障的条件下和河流暴涨时渡河。

7) 高原、高寒地区

(1) 进入高海拔区域前要进行气候适应训练，掌握高原基本知识。严禁单人夜间行动。雾天应停止作业。

(2) 应配备防寒装备和充足的给养，配置氧气袋(罐)及高原反应防治专用药品，注意防止感冒、冻伤和紫外线灼伤。在高海拔区域发生高原反应、感冒、冻伤等疾病时，应立即采取有效的治疗措施。

(3) 在冰川、雪山作业时，应佩戴雪镜，穿色彩醒目的防寒服。

(4) 应按选定路线行进，遇无路情况时，则应选择缓坡迂回行进。遇悬崖、绝壁、滑坡、崩陷、积雪较深及容易发生雪崩等危险地带时，应该绕行，无安全防护保障不得强行通过。

8) 高空

(1) 患有心脏病、高血压、癫痫、眩晕、深度近视等人员禁止从事高空作业。

(2) 现场作业人员应佩戴安全防护带和防护帽，不得赤脚。作业前，要认真检查攀登工具和安全防护带，保证完好。安全防护带要高挂低用，不能打结使用。

(3) 应事先检查树、杆、梯、站台以及觇标等各部位结构是否牢固，有无损伤、腐朽和松脱，存在安全隐患的应经过维修后才能作业。到达工作位置后要选坚固的枝干、桩作为依托，扣好安全防护带后再开始作业；返回地面时严禁滑下或跳下。高楼作业时，应了解楼顶的设施和防护情况，避免在楼顶边缘作业。

(4) 传递仪器和工具时，禁止抛投。使用的绳索要结实，滑轮转动要灵活，禁止使用断股或未经检查过的绳索，以防脱落伤人。

(5) 在进行造(维修)标、拆标工作时，应由专人统一指挥，分工明确，密切配合。在行人通过的道路或居民地附近造(维修)标、拆标时，必须将现场围好，悬挂"危险"标志，禁止无关人员进入现场。作业场地半径不得小于 15 m。

9) 沙漠、戈壁地区

(1) 作业小组应配备容水器、绳索、地图资料、导航定位仪器、风镜、药品、色彩醒目的工作服和睡袋等。

(2) 在距水源较远的地区作业时，应制订供水计划，必要时可分段设立供水站。

(3) 应随时注意天气变化，防止沙漠寒潮和沙暴的侵袭。

10) 沼泽地区

(1) 应配备必要的绳索、木板和长约 1.5 m 的探测棒。

(2) 过沼泽地时，应组成纵队行进，禁止单人涉险。遇有繁茂绿草地带应绕道而行。发生陷入沼泽的情况要冷静，及时采取妥善的救援、自救措施。

(3) 应保持身体干燥清洁，防止皮肤溃烂。

11) 人烟稀少地区或草原、林区

(1) 在人烟稀少地区或草原、林区作业应携带手持导航定位仪器及地形图，着装要扎紧领口、袖口、衣摆和裤脚，防止蛇、虫等的叮咬。要特别注意配备防止蛇、虫叮咬的面罩及药品，并注射森林脑炎疫苗。

(2) 行进路线及点位附近，均应留下能为本队人员所共同识别的明显标志。

(3) 禁止夜间单人外出，遇特殊情况确需外出时，应两人以上。应详细报告自己的去向，并要携带电源充足的照明和通信器材，以保持随时联系；同时，宿营地应设置灯光引导标志。

12) 少数民族地区

(1) 针对具体的作业区域，出测前要组织作业人员学习国家有关的少数民族政策，了解当地的风俗民情、社会治安和气候、环境特点，制定具体的安全防范措施。

(2) 进入少数民族地区作业时，应事先征得有关部门同意，主动与当地测绘行政主管部门、公安部门进行沟通，了解当地民情和社会治安等情况，遵守所在地的风俗习惯及有关的安全规定。

(3) 根据作业区域的环境特点，配备满足作业人员防护需要的相应设施，如通信设备、储水容器、手持导航仪、地形图、药品、绳索等需要在沼泽、沙漠和人烟稀少地区使用的必要设备。

(4) 在少数民族地区搭设野外帐篷时，夜间应有专人值勤。

(5) 聘用当地少数民族作业人员、向导时，应尊重当地的风俗习惯，注意民族团结。

4.6.2 测绘内业生产安全管理

创造安全、舒适的内业工作环境，是保障内业工作顺利进行的重要条件。测绘作业单位应组织内业生产人员，分析、评估内业生产环境的安全情况，制定生产安全细则，确保安全生产。

1. 作业场所要求

(1) 照明、噪声、辐射等环境条件应符合作业要求。

(2) 计算机等生产仪器设备的放置，应有利于减少放射线对作业人员的危害。各种设备与建(构)筑物之间，应留有满足生产、检修需要的安全距离。

(3) 作业场所中不得随意拉高电线，防止电线、电源漏电。应有专人管理、检修。

(4) 面积大于 100 m² 的作业场所的安全出口不少于两个。通风、空调、照明等用电设施要安全，出口、通道、楼梯等应保持畅通并设有明显标志和应急照明设施。

(5) 作业场所应按《中华人民共和国消防法》的规定配备灭火器具，小于 40 m^2 的重点防火区域，如资料、档案、设备库房等，也应配置灭火器具。应定期进行消防设施和安全装置的有效期和能否正常使用的检查，以保证安全有效。

(6) 作业场所应配置必要的安全(警告)标志，如配电箱(柜)标志、资料重地严禁烟火标志、严禁吸烟标志、紧急疏散示意图、上下楼梯警告线以及玻璃隔断提醒标志等，且保证标志完好清晰。

(7) 禁止在作业场所吸烟以及使用明火取暖，禁止超负荷用电。使用电器取暖或烧水，不用时要切断电源。

(8) 严禁携带易燃易爆物品进入作业场所。

2. 作业人员安全操作

(1) 仪器设备的安装、检修和使用，须符合安全要求。凡对人体可能构成伤害的危险部位，都要设置安全防护装置。所有用电动力设备，必须按照规定埋设接地网，保持接地良好。

(2) 仪器设备须有专人管理，并进行定期的检查、维护和保养，禁止仪器设备带故障运行。

(3) 作业人员应熟悉操作规程，必须严格按有关规程进行操作。作业前要认真检查所要操作的仪器设备是否处于安全状态。

(4) 禁止用湿手拉合电闸或开关电钮。饮水时，应远离仪器设备，防止泼洒造成电路短路。

(5) 擦拭、检修仪器设备时应先断开电源，并在电闸处挂置明显警示标志。修理仪器设备，一般不准带电作业，由于特殊情况而不能切断电源时，必须采取可靠的安全措施，并且现场作业须有两名电工。

(6) 因故停电时，凡用电的仪器设备，应立即断开电源。

(7) 汽油、煤油等挥发性易燃物质不得存放在作业室、车间及办公室内。洒过易燃油料的地方要及时处理。油料着火应用细沙、泥土熄灭，不可向油上浇水。

4.6.3 测绘生产仪器设备安全管理

测绘仪器基本上是光学仪器、电子仪器以及光、机、电、算相结合的仪器。测绘仪器在运输、储存和使用过程中，受外界因素的影响，都有可能发生光学部件长霉起雾，电子部件受潮长霉，以及金属部件生锈、磨损等问题，造成部件损坏，影响仪器正常使用，酿成事故，甚至整个仪器损坏报废。所以，加强仪器设备的安全管理是测绘事业科学发展的需要，正确使用、科学保养仪器是保障测量成果质量，提高工作效率，延长仪器使用年限的重要条件。

1. 仪器设备的管理制度

(1) 根据单位仪器设备情况，专设仪器管理员(或组)，负责仪器设备的保管、维护、检校和一般鉴定、修理。

(2) 仪器设备必须建立技术档案，其内容包括仪器规格、性能、附件、精度鉴定、损伤记录、修理记录及移交验收记录等。

(3) 仪器设备的借用、转借、调拨、大修、报废等应有一定的审批手续。

(4) 外业队使用的仪器设备,必须由专人管理、使用。作业队的负责人,应经常了解仪器设备维护、保养、使用等情况,及时解决有关问题。

(5) 仪器入出库必须有严格的检查和登记制度。

2. 仪器设备的保管

1) 对仪器库房的基本要求

(1) 测量仪器的库房应是耐火建筑。

(2) 库房内的温度不能有剧烈变化,室温最好保持在 12～16℃。

(3) 库房应有消防设备,但不能用一般酸碱式灭火瓶,宜用液体 CO_2 或 CCl_4 及新的消防瓶。

2) 测绘仪器的三防措施

生霉、生雾、生锈是测绘仪器的"三害",直接影响测绘仪器的质量和使用寿命,影响观测使用。因此需按不同仪器的性能要求,采取必要的防霉、防雾、防锈措施,确保仪器处于良好状态。

(1) 测绘仪器防霉措施。

① 每日收装仪器前,应将仪器光学零件外露表面清刷干净后再盖镜头盖,并使仪器外表清洁后方能装箱密封保管。

② 仪器外壳有通孔的,用完后须将通孔盖住。

③ 在仪器箱内放入适当的防霉剂。

④ 外业仪器一般情况下每隔 6 个月(湿热季节或湿热地区 1～3 个月)应对仪器的光学零件外露表面进行一次全面的擦拭,内业仪器一般一年(湿热季节或湿热地区 6 个月)须对仪器未密封的部分进行一次全面的擦拭。

⑤ 每台内业仪器必须配备仪器罩,每次操作完毕,应将仪器罩罩上。

⑥ 检修时,对所修理的仪器外表和内部必须进行一次彻底的擦拭,注意不应用有机溶剂和粗糙擦布用力擦仪器的密封部位,以免破坏仪器的密封性。对产生霉斑的光学零件表面必须彻底除霉,使仪器的光学性能恢复到良好状态。

⑦ 修复的仪器装配时须对仪器内部的零件进行干燥处理,并更换或补放仪器内腔的防霉药片,修复装配后,仪器必须密封的部位,应恢复密封状态。

⑧ 在运输仪器过程中,必须有防震设施,以免因剧烈震动引起仪器的密封性能下降。对于密封性能下降的部位,应重新采取密封措施,使仪器恢复到良好的密封状态。

⑨ 作业中暂时停用的电子仪器,每周至少通电 1 小时,同时保证各个功能正常运转。

(2) 测绘仪器防雾措施。

① 每次清擦完光学零件表面后,再用干棉球擦拭一遍,以便除去表面的潮气。每次测区作业终结后,应对仪器的光学零件外露表面进行擦拭。

② 调整或操作仪器时,勿用手心对准光学零件表面,并在仪器运转时避免将油脂挤压或拖粘于光学零件表面上。

③ 外业仪器一般情况下每隔 6 个月(湿热季节或湿热地区 3 个月)须对仪器的光学零件外露表面进行一次全面擦拭,内业仪器一般每隔 1 年(湿热季节或湿热地区 3～6 个月)应对仪器外表进行一次全面清擦,并用电吹风机烘烤光学零件外露表面(温度升高不得超过 60℃)。

④ 防止人为破坏仪器密封,造成湿气进入仪器内腔和浸润光学零件表面。

⑤ 除雾后或新配置的光学零件表面须用防雾剂进行处理,一旦发现水性雾,应用烘烤或吸潮的方法清除;发现油性雾应用清洗剂擦拭干净并进行干燥处理。

⑥ 严禁使用吸潮后的干燥剂。

⑦ 保管室内应配备适当的除湿装置,长期不用的仪器的外露光学零件,经干燥后,垫一层干燥脱脂棉,再盖镜头盖。

(3) 测绘仪器防锈措施。

① 凡测区作业终结收测时,将金属外露面的临时保护油脂全部清除干净,涂上新的防锈油脂。

② 外业仪器防锈用油脂,除了具有良好的防锈性能外,还应具有优良的置换性,并应符合挥发性低、流散性小的要求,要根据仪器的润滑防锈要求和说明书用油的规定适当选用不同配合间隙、不同运转速度和不同轴线方向所用的油脂。

③ 外业仪器一般情况下每隔 6 个月(湿热季节或湿热地区 1~3 个月)须对仪器外露表面的润滑防锈油脂进行一次更换,内业仪器一般应每隔 1 年(湿热季节或湿热地区 6 个月)须将仪器所用临时性防锈油脂全部更换一次。如发现锈蚀现象,必须立即除锈,并分析锈蚀原因,及时改进防锈措施。

④ 仪器进行检修时,对长锈部位必须除锈,除锈时应保持原表面粗糙度数值或降低不超过相邻的粗糙度值。并且在对金属裸露表面清洗或除锈后,必须进行干燥处理。

⑤ 必须将原用油脂彻底清除,通过干燥处理后,涂抹新的油脂进行防锈。

⑥ 对有运动配合的部位涂防锈油脂后必须来回运动几次,并除去挤压出来的多余油脂。

⑦ 防锈油脂涂抹后应用电容器纸或防锈纸等加封盖。

⑧ 保管室在不能保证恒温恒湿的要求时,须做到通风、干燥、防尘。

3. 仪器的安全运送与仪器的使用维护

1) 仪器的安全运送

(1) 长途搬运仪器时,应将仪器装入专门的运输箱内。若无防震运输箱,而又需运输较精密的仪器时,可特制套箱,再把装有仪器的箱子装入特别套箱内,仪器箱与套箱内包面之间的空隙处可用刨花或纸片等紧紧填实。

(2) 短途搬运仪器时,一般仪器可不装入运输箱内,但一定要专人护送。对特别怕震的仪器设备,必须装入仪器箱内。不论长短距运送仪器,均要防止日晒雨淋,放置仪器设备的地方要安全妥当,并应清洁和干燥。

2) 仪器在作业过程中的使用维护

(1) 仪器开箱前,应将仪器箱平放在地上,严禁手提或怀抱着仪器开箱,以免仪器在开箱时落地损坏。开箱后应注意仪器在箱中安放的状态,以便在用完后按原样入箱。仪器在箱中取出前,应松开各制动螺旋,提取仪器时,要用手托住仪器的基座,另一只手握持支架,将仪器轻轻取出,严禁用手提望远镜和横轴。仪器及所用部件取出后,应及时合上箱盖,以免灰尘进入箱内。仪器箱放在测站附近,箱上不许坐人。作业完毕后,应将所有微动螺旋退回到正常位置,并用擦镜纸或软毛刷除去仪器表面的灰尘。然后卸下仪器双手托持,按出箱时的位置放入原箱。盖箱前应将各制动螺旋轻轻旋紧，检查附件齐全后可轻合箱盖，箱盖吻合方可上盖，不可强力施压以免损坏仪器。

(2) 架设仪器时，先将三脚架架稳并大致对中，然后放上仪器，并立即拧紧中心连接螺旋。

(3) 对仪器要小心轻放，避免强烈的冲击震动，安置仪器前应检查三脚架的牢固性，作业过程中仪器要随时有人防护，以免造成重大损失。

(4) 仪器在搬站时，可视搬站的远近、道路情况以及周围环境等决定仪器是否要装箱。搬站时，应把仪器的所有制动螺旋略微拧紧，但不要拧得太紧，目的是仪器万一受到碰撞时，还有转动的余地，以免仪器受损。搬运过程中仪器脚架必须竖直拿稳，不得横扛在肩上。

(5) 在野外使用仪器时，必须用伞遮住太阳。仪器望远镜的物镜和目镜的表面要避免太阳照射，也要避免灰沙雨水的侵袭。

(6) 仪器任何部分若发生故障，不应勉强继续使用，要立即检修，否则将会使仪器损坏加剧。

(7) 没有必要时，不要轻易拆开仪器，仪器拆卸次数太多会影响其测量精度。

(8) 光学元件应保持清洁，如沾染灰尘必须用毛刷或柔软的擦镜纸清除，禁止用手指抚摸仪器的任何光学元件表面。

(9) 在潮湿环境中作业，工作结束后，要用软布擦干仪器表面的水分或灰尘后才能装箱。回到驻地后立即开箱取出仪器放置于干燥处，彻底晾干后才能装入仪器箱箱内。

(10) 在连接外部所有仪器设备时，应注意相对应的接口、电极连接是否正确，确认无误后方可开启主机和外围设备。拔插接线时不要抓住线就往外拔，应握住接头顺仪器箭头方向拔插，也不要边摇晃插头边拔插，以免损坏接头。数据传输线、GNSS(监控器)天线等在收线时不要弯折，应盘成圈收藏，以免各类连接线被折断而影响工作。

4.7 测绘项目技术总结

4.7.1 测绘项目技术总结基本规定

1. 测绘技术总结的分类

测绘技术总结是在测绘任务完成后，对测绘技术设计文件和技术标准、规范等的执行情况，技术设计方案实施中出现的主要技术问题和处理方法，成果(或产品)质量、新技术的应用等进行分析研究、认真总结，并做出的客观描述和评价。测绘技术总结为用户(下工序)对成果(或产品)的合理使用提供方便，为测绘单位持续质量改进提供依据，同时也为测绘技术设计、有关技术标准、规定的定制提供资料。测绘技术总结是与测绘成果(或产品)有直接关系的技术性文件，是长期保存的重要技术档案。

测绘技术总结分为项目总结和专业技术总结。

(1) 项目总结是一个测绘项目在其最终成果(或产品)检查合格后，在各专业技术总结的基础上，对整个项目所做的技术总结。

(2) 专业技术总结是测绘项目中所包含的各测绘专业活动在其成果(或产品)检查合格后，分别总结撰写的技术文档。

对于工作量较小的项目，可根据需要将项目总结和专业技术总结合并为项目总结。

2. 测绘技术总结编写依据

测绘技术总结编写的主要依据包括以下几项。

(1) 测绘任务书或合同的有关要求、顾客书面要求或口头要求的记录、市场的需求或期望。

(2) 测绘技术设计文件，相关的法律、法规、技术标准和规范。

(3) 测绘成果(或产品)的质量检查报告。

(4) 适用时，以往测绘技术设计、测绘技术总结提供的信息以及现有生产过程和产品的质量记录和有关数据。

(5) 其他有关文件和资料。

3. 测绘技术总结编写要求

(1) 项目总结由承担项目的法人单位负责编写或组织编写；专业技术总结由具体承担相应测绘专业任务的法人单位负责编写。具体的编写工作通常由单位的技术人员承担。

(2) 内容真实、全面，重点突出。说明和评价技术要求的执行情况时，不应简单抄录设计书的有关技术要求；应重点说明作业过程中出现的主要技术问题和处理方法、特殊情况的处理及其达到的效果、经验、教训和遗留问题等。

(3) 文字应简明扼要，公式、数据和图表应准确，名词、术语、符号和计量单位等均应与有关法规和标准一致。

(4) 测绘技术总结的幅面、封面格式、字体与字号等应符合相关要求。

(5) 技术总结编写完成后，单位总工程师或技术负责人应对技术总结编写的客观性、完整性等进行审查并签字，并对技术总结编写的质量负责。技术总结经审核、签字后，随测绘成果(或产品)、测绘技术设计文件和成果(或产品)检查报告一并上交和归档。

4. 测绘技术总结的组成

测绘技术总结(包括项目总结和专业技术总结)通常由概述、技术设计执行情况、成果(或产品)质量说明和评价、上交和归档的成果(或产品)及其资料清单四部分组成。

(1) 概述：应概要说明测绘任务总的情况，如任务来源、目标、工作量等，任务的安排与完成情况，以及作业区概况和已有资料利用情况等。

(2) 技术设计执行情况：需主要说明、评价测绘技术设计文件和有关的技术标准、规范的执行情况。内容主要包括生产所依据的测绘技术设计文件和有关的技术标准、规范，设计书执行情况以及执行过程中技术性更改情况，生产过程中出现的主要技术问题和处理方法，特殊情况的处理及其达到的效果等，新技术、新方法、新材料等应用情况，经验、教训、遗留问题、改进意见和建议等。

(3) 成果(或产品)质量说明和评价：需简要说明、评价测绘成果(或产品)的质量情况(包括必要的精度统计)、产品达到的技术质量指标,并说明其质量检查报告的名称及编号。

(4) 上交和归档的成果(或产品)及其资料清单:需分别说明上交和归档成果(或产品)的形式、数量等,以及一并上交和归档的资料文档清单。

4.7.2 项目总结的主要内容

项目总结是一个测绘项目在其最终成果(或产品)检查合格后,在各专业技术总结的基础上,对整个项目所做的技术总结,由概述、技术设计执行情况、测试成果(或产品)质量说明和评价、上交和归档的测试成果(或产品)及其资料清单四部分组成。

1. 概述

项目总结的概述部分需概要说明以下几项内容。

(1) 项目来源、内容、目标、工作量,项目的组织和实施,专业测绘任务的划分、内容和相应任务的承担单位,产品交付与接收情况等。

(2) 项目执行情况:说明生产任务安排与完成情况,统计有关的作业定额和作业率,说明经费执行情况等。

(3) 作业区概况和已有资料的利用情况。

2. 技术设计执行情况

技术设计执行情况的主要内容如下。

(1) 说明生产所依据的技术性文件,内容包括:①项目设计书、项目所包括的全部专业技术设计书、技术设计更改文件;②有关的技术标准和规范。

(2) 说明项目总结所依据的各专业技术总结。

(3) 说明和评价项目实施过程中,项目设计书和有关的技术标准、规范的执行情况,并说明项目设计书的技术更改情况(包括技术设计更改的内容、原因的说明等)。

(4) 重点描述项目实施过程中出现的主要技术问题和处理方法、特殊情况的处理及其达到的效果等。

(5) 说明项目实施中质量保障措施(包括组织管理措施、资源保证措施和质量控制措施以及数据安全措施)的执行情况。

(6) 当生产过程中采用新技术、新方法、新材料时,应详细描述和总结其应用情况。

(7) 总结项目实施中的经验、教训(包括重大的缺陷和失败)和遗留问题,并对今后的生产提出改进意见和建议。

3. 测绘成果(或产品)质量说明和评价

说明和评价项目最终测绘成果(或产品)的质量情况(包括必要的精度统计)、产品达到的技术指标,并说明最终测绘成果(或产品)的质量检查报告的名称和编号。

4. 上交和归档的测绘成果(或产品)及其资料清单

分别说明上交和归档成果(或产品)的形式、数量等,以及一并上交和归档的资料文档清单。主要包括以下几项。

(1) 测绘成果(或产品)：说明其名称、数量、类型等，当上交成果的数量或范围有变化时需附上交成果分布图。

(2) 文档资料：包括项目设计书及其有关的设计更改文件、项目总结，质量检查报告，必要时也包括项目包含的专业技术设计书及其有关的专业设计更改文件和专业技术总结、文档簿(图历簿)以及其他作业过程中形成的重要记录。

(3) 其他需上交和归档的资料。

4.7.3 专业技术总结的主要内容

专业技术总结是测绘项目中所包含的各测绘专业活动在其成果(或产品)检查合格后，分别总结撰写的技术文档，由概述、技术设计执行情况、成果(或产品)质量说明和评价、上交和归档的测绘成果(或产品)及其资料清单四部分组成。

1. 概述

本部分需概要说明以下几项内容。

(1) 测绘项目的名称，专业测绘任务的来源，专业测绘任务的内容、任务量和目标，产品交付与接收情况等。

(2) 计划与设计完成的情况、作业率的统计。

(3) 作业区概况和已有资料的利用情况。

2. 技术设计执行情况

主要内容包括以下几项。

(1) 说明专业活动所依据的技术性文件，内容包括：①专业技术设计书及其有关的技术设计更改文件，必要时也包括本测绘项目的项目设计书及其更改文件；②有关的技术标准和规范。

(2) 说明和评价专业技术活动过程中，专业技术设计文件的执行情况，并重点说明专业测绘生产过程中，专业技术设计书的更改情况(包括专业技术设计更改的内容、原因的说明等)。

(3) 描述专业测绘生产过程中出现的主要技术问题和处理方法、特殊情况的处理及其达到的效果等。

(4) 当作业过程中采用新技术、新方法、新材料时，应详细描述和总结其应用情况。

(5) 总结专业测绘生产中的经验、教训(包括重大的缺陷和失败)和遗留问题，并对今后的生产提出改进意见和建议。

3. 成果(或产品)质量说明和评价

说明和评价测绘成果(或产品)的质量情况(包括必要的精度统计)、产品达到的技术指标，并说明测绘成果(或产品)的质量检查报告的名称和编号。

4. 上交和归档的测绘成果(或产品)及其资料清单

说明上交测绘成果(或产品)和资料的主要内容和形式，主要包括以下几项。

(1) 测绘成果(或产品)：说明其名称、数量、类型等，当上交成果的数量或范围有变化时需附上交成果分布图。

(2) 文档资料：专业技术设计文件、专业技术总结、检查报告、必要的文档簿(图历簿)以及其他作业过程中形成的重要记录。

(3) 其他需上交和归档的资料。

4.7.4 大地测量

大地测量专业包括水平控制测量、高程控制测量、重力测量、大地测量计算等。

1. 水平控制测量

1) 概述

(1) 任务来源、目的、生产单位、生产起止时间、生产安排概况。

(2) 测区名称、范围、行政隶属，自然地理特征，交通情况和困难类别。

(3) 锁、网、导线段(节)、基线(网)或起始边和天文点的名称与等级，分布密度，通视情况，边长(最大、最小、平均)和角度(最大、最小)等。

(4) 作业技术依据。

(5) 计划与实际完成工作量的比较，作业率的统计。

2) 利用已有资料情况

(1) 采用的基准和系统。

(2) 起算数据及其等级。

(3) 已知点的利用和联测。

(4) 资料中存在的主要问题和处理方法。

3) 作业方法、质量和有关技术数据

(1) 使用的仪器、仪表、设备和工具的名称、型号、检校情况及其主要技术数据，天文人仪差测定情况等。

(2) 觇标和标石的情况，施测方法，照准目标类型，观测权数与测回数，光段数，日夜比，重测数与重测率，记录方法，记录程序来源和审查意见，归心元素的测定方法，次数和质量，概算情况与结果等。

(3) 新技术、新方法的采用及其效果。

(4) 执行技术标准的情况，出现的主要问题和处理方法，保证和提高质量的主要措施，各项限差与实际测量结果的比较，外业检测情况及精度分析等。

(5) 重合点及联测情况，新、旧成果的分析比较。

(6) 为测定国家级水平控制点高程而进行的水准联测与三角高程的施测情况，概算方法和结果。

4) 技术结论

(1) 对本测区成果质量、设计方案和作业方法等的评价。

(2) 重大遗留问题的处理意见。

5) 经验、教训和建议

略。

6) 附图、附表

(1) 利用已有资料清单。

(2) 测区点、线、锁、网的分布图。

(3) 精度统计表。

(4) 仪器、基线尺检验结果汇总表。

(5) 上交测绘成果清单等。

2．高程控制测量

1) 概述

(1) 任务来源、目的，生产单位，生产起止时间，生产安排情况。

(2) 测区名称、范围、行政隶属，自然地理特征，沿线路面和土质植被情况，路坡度(最大、最小、平均)，交通情况和困难类别。

(3) 路线和网的名称、等级、长度，点位分布密度，标石类型等。

(4) 作业技术依据。

(5) 计划与实际完成工作量的比较，作业率的统计。

2) 利用已有资料情况

(1) 采用基准和系统。

(2) 起算数据及其等级。

(3) 已知点的利用和联测。

(4) 资料中存在的主要问题和处理方法。

3) 作业方法、质量和有关技术数据

(1) 使用的仪器、标尺、记录计算工具和尺承等的型号、规格、数量、检校情况及主要技术数据。

(2) 埋石情况，施测方法，视线长度(最大、最小、平均)及其距地面和障碍物的距离，各分段中上、下午测站不对称数与总站数的比，重测测段和数量，记录和计算法，程序来源，审查或验算结果。

(3) 新技术、新方法的采用及其效果。

(4) 跨河水准测量的位置，实施方案，实测结果与精度等。

(5) 联测和支线的施测情况。

(6) 执行技术标准的情况，保证和提高质量的主要措施，各项限差与实际测量结果的比较，外业检测情况及精度分析等。

4) 技术结论

(1) 对本测区成果质量、设计方案和作业方法等的评价。

(2) 重大遗留问题的处理意见。

5) 经验、教训和建议

略。

6) 附图、附表

(1) 利用已有资料清单。

(2) 测区点、线、网的水准路线图。

(3) 仪器、标尺检验结果汇总表。

(4) 精度统计表。

(5) 上交测绘成果清单等。

3. 重力测量

1) 概述

(1) 任务来源、目的、生产单位、生产起止时间、生产安排概况。

(2) 测区名称、范围、行政隶属，自然地理特征，交通情况和困难类别。

(3) 路线的名称、等级，布点方案，分布密度，点距(最大、最小、平均)等。

(4) 作业技术依据。

(5) 计划与实际完成工作量的比较，作业率的统计。

2) 利用已有资料情况

(1) 采用基准和系统。

(2) 起算数据及其等级。

(3) 已知点的利用和联测。

(4) 资料中存在的主要问题和处理方法。

3) 作业方法、质量和有关技术数据

(1) 使用的仪器与仪表的名称、型号、检校情况及其主要技术数据。

(2) 埋石情况，施测方法，施测路线与所用时间(最长、平均)，测回数，重测数与重测率，概算公式与结果。

(3) 联测点的联测情况，平面坐标与高程的施测和计算情况。

(4) 新技术、新方法的采用及其效果。

(5) 执行技术标准的情况，出现的主要问题和处理方法，保证和提高质量的主要措施，各项限差与实际测量结果的比较，实地检测情况及精度分析等。

4) 技术结论

(1) 对本测区成果质量、设计方案和作业方法等的评价。

(2) 重大遗留问题的处理意见。

5) 经验、教训和建议

略。

6) 附图、附表

(1) 利用已有资料清单。

(2) 重力点位和联测路线略图。

(3) 平面坐标与高程施测图。

(4) 仪器检验结果汇总表。

(5) 精度统计表。

(6) 上交测绘成果清单等。

4. 大地测量计算

1) 概述

(1) 任务来源、目的，生产单位，生产起止时间，生产安排情况。

(2) 计算区域名称、等级、范围、行政隶属。

(3) 作业技术依据。

(4) 计划与实际完成工作量的比较，作业率的统计。

2) 利用已有资料情况

(1) 采用的基准和系统。

(2) 起算数据及其等级、来源和精度情况。

(3) 重合点的质量分析。

(4) 前工序存在的主要问题及其在计算中的处理方法和结果。

3) 计算方法、质量和有关技术数据

(1) 作业过程简述，保证质量的主要措施。

(2) 使用计算工具的名称、型号、性能及其说明，采用程序的名称、来源、编制和审核单位、编制者，程序的基本功能及其检验情况。

(3) 计算的原理、方法、基本公式，改正项及其公式，小数取位等。

(4) 新技术、新方法的采用及其效果。

(5) 数据和信息的输入、输出情况，内容与符号说明。

(6) 计算结果的验算，精度统计分析与说明。

(7) 计算过程中出现的主要问题及处理结果等。

4) 计算结论

(1) 对本计算区成果质量、计算方案、计算方法等的评价。

(2) 重大遗留问题的处理意见。

5) 经验、教训和建议

略。

6) 附图、附表

(1) 利用已有资料清单。

(2) 计算区域的线、锁、网图。

(3) 计算机源程序目录(含编制单位、编者、审核单位及其时间等)。

(4) 精度检验分析统计表。

(5) 上交测绘成果清单等。

4.7.5 工程测量

工程测量专业主要包括控制测量、地形测图、施工测量、线路测量、竣工总图编绘与实测、变形测量、库区淹没测量等。

1. 控制测量

参照大地测量的有关内容，结合工程测量的特点进行撰写。

2. 地形测图

地形测图包括摄影测量方法测图和平板仪、全站型速测仪测图。摄影测量方法测图参照摄影测量与遥感的有关内容,结合工程测量的特点进行撰写。这里主要介绍平板仪、全站型速测仪测图。

1) 概述

(1) 任务来源、目的,测图比例尺,生产单位,生产起止日期,生产安排概况。

(2) 测区名称、范围、行政隶属,自然地理特征,交通情况,困难类别。

(3) 作业技术依据,采用的等高距,图幅分幅和编号的方法。

(4) 计划与实际完成工作量的比较,作业率的统计。

2) 利用已有资料情况

(1) 资料的来源和利用情况。

(2) 资料中存在的主要问题和处理方法。

3) 作业方法、质量和有关技术数据

(1) 图根控制测量:各类图根点的布设,标志的设置,观测使用的仪器和方法,各项限差与实际测量结果的比较。

(2) 平板仪测图:测图方法,使用的仪器,每幅图上解析图根点与地形点的密度和分布情况,特殊地物、地貌的表示方法,接边情况等。

(3) 全站型速测仪测图:测图方法,仪器型号、规格和特性,仪器检校情况,外业采集数据的内容、密度、记录的特征,数据处理和成图工具的情况等。

(4) 测图精度分析与统计、检查验收的情况,存在的主要问题和处理结果等。

(5) 新技术、新方法、新材料的采用及其效果。

4) 技术结论

(1) 对本测区成果质量、设计方案和作业方法等的评价。

(2) 重大遗留问题的处理意见。

5) 经验、教训和建议

略。

6) 附图、附表

(1) 利用已有资料清单。

(2) 图幅分布和质量评定图。

(3) 控制点分布略图。

(4) 精度统计表。

(5) 上交测绘成果清单等。

3. 施工测量

1) 概述

(1) 任务来源、目的,生产单位,生产起止时间,生产安排概况。

(2) 工程名称,测设项目、测区范围,自然地理特征,交通情况,有关工程地质与水文地质的情况,建设项目的复杂程度和发展情况等。

(3) 作业技术依据。

(4) 计划与实际完成工作量的比较,作业率。

2) 利用已有资料情况
(1) 资料的来源和利用情况。
(2) 资料中存在的主要问题和处理方法。
3) 作业方法、质量和有关技术数据
(1) 控制点系统的建立，埋石情况，使用的仪器和施测方法及其精度。
(2) 施工放样方法和精度。
(3) 各项误差的统计，实地检测的项目、数量及方法，检测结果与实测结果的比较等。
(4) 新技术、新方法、新材料的采用及其效果。
(5) 作业中出现的主要问题和处理方法。
4) 技术结论
(1) 对本测区成果质量、设计方案和作业方法等的评价。
(2) 重大遗留问题的处理意见。
5) 经验、教训和建议
略。
6) 附图、附表
(1) 施工测量成果种类及其说明。
(2) 采用已有资料清单。
(3) 精度统计表。
(4) 上交测绘成果清单等。

4. 线路测量

线路控制测量参照大地测量的有关内容；线路测图除参照地形测图的有关内容，并结合线路测量的特点进行撰写外，还需在"作业方法、质量和有关技术数据"条款中撰写专业内容。

1) 铁路、公路测量
(1) 与已有控制点的联测方法和精度。
(2) 交点、转点、中桩桩位及曲线等的测设情况。
(3) 中线测量、横断面测量的方法与精度。
(4) 中桩复测与原测成果的比较。
2) 架空索道测量
(1) 方向点间距及方向点偏离直线的情况。
(2) 断面测量(加测断面及断面点)的情况。
3) 自流和压力管线测量
主要包括施测情况与结果、定线的误差等。
4) 架空送电线路测量
(1) 定线测量与方向点偏离直线的情况。
(2) 实地排定杆位时的检核情况等。

5. 竣工总图编绘与实测

1) 概述
(1) 任务来源、目的，生产单位，生产起止时间，生产安排概况。

(2) 工程名称，测区范围、面积，工程特点等。

(3) 作业技术依据。

(4) 完成工作量、作业率的统计。

2) 利用已有资料情况

(1) 施工图件和资料的实测与验收情况。

(2) 说明图件、资料，特别是其中地下管线及隐蔽工程的现势性和使用情况。

(3) 资料中存在的主要问题和处理方法。

3) 作业方法、质量和有关技术数据

(1) 竣工总图的成图方法，控制点的恢复与检测，地物的取舍原则，成图的质量等。

(2) 新技术、新方法、新材料的采用及其效果。

(3) 作业中出现的主要问题和处理方法。

4) 技术结论

(1) 对本测区成果质量、设计方案、作业方法等的评价。

(2) 重大遗留问题的处理意见。

5) 经验、教训和建议

略。

6) 附图、附表

(1) 利用已有资料清单。

(2) 上交测绘成果清单。

(3) 建筑物、构筑物细部点成果表等。

6. 变形测量

1) 概述

(1) 项目名称、来源、目的、内容，生产单位，生产起止时间，生产安排概况。

(2) 测区地点、范围，建筑物(构筑物)分布情况及观测条件，标志的特征。

(3) 作业技术依据。

(4) 完成任务量。

2) 利用已有资料情况

(1) 测量资料的分析与利用。

(2) 起算数据的名称、等级及其来源。

(3) 资料中存在的主要问题和处理方法。

3) 作业方法、质量和有关技术数据

(1) 仪器的名称、型号和检校情况。

(2) 标志的布设和密度，标石或观测墩的规格及其埋设质量，变形控制网(点)的建立、施测及其稳定性的分析，变形观测点的施测情况，观测周期，计算方式和方法等。

(3) 重复观测结果的分析比较和数据处理方法。

(4) 新技术、新方法、新材料的采用及其效果。

(5) 执行技术标准的情况，出现的主要问题和处理方法，保证和提高质量的主要措施，各项限差与实际测量结果的比较。

4) 技术结论

(1) 变形观测的结论和评价。

(2) 对本测区成果质量、设计方案、作业方法等的评价。

(3) 重大遗留问题的处理意见。

5) 经验、教训和建议

略。

6) 附图、附表

(1) 变形控制网布设略图。

(2) 利用已有资料清单。

(3) 变形观测资料的归纳与分析报告。

(4) 上交测绘成果清单等。

7. 库区淹没测量

1) 概述

(1) 任务来源、目的,生产单位,生产起止时间,生产安排概况。

(2) 水库名称、行政隶属,成图比例尺,库区淹没范围、面积,淹没田地、村庄数量,搬迁人口数等。

(3) 作业技术依据。

(4) 计划与实际完成工作量比较。

2) 利用已有资料情况

(1) 起算数据及其等级、系统等。

(2) 坝顶高程及其等级、系统等。

(3) 资料中存在的主要问题和处理方法。

3) 作业方法、质量和有关技术数据

(1) 标石埋设情况、分布与数量。

(2) 使用仪器名称、型号及其主要技术参数。

(3) 施测与成图方法,点位布设密度、等级、联测方案与精度等。

(4) 新技术、新方法、新材料的采用及其效果。

(5) 最高淹没面和最低淹没面的高程。

(6) 淹没区面积量算的方法和精度。

(7) 执行技术标准的情况,出现的主要问题和处理方法,保证和提高质量的主要措施,各项限差与实际测量结果的比较,实地检测情况与精度等。

4) 技术结论

(1) 对本测区成果质量、设计方案、作业方法等的评价。

(2) 重大遗留问题的处理意见。

5) 经验、教训和建议

略。

6) 附图、附表

(1) 控制点分布略图。

(2) 库区淹没图及质量评定图。

(3) 测量精度统计表。

(4) 淹没区分类统计表。

(5) 利用已有资料清单。

(6) 上交测绘成果清单等。

4.7.6 摄影测量与遥感

摄影测量与遥感专业包括航空摄影、航空摄影测量外业、航空摄影测量内业、近景摄影测量、遥感等。

1. 航空摄影

1) 概述

(1) 任务来源、目的，摄影比例尺，航摄单位，摄影起止时间。

(2) 摄区名称、地理位置、面积、行政隶属，摄区地形和气候对摄影工作的影响。

(3) 作业技术依据。

(4) 完成的作业项目、数量。

2) 利用已有资料情况

编制航摄计划用图的比例尺、作业年代及接边资料等。

3) 航摄工作、质量和有关技术数据

(1) 航摄仪和附属仪器的类型及其主要技术数据。

(2) 航线敷设情况和飞行质量。

(3) 底片和相纸的类型、特性、冲洗和处理方法，主要技术数据。

(4) 航摄质量及航摄底片复制品的质量情况。

(5) 新技术、新方法、新材料的采用及其效果。

(6) 执行技术标准的情况，出现的主要问题和处理方法，保证和提高质量的主要措施。

4) 技术结论

(1) 对本摄区成果质量、设计方案、作业方法等的评价。

(2) 重大遗留问题的处理意见。

5) 经验、教训和建议

略。

6) 附图、附表

(1) 摄影分区略图。

(2) 航摄鉴定表。

(3) 上交航摄成果清单等。

2. 航空摄影测量外业

1) 概述

(1) 任务来源、目的，摄影比例尺，成图比例尺，生产单位，生产起止日期，生产安排概况。

(2) 测区地理位置、面积、行政隶属，自然地理特征，交通情况和困难类别等。

(3) 作业技术依据，采用的投影、坐标系、高程系和等高距。

(4) 计划与实际完成工作量的比较，作业率的统计。

2) 利用已有资料情况

(1) 航摄资料的来源，仪器的类型及其主要技术数据，像片的质量和利用情况。

(2) 其他资料的来源、等级、质量和利用情况。

(3) 资料中存在的主要问题和处理方法。

3) 作业方法、质量和有关技术数据

(1) 控制测量包括：①像片控制点的布设方案，刺点影像；②基础控制点和像片控制点测定的仪器、方法、扩展次数及各种误差；③检查的方法和质量情况。

(2) 像片调绘与综合法测图包括：①调绘像片的比例尺和质量，调绘的方法，使用简化符号的说明；②新增地物、地貌及云影、阴影地区的补测方法和质量；③综合法测绘地貌的方法和质量；④地理调查和地名译音的情况；⑤检查的方法和质量情况。

(3) 新技术、新方法的采用及其效果。

4) 技术结论

(1) 对本测区成果质量、设计方案、作业方法等的评价。

(2) 重大遗留问题的处理意见。

5) 经验、教训和建议

略。

6) 附图、附表

(1) 测区地形类别及质量评定图。

(2) 利用已有资料清单。

(3) 控制点分布略图。

(4) 精度统计表。

(5) 上交测绘成果清单等。

3. 航空摄影测量内业

1) 概述

(1) 任务来源、目的，摄影比例尺，成图比例尺，生产单位，生产起止日期，生产安排概况。

(2) 测区地理位置、面积、行政隶属，地形的主要特征和困难类别。

(3) 作业技术依据，采用的投影、坐标系、高程系和等高距。

(4) 计划与实际完成工作量的比较，作业率的统计。

2) 利用已有资料情况

(1) 摄影资料的来源，仪器的类型及其主要技术数据。

(2) 对外业控制点和调绘成果进行分析。

(3) 其他资料的来源、质量和利用情况。

(4) 资料中存在的主要问题和处理方法。

3) 作业方法、质量和有关技术数据

(1) 解析空中三角测量包括：①加密方法，刺点影像，使用仪器等情况；②加密点的精度及其接边情况。

(2) 影像平面图的编制包括：①纠正和复制的方法，仪器类型，影像质量及精度情况；②采用正射投影仪作业时，断面数据点采集的密度、扫描缝隙长度等有关技术参数；③成图精度和图幅接边精度。

(3) 航测原图的测绘和编绘包括：①采用的方法和使用的仪器；②成图的质量和精度；③与已成图的接边情况。

(4) 新技术、新方法、新材料的采用及其效果。

4) 技术结论

(1) 对本测区成果质量、设计方案、作业方法等的评价。

(2) 重大遗留问题的处理意见。

5) 经验、教训和建议

略。

6) 附图、附表

(1) 测区图幅接合表。

(2) 航测内业成图方法及质量评定图。

(3) 利用已有资料清单。

(4) 精度统计表。

(5) 野外检测统计表。

(6) 上交测绘成果清单等。

4．近景摄影测量

1) 概述

(1) 任务来源、目的，摄影比例尺，成图比例尺，生产单位，生产起止日期，生产安排概况。

(2) 目标的类型和概况。

(3) 作业技术依据。

(4) 完成的作业项目与工作量。

2) 作业方法、质量和有关技术数据

(1) 物方控制包括：物方控制布设情况、测量方法和精度。

(2) 近景图像的获取包括：①摄影仪器类型及检校情况；②摄站布设、摄影方式、摄影参数；③感光材料的型号和影像质量情况。

(3) 近景图像的处理包括：①处理的方法，仪器类型，成果形式；②成果质量和精度的评定方法。

(4) 新技术、新方法、新材料的采用及其效果。

3) 技术结论

(1) 对本测区成果质量、设计方案、作业方法等的评价。

(2) 重大遗留问题的处理意见。

4) 经验、教训和建议

略。

5) 附图、附表
略。

5. 遥感

1) 概述

(1) 任务来源、目的，图像比例尺，成图比例尺，生产单位，生产起止时间，生产安排概况。

(2) 测区概况。

(3) 作业技术依据和作业方案。

(4) 完成的作业项目与工作量。

2) 利用已有资料情况

(1) 遥感资料的来源、形式，主要技术参数，质量和利用情况。

(2) 资料中存在的主要问题和处理方法。

3) 作业方法、质量和有关技术数据

(1) 遥感图像处理包括：①采用的仪器及其主要技术参数；②地面控制点选取的方法、点数及分布情况；③处理方法，基本工作程序框图，影像质量及有关误差。

(2) 遥感图像的解译包括：①采用的资料；②标志的形态、影像、色调特征等；③解译的方法。

(3) 解译结果的检验包括：①解译结果检验的方法；②野外取样情况，验证成果的准确率。

(4) 编制专业图件包括：利用遥感影像图、地形图、解译草图和其他资料编制专业图件的方法及有关误差。

(5) 新技术、新方法、新材料的采用及其效果。

4) 技术结论

(1) 对本测区成果质量、设计方案、作业方法等的评价。

(2) 重大遗留问题的处理意见。

5) 经验、教训和建议
略。

6) 附图、附表
略。

4.7.7 地图制图与制印

1. 地图制图

1) 概述

(1) 任务名称、目的、来源、数量、类别和规格，成图比例尺，生产单位，生产起止日期，生产安排概况。

(2) 制图区域范围、行政隶属，困难类别。

(3) 作业技术依据，采用的投影、坐标系、高程系和等高距等。

(4) 计划与实际完成工作量的比较，作业率的统计。

2) 利用已有资料情况

(1) 基本资料的比例尺，测制单位，编绘和出版年代，现势性和精度。

(2) 补充资料的比例尺，测制单位，出版年代，现势性，使用程度及方法。

(3) 参考资料的使用程度。

3) 作业方法、质量和有关技术数据

(1) 编绘原图制作方法。

(2) 印刷原图制作方法。

(3) 数学基础的展绘精度，资料拼贴精度。

(4) 地图内容的综合及描绘质量。

(5) 执行技术标准的情况，出现的主要问题和处理方法，保证和提高质量的主要措施。

(6) 新技术、新方法、新材料的采用及其效果。

4) 技术结论

(1) 对本制图区成果质量、设计方案和作业方法等的评价。

(2) 重大遗留问题的处理意见。

5) 经验、教训和建议

略。

6) 附图、附表

(1) 制图区域图幅接合表。

(2) 资料分布略图。

(3) 利用已有资料清单。

(4) 成果质量评定统计表。

(5) 上交测绘成果清单等。

2. 地图制印

1) 概述

(1) 任务名称、目的、来源、数量、类别和规格，地图比例尺，承印单位，制印日期，生产安排概况。

(2) 制图区域范围、行政隶属。

(3) 印刷色数、材料和印数。

(4) 制印技术依据。

(5) 完成任务情况。

2) 利用已有资料情况

(1) 印刷原图的种类、分版情况、制作单位、精度和质量。

(2) 分色参考图的质量。

3) 制印方法、质量和有关技术数据

(1) 制版、照相、翻版、修版、拷贝、晒版的方法、精度和质量。

(2) 印刷、打样的质量和数量，印刷的设备，印刷图的套合精度、印色、图形及线画的质量，油墨和纸张等的质量。

(3) 装帧的方法、形式及质量。

(4) 执行技术标准的情况，保证和提高质量的主要措施。
(5) 新技术、新方法、新材料的采用及其效果。
(6) 实施工艺方案中出现的主要问题及处理方法。
4) 技术结论
对印刷成果质量、工艺方案等的评价。
5) 经验、教训和建议
略。
6) 附图、附表
(1) 工艺设计流程框图。
(2) 制印区域图幅接合表。
(3) 成果、样品及其清单等。

4.7.8　不动产测绘

1) 概述
(1) 任务名称、来源、目的、内容，生产单位，生产起止时间，生产安排概况。
(2) 测区范围、面积、行政隶属，测图比例尺，分幅、编号方法，自然地理和社会经济的特征，困难类别。
(3) 作业技术依据。
(4) 计划与实际完成工作量的比较，作业率的统计。
2) 利用已有资料情况
(1) 采用的基准和系统。
(2) 起算数据和资料的名称、等级、系统、来源和精度情况。
(3) 资料中存在的主要问题和处理方法。
3) 作业方法、质量和有关技术数据
(1) 使用的仪器和主要测量工具的名称、型号、主要技术参数和检校情况。
(2) 控制网、锁、线、点的布设、等级、密度，埋石情况，施测方法和重测情况。
(3) 界址点的布设、密度、数量，标志设置，编号方法和点位精度。
(4) 各不动产要素调绘的原则和根据，土地划分的层次与编号的方法，权属的调查方法，土地利用和土地等级划分的标准。
(5) 面积量算的方法，计算公式，使用工具和量算精度。
(6) 测制不动产宗地图的方法和精度，新增的图式符号。
(7) 新技术、新方法、新材料的采用及其效果。
(8) 执行技术标准的情况，出现的主要问题和处理方法，保证和提高质量的主要措施，实地检测和检查的情况与结果等。
4) 技术结论
(1) 对本测区成果质量、设计方案和作业方法等的评价。
(2) 重大遗留问题的处理意见。
5) 经验、教训和建议
略。

6) 附图、附表
(1) 利用已有资料清单。
(2) 控制点布设图。
(3) 仪器、工具检验结果汇总表。
(4) 精度统计表。
(5) 上交测绘成果清单等。

4.8 测绘产品检查验收

4.8.1 检查验收的基本概念和术语

1. 检查验收的概念

为了评定测绘产品质量，须严格按照相关技术细则或技术标准，通过观察、分析、判断和比较，适当结合测量、试验等方法对测绘产品进行的符合性评价。

2. 相关术语

(1) 单位产品。为实施检查、验收而划分的基本单位。

(2) 检验批。检验批又叫批成果，是为实施检验而汇集起来的具有同一性质的单位产品。

(3) 样本。从检验批中抽取的用于详查的单位产品的全体。

(4) 简单随机抽样。从检验批中抽取样本；抽样时，使每一个单位产品都能以相同的概率构成样本。

(5) 分级随机抽样。从检验批中抽取样本；抽样时，先根据单位产品的困难类别(复杂程度)、区域特征、作业方法以及作业组(室)或者生产单位评定的优、良、合格等级等诸项因素进行分级，再在每一级进行随机抽样，使每一级的单位产品都能以相同的概率构成样本。

(6) 质量元素。产品满足用户要求和使用目的的基本特性。这些元素能予以描述或度量，以便确定对于用户要求和使用目的是否合格。

(7) 详查。对样本进行的全面检查。

(8) 概查。根据样本中出现的影响产品质量的严重缺陷、较重缺陷和带倾向性问题的轻缺陷，对样本以外的产品所作的检查。

(9) 过程检查。作业人员将产品上交以后，质检人员对产品所进行的第一次全面检查。

(10) 最终检查。在过程检查基础上，质检人员对产品进行的再一次全面检查。

(11) 验收。为判断受检批是否符合要求(或能否被接受)而进行的检验。

(12) 错漏。检查项的检查结果与要求存在的差异。根据差异的程度，将其分为 A、B、C、D 四类。

A 类：极重要检查项的错漏，或检查项的极严重错漏；

B 类：重要检查项的错漏，或检查项的严重错漏；

C 类：较重要检查项的错漏，或检查项的较重错漏；

D类：一般检查项的轻微错漏。

4.8.2 测绘产品检查验收基本规定

1. 测绘产品检查验收制度

1) 二级检查一级验收制度

测绘产品实行过程检查、最终检查和验收制度。过程检查由生产单位的中队(室)检查人员承担。最终检查由生产单位的质量管理机构负责实施。验收工作由任务的委托单位组织实施，或由该单位委托具有检验资格的检验机构验收。各级检查、验收工作必须独立进行，不得省略或代替。

(1) 过程检查采用全数检查。

(2) 最终检查一般采用全数检查，涉及野外检查项的可采用抽样检查，样本以外的应实施内业全数检查。

(3) 验收一般采用抽样检查。质量检验机构应对样本进行详查，必要时可对样本以外的单位成果的重要检查项进行概查。

2) 提交检查验收的资料

项目提交的成果资料必须齐全，一般应包括以下几项。

(1) 项目设计书、技术设计书、技术总结等。

(2) 文档记录簿、质量跟踪卡等。

(3) 数据文件，包括图库内外整饰信息文件、元数据文件等。

(4) 作为数据源使用的原图或复制的二底图。

(5) 图形或影像数据输出的检查图或模拟图。

(6) 技术规定或技术设计书规定的其他文件资料。

提交检查验收的资料时还应提交检查报告。

2. 测绘产品检查验收依据

测绘产品检查验收的依据是有关的测绘任务书、合同书中有关产品质量元素的摘录文件或委托检查验收文件、有关法规和技术标准以及技术设计书中有关的技术规定等。

3. 数学精度检测

进行图类单位成果高程精度检测、平面位置精度检测及相对位置精度检测时，检测点(边)应分布均匀、位置明显。检测点(边)数量视地物复杂程度、比例尺等具体情况确定，每幅图一般各选取20～50个。

按单位成果统计数学精度，困难时可以适当扩大统计范围。在允许中误差2倍以内(含2倍)的误差值均应参与数学精度统计，超过允许中误差2倍的误差视为粗差。同精度检测时，在允许中误差$2\sqrt{2}$倍以内(含$2\sqrt{2}$倍)的误差值均应参与数学精度统计，超过允许中误差$2\sqrt{2}$倍的误差视为粗差。检测点(边)数量少于20个时，以误差的算术平均值代替中误差；大于20个时，按中误差统计。

进行高精度检测时，中误差计算按式(4-1)执行，即

$$M = \pm\sqrt{\frac{\sum_{i=1}^{n} \Delta_i^2}{n}} \qquad (4-1)$$

式中：M 为成果中误差；n 为检测点(边)总数；Δ_i 为较差。

进行同精度检测时，中误差计算按式(4-2)执行，即

$$M = \pm\sqrt{\frac{\sum_{i=1}^{n} \Delta_i^2}{2n}} \qquad (4-2)$$

式中：M 为成果中误差；n 为检测点(边)总数；Δ_i 为较差。

4. 测绘产品检查验收记录与存档

检查验收记录包括质量问题的记录、问题处理的记录以及质量评定的记录等。记录必须及时、认真、规范、清晰。检查、验收工作完成后，须编写检查、验收报告，并随产品一起归档。

5. 质量问题处理

验收中若发现有不符合技术标准、技术设计书或其他有关技术规定的成果时，应及时提出处理意见，交测绘单位进行改正。当问题较多或性质较严重时，可将部分或全部成果退回测绘单位或部门重新处理，然后再进行验收。

经验收判为合格的批，测绘单位或部门要对验收中发现的问题进行处理，然后进行复查。经验收判为不合格的批，要将检验批全部退回测绘单位或部门进行处理，然后再次申请验收。再次验收时应重新抽样。

对于过程检查、最终检查中发现的质量问题应改正。在过程检查、最终检查工作中，当对质量问题的判定存在分歧时，由测绘单位总工程师裁定；在验收工作中，当对质量问题的判定存在分歧时，由委托方或项目管理单位裁定。

4.8.3 测绘产品检查验收工作的组织实施

测绘产品的检查验收实行二级检查一级验收制，即实施过程检查、最终检查和验收。

1. 测绘产品检查工作实施

1) 过程检查

只有通过自查、互查的单位成果，才能进行过程检查。过程检查应该逐单位进行成果详查。检查出的问题、错误，复查的结果均应记录在检查记录中。对于检查出的错误修改后应复查，直至检查无误为止，方可提交最终检查。

2) 最终检查

通过过程检查的单位成果，才能进行最终检查。最终检查应逐单位进行成果详查。对野外实地检查项，可抽样检查，样本量不应低于表 4-2 的规定。检查出的问题、错误，复查的结果应记录在检查记录中。最终检查应审核过程检查记录。最终检查不合格的单位成果退回处理，处理后再进行最终检查，直至检查合格为止。最终检查合格的单位成果，对于检查出

的错误修改后经复查无误,方可提交验收。最终检查完成后,应编写检查报告,随成果一并提交验收。最终检查完成后,应书面申请验收。

表 4-2 样本量确定表

批 量	样 本 量
≤20 α	3
21~40	5
41~60	7
61~80	9
81~100	10
101~120	11
121~140	12
141~160	13
161~180	14
181~200	15
≥201	分批次提交,批次数应最小,各批次的批量应均匀

注:α 表示当年样本量等于或大于批量时,则全数检查。

2. 测绘产品验收工作实施

单位成果最终检查全部合格后,才能验收。样本内的单位成果应逐一详查,样本外的单位成果根据需要进行概查。检查出的问题、错误,复查的结果应记录在检查记录中。验收应审核最终检查记录。验收不合格的批成果退回处理,并重新提交验收。重新验收时,应重新抽样。验收合格的批成果,应对检查出的错误进行修改,并通过复查核实。验收工作完成后,应编写检验报告。

1) 组成批成果

批成果应由同一技术设计书指导下生产的同等级、同规格单位成果汇集而成。生产量较大时,可根据生产时间的不同、作业方法的不同或作业单位的不同等条件分别组成批成果,实施分批检验。

2) 确定样本量

按照表 4-2 的规定确定样本量。

3) 抽取样本

采用分层按比例随机抽样的方法从批成果中抽取样本,即将批成果按不同班组、不同设备、不同环境、不同困难类别、不同地形类别等因素分成不同的层。根据样本量,在各层内分别按照各层在批成果中所占比例确定各层中应抽取的单位成果数量,并使用简单随机抽样法抽取样本。提取批成果的有关资料,如技术设计书、技术总结、检查报告、接合表、图幅清单等。

4) 检查

详查应根据单位成果的质量元素及相应的检查项,按项目技术要求逐一检查样本内的单位成果,并统计存在的各类错漏数量、错误率、中误差等。根据需要,对样本外单位成果的重要检查项或重要因素以及详查中发现的普遍性、倾向性问题进行检查,并统计存在的各类错漏数量、错误率、中误差等。

5) 单位成果质量评定

单位成果质量评定通过单位成果质量分值评定质量等级，质量等级划分为优级品、良级品、合格品、不合格品四级。概查只评定合格品、不合格品两级。详查评定四级质量等级。其工作内容如下。

(1) 根据质量检查的结果计算质量元素分值(当质量元素检查结果不满足规定的合格条件时，不计算分值，该质量元素为不合格)。

(2) 根据质量元素分值，评定单位成果质量分值，见式(4-3)，附件质量可不参与式(4-3)的计算。根据式(4-3)的结果，评定单位成果质量等级，见表4-3。

$$S = \min(S_i)(i = 1, 2, \cdots, n) \tag{4-3}$$

式中：S 为单位成果质量得分值；S_i 为第 i 个质量元素的得分值；min 为最小值；n 为质量元素的总数。

若质量元素拥有权值，则采用加权平均法计算单位成果质量得分。S 值按式(4-4)计算：

$$S = \sum_{i=1}^{n}(S_i \times p_i) \tag{4-4}$$

式中：S、S_i 分别为单位成果质量、质量元素得分；p_i 为相应质量元素的权；n 为单位成果中包含的质量元素个数。

表 4-3 单位成果质量评定等级

质量得分	质量等级
90 分≤S≤100 分	优级品
75 分≤S<90 分	良级品
60 分≤S<75 分	合格品
质量元素检查结果不满足规定的合格条件	不合格品
位置精度检查中误差比例大于 5%	
质量元素出现不合格	

6) 批成果质量评定

批成果质量等级评定按照表 4-4 的判定条件来确定，质量等级划分为批合格和批不合格两级。

表 4-4 批成果质量评定

质量等级	判定条件	后续处理
批合格	样本未发现不合格的单位成果或者发现的不合格成果的数量不在规定的范围内，且概查时未发现不合格的单位成果	测绘单位对验收中发现的各种质量问题均应修改
批不合格	样本中发现不合格的单位成果，或者概查中发现不合格的单位成果，或不能提交批成果的技术性文档(如设计书、技术总结、检查报告等)和资料性文档(如接合表、图幅清单等)	测绘单位对批成果逐一查改合格后，重新提交验收

7) 编制检验报告

验收工作完成后，应编制检验报告。

4.8.4 质量评分方法

测绘产品的检查验收实行二级检查一级验收制，对其产品单位成果的质量评定须遵守数学精度评分方法、质量错漏扣分标准、质量子元素评分方法以及质量元素评分方法。

1. 数学精度评分方法

数学精度按表 4-5 的规定采用分段直线内插的方法计算质量分数；多项数学精度评分时，单项数学精度得分均大于 60 分时，取其算术平均值或加权平均。

表 4-5 数学精度评分标准

数学精度值	质量分数
$0 \leqslant M \leqslant 1/3 \times M_0$	S=100 分
$1/3 \times M_0 < M \leqslant 1/2 \times M_0$	90 分$\leqslant S<$100 分
$1/2 \times M_0 < M \leqslant 3/4 \times M_0$	75 分$\leqslant S<$90 分
$3/4 \times M_0 < M \leqslant M_0$	60 分$\leqslant S<$75 分

$$M_0 = \pm\sqrt{m_1^2 + m_2^2} \tag{4-5}$$

式(4-5)中，M_0 为允许中误差的绝对值；m_1 为规范或相应技术文件要求的成果中误差；m_2 为检测中误差(高精度检测时取 m_2=0)；M 为成果中误差的绝对值；S 为质量分数(分数值根据数学精度的绝对值所在区间进行内插)。

2. 质量错漏扣分标准

质量错漏扣分标准按表 4-6 执行。大地测量、工程测量、摄影测量与遥感、地图编制、地籍测绘、地理信息系统等测绘成果具体的质量错漏扣分标准参考相关国家标准。

表 4-6 质量错漏扣分标准

差错类型	扣 分 值
A 类	42 分
B 类	$12/t$ 分
C 类	$4/t$ 分
D 类	$1/t$ 分

注：一般情况下取 t=1。需要进行调整时，以困难类别为原则，按《测绘生产困难类别细则》进行调整(平均困难类别 t=1)。

3. 质量子元素评分方法

首先将质量子元素得分预置为 100 分，然后根据表 4-6 的要求对相应质量子元素中出现的错漏逐个扣分。S_i 的值按式(4-6)计算

$$S_i = 100 - \{a_1 \times (12/t) + a_2 \times (4/t) + a_3 \times (1/t)\} \tag{4-6}$$

式中：S_i 为质量子元素得分；a_1, a_2, a_3 分别为质量子元素中相应的 B 类错漏、C 类错漏、D 类错漏个数；t 为扣分值调整系数。

4. 质量元素评分方法

采用加权平均法计算质量元素得分。S_l的值按式(4-7)计算。

$$S_l = \sum_{i=1}^{n}(S_{li} \times p_i) \tag{4-7}$$

式中：S_l、S_{li}分别为质量元素和相应质量子元素得分；p_i为相应质量子元素的权；n为质量元素中包含的质量子元素个数。

4.8.5 大地测量成果的质量元素及检查项

大地测量成果主要包括 GNSS 测量成果、三角测量成果、导线测量成果、水准测量成果、光电测距成果、天文测量成果、重力测量成果以及大地测量计算成果。

1. GNSS 测量成果的质量元素和检查项

GNSS 测量成果的质量元素包括数据质量、点位质量和资料质量。

1) 数据质量

数据质量包括以下三个质量子元素。

(1) 数学精度。主要检查点位中误差与规范及设计书的符合情况，边长相对中误差与规范及设计书的符合情况。

(2) 观测质量。主要检查仪器检验项目的齐全性、检验方法的正确性；观测方法的正确性、观测条件的合理性；GNSS 点水准联测的合理性和正确性；归心元素、天线高测定方法的正确性；卫星高度角、有效观测卫星总数、时段中任一卫星有效观测时间、观测时段数、时段长度、数据采样间隔、PDOP 值、钟漂、多路径效应等参数的规范性和正确性；观测手簿记录和注记的完整性和数字记录、划改的规范性；数据质量检验的符合性；规范和设计方案的执行情况；成果取舍和重测的正确性、合理性。

(3) 计算质量。主要检查起算点选取的合理性和起始数据的正确性；起算点的兼容性及分布的合理性；坐标改算方法的正确性；数据使用的正确性和合理性；各项外业验算项目的完整性、方法的正确性，各项指标的符合性。

2) 点位质量

点位质量包括以下两个质量子元素。

(1) 选点质量。主要检查点位布设及点位密度的合理性；点位观测条件的符合情况；点位选择的合理性；点之记内容的齐全、正确性。

(2) 埋石质量。主要检查埋石坑位的规范性和尺寸的符合性；标石类型和标石埋设规格的规范性；标志类型、规格的正确性；标石质量，如坚固性、规格等；托管手续内容的齐全性、正确性。

3) 资料质量

资料质量包括以下两个质量子元素。

(1) 整饰质量。主要检查点之记和托管手续、观测手簿、计算成果等资料的规整性；技术总结、检查报告格式的规范性；技术总结、检查报告整饰的规整性。

(2) 资料完整性。主要检查技术总结编写的齐全和完整情况；检查报告编写的齐全和完整情况；按规范或设计书上交资料的齐全性和完整情况。

2. 三角测量成果的质量元素和检查项

三角测量成果的质量元素包括数据质量、点位质量和资料质量。

1) 数据质量

数据质量包括以下三个质量子元素。

(1) 数学精度。主要检查最弱边相对中误差的符合性；最弱点中误差的符合性；测角中误差的符合性。

(2) 观测质量。主要检查仪器检验项目的齐全性、检验方法的正确性；各项观测误差的符合性；归心元素的测定方法、次数、时间及投影偏差情况，觇标高的测定方法及量取部位的正确性；水平角的观测方法、时间选择、光段分布，成果取舍和重测的合理性和正确性；天顶距(或垂直角)的观测方法、时间选择，成果取舍和重测的合理性和正确性；观测手簿计算的正确性、注记的完整性和数字记录、划改的规范性。

(3) 计算质量。主要检查外业验算项目的齐全性、验算方法的正确性；验算数据的正确性及验算结果的符合性；已知三角点选取的合理性和起始数据的正确性。

2) 点位质量

点位质量包括以下两个质量子元素。

(1) 选点质量。主要检查点位密度的合理性；点位选择的合理性；锁段图形权倒数值的符合性；展点图内容的完整性和正确性；点之记内容的完整性和正确性。

(2) 埋石质量。主要检查觇标的结构及橹柱与视线关系的合理性；标石的类型、规格和预制的质量情况；标石的埋设和外部整饰情况；托管手续内容的齐全性和正确性。

3) 资料质量

资料质量包括以下两个质量子元素。

(1) 整饰质量。主要检查选点、埋石及验算资料整饰的齐全性和规整性；成果资料整饰的规整性；技术总结整饰的规整性；检查报告整饰的规整性。

(2) 资料完整性。主要检查技术总结内容的齐全性和完整性；检查报告内容的齐全性和完整性；上交资料的齐全性和完整性。

3. 导线测量成果的质量元素和检查项

导线测量成果的质量元素包括数据质量、点位质量和资料质量。

1) 数据质量

数据质量包括以下三个质量子元素。

(1) 数学精度。主要检查点位中误差的符合性；边长相对精度的符合性；方位角闭合差的符合性；测角中误差的符合性。

(2) 观测质量。主要检查仪器检验项目的齐全性、检验方法的正确性、各项观测误差的符合性；归心元素的测定方法、次数、时间及投影偏差情况；觇标高的测定方法及量取部位的正确性；水平角和导线测距的观测方法、时间选择、光段分布，成果取舍和重测的合理性和正确性；天顶距(或垂直角)的观测方法、时间选择，成果取舍和重测的合理性和正确性；手簿计算的正确性、注记的完整性以及数字记录、划改的规范性。

(3) 计算质量。主要检查外业验算项目的齐全性、验算方法的正确性；验算数据的正确性及验算结果的符合性；已知三角点选取的合理性和起始数据的正确性；上交资料的齐全性。

2) 点位质量

点位质量包括以下两个质量子元素。

(1) 选点质量。主要检查导线网网形结构的合理性；点位密度的合理性；点位选择的合理性；展点图内容的完整性和正确性；点之记内容的完整性和正确性；导线曲折度。

(2) 埋石质量。主要检查觇标的结构及橹柱与视线关系的合理性；标石的类型、规格和预制的规整性；标石的埋设和外部整饰；托管手续内容的齐全性和正确性。

3) 资料质量

资料质量包括以下两个质量子元素。

(1) 整饰质量。主要检查选点、埋石及验算资料整饰的齐全性和规整性；成果资料整饰的规整性；技术总结整饰的规整性；检查报告整饰的规整性。

(2) 资料完整性。主要检查技术总结内容的齐全性和完整性；检查报告内容的齐全性和完整性；上交资料的齐全性和完整性。

4. 水准测量成果的质量元素和检查项

水准测量成果的质量元素包括数据质量、点位质量和资料质量。

1) 数据质量

数据质量包括以下三个质量子元素。

(1) 数学精度。主要检查每公里偶然中误差的符合性；每公里全中误差的符合性。

(2) 观测质量。主要检查测段、区段、路线闭合差的符合性；仪器检验项目的齐全性、检验方法的正确性；测站观测误差的符合性；对已有水准点和水准路线联测和接测方法的正确性；观测和检测方法的正确性；观测条件选择的正确性、合理性；成果取舍和重测的正确性、合理性；观测手簿计算的正确性、注记的完整性以及数字记录、划改的规范性。

(3) 计算质量。主要检查环闭合差的符合性；外业验算项目的齐全性、验算方法的正确性；已知水准点选取的合理性和起始数据的正确性。

2) 点位质量

点位质量包括以下两个质量子元素。

(1) 选点质量。主要检查水准路线布设及点位密度的合理性；路线图绘制的正确性；点位选择的合理性；点之记内容的齐全性、正确性。

(2) 埋石质量。主要检查标石类型的正确性；标石埋设规格的规范性；托管手续内容的齐全性、正确性。

3) 资料质量

资料质量包括以下两个质量子元素。

(1) 整饰质量。主要检查观测、计算资料整饰的规整性；成果资料整饰的规整性；技术总结整饰的规整性；检查报告整饰的规整性。

(2) 资料完整性。主要检查技术总结内容的齐全性和完整性；检查报告内容的齐全性和完整性；上交资料的齐全性和完整性。

5. 光电测距成果的质量元素和检查项

光电测距成果的质量元素包括数据质量和资料质量。

1) 数据质量

数据质量包括以下三个质量子元素。

(1) 数学精度。主要检查边长精度是否超限。

(2) 观测质量。主要检查仪器检验项目的齐全性、检验方法的正确性；观测手簿计算的正确性、注记的完整性以及数字记录、划改的规范性；归心元素测定方法的正确性以及测定时间和投影偏差情况；测距边两端点高差测定方法的正确性及精度情况；观测条件选择的正确性、光段分配的合理性，气象元素测定情况；成果取舍和重测的正确性、合理性；观测误差与限差的符合情况；外业验算的精度指标与限差的符合情况。

(3) 计算质量。主要检查外业验算项目的齐全性；外业验算方法的正确性；验算结果的正确性；观测成果采用的正确性。

2) 资料质量

资料质量包括以下两个质量子元素。

(1) 整饰质量。主要检查观测、计算资料整饰的规整性；成果资料整饰的规整性；技术总结整饰的规整性；检查报告整饰的规整性。

(2) 资料全面性。主要检查技术总结内容的齐全性和完整性；检查报告内容的齐全性和完整性；上交资料的齐全性和完整性。

6. 天文测量成果的质量元素和检查项

天文测量成果的质量元素包括数据质量、点位质量和资料质量。

1) 数据质量

数据质量包括以下三个质量子元素。

(1) 数学精度。主要检查经纬度中误差的符合性；方位角中误差的符合性；正、反方位角之差的符合性。

(2) 观测质量。主要检查仪器检验项目的齐全性、检验方法的正确性；观测手簿计算的正确性、注记的完整性以及数字记录、划改的规范性；归心元素测定方法的正确性；经纬度、方位角观测方法的正确性；观测条件选择的正确性、合理性；成果取舍和重测的正确性、合理性；各项外业观测误差与限差的符合性；各项外业验算的精度指标与限差的符合性。

(3) 计算质量。主要检查外业验算项目的齐全性；外业验算方法的正确性；验算结果的正确性；观测成果采用的正确性。

2) 点位质量

点位质量包括以下两个质量子元素。

(1) 选点质量。主要检查点位选择的合理性。

(2) 埋石质量。主要检查天文墩结构的规整性、稳定性；天文墩类型及质量的符合性；天文墩埋设规格的正确性。

3) 资料质量

资料质量包括以下两个质量子元素。

(1) 整饰质量。主要检查观测、计算资料整饰的规整性；成果资料整饰的规整性；技术总结整饰的规整性；检查报告整饰的规整性。

(2) 资料全面性。主要检查技术总结内容的齐全性和完整性；检查报告内容的齐全性和完整性；上交资料的齐全性和完整性。

7. 重力测量成果的质量元素和检查项

重力测量成果的质量元素包括数据质量、点位质量和资料质量。

1) 数据质量

数据质量包括以下三个质量子元素。

(1) 数学精度。主要检查重力联测中误差的符合性；重力点平面位置中误差的符合性；重力点高程中误差的符合性。

(2) 观测质量。主要检查仪器检验项目的数据记录、划改的规范性；外业观测误差与限差的符合性；外业验算的精度指标与限差的符合性。

(3) 计算质量。主要检查外业验算项目的齐全性；外业验算方法的正确性；重力基线选取的合理性；起始数据的正确性。

2) 点位质量

点位质量包括以下两个质量子元素。

(1) 选点质量。主要检查重力点布设位密度的合理性；重力点值选择的合理性；点之记内容的齐全性、正确性。

(2) 造埋质量。主要检查标石类型的规范性和标石质量情况；标石埋设规格的规范性；照片资料的齐全性；托管手续的完整性。

3) 资料质量

资料质量包括以下两个质量子元素。

(1) 整饰质量。主要检查观测、计算资料整饰的规整性；成果资料整饰的规整性；技术总结整饰的规整性；检查报告整饰的规整性。

(2) 资料全面性。主要检查技术总结内容的全面性和完整性；检查报告内容的全面性和完整性；上交成果资料的齐全性。

8. 大地测量计算成果的质量元素和检查项

大地测量计算成果的质量元素包括成果正确性和成果完整性。

1) 成果正确性

成果正确性包括以下两个质量子元素。

(1) 数学模型。主要检查采用基准的正确性；平差方案及计算方法的正确性、完备性；平差图形选择的合理性；计算、改算、平差、统计软件功能的完备性。

(2) 计算正确性。主要检查外业观测数据取舍的合理性、正确性；仪器常数及检定系数选用的正确性；相邻测区成果处理的合理性；计量单位、小数取舍的正确性；起算数据、仪器检验参数、气象参数选用的正确性；计算图、表编制的合理性；各项计算的正确性。

2) 成果完整性

成果完整性包括以下两个质量子元素。

(1) 整饰质量。主要检查各种计算资料的规整性；成果资料的规整性；技术总结的规整性；检查报告的规整性。

(2) 资料完整性。主要检查成果表编辑或抄录的正确性、全面性；技术总结或计算说明内容的全面性；精度统计资料的完整性；上交成果资料的齐全性。

4.8.6　工程测量成果的质量元素及检查项

工程测量成果主要包括平面控制测量成果、高程控制测量成果、大比例尺地形图、线路测量成果、管线测量成果、变形测量成果、施工测量成果以及水下地形测量成果。

1. 平面控制测量成果的质量元素和检查项

平面控制测量成果的质量元素包括数据质量、点位质量和资料质量。

1) 数据质量

数据质量包括以下三个质量了元素。

(1) 数学精度。主要检查点位中误差与规范及设计书的符合情况；边长相对中误差与规范及设计书的符合情况。

(2) 观测质量。主要检查仪器检验项目的齐全性、检验方法的正确性；观测方法的正确性、观测条件的合理性；GNSS 点水准联测的合理性和正确性；归心元素、天线高测定方法的正确性；卫星高度角、有效观测卫星总数、时段中任一卫星有效观测时间、观测时段数、时段长度、数据采样间隔、PDOP 值、钟漂、多路径影响等参数的规范性和正确性；观测手簿记录和注记的完整性以及数字记录、划改的规范性；数据质量检验的符合性；水平角和导线测距的观测方法，成果取舍和重测的合理性和正确性；天顶距(或垂直角)的观测方法、时间选择，成果取舍和重测的合理性和正确性；规范和设计方案的执行情况；成果取舍和重测的正确性、合理性。

(3) 计算质量。主要检查起算点选取的合理性和起始数据的正确性；起算点的兼容性及分布的合理性；坐标改算方法的正确性；数据使用的正确性和合理性；各项外业验算项目的完整性、方法正确性，各项指标的符合性。

2) 点位质量

点位质量包括以下两个质量子元素。

(1) 选点质量。点位布设及点位密度的合理性；点位满足观测条件的符合情况；点位选择的合理性；点之记内容的齐全性、正确性。

(2) 埋石质量。主要检查埋石坑位的规范性和尺寸的符合性；标石类型和标石埋设规格的规范性；标志类型、规格的正确性；托管手续内容的齐全性、正确性。

3) 资料质量

资料质量包括以下两个质量子元素。

(1) 整饰质量。主要检查点之记和托管手续、观测手簿、计算成果等资料的规整性；技术总结整饰的规整性；检查报告整饰的规整性。

(2) 资料完整性。主要检查技术总结编写的齐全性和完整情况；检查报告编写的齐全性和完整情况；按规范或设计书上交资料的齐全性和完整情况。

2. 高程控制测量成果的质量元素和检查项

高程控制测量成果的质量元素包括数据质量、点位质量及资料质量。

1) 数据质量

数据质量包括以下三个质量子元素。

(1) 数学精度。主要检查每公里高差中数偶然中误差的符合性；每公里高差中数全中误差的符合性；相对于起算点的最弱点高程中误差的符合性。

(2) 观测质量。主要检查仪器检验项目的齐全性、检验方法的正确性；测站观测误差的符合性；测段、区段、路线闭合差的符合性；对已有水准点和水准路线联测和接测方法的正确性；观测和检测方法的正确性；观测条件选择的正确性、合理性；成果取舍和重测的正确性、合理性；观测手簿计算的正确性、注记的完整性以及数字记录、划改的规范性。

(3) 计算质量。主要检查外业验算项目的齐全性，验算方法的正确性；已知水准点选取的合理性和起始数据的正确性；环闭合差的符合性。

2) 点位质量

点位质量包括以下两个质量子元素。

(1) 选点质量。主要检查水准路线布设、点位选择及点位密度的合理性；水准路线图绘制的正确性；点位选择的合理性；点之记内容的齐全性、正确性。

(2) 埋石质量。主要检查标石类型的规范性和标石质量情况；标石埋设规格的规范性；托管手续内容的齐全性。

3) 资料质量

资料质量包括以下两个质量子元素。

(1) 整饰质量。主要检查观测、计算资料整饰的规整性；各类报告、总结、附图、附表、簿册整饰的完整性；成果资料整饰的规整性；技术总结整饰的规整性；检查报告整饰的规整性。

(2) 资料完整性。主要检查技术总结、检查报告编写内容的全面性及正确性；提供成果资料项目的齐全性。

3. 大比例尺地形图的质量元素和检查项

大比例尺地形图的质量元素包括数学精度、数据及结构正确性、地理精度、整饰质量和附件质量。

1) 数学精度

数学精度包括以下三个质量子元素。

(1) 数学基础。主要检查坐标系统、高程系统的正确性；各类投影计算、使用参数的正确性；图根控制测量精度；图廓尺寸、对角线长度、格网尺寸的正确性；控制点间图上距离与坐标反算长度较差。

(2) 平面精度。主要检查平面绝对位置中误差；平面相对位置中误差；接边精度。

(3) 高程精度。主要检查高程注记点高程中误差；等高线高程中误差；接边精度。

2) 数据及结构正确性

主要检查文件命名、数据组织的正确性；数据格式的正确性；要素分层的正确性、完备性；属性代码的正确性；属性接边质量。

3) 地理精度

主要检查地理要素的完整性与正确性；地理要素的协调性；注记和符号的正确性；综合取舍的合理性；地理要素接边质量。

4) 整饰质量

主要检查符号、线画、色彩质量；注记质量；图面要素协调性；图面、图廓外整饰质量。

5) 附件质量

主要检查元数据文件的正确性、完整性；检查报告、技术总结内容的全面性及正确性；成果资料的齐全性；各类报告、附图(接合图、网图)、附表、簿册整饰的规整性；资料装帧。

4. 线路测量成果的质量元素和检查项

线路测量成果的质量元素包括数据质量、点位质量、资料质量。

1) 数据质量

数据质量包括以下三个质量子元素。

(1) 数学精度。主要检查平面控制测量、高程控制测量、地形图成果数学精度；点位或桩位测设成果数学精度；断面成果精度与限差的符合情况。

(2) 观测质量。主要检查控制测量成果。

(3) 计算质量。主要检查验算项目的齐全性和验算方法的正确性；平差计算及其他内业计算的正确性。

2) 点位质量

点位质量包括以下两个质量子元素。

(1) 选点质量。主要检查控制点布设及点位密度的合理性；点位选择的合理性。

(2) 造埋质量。主要检查标石类型的规范性和标石质量情况；标石埋设规格的规范性；点之记、托管手续内容的齐全性、正确性。

3) 资料质量

资料质量包括以下两个质量子元素。

(1) 整饰质量。主要检查观测、计算资料整饰的规整性；技术总结、检查报告整饰的规整性。

(2) 资料完整性。主要检查技术总结、检查报告内容的全面性；提供项目成果资料的齐全性；各类报告、总结、图、表、簿册整饰的规整性。

5. 管线测量成果的质量元素和检查项

管线测量成果的质量元素包括控制测量精度、管线图质量、资料质量。

1) 控制测量精度

控制测量精度主要检查平面控制测量、高程控制测量。

2) 管线图质量

管线图质量包括以下三个质量子元素。

(1) 数学精度。主要检查明显管线点量测精度；管线点探测精度；管线开挖点精度；管线点平面、高程精度；管线点与地物相对位置精度。

(2) 地理精度。主要检查管线数据各管线属性的齐全性、正确性、协调性；管线图注记和符号的正确性；管线调查和探测综合取舍的合理性。

(3) 整饰质量。主要检查符号、线画质量；图廓外整饰质量；注记质量；接边质量。

3) 资料质量

资料质量包括以下两个质量子元素。

(1) 资料完整性。主要检查工程依据文件；工程凭证资料；探测原始资料；探测图表、成果表；技术报告书(总结)。

(2) 整饰规整性。主要检查依据资料、记录图表归档的规整性；各类报告、总结、图表、簿册整饰的规整性。

6. 变形测量成果的质量元素和检查项

变形测量成果的质量元素包括数据质量、点位质量、资料质量。

1) 数据质量

数据质量包括以下三个质量子元素。

(1) 数学精度。主要检查基准网精度；水平位移、垂直位移测量精度。

(2) 观测质量。主要检查仪器设备的符合性；规范和设计方案的执行情况；各项限差与规范或设计书的符合情况；观测方法的规范性、观测条件的合理性；成果取舍和重测的正确性、合理性；观测周期及中止观测时间确定的合理性；数据采集的完整性、连续性。

(3) 计算分析。主要检查计算项目的齐全性和方法的正确性；平差结果及其他内业计算的正确性；成果资料的整理和整编；成果资料的分析。

2) 点位质量

点位质量包括以下两个质量子元素。

(1) 选点质量。主要检查基准点、观测点布设及点位密度、位置选择的合理性。

(2) 造埋质量。主要检查标石类型、标志构造的规范性和质量情况；标石、标志埋设的规范性。

3) 资料质量

资料质量包括以下两个质量子元素。

(1) 整饰质量。主要检查观测、计算资料整饰的规整性；技术报告、检查报告整饰的规整性。

(2) 资料完整性。主要检查技术报告、检查报告内容的全面性；提供成果资料项目的齐全性；技术问题处理的合理性。

7. 施工测量成果的质量元素和检查项

施工测量成果的质量元素包括数据质量、点位质量、资料质量。

1) 数据质量

数据质量包括以下三个质量子元素。

(1) 数学精度。主要检查控制测量精度；点位或桩位测设成果数学精度。

(2) 观测质量。主要检查仪器检验项目的齐全性、检验方法的正确性；技术设计和观测方案的执行情况；水平角、天顶距、距离观测方法的正确性，观测条件的合理性；成果取舍和重测的正确、合理性；观测手簿计算的正确性、注记的完整性以及数字记录、划改的规范性；电子记簿记录程序的正确性和输出格式的标准化程度；各项观测误差与限差的符合情况。

(3) 计算质量。主要检查验算项目的齐全性和验算方法的正确性；平差计算及其他内业计算的正确性。

2) 点位质量

点位质量包括以下两个质量子元素。

(1) 选点质量。主要检查控制点布设及点位密度的合理性；点位选择的合理性。

(2) 造埋质量。主要检查标石类型的规范性和标石质量情况；标石埋设规格的规范性；点之记内容的齐全性、正确性；托管手续内容的齐全性。

3) 资料质量

资料质量包括以下两个质量子元素。

(1) 整饰质量。主要检查观测、计算资料整饰的规整性；技术总结、检查报告整饰的规整性。

(2) 资料完整性。主要检查技术总结、检查报告内容的全面性；提供成果资料项目的齐全性。

8. 水下地形测量成果的质量元素和检查项

水下地形测量成果的质量元素包括数据质量、点位质量、资料质量。

1) 数据质量

数据质量包括以下三个质量子元素。

(1) 观测仪器。主要检查仪器选择的合理性；仪器检验项目的齐全性、检验方法的正确性。

(2) 观测质量。主要检查技术设计和观测方案的执行情况；数据采集软件的可靠性；观测要素的齐全性；观测时间、观测条件的合理性；观测方法的正确性；观测成果的正确性、合理性；岸线修测、陆上和海上具有引航作用的重要地物测量、地理要素表示的齐全性与正确性；成果取舍和重测的正确性、合理性；重复观测成果的符合性。

(3) 计算质量。主要检查计算软件的可靠性；内业计算验算情况；计算结果的正确性。

2) 点位质量

点位质量包括以下两个质量子元素。

(1) 观测点位。主要检查工作水准点埋设、验潮站设立、观测点布设的合理性、代表性；周边自然环境。

(2) 观测密度。主要检查相关断面线布设及密度的合理性；观测频率、采样率的正确性。

3) 资料质量

资料质量包括以下两个质量子元素。

(1) 观测记录。主要检查各种观测记录和数据处理记录的完整性。

(2) 附件及资料。主要检查技术总结内容的全面性和规格的正确性；提供成果资料项目的齐全性；成果图绘制的正确性。

4.8.7 摄影测量与遥感成果的质量元素及检查项

摄影测量与遥感成果主要包括像片控制测量成果、像片调绘成果、空中三角测量成果及中小比例尺地形图。

1. 像片控制测量成果的质量元素和检查项

像片控制测量成果的质量元素包括数据质量、布点质量、整饰质量和附件质量。

(1) 数据质量。包括以下两个质量子元素。

① 数学精度。主要检查各项闭合差、中误差等精度指标的符合情况和计算的正确性。

② 观测质量。主要检查观测手簿的规整性和计算的正确性；计算手簿的规整性和计算的正确性。

(2) 布点质量主要检查控制点点位布设的正确性、合理性；控制点点位选择的正确性、合理性。

(3) 整饰质量主要检查控制点判断的正确性；控制点整饰的规范性；点位说明的准确性。

(4) 附件质量主要检查布点略图、成果表。

2. 像片调绘成果的质量元素和检查项

像片调绘成果的质量元素包括地理精度、属性精度、整饰质量和附件质量。

(1) 地理精度主要检查地物、地貌调绘的全面性、正确性；地物、地貌综合取舍的合理性；植被、土质符号配置的准确性、合理性；地名注记内容的正确性、完整性。

(2) 属性精度主要检查各类地物、地貌性质说明以及说明文字、数字注记等内容的完整性、正确性。

(3) 整饰质量主要检查各类注记的规整性；各类线画的规整性；要素符号间关系表达的正确性、完整性；像片的整洁度。

(4) 附件质量主要检查上交资料的齐全性；资料整饰的规整性。

3. 空中三角测量成果的质量元素和检查项

空中三角测量成果的质量元素包括数据质量、布点质量和附件质量。

1) 数据质量

数据质量包括以下五个质量子元素。

(1) 数学基础。主要检查大地坐标系、大地高程基准、投影系等。

(2) 平面位置精度。主要检查内业加密点的平面位置精度。

(3) 高程精度。主要检查内业加密点的高程精度。

(4) 接边精度。主要检查区域网间接边精度。

(5) 计算质量。主要检查基本定向权，内定向、相对定向精度，多余控制点不符值，公共点较差。

2) 布点质量

主要检查平面控制点和高程控制点是否超基线布控；定向点、检查点设置的合理性、正确性；加密点点位选择的正确性、合理性。

3) 附件质量

主要检查上交资料的齐全性；资料整饰的规整性和点位略图。

4. 中小比例尺地形图的质量元素和检查项

中小比例尺地形图质量元素包括数学精度、数据及结构正确性、地理精度、整饰质量及附件质量。

1) 数学精度

数学精度包括以下三个质量子元素。

(1) 数学基础。主要检查格网、图廓点、三北方向线。

(2) 平面精度。主要检查平面绝对位置中误差;接边精度是否符合规范要求。

(3) 高程精度。主要检查高程注记点高程中误差;等高线高程中误差;接边精度。

2) 数据及结构正确性

主要检查文件命名、数据组织的正确性;数据格式的正确性;要素分层的正确性、完备性;属性代码的正确性;属性接边的正确性。

3) 地理精度

主要检查地理要素的完整性与正确性;地理要素的协调性;注记和符号的正确性;综合取舍的合理性;地理要素接边质量。

4) 整饰质量

主要检查符号、线画、色彩质量;注记质量;图面要素的协调性;图面、图廓外整饰质量。

5) 附件质量

主要检查元数据文件的正确性、完整性;检查报告、技术总结内容的全面性及正确性;成果资料的齐全性;各类报告、附图(接合图、网图)、附表、簿册整饰的规整性。

4.8.8 地图编制成果的质量元素及检查项

地图编制成果主要包括普通地图的编绘原图和印刷原图、专题地图的编绘原图和印刷原图、地图集、印刷成品以及导航电子地图。

1. 普通地图的编绘原图、印刷原图的质量元素和检查项

普通地图的编绘原图、印刷原图的质量元素包括数学精度、数据完整性与正确性、地理精度、整饰质量和附件质量。

1) 数学精度

主要检查展点精度(包括图廓尺寸精度、方里网精度、经纬网精度等);平面控制点、高程控制点位置精度;地图投影选择的合理性。

2) 数据完整性与正确性

主要检查文件命名、数据组织和数据格式的正确性、规范性;数据分层的正确性、完备性。

3) 地理精度

主要检查制图资料的现势性、完备性;制图综合的合理性;各要素的正确性;图内各种注记的正确性;地理要素的协调性。

4) 整饰质量

主要检查地图符号、色彩的正确性;注记的正规、完整性;图廓外整饰要素的正确性。

5) 附件质量

主要检查图历簿填写的正确性、完整性；图幅接边的正确性；分色参考图(或彩色打印稿)的正确性、完整性。

2. 专题地图的编绘原图、印刷原图的质量元素和检查项

专题地图的编绘原图、印刷原图的质量元素包括数据完整性与正确性、地图内容的适用性、地图表示的科学性、地图精度、图面配置质量和附件质量。

1) 数据完整性与正确性

主要检查文件命名、数据组织和数据格式的正确性、规范性；数据分层的正确性、完备性。

2) 地图内容的适用性

主要检查地理底图内容的合理性；专题内容的完备性、现势性、可靠性。

3) 地图表示的科学性

主要检查各种注记表达的合理性、易读性；分类、分级的科学性；色彩、符号与设计的符合性；表示方法选择的正确性。

4) 地图精度

主要检查图幅选择投影、比例尺的适宜性；制图网精度；地图内容的位置精度；专题内容的测量精度。

5) 图面配置质量

主要检查图面配置的合理性；图例的全面性、正确性；图廓外整饰的正确性、规范性、艺术性。

6) 附件质量

主要检查设计书质量；分色样图的质量。

3. 地图集的质量元素和检查项

地图集的质量元素包括整体质量和图集内图幅质量。

1) 整体质量

整体质量包括以下三个质量子元素。

(1) 图集内容思想正确性。主要检查思想的正确性；图集宗旨、主题思想的明确程度；要素表示的正确性。

(2) 图集内容全面、完整性。主要检查图集内容的全面性、系统性；图集结构的完整性。

(3) 图集内容统一、协调性。主要检查图集内容的统一性、互补性；要素表达的协调性、可比性。

2) 图集内图幅质量

图集内图幅质量包括以下六个质量子元素。

(1) 数据的完整性与正确性。主要检查文件命名、数据组织和数据格式的正确性、规范性；数据分层的正确性、完备性。

(2) 地图内容的适用性。主要检查地理底图内容的合理性；专题内容的完备性、现势性、可靠性。

(3) 地图表示的科学性。主要检查各种注记表达的合理性、易读性；分类、分级的科学

性；色彩、符号与设计的符合性；表示方法选择的正确性。

(4) 地图精度。主要检查图幅选择投影、比例尺的适宜性；制图网精度；地图内容的位置精度；专题内容的测量精度。

(5) 图面配置质量。主要检查图面配置的合理性；图例的全面性、正确性；图廓外整饰的正确性、规范性、艺术性。

(6) 附件质量。主要检查设计书质量和分色样图的质量。

4. 印刷成品的质量元素和检查项

印刷成品的质量元素包括印刷质量、拼接质量和装订质量。

1) 印刷质量

主要检查套印精度、网线、线画粗细变形率，印刷质量和图形质量。

2) 拼接质量

主要检查拼接质量和折叠质量。

3) 装订质量

平装主要检查折页、配页质量，订本质量，封面质量和裁切质量；精装主要检查折页、配页，锁线或无线胶粘质量，图芯脊背，环衬粘贴质量，封面质量，图壳粘贴质量，订本、裁切质量等。

5. 导航电子地图的质量元素和检查项

导航电子地图的质量元素包括位置精度、属性精度、逻辑一致性、完整性与正确性、图面质量和附件质量。

1) 位置精度

主要检查平面位置精度。

2) 属性精度

主要检查属性结构、属性值的正确性。

3) 逻辑一致性

主要检查道路网络连通性；拓扑关系的正确性；节点匹配的正确性；要素间关系的正确性和要素接边的一致性。

4) 完整性与正确性

主要检查安全处理的符合性；地图内容的现势性；兴趣点的完整性；数学基础、数据格式、文件命名、数据组织和数据分层的正确性和要素的完备性。

5) 图面质量

主要检查各种注记表达的合理性、易读性；色彩、符号与设计的符合性；图形质量。

6) 附件质量

主要检查附件的正确性、全面性；成果资料的齐全性。

4.8.9 地籍测绘成果的质量元素及检查项

地籍测绘成果主要包括地籍控制测量、地籍细部测量、地籍图和宗地图。

1. 地籍控制测量的质量元素和检查项

地籍控制测量的质量元素包括数据质量、点位质量和资料质量。

1) 数据质量

数据质量包括以下四个质量子元素。

(1) 起算数据。主要检查起算点坐标的正确性和相关控制资料的可靠性。

(2) 数学精度。主要检查基本控制点精度的符合性。

(3) 观测质量。主要检查仪器检验项目的齐全性、检验方法的正确性；观测方法的正确性；各种记录的规整性；成果取舍和重测的正确性、合理性；各项观测误差的符合性。

(4) 计算质量。主要检查平差计算的正确性。

2) 点位质量

点位质量包括以下两个质量子元素。

(1) 选点质量。主要检查控制网布设的合理性；点位选择的合理性和点之记内容的齐全性、清晰性。

(2) 埋设质量。主要检查标石类型的正确性；标志设置的规范性和标石埋设的规整性。

3) 资料质量

资料质量包括以下两个质量子元素。

(1) 整饰质量。主要检查观测和计算资料整饰的规整性；成果资料整饰的规整性；技术总结和检查报告的规整性。

(2) 资料完整性。主要检查成果资料的完整性；技术总结内容和检查报告内容的完整性。

2. 地籍细部测量的质量元素和检查项

地籍细部测量的质量元素包括界址点测量、地物点测量和资料质量。

1) 界址点测量

界址点测量包括以下两个质量子元素。

(1) 观测质量。主要检查测量方法的正确性；观测手簿记录、属性记录和草图绘制的正确性、完整性；界址点测量方法的正确性；各项观测误差与限差符合的正确性。

(2) 数学精度。主要检查界址点相对位置精度；界址点绝对位置精度；宗地面积量算精度。

2) 地物点测量

地物点测量包括以下两个质量子元素。

(1) 观测质量。主要检查测量方法的正确性；观测手簿记录、属性记录和草图绘制的正确性、完整性；地物、地类测量精度；各项观测误差与限差的符合情况。

(2) 数学精度。主要检查地物点相对位置精度和地物点绝对位置精度。

3) 资料质量

资料质量包括以下两个质量子元素。

(1) 整饰质量。主要检查观测和计算资料整饰的规整性；成果资料整饰的规整性以及技术总结、检查报告的规整性。

(2) 资料的完整性。主要检查成果资料的完整性；技术总结、检查报告内容的完整性。

3. 地籍图的质量元素和检查项

地籍图的质量元素包括数学精度、要素质量和资料质量。

1) 数学精度

数学精度包括以下两个质量子元素。

(1) 数学基础。主要检查图廓边长与理论值之差；公里网点与理论值之差；展点精度；两对角线较差；图廓对角线与理论之差。

(2) 平面位置。主要检查界址点、线的平面位置精度；地物点的平面位置精度；地类界的平面位置精度。

2) 要素质量

要素质量包括以下两个质量子元素。

(1) 地籍要素。主要检查地籍要素表示的正确性。

(2) 其他要素。主要检查地物要素的正确性；综合取舍的合理性；各要素的协调性；图幅接边的正确性。

3) 资料质量

资料质量包括以下两个质量子元素。

(1) 整饰质量。主要检查注记和符号的正确性；整饰的规整性、正确性。

(2) 资料的完整性。主要检查接合图、编图设计和总结的正确性、全面性。

4. 宗地图的质量元素和检查项

宗地图的质量元素包括数学精度、要素质量和资料质量。

1) 数学精度

数学精度包括以下两个质量子元素。

(1) 界址点精度。主要检查界址点平面位置精度和界址边长精度。

(2) 面积精度。主要检查宗地面积的正确性。

2) 要素质量

要素质量包括以下两个质量子元素。

(1) 地籍要素。主要检查宗地号、宗地名称、界址点符号及编号、界址线、相邻。

(2) 其他要素。主要检查地物、地类号等表示的正确性。

3) 资料质量

资料质量包括以下两个质量子元素。

(1) 整饰质量。主要检查注记和符号的正确性；注记和符号的规范性。

(2) 资料的完整性。主要检查设计和总结的全面性。

4.8.10 测绘航空摄影成果的质量元素及检查项

测绘航空摄影成果主要包括航空摄影成果、航空摄影扫描数据和卫星遥感影像。

1. 航空摄影成果的质量元素和检查项

航空摄影成果的质量元素包括飞行质量、影像质量、数据质量和附件质量。

1) 飞行质量

主要检查航摄设计；像片重叠度(航向和旁向)；最大和最小航高之差；旋偏角；像片倾斜角；航迹；航线弯曲度；边界覆盖保证；像点最大位移值。

2) 影像质量

主要检查最大密度(D_{max})；最小密度(D_{min})；灰雾密度(D_0)；反差(ΔD)；冲洗质量；影像色调；影像清晰度和框标影像。

3) 数据质量

主要检查数据的完整性和正确性。

4) 附件质量

主要检查摄区完成情况图、摄区分区图、分区航线接合图、摄区分区航线及像片接合图航摄鉴定表的完整性、正确性；航摄仪技术参数检定报告的正确性；航摄仪压平检测报告的正确性；各类注记、图表填写的完整性、正确性；航摄胶片感光特性测定及航摄底片冲洗记录的正确性和完整性；成果包装。

2. 航空摄影扫描数据的质量元素和检查项

航空摄影扫描数据的质量元素包括影像质量、数据的正确性和完整性、附件质量。

1) 影像质量

主要检查影像分辨率的正确性；影像色调是否均匀、反差是否适中；影像清晰度；影像外观质量(如噪声、云块、划痕、斑点、污迹等)；框标影像质量。

2) 数据的正确性和完整性

主要检查原始数据的正确性；文件命名、数据组织和数据格式的正确性、规范性；存储数据的介质和规格的正确性；数据内容的完整性。

3) 附件质量

主要检查元数据文件的正确性、完整性；上交资料的齐全性。

3. 卫星遥感影像的质量元素和检查项

卫星遥感影像的质量元素包括数据质量、影像质量和附件质量。

1) 数据质量

主要检查数据格式的正确性；影像获取时"侧倾角"等主要技术指标。

2) 影像质量

主要检查影像反差；影像清晰度；影像色调。

3) 附件质量

主要检查影像参数文件内容的完整性。

4.8.11 地理信息系统的质量元素及检查项

地理信息系统的质量元素包括资料质量、运行环境、数据(库)质量、系统结构与功能以及系统管理与维护。

1) 资料质量

主要检查技术方案的完整性；数据处理与质量检查资料的齐全性；数据字典的规范性和

齐全性；评审报告、检查验收报告、技术总结等资料的齐全性。

2) 运行环境

主要检查硬件平台的符合性；软件平台(如操作系统、数据库软件平台、GIS 软件平台、中间件、应用软件等)的符合性；网络环境的符合性。

3) 数据(库)质量

主要检查数据组织的正确性；数据库结构的正确性；空间参考系的正确性；数据质量；各类基础地理数据的一致性。

4) 系统结构与功能

主要检查系统结构的正确性；数据库管理方式的符合性；系统功能的符合性；服务器、客户端功能划分的正确性；系统效率的符合性和系统稳定性。

5) 系统管理与维护

主要检查安全保密管理情况；权限管理情况；数据备份情况和系统维护情况。

4.8.12 数字线画地形图产品的质量元素

数字线画地形图元素主要有空间参考系、位置精度、属性精度、完整性、逻辑一致性、时间准确度、元数据质量、表征质量和附件质量。

其中，针对建库数据，质量元素空间参考系包括大地基准、高程基准和地图投影等子元素；位置精度包括平面精度、高程精度和地图投影；属性精度包括属性项完整性、分类正确性和属性正确性；完整性包括数据层的完整性、数据层内部文件的完整性和要素完整性；逻辑一致性包括概念一致性、格式一致性和拓扑一致性；时间准确度主要包括数据更新和数据采集；元数据质量包括元数据完整性和元数据准确性；表征质量包括几何表达和地理表达的完整性和准确性；附件质量包括图历簿质量和附属文档质量。

4.8.13 数字高程模型产品的质量元素

数字高程模型的质量元素主要有空间参考系、位置精度、逻辑一致性、时间准确度、栅格质量、元数据质量和附件质量。其中，空间参考系包括大地基准、高程基准和地图投影等子元素；位置精度包括平面精度和高程精度；逻辑一致性主要指格式一致性；时间准确度主要包括数据更新和数据采集；栅格质量主要指格网参数；元数据质量包括元数据的完整性和元数据的准确性；附件质量包括图历簿质量和附属文档质量。

4.8.14 数字正射影像图产品的质量元素

数字正射影像图的质量元素主要有空间参考系、位置精度、逻辑一致性、时间准确度、影像质量、元数据质量、表征质量和附件质量。其中，空间参考系包括大地基准、高程基准和地图投影等子元素；位置精度主要指平面精度；逻辑一致性主要指格式一致性；时间准确度包括数据更新和数据采集；影像质量包括影像分辨率和影像特性；元数据质量包括元数据的完整性和元数据的准确性；表征质量主要指图廓整饰准确性；附件质量包括图历簿质量和附属文档质量。

4.8.15 数字栅格地图产品的质量元素

数字栅格地图的质量元素主要有空间参考系、逻辑一致性、栅格质量、元数据质量和附件质量。其中，空间参考系主要指地图投影；逻辑一致性主要指格式一致性；栅格质量主要指影像分辨率和影像特性；元数据质量包括元数据的完整性和元数据的准确性；附件质量包括图历簿质量和附属文档质量。

4.8.16 数字测绘产品的质量检查验收方法

数字测绘产品的质量检查验收方法主要是对数字线画地形图、数字高程模型、数字正射影像图和数字栅格地图等产品进行质检的方法。其他专业的测绘产品的检查、验收可参照使用。质量检查的主要检查方法有以下几种。

1. 参考数据比对

参考数据比对是指与高精度数据、专题数据、生产中使用的原始数据、可收集到的国家各级部门公布、发布、出版的资料数据等各类参考数据对比，确定被检数据是否错漏或者获取被检数据与参考数据的差值。在对比中应考虑参考数据与被检数据由于生产(或发布)时间的差异造成的偏差、综合取舍的差异造成的偏差。

该方法主要适用于室内方式检查矢量数据，如检查各类错漏、计算各类中误差等，也可用于实测方式检查影像数据、栅格数据，如计算各类中误差等。

2. 野外实测

野外实测是指与野外测量、调绘的成果对比，确定被检数据是否错漏或者获取被检数据与野外实测数据的差值。在比对中应考虑野外数据与被检数据的时间差异。

该方法主要适用于实测方式检查矢量数据，如检查各类错漏、计算各类中误差等，也可用于实测方式检查影像数据、栅格数据，如计算各类中误差等。

3. 内部检查

内部检查是指检查被检数据的内在特性。该方法可用于室内方式检查矢量数据、影像数据、栅格数据，如逻辑一致性中的绝大多数检查项、接边检查、栅格数据的数据范围、影像数据的色调均匀、内业加密保密点检查中误差等。

质量检查可使用以下方式。

1) 计算机自动检查

通过软件自动分析和判断结果，如可计算值(属性)的检查、逻辑一致性的检查、值域的检查、各类统计计算等。

2) 计算机辅助检查

通过人机交互检查，筛选并人工分析、判断结果，如检查有向点的方向等。

3) 人工检查

不能通过软件检查，只能人工检查，如矢量要素的遗漏等。

在质量检查工作中，应该优先使用软件自动检查、人机交互检查。

第 5 章　测绘法律与法规

本章主要介绍我国的测绘法律法规，将详细介绍新修订的《中华人民共和国测绘法》的内容和特点，主要包括测绘基准和测绘系统；基础测绘；界线测绘和其他测绘；测绘资质管理、测绘招标投标、测绘执业资格、测绘作业证件；测绘成果汇交、保管、保密、提供、使用和地图管理、测绘成果质量监管；测绘标志保护；违反测绘法规定应当承担的法律后果等。同时介绍国务院或有关部委颁布的测绘行政法规、部门规章和重要规范性文件等。

5.1　测绘法律法规概述

5.1.1　我国测绘法律法规现状

法律，是国家的产物，是统治阶级(泛指政治、经济、意识形态上占支配地位的阶级)为了实现统治并管理国家的目的，经过一定的立法程序，所颁布的基本法律和普通法律，由国家制定或认可并依靠国家强制力保证实施。法律是统治阶级意志的体现，是国家的统治工具。

在我国，法律是由享有立法权的立法机关(全国人民代表大会和全国人民代表大会常务委员会)行使国家立法权，依照法定程序制定、修改并颁布，并由国家强制力保证实施的基本法律和普通法律的总称。目前，我国已经初步建立了由法律、行政法规、地方性法规、部门规章、政府规章、重要规范性文件等共同组成的中国特色社会主义测绘法律法规体系，为测绘管理提供了依据，为从事测绘活动提供了基本准则。

1. 法律

在我国，法律由全国人民代表大会及其常务委员会制定。现行测绘法律是《中华人民共和国测绘法》(以下简称《测绘法》)。《测绘法》是在我国从事测绘活动和进行测绘管理的基本准则和依据，它是我国测绘工作的基本法律，是从事测绘活动的基本准则。

1)　《测绘法》的发展历史

"法律是治国之重器，良法是善治之前提。"作为测绘地理信息工作基本法的《测绘法》，历经 1992 年产生、2002 年首次修订、2017 年再次修订，充分体现了法律规范严谨、与时俱进的特点。

(1) 测绘法的产生。《测绘法》创制起步于国家改革开放初期，以 1982 年新宪法颁布为契机，在人民主权原则、国家法治原则、公权力制约原则被重视后，顺应时代发展而产生。改革开放以后，国家重视法制建设，为加强对测绘工作管理，1984 年 7 月成立了《测绘法》起草领导小组，10 月该小组向国务院呈报了《关于〈测绘法〉起草工作的报告》。1986 年 4 月起草了《测绘法(草案)》，后经八次会议审议、五易其稿。1987 年 11 月该小组向国务院上报《测绘法(草案)》送审稿。1992年8月经由国务院第110次常务会议通过,当年12月28日,第七届全国人大常委会第二十九次会议审议通过了《测绘法》,国家主席杨尚昆签署第六十六号主席令予以发布,于1993年7月1日起正式施行。在当时,《测绘法》是我国发布的为数不多的专业法之一。这部法典的出台解决了测绘工作中的六大问题,用法律的形式确定了全国统一的测绘基准,基础测绘于1997年起正式纳入国民经济和社会发展年度计划,大力推动了测绘科学技术的快速发展,为测绘成果质量管理、资质管理、地图管理、保密管理提供了法律基础,授权制定测绘市场管理制度保证了市场管理规范化,为地方立法提供法律依据。

(2) 测绘法首次修订。"法古则后于时,脩今则塞于势。"法需要不断修订完善,不修法就会落后于时代,不修法就会局限于现状阻碍发展。随着测绘服务面的不断拓展,测绘基础性地位的提升,测绘工作跟不上需求,滞后于国民经济建设和社会发展需求的问题凸显,没有明确规定基础测绘在国民经济和社会发展中的地位和财政投入机制,测绘市场管理制度不完善,没有国际上通行的注册测量师制度等。2002年8月29日,第九届全国人大常委会第二十九次会议通过《测绘法》修订案,国家主席江泽民签署第七十五号主席令予以公布,自2002年12月1日起施行。2004年国家测绘局将每年的8月29日确定为"全国测绘法宣传日",这也是"8·29"测绘法宣传日的由来。时任全国人大常委会委员长的李鹏指出:"测绘工作是国民经济和社会发展的一项前期性、基础性工作,关系到经济建设、国防建设、科学研究、文化教育和人民生活。"测绘工作的地位从此确立。与此同时,《测绘成果管理条例》《地图编制出版管理条例》《测量标志保护条例》等一批行政法规相继出台,地方性法规创制也取得重大进展,形成以《测绘法》为核心,以行政法规、地方性法规、规章相配套的测绘法律法规体系,我国测绘法制建设迈上良性发展轨道。

(3) 测绘法再次修订。随着经济社会的快速发展、测绘科技水平的不断提升和社会需求的日益增长,对地理信息的应用和管理提出了新需求,《测绘法》部分规定已不能适应新形势的需要:测绘成果开发应用不够,缺乏有效共享机制;卫星导航定位基准站安全隐患突出;地理信息安全风险增大,泄密事件频发;行政审批改革事项需修法确认等。2015年4月,国土资源部、国家测绘地理信息局起草了《测绘法修正案草案(送审稿)》,报请国务院审议。国务院法制办广泛征求意见,进行实地调研,召开专家论证会,反复研究修改,形成的修订草案经国务院第143次常务会议讨论通过。2017年4月27日,第十二届全国人大常委会第二十七次会议通过新修订的《测绘法》,习近平主席签署第六十七号主席令予以公布,自2017年7月1日起施行。

新修订的《测绘法》深入贯彻十八大精神,是法治政府建设在测绘地理信息行业的具体实践。新修订的《测绘法》在首次修订增加一章的基础上,又增加了一章,即第八章"监督管理",条目由1992年的34条增加到68条,字数比2002年多2122字,比1992年多5041字,而且更加注重了"放管服"改革的顶层设计。一放:取消采用国际坐标系统审批和基础测绘规划备案,下放拆迁永久性测量标志审批层级由国务院或者省级测绘地理信息主管部门修改为省级测绘地理信息主管部门,优化了审批流程、减少了审批层级。二管:建立健全随机抽查机制,加强测绘地理信息事中事后监管,促进测绘单位诚信自律,避免检查任性、执法扰民、选择执法等问题。三服:建立地理信息公共服务平台,整合分散的数据,推动信息互联互通,加快数据融合,及时做好基础地理信息数据获取、处理和更新,促进地理信息共享和应用。

2) 新修订的《测绘法》主要内容

2017年新修订的《测绘法》共10章68条，分总则、测绘基准和测绘系统、基础测绘、界线测绘和其他测绘、测绘资质资格、测绘成果、测量标志保护、监督管理、法律责任、附则，和原法相比增加了"监督管理"一章。具体内容详见附录。新修订的《测绘法》首次将生态保护服务、国家地理信息安全、军民融合、不动产登记、地理国情监测、应急测绘、卫星导航定位基准服务、互联网地图、可追溯管理、个人信息保护、地理信息资源共建共享等内容写入法典。

3) 新修订的《测绘法》主要特征

2017年《测绘法》的修订明确了"加强测绘管理，促进测绘事业发展，保障测绘事业为经济建设、国防建设、社会发展和生态保护服务，维护国家地理信息安全"的立法宗旨，贯彻了"加强共享、促进应用，统筹规划、协同指导，规范监管、强化责任，简政放权、优化服务"的原则。新法体现了以下五大特点。

(1) 加强卫星导航定位基准站管理，维护国家地理信息安全和对个人信息的保护。针对当前卫星导航定位服务需求旺盛，卫星导航定位基准站快速发展，但因管理措施缺乏和有效监管滞后而出现的基准站建设无序发展、统筹不足、数据使用不规范等问题，新修订的《测绘法》明确了国务院测绘地理信息主管部门和省、自治区、直辖市人民政府测绘地理信息主管部门对基准站的管理职责，要求建立统一的卫星导航定位基准服务系统，提供导航定位基准信息公共服务，并就建立基准站建设备案制度，以及基准站的运行维护、安全标准等作出规定。地理信息与国家主权、安全和利益息息相关，新修订的《测绘法》专门增设"监督管理"一章，要求建立地理信息安全管理制度和技术防控体系，加强对地理信息安全的监督管理；对属于国家秘密的地理信息的获取、持有、提供、利用情况进行登记并长期保存，实行可追溯管理。同时加大了对涉密地理信息违法行为的处罚力度，强调了对个人信息的保护，规定地理信息生产、利用单位和互联网地图服务提供者收集、使用用户个人信息的，应当遵守法律、行政法规关于个人信息保护的规定。

(2) 促进测绘成果社会化应用，激发地理信息产业活力。我国地理信息产业在蓬勃发展的同时，也存在数据涉密程度较高、共享应用不足等问题。新修订的《测绘法》规定，测绘成果的秘密范围和秘密等级，应当按照保障国家秘密安全、促进地理信息共享和应用的原则确定并及时调整、公布，积极推进公众版测绘成果的加工和编制。同时明确，国家鼓励发展地理信息产业，推动地理信息产业结构调整和优化升级，支持开发各类地理信息产品，提高产品质量，推广使用安全可信的地理信息技术和设备；建立健全政府部门间地理信息资源共建共享机制，引导和支持企业提供地理信息社会化服务，促进地理信息广泛应用；通过地理信息公共服务平台向社会提供地理信息公共服务，实现地理信息数据开放共享。

(3) 强化国家版图意识宣传教育，完善地图、互联网地图服务监管。增强全社会的国家版图意识，是爱国主义教育的重要内容。新修订的《测绘法》在总则中明确提出各级人民政府和有关部门应当加强对国家版图意识的宣传教育，增强公民的国家版图意识；新闻媒体应当开展国家版图意识的宣传；教育行政部门、学校应当将国家版图意识教育纳入中小学教学内容，加强爱国主义教育。

(4) 建立地理国情监测和应急测绘保障制度，提升测绘地理信息服务水平。新修订的《测绘法》在全面总结地理国情普查和监测工作实践的基础上，建立了地理国情监测制度，要求测绘地理信息主管部门会同有关部门依法开展地理国情监测，按照国家有关规定严格管理、规范使用地理国情监测成果，并要求各级人民政府采取有效措施，发挥地理国情监测成果在政府决策、经济社会发展和社会公众服务中的作用。此外，还明确测绘地理信息部门会同不动产登记主管部门加强对不动产测绘的管理；建立应急测绘保障制度，根据突发事件应对工作需要，及时提供地图、基础地理信息数据等测绘成果，做好遥感监测、导航定位等应急测绘保障工作。

(5) "放管服"协同推进，加快转变政府职能。按照国务院要求，新修订的《测绘法》没有新设行政许可，并取消基础测绘规划备案、采用国际坐标系统审批，下放永久性测量标志拆迁审批。同时规定对测绘单位实施信用管理，还首次在法律中要求建立健全随机抽查机制，更加强调对地理信息市场和从业单位的事中事后监管。对违反《测绘法》的各类行为，新修订的《测绘法》都明确了相应的处罚措施，并进一步强化了法律责任，加大对测绘违法行为的处罚力度，增加相对人的违法成本，以促进测绘市场规范、公平、有序、繁荣发展。

2. 行政法规

行政法规由国务院根据宪法和法律，并且按照行政法规制定程序制定。行政法规的地位和效力仅次于法律，服从于宪法和法律。目前，测绘行政法规主要有《地图管理条例》《中华人民共和国测绘成果管理条例》《中华人民共和国测量标志保护条例》和《基础测绘条例》。

1) 《地图管理条例》

2015年11月11日国务院第111次常务会议通过了《地图管理条例》，自2016年1月1日起施行，该条例对国务院1995年7月10日发布的《中华人民共和国地图编制出版管理条例》(以下简称《地图编制出版条例》)作了全面修订。《地图编制出版管理条例》于1995年7月10日由国务院令第180号发布，自1995年10月1日起施行。新修订的条例对地图内容表示的原则、编制地图的资质、出版地图的资质、地图印刷或者展示前的审核及备案、地图著作权保护等做出了明确的规定。

2) 《中华人民共和国测绘成果管理条例》(以下简称《测绘成果管理条例》)

《测绘成果管理条例》于2006年5月27日由国务院令第469号公布，自2006年9月1日起施行。该条例对测绘成果的汇交、保管、秘密范围和等级确定、利用涉及国家秘密的测绘成果保密技术处理、利用测绘成果的审批、著作权保护、重要地理信息数据的审核公布与使用等做出了规定。

3) 《中华人民共和国测量标志保护条例》(以下简称《测量标志保护条例》)

《测量标志保护条例》于1996年9月4日由国务院令第203号公布，自1997年1月1日起施行。该条例对测量标志管理的职责分工、测量标志建设的要求、占地范围、设置标记、义务保管、检查维修、有偿使用、拆迁审批、标志保护、打击破坏测量标志的违法行为等做出了规定。

4) 《基础测绘条例》

《基础测绘条例》于2009年5月12日由国务院令第556号公布，自2009年8月1日起施行。该条例对基础测绘的分级管理、规划和计划制订、经费来源、组织实施、成果更新、信息共享等做出了规定，从而对加强基础测绘管理，规范基础测绘活动，保障基础测绘事业为国家经济建设、国防建设和社会发展服务起到了积极作用。

3. 部门规章和重要规范性文件

部门规章由国务院各部、各委员会、中国人民银行、审计署和具有行政管理职能的直属机构，根据法律和国务院的行政法规、决定、命令，在本部门的权限范围内制定。部门规章经部务会议或者委员会会议决定，由部门首长签署命令予以公布。

规范性文件，是指各级党政机关、团体、组织制发的各类文件中最主要的一类，因其内容具有约束和规范人们行为的性质，故而称为规范性文件。目前，我国法律法规对规范性文件的含义、制发主体、程序等尚无全面、统一的规定，各级人民政府及其各工作部门经常发布一些规范性文件。

目前，我国测绘地理信息方面主要的部门规章和规范性文件主要有以下几个。

1) 《外国的组织或者个人来华测绘管理暂行办法》

该办法是为实施《测绘法》的有关外国组织或者个人来华测绘制度而制定的部门规章，于2007年1月19日由中华人民共和国国土资源部令第38号公布，自2007年3月1日起施行。2010年11月29日国土资源部第6次部务会议审议通过了《国土资源部关于修改〈外国的组织或者个人来华测绘管理暂行办法〉的决定》，并经国务院批准，于2011年4月27日起施行。办法中规定了外国组织或者个人来华测绘必须遵循的原则、组织形式、审批和监督管理、禁止从事的活动、资质条件和资质的申请审批、一次性测绘的申请审批、罚则等。

2) 《地图审核管理规定》

《地图审核管理规定》于2006年6月23日由中华人民共和国国土资源部令第34号公布，自2006年8月1日起施行。2017年11月20日国土资源部第3次部务会议对该规定进行了修订，自2018年1月1日起施行，本规定共34条，对地图审核主体、地图审核的申请与受理、地图内容审查、审批与备案、罚则等做出了规定。新修订的规定明确了国家、省、设区的市三级测绘地理信息主管部门地图审核职责的划分，规范了地图审核的申请与受理，明确了地图审核的内容和依据，强化了地图审核的监督管理。

3) 《重要地理信息数据审核公布管理规定》

该规定是为实施《测绘法》的有关条款而制定的部门规章，于2003年3月25日由中华人民共和国国土资源部令第19号公布，自2003年5月1日起施行。这个部门规章对重要地理信息数据的含义、审核公布的主体、建议人提出审核公布建议的办法、审核的主要内容、公布的方法、罚则等做出了规定。

4) 《房产测绘管理办法》

该办法根据《测绘法》和《城市房地产管理法》制定，于2000年12月28日由建设部、国家测绘局令第83号公布，自2001年5月1日起施行。其中对房产测绘的委托、资格管理、成果管理、法律责任等做出了规定。

5) 《国家涉密基础测绘成果资料提供使用审批程序规定(试行)》

该规定于2007年6月27日由国家测绘局印发，于2007年7月1日起施行。其中对于申请使用涉密测绘成果的申请、受理、审批程序以及保密责任书等做出了规定。

6) 《测绘资质管理规定》

2009 年 3 月 12 日，国家测绘局印发了《测绘资质管理规定》，于 2009 年 6 月 1 日起施行。2014 年 7 月 1 日，国家测绘地理信息局以国测管发〔2014〕31 号印发修订后的《测绘资质管理规定》，该规定分总则、申请与受理、审查与决定、变更与延续、监督管理、罚则、附则 7 章 37 条，自 2014 年 8 月 1 日起施行。

7) 《测绘资质分级标准》

此标准与《测绘资质管理规定》相衔接，于 2009 年 3 月 12 日由国家测绘局印发，自 2009 年 6 月 1 日起施行。2014 年 7 月 1 日，国家测绘地理信息局以国测管发〔2014〕31 号印发修订后的《测绘资质分级标准》。该标准分《通用标准》《大地测量专业标准》《测绘航空摄影专业标准》《摄影测量与遥感专业标准》《地理信息系统工程专业标准》《工程测量专业标准》《不动产测绘专业标准》《海洋测绘专业标准》《地图编制专业标准》《导航电子地图制作专业标准》和《互联网地图服务专业标准》。该标准对各个测绘专业不同等级测绘资质应当具备的最低条件的标准做出了规定，包括主体资格、专业技术人员、仪器设备、办公场所、质量管理、档案和保密管理、业绩等方面的标准。

8) 《注册测绘师制度暂行规定》

此规定是为实施《测绘法》规定的测绘执业资格制度的有关条款制定的，于 2007 年 1 月 24 日由中华人民共和国人事部、国家测绘局共同发布，2007 年 3 月 1 日起施行。其中对于注册测绘师的管理、考试科目、申请考试条件、考试办法、注册测绘师资格证书的取得、注册、执业范围、执业能力、权利、义务等做出了规定。《注册测绘师制度暂行规定》是一部测绘师制度暂行规定办法，主要是为了提高测绘专业技术人员素质，保证测绘成果质量，维护国家和公众利益。

9) 《测绘作业证管理规定》

此项规定是为实施《测绘法》中有关测绘作业证件的条款而制定的，于 2004 年 3 月 19 日由国家测绘局发布，于 2004 年 6 月 1 日起施行。其中对于测绘作业证的管理、申请、受理、审核、发放、注册、使用、当事人的权利与义务等做出了规定。

10) 《建立相对独立平面坐标系统管理办法》

该办法是为实施《测绘法》中有关建立相对独立平面坐标系统的条款而制定的，于 2006 年 4 月 12 日由国家测绘局发布，自发布之日起施行。其中对相对独立的平面坐标系统的含义、审批主体、申请、受理、审批程序和期限等做出了规定。

11) 《测绘标准化工作管理办法》

该办法由国家测绘局根据《中华人民共和国标准化法》和《测绘法》制定，于 2008 年 3 月 10 日由国家测绘局发布，自发布之日起施行。其中对测绘标准化工作的组织机构和职责分工、国家标准和行业标准的制定、标准项目的立项程序、测绘标准制定和修订的程序及要求、审批、发布、实施、监督、复审等做出了规定。

12) 《地理信息标准化工作管理规定》

该规定由中国国家标准化管理委员会、国家测绘局依据标准化法、测绘法制定，于 2009 年 4 月 1 日发布，自发布之日起施行。其中对地理信息标准化工作的职责、地理信息标准的立项、修订、实施与监督等做出了规定。

13) 《测绘计量管理暂行办法》

该办法根据《中华人民共和国计量法》制定，于 1996 年 5 月 22 日由国家测绘局发布，自发布之日起施行。其中对计量标准的考核认证、测绘计量器具的检定机构的授权、计量检定人员的考核认证、测绘计量器具的检定办法和要求等做出了规定。

14) 《测绘质量监督管理办法》

该办法根据《测绘法》和《中华人民共和国产品质量法》制定，于 1997 年 8 月 6 日由国家测绘局会同国家技术监督局发布，自发布之日起施行。其中对测绘产品质量遵循的原则、测绘单位的责任和义务、测绘标准化、计量检定、产品验收、测绘产品质量监督、罚则等做出了规定。

15) 《测绘生产质量管理规定》

该规定根据《测绘法》制定，于 1997 年 7 月 22 日由国家测绘局发布，自发布之日起施行。其中对测绘单位质量管理机构和人员、测绘质量责任制、生产组织准备的质量管理、生产作业过程中的质量管理、产品使用过程中的质量管理、质量奖惩等做出了规定。

16) 《关于汇交测绘成果目录和副本实施办法》

该办法根据《测绘法》和《中华人民共和国测绘成果管理规定》制定，于 1993 年 5 月 18 日由国家测绘局发布，自发布之日起施行。其中对汇交的测绘成果类别、汇交主体、期限、接收机构、成果保护和提供等做出了规定。

17) 《测绘地理信息业务档案管理规定》

根据《测绘法》《中华人民共和国档案法》等法律法规，在坚持问题导向、加强重点研究、准确把握形势、继承与创新并举，强化规范性、合法性、前瞻性、指导性原则的基础上，国家测绘地理信息局、国家档案局于 2015 年 3 月 5 日共同制定印发了《测绘地理信息业务档案管理规定》，自印发之日起施行。该规定分为 7 章 35 条，从测绘地理信息业务档案管理原则、落实档案管理职能、健全档案工作机制、完善档案安全保管制度、丰富优化馆藏结构、推进档案信息化建设、促进档案信息资源共享、依法加大监督管理力度等方面，对测绘地理信息业务档案进行了规范，为加强测绘地理信息业务档案管理，确保档案真实、完整、安全和有效利用，保障档案事业可持续发展和依法治档提供了法规依据。

18) 《基础测绘成果提供使用管理暂行办法》

该办法根据《测绘法》和《测绘成果管理条例》制定，于 2006 年 9 月 25 日由国家测绘局发布，自发布之日起施行。其中对基础测绘成果提供使用管理机构、使用条件、申请、受理、批准、领取、提供、使用原则、使用情况跟踪检查等做出了规定。

4. 地方性法规与政府规章

1) 地方性法规

省、自治区、直辖市的人民代表大会及其常务委员会根据本行政区域的具体情况和实际需要，在不同宪法、法律、行政法规相抵触的前提下，可以制定地方性法规。

较大的市的人民代表大会及其常务委员会根据本市的具体情况和实际需要，在不同面宪法、法律、行政法规和本省、自治区、直辖市的地方性法规相抵触的前提下，可以制定地方性法规，报省、自治区、直辖市的人民代表大会常务委员会批准后施行。

目前，绝大多数省、自治区、直辖市都制定了测绘地方性法规，多见于各地的测绘管理条例或者实施《测绘法》的办法。

2) 政府规章

省、自治区、直辖市和较大的市的人民政府，可以根据法律、行政法规和本省、自治区、直辖市的地方性法规，制定规章。地方政府规章应当经政府常务会议或者全体会议决定。地方政府规章由省长或者自治区主席或者市长签署命令予以公布。

目前，有一些地方政府制定了测绘方面的政府规章，地方性法规和政府规章仅在特定的行政区域内有效。

5.1.2 我国测绘基本法律制度

《测绘法》是从事测绘活动和进行测绘管理的基本法律，是制定测绘行政法规、部门规章和规范性文件的主要依据，它们所确定的一些具体制度，是为实施测绘法而制定的。

《测绘法》确定的基本制度可以划分为测绘管理体制、测绘活动主体资质资格与权利保障制度、测绘项目与测绘市场制度、测绘基准制度、维护国家安全和主权的测绘管理制度、测绘公共项目的管理制度、维护不动产权益的测绘管理制度、促进地理信息共享的制度、测绘公共设施保护制度、监督管理制度等。

1. 测绘管理体制

1) 各级人民政府加强测绘工作领导

《测绘法》第三条规定：测绘事业是经济建设、国防建设、社会发展的基础性事业。各级人民政府应当加强对测绘工作的领导。

根据该条规定，国务院、省(自治区、直辖市)人民政府、市人民政府、县人民政府以及乡镇人民政府都应当加强对测绘工作的领导。

2) 测绘行政主管部门对测绘工作实行统一监督管理

《测绘法》第四条规定：国务院测绘地理信息主管部门负责全国测绘工作的统一监督管理。县级以上地方人民政府测绘地理信息主管部门负责本行政区域测绘工作的统一监督管理。

根据该条规定，县级以上人民政府测绘地理信息主管部门应当负责本行政区域测绘工作的统一监督管理。

3) 县级以上人民政府其他有关部门的责任

《测绘法》第四条规定：国务院其他有关部门按照国务院规定的职责分工，负责本部门有关的测绘工作。县级以上地方人民政府其他有关部门按照本级人民政府规定的职责分工，负责本部门有关的测绘工作。

4) 军队测绘主管部门的责任

《测绘法》第四条第3款规定：军队测绘部门负责管理军事部门的测绘工作，并按照国务院、中央军事委员会规定的职责分工负责管理海洋基础测绘工作。

2. 测绘活动主体资质资格与权利保障制度

1) 测绘资质管理制度

《测绘法》第二十七条规定：国家对从事测绘活动的单位实行测绘资质管理制度。从事测绘活动的单位应当具备下列条件，并依法取得相应等级的测绘资质证书后，方可从事测绘活动。

(1) 有法人资格；
(2) 有与从事的测绘活动相适应的专业技术人员；
(3) 有与从事的测绘活动相适应的技术装备和设施；
(4) 有健全的技术和质量保证体系、安全保障措施、信息安全保密管理制度以及测绘成果和资料档案管理制度。

第二十八条规定：国务院测绘地理信息主管部门和省、自治区、直辖市人民政府测绘地理信息主管部门按照各自的职责负责测绘资质审查、发放测绘资质证书。具体办法由国务院测绘地理信息主管部门和国务院其他有关部门规定。军队测绘部门负责军事测绘单位的测绘资质审查。

第二十九条规定：测绘单位不得超越其资质等级许可的范围从事测绘活动或者以其他测绘单位的名义从事测绘活动，并不得允许其他单位以本单位的名义从事测绘活动。

第三十二条规定：测绘单位的测绘资质证书的式样，由国务院测绘地理信息主管部门统一规定。

第五十五条规定：违反本法规定，未取得测绘资质证书，擅自从事测绘活动的，责令停止违法行为，没收违法所得和测绘成果，并处测绘约定报酬一倍以上二倍以下的罚款；情节严重的，没收测绘工具。以欺骗手段取得测绘资质证书从事测绘活动的，吊销测绘资质证书，没收违法所得和测绘成果，并处测绘约定报酬一倍以上二倍以下的罚款；情节严重的，没收测绘工具。

第五十六条规定：违反本法规定，测绘单位有下列行为之一的，责令停止违法行为，没收违法所得和测绘成果，处测绘约定报酬一倍以上二倍以下的罚款，并可以责令停业整顿或者降低资质等级；情节严重的，吊销测绘资质证书。

(1) 超越资质等级许可的范围从事测绘活动；
(2) 以其他测绘单位的名义从事测绘活动；
(3) 允许其他单位以本单位的名义从事测绘活动。

根据这些规定，测绘单位应当申请领取测绘资质证书，测绘地理信息主管部门应当对测绘单位进行测绘资质审查和发放测绘资质证书，对未取得测绘资质证书从事测绘活动的应当予以处罚。

2) 测绘执业资格制度

《测绘法》第三十条规定：从事测绘活动的专业技术人员应当具备相应的执业资格条件，具体办法由国务院测绘地理信息主管部门会同国务院人力资源社会保障主管部门规定。

第三十二条规定：测绘专业技术人员的执业证书的式样，由国务院测绘地理信息主管部门统一规定。

第五十九条规定：违反本法规定，未取得测绘执业资格，擅自从事测绘活动的，责令停止违法行为，没收违法所得和测绘成果，对其所在单位可以处违法所得二倍以下的罚款；情节严重的，没收测绘工具；造成损失的，依法承担赔偿责任。

根据这些规定，测绘专业技术人员应当申请取得测绘执业资格，未取得测绘执业资格从事测绘活动应当受到处罚，国务院测绘地理信息主管部门应当会同国务院人力资源社会保障主管部门制定执业资格的具体条件,国务院测绘地理信息主管部门应当规定测绘专业技术人员的执业证书的式样。

3) 测绘权利保障制度

《测绘法》第三十一条规定:测绘人员进行测绘活动时,应当持有测绘作业证件。任何单位和个人不得妨碍、阻挠测绘人员依法进行测绘活动。

第三十二条规定:测绘人员的测绘作业证件的式样,由国务院测绘地理信息主管部门统一规定。

根据上述规定,对于持有测绘作业证件的测绘人员从事合法的测绘活动的权利受《测绘法》的保护。

3. 测绘项目招投标制度

《测绘法》第二十九条规定:测绘单位不得超越其资质等级许可的范围从事测绘活动或者以其他测绘单位的名义从事测绘活动,并不得允许其他单位以本单位的名义从事测绘活动。测绘项目实行招投标的,测绘项目的招标单位应当依法在招标公告或者投标邀请书中对测绘单位资质等级作出要求,不得让不具有相应测绘资质等级的单位中标,不得让测绘单位低于测绘成本中标。中标的测绘单位不得向他人转让测绘项目。

第五十七条规定:违反本法规定,测绘项目的招标单位让不具有相应资质等级的测绘单位中标,或者让测绘单位低于测绘成本中标的,责令改正,可以处测绘约定报酬二倍以下的罚款。招标单位的工作人员利用职务上的便利,索取他人财物,或者非法收受他人财物为他人谋取利益的,依法给予处分;构成犯罪的,依法追究刑事责任。

第五十八条规定:违反本法规定,中标的测绘单位向他人转让测绘项目的,责令改正,没收违法所得,处测绘约定报酬一倍以上二倍以下的罚款,并可以责令停业整顿或者降低测绘资质等级;情节严重的,吊销测绘资质证书。

根据这些规定,测绘项目招投标的当事人应当依法进行招投标活动;测绘地理信息主管部门应当对测绘项目招投标活动进行监督,依法查处违法行为。

除《测绘法》外,《中华人民共和国招标投标法》也赋予了测绘地理信息主管部门在测绘项目招投标活动中的监督管理责任,包括监督检查招标、投标活动,审查招标投标情况的书面报告,查处招投标过程中的违法行为等,具体内容将在后面的章节中进一步论述。

4. 测绘基准制度

1) 测绘基准

《测绘法》第九条规定:国家设立和采用全国统一的大地基准、高程基准、深度基准和重力基准,其数据由国务院测绘地理信息主管部门审核,并与国务院其他有关部门、军队测绘部门会商后,报国务院批准。

这里包括几层含义:一是国家设立全国统一的测绘基准;二是设立测绘基准要有严格的审核审批程序,测绘基准数据由国务院测绘地理信息主管部门审核,并与国务院其他有关部门、军队测绘部门会商后,报国务院批准;三是从事测绘活动,应当采用国家规定的测绘基准。

2) 测绘系统

《测绘法》第十条规定:国家建立全国统一的大地坐标系统、平面坐标系统、高程系统、地心坐标系统和重力测量系统,确定国家大地测量等级和精度以及国家基本比例尺地图的系列和基本精度。具体规范和要求由国务院测绘地理信息主管部门会同国务院其他有关部门、军队测绘部门制定。

这里包括两层含义:一是国家设立全国统一的测绘系统;二是在测绘活动中,应当采用国家统一的测绘系统。

3) 建立相对独立的平面坐标系统制度

《测绘法》第十一条规定:因建设、城市规划和科学研究的需要,国家重大工程项目和国务院确定的大城市确需建立相对独立的平面坐标系统的,由国务院测绘地理信息主管部门批准;其他确需建立相对独立的平面坐标系统的,由省、自治区、直辖市人民政府测绘地理信息主管部门批准。建立相对独立的平面坐标系统,应当与国家坐标系统相联系。

第五十二条规定:违反本法规定,未经批准擅自建立相对独立的平面坐标系统,或者采用不符合国家标准的基础地理信息数据建立地理信息系统的,给予警告,责令改正,可以并处五十万元以下的罚款;对直接负责的主管人员和其他直接责任人员,依法给予处分。

根据上述规定,建立和使用相对独立的平面坐标系统,必须经过测绘地理信息主管部门的批准,否则将受到处罚。

4) 卫星导航定位基准站管理制度

《测绘法》第十二条规定:国务院测绘地理信息主管部门和省、自治区、直辖市人民政府测绘地理信息主管部门应当会同本级人民政府其他有关部门,按照统筹建设、资源共享的原则,建立统一的卫星导航定位基准服务系统,提供导航定位基准信息公共服务。

第十三条规定:建设卫星导航定位基准站的,建设单位应当按照国家有关规定报国务院测绘地理信息主管部门或者省、自治区、直辖市人民政府测绘地理信息主管部门备案。国务院测绘地理信息主管部门应当汇总全国卫星导航定位基准站建设备案情况,并定期向军队测绘部门通报。本法所称卫星导航定位基准站,是指对卫星导航信号进行长期连续观测,并通过通信设施将观测数据实时或者定时传送至数据中心的地面固定观测站。

第十四条规定:卫星导航定位基准站的建设和运行维护应当符合国家标准和要求,不得危害国家安全。卫星导航定位基准站的建设和运行维护单位应当建立数据安全保障制度,并遵守保密法律、行政法规的规定。县级以上人民政府测绘地理信息主管部门应当会同本级人民政府其他有关部门,加强对卫星导航定位基准站建设和运行维护的规范和指导。在不妨碍国家安全的情况下,确有必要采用国际坐标系统的,必须经国务院测绘行政主管部门会同军队测绘主管部门批准。

第五十三条规定:违反本法规定,卫星导航定位基准站建设单位未报备案的,给予警告,责令限期改正;逾期不改正的,处十万元以上三十万元以下的罚款;对直接负责的主管人员和其他直接责任人员,依法给予处分。

第五十四条规定:违反本法规定,卫星导航定位基准站的建设和运行维护不符合国家标准、要求的,给予警告,责令限期改正,没收违法所得和测绘成果,并处三十万元以上五十万元以下的罚款;逾期不改正的,没收相关设备;对直接负责的主管人员和其他直接责任人员,依法给予处分;构成犯罪的,依法追究刑事责任。

根据上述规定,国家将建立统一的卫星导航定位基准服务系统,提供导航定位基准信息公共服务;建设单位自行建设卫星导航定位基准站的,应当按照国家有关规定报国务院测绘地理信息主管部门或者省、自治区、直辖市人民政府测绘地理信息主管部门备案，且卫星导航定位基准站的建设和运行维护应当符合国家标准和要求，不得危害国家安全，否则将受到处罚。

5. 基础测绘制度

1) 基础测绘分级管理

《测绘法》第十五条规定：基础测绘是公益性事业。国家对基础测绘实行分级管理。

根据该条规定，国家的基础测绘应当是一个完整的体系，采用县级以上人民政府分级管理的办法。

2) 基础测绘规划编制

《测绘法》第十六条规定：国务院测绘地理信息主管部门会同国务院其他有关部门、军队测绘部门组织编制全国基础测绘规划，报国务院批准后组织实施。县级以上地方人民政府测绘地理信息主管部门会同本级人民政府其他有关部门，根据国家和上一级人民政府的基础测绘规划和本行政区域内的实际情况，组织编制本行政区域的基础测绘规划，报本级人民政府批准后组织实施。

根据该条规定，基础测绘应当制订规划，国家的基础测绘规划应当报国务院批准后实施。省(自治区、直辖市)、市、县的测绘规划应当经本级政府批准后组织实施。

3) 基础测绘列入国民经济和社会发展年度计划及财政预算

《测绘法》第十八条规定：县级以上人民政府应当将基础测绘纳入本级国民经济和社会发展年度计划，将基础测绘工作所需经费列入本级政府预算。

根据该条规定，国务院、省(自治区、直辖市)、市、县人民政府将基础测绘纳入国民经济和社会发展计划与财政预算。

4) 基础测绘年度计划编制

《测绘法》第十八条规定：国务院发展改革部门会同国务院测绘地理信息主管部门，根据全国基础测绘规划编制全国基础测绘年度计划。县级以上地方人民政府发展改革部门会同本级人民政府测绘地理信息主管部门，根据本行政区域的基础测绘规划编制本行政区域的基础测绘年度计划，并分别报上一级部门备案。

根据该条规定，应当编制基础测绘年度计划，编制年度计划要符合基础测绘规划的要求，下级基础测绘年度计划要报上级备案。

5) 基础测绘成果更新

《测绘法》第十九条规定：基础测绘成果应当定期进行更新，经济建设、国防建设、社会发展和生态保护急需的基础测绘成果应当及时更新。基础测绘成果的更新周期根据不同地区和国民经济与社会发展的需要确定。

根据该条规定，应当制定基础测绘成果更新周期。

6) 海洋基础测绘

《测绘法》第十七条规定：军队测绘部门负责编制军事测绘规划，按照国务院、中央军事委员会规定的职责分工负责编制海洋基础测绘规划，并组织实施。

6. 维护国家安全和权益的制度

1) 外国的组织或者个人来华测绘

《测绘法》第八条规定：外国的组织或者个人在中华人民共和国领域和管辖的其他海域从事测绘活动，应当经国务院测绘地理信息主管部门会同军队测绘部门批准，并遵守中华人民共和国的有关法律、行政法规的规定。外国的组织或者个人在中华人民共和国领域从事测绘活动必须与中华人民共和国有关部门或者单位合作进行，并不得涉及国家秘密和危害国家安全。

第五十一条规定：违反本法规定，外国的组织或者个人未经批准，或者未与中华人民共和国有关部门、单位合作，擅自从事测绘活动的，责令停止违法行为，没收违法所得、测绘成果和测绘工具，并处十万元以上五十万元以下的罚款；情节严重的，并处五十万元以上一百万元以下的罚款，限期出境或者驱逐出境；构成犯罪的，依法追究刑事责任。

根据上述规定，外国组织或者个人来华从事测绘活动，必须与我国有关部门或单位合作，并经过批准，否则将受到处罚。

2) 测绘成果的保密

《测绘法》第三十四条规定：县级以上人民政府测绘地理信息主管部门应当积极推进公众版测绘成果的加工和编制工作，通过提供公众版测绘成果、保密技术处理等方式，促进测绘成果的社会化应用；测绘成果保管单位应当采取措施保障测绘成果的完整和安全，并按照国家有关规定向社会公开和提供利用；测绘成果属于国家秘密的，适用保密法律、行政法规的规定；需要对外提供的，按照国务院和中央军事委员会规定的审批程序执行。

3) 国界线测绘

《测绘法》第二十条规定：中华人民共和国国界线的测绘，按照中华人民共和国与相邻国家缔结的边界条约或者协定执行，由外交部组织实施。中华人民共和国地图的国界线标准样图，由外交部和国务院测绘地理信息主管部门拟定，报国务院批准后公布。

4) 行政区域界线测绘

《测绘法》第二十一条规定：行政区域界线的测绘，按照国务院有关规定执行。省、自治区、直辖市和自治州、县、自治县、市行政区域界线的标准画法图，由国务院民政部门和国务院测绘地理信息主管部门拟定，报国务院批准后公布。

5) 地图管理

《测绘法》第三十八条规定：地图的编制、出版、展示、登载及更新应当遵守国家有关地图编制标准、地图内容表示、地图审核的规定；互联网地图服务提供者应当使用经依法核批准的地图，建立地图数据安全管理制度，采取安全保障措施，加强对互联网地图新增内容的核校，提高服务质量；县级以上人民政府和测绘地理信息主管部门、网信部门等有关部门应当加强对地图编制、出版、展示、登载和互联网地图服务的监督管理，保证地图质量，维护国家主权、安全和利益。地图管理的具体办法由国务院规定。

第六十二条规定：违反本法规定，编制、出版、展示、登载、更新的地图或者互联网地图服务不符合国家有关地图管理规定的，依法给予行政处罚、处分；构成犯罪的，依法追究刑事责任。

6) 军事测绘

《测绘法》第十七条规定：军队测绘部门负责编制军事测绘规划，按照国务院、中央军事委员会规定的职责分工负责编制海洋基础测绘规划，并组织实施。

7. 维护不动产权益的测绘管理制度

1) 不动产权属测绘制度

《测绘法》第二十二条规定：县级以上人民政府测绘地理信息主管部门应当会同本级人民政府不动产登记主管部门，加强对不动产测绘的管理。测量土地、建筑物、构筑物和地面其他附着物的权属界址线，应当按照县级以上人民政府确定的权属界线的界址点、界址线或者提供的有关登记资料和附图进行。权属界址线发生变化的，有关当事人应当及时进行变更测绘。

2) 房屋产籍测绘制度

《测绘法》第二十三条规定：城乡建设领域的工程测量活动，与房屋产权、产籍相关的房屋面积的测量，应当执行由国务院住房城乡建设主管部门、国务院测绘地理信息主管部门组织编制的测量技术规范。

8. 测绘标准化和质量管理制度

1) 测绘标准化

对测绘标准化和规范化方面的行政管理活动，《中华人民共和国标准化法》和《中华人民共和国计量法》中规定测绘地理信息主管部门在测绘标准化和规范化管理中应当承担必要的责任。同时，《测绘法》又做出了一些特别规定。

(1) 国家统一确定大地测量等级和精度。

《测绘法》第十条规定：国家确定国家大地测量等级和精度。具体规范和要求由国务院测绘地理信息主管部门会同国务院其他有关部门、军队测绘部门制定。

根据该条规定，国务院测绘地理信息主管部门应当组织制定大地测量具体规范和要求。

(2) 国家统一规定国家基本比例尺地图的系列和基本精度。

《测绘法》第十条规定：国家确定国家基本比例尺地图的系列和基本精度。具体规范和要求由国务院测绘地理信息主管部门会同国务院其他有关部门、军队测绘部门制定。

根据该条规定，国务院测绘地理信息主管部门应当组织制定国家基本比例尺地图的系列和基本精度的具体规范和要求。

(3) 国家制定并执行工程测量规范。

《测绘法》第二十三条第2款规定：水利、能源、交通、通信、资源开发和其他领域的工程测量活动，应当执行国家有关的工程测量技术规范。

(4) 国家制定并执行房产测量规范。

《测绘法》第二十三条第1款规定：城乡建设领域的工程测量活动，与房屋产权、产籍相关的房屋面积的测量，应当执行由国务院住房城乡建设主管部门、国务院测绘地理信息主管部门组织编制的测量技术规范。

2) 测绘质量管理制度

《测绘法》第三十九条规定：测绘单位应当对其完成的测绘成果质量负责。县级以上人民政府测绘地理信息主管部门应当加强对测绘成果质量的监督管理。

《测绘法》第六十三条规定：违反本法规定，测绘成果质量不合格的，责令测绘单位补测或者重测；情节严重的，责令停业整顿，并处降低资质等级直至吊销测绘资质证书；造成损失的，依法承担赔偿责任。

9. 测绘成果管理制度

1) 测绘成果的汇交

《测绘法》第三十三条第1、2款规定：国家实行测绘成果汇交制度。测绘项目完成后，测绘项目出资人或者承担国家投资的测绘项目的单位，应当向国务院测绘地理信息主管部门或者省、自治区、直辖市人民政府测绘地理信息主管部门汇交测绘成果资料。属于基础测绘项目的，应当汇交测绘成果副本；属于非基础测绘项目的，应当汇交测绘成果目录。负责接收测绘成果副本和目录的测绘地理信息主管部门应当出具测绘成果汇交凭证，并及时将测绘成果副本和目录移交给保管单位。测绘成果汇交的具体办法由国务院规定。

第六十条规定：违反本法规定，不汇交测绘成果资料的，责令限期汇交；测绘项目出资人逾期不汇交的，处重测所需费用一倍以上二倍以下的罚款；承担国家投资的测绘项目的单位逾期不汇交的，处五万元以上二十万元以下的罚款，并处暂扣测绘资质证书，自暂扣测绘资质证书之日起六个月内仍不汇交的，吊销测绘资质证书；对直接负责的主管人员和其他直接责任人员，依法给予处分。

2) 测绘成果目录向社会公布

《测绘法》第三十三条第3款规定：国务院测绘地理信息主管部门和省、自治区、直辖市人民政府测绘地理信息主管部门应当及时编制测绘成果目录，并向社会公布。

3) 测绘成果提供和使用

《测绘法》第三十六条规定：基础测绘成果和国家投资完成的其他测绘成果，用于政府决策、国防建设和公共服务的，应当无偿提供。

除前款规定情形外，测绘成果依法实行有偿使用制度。但是，各级人民政府及有关部门和军队因防灾减灾、应对突发事件、维护国家安全等公共利益的需要，可以无偿使用。

测绘成果使用的具体办法由国务院规定。

4) 重要地理信息数据的审核公布

《测绘法》第三十七条规定：中华人民共和国领域和管辖的其他海域的位置、高程、深度、面积、长度等重要地理信息数据，由国务院测绘地理信息主管部门审核，并与国务院其他有关部门、军队测绘部门会商后，报国务院批准，由国务院或者国务院授权的部门公布。

第六十一条规定：违反本法规定，擅自发布中华人民共和国领域和中华人民共和国管辖的其他海域的重要地理信息数据的，给予警告，责令改正，可以并处五十万元以下的罚款；对直接负责的主管人员和其他直接责任人员，依法给予处分；构成犯罪的，依法追究刑事责任。

5) 地理信息系统的建立与使用

《测绘法》第二十四条规定：建立地理信息系统，应当采用符合国家标准的基础地理信息数据。

第二十五条规定：县级以上人民政府测绘地理信息主管部门应当根据突发事件应对工作

需要，及时提供地图、基础地理信息数据等测绘成果，做好遥感监测、导航定位等应急测绘保障工作。

6) 地理国情监测与成果使用

《测绘法》第二十六条规定：县级以上人民政府测绘地理信息主管部门应当会同本级人民政府其他有关部门依法开展地理国情监测，并按照国家有关规定严格管理、规范使用地理国情监测成果。各级人民政府应当采取有效措施，发挥地理国情监测成果在政府决策、经济社会发展和社会公众服务中的作用。

根据该条规定，县级以上人民政府测绘地理信息主管部门应当组织开展地理国情监测，并管理、使用好地理国情监测成果。

10. 测绘公共设施保护制度

在《测绘法》中，详细规定了对测量标志的保护。

1) 建设测量标志设立明显标记并委托保管

《测绘法》第四十二条规定：永久性测量标志的建设单位应当对永久性测量标志设立明显标记，并委托当地有关单位指派专人负责保管。

2) 使用测量标志必须出示作业证

《测绘法》第四十四条规定：测绘人员使用永久性测量标志，必须持有测绘作业证件，并保证测量标志的完好。保管测量标志的人员应当查验测量标志使用后的完好状况。

3) 严禁损毁或擅自移动测量标志

《测绘法》第四十一条规定：任何单位和个人不得损毁或者擅自移动永久性测量标志和正在使用中的临时性测量标志，不得侵占永久性测量标志用地，不得在永久性测量标志安全控制范围内从事危害测量标志安全和使用效能的活动。

第六十四条规定：违反本法规定，有下列行为之一的，给予警告，责令改正，可以并处二十万元以下的罚款；对直接负责的主管人员和其他直接责任人员，依法给予处分；造成损失的，依法承担赔偿责任；构成犯罪的，依法追究刑事责任。

(1) 损毁、擅自移动永久性测量标志或者正在使用中的临时性测量标志；
(2) 侵占永久性测量标志用地；
(3) 在永久性测量标志安全控制范围内从事危害测量标志安全和使用效能的活动；
(4) 擅自拆迁永久性测量标志或者使永久性测量标志失去使用效能，或者拒绝支付迁建费用；
(5) 违反操作规程使用永久性测量标志，造成永久性测量标志毁损。

4) 永久性测量标志的拆迁审批

《测绘法》第四十三条规定：进行工程建设，应当避开永久性测量标志；确实无法避开，需要拆迁永久性测量标志或者使永久性测量标志失去效能的，应当经省、自治区、直辖市人民政府测绘地理信息主管部门批准；涉及军用控制点的，应当征得军队测绘部门的同意。所需迁建费用由工程建设单位承担。

5) 保护测量标志

《测绘法》第四十五条第 1、3 款规定：县级以上人民政府应当采取有效措施加强测量标志的保护工作。乡级人民政府应当做好本行政区域内的测量标志保护工作。

6) 检查维护永久性测量标志

《测绘法》第四十五条第 2 款规定：县级以上人民政府测绘地理信息主管部门应当按照规定检查、维护永久性测量标志。

11. **监督管理制度**

2017 年新修订的《测绘法》专门增加了一章，即第八章"监督管理"，对地理信息的获取、使用、安全采取有效的监督管理。

1) 加强对地理信息安全的监督管理

《测绘法》第四十六条规定：县级以上人民政府测绘地理信息主管部门应当会同本级人民政府其他有关部门建立地理信息安全管理制度和技术防控体系，并加强对地理信息安全的监督管理。

2) 获取、使用地理信息和用户个人信息要遵守法律法规

《测绘法》第四十七条规定：地理信息生产、保管、利用单位应当对属于国家秘密的地理信息的获取、持有、提供、利用情况进行登记并长期保存，实行可追溯管理。从事测绘活动涉及获取、持有、提供、利用属于国家秘密的地理信息，应当遵守保密法律、行政法规和国家有关规定。地理信息生产、利用单位和互联网地图服务提供者收集、使用用户个人信息的，应当遵守法律、行政法规关于个人信息保护的规定。

3) 对测绘单位实行信用管理

《测绘法》第四十八条规定：县级以上人民政府测绘地理信息主管部门应当对测绘单位实行信用管理，并依法将其信用信息予以公示。

4) 建立健全随机抽查机制

《测绘法》第四十九条规定：县级以上人民政府测绘地理信息主管部门应当建立健全随机抽查机制，依法履行监督检查职责，发现涉嫌违反本法规定行为的，可以依法采取下列措施。

(1) 查阅、复制有关合同、票据、账簿、登记台账以及其他有关文件、资料；

(2) 查封、扣押与涉嫌违法测绘行为直接相关的设备、工具、原材料、测绘成果资料等。

被检查的单位和个人应当配合，如实提供有关文件、资料，不得隐瞒、拒绝和阻碍。任何单位和个人对违反本法规定的行为，有权向县级以上人民政府测绘地理信息主管部门举报。接到举报的测绘地理信息主管部门应当及时依法处理。

5) 违反监督管理的处罚

《测绘法》第六十五条规定：违反本法规定，地理信息生产、保管、利用单位未对属于国家秘密的地理信息的获取、持有、提供、利用情况进行登记、长期保存的，给予警告，责令改正，可以并处二十万元以下的罚款；泄露国家秘密的，责令停业整顿，并处降低测绘资质等级或者吊销测绘资质证书；构成犯罪的，依法追究刑事责任。

违反本法规定，获取、持有、提供、利用属于国家秘密的地理信息的，给予警告，责令停止违法行为，没收违法所得，可以并处违法所得二倍以下的罚款；对直接负责的主管人员和其他直接责任人员，依法给予处分；造成损失的，依法承担赔偿责任；构成犯罪的，依法追究刑事责任。

5.1.3 相关的法律法规

1. 《中华人民共和国行政许可法》

《中华人民共和国行政许可法》(以下简称《行政许可法》)于 2003 年 8 月 27 日由第十届全国人民代表大会常务委员会第四次会议通过,中华人民共和国主席胡锦涛签署 7 号主席令予以公布,自 2004 年 7 月 1 日起施行。

《行政许可法》是一部规范行政许可的设定和实施的法律,对保护公民和其他组织的合法权益,维护公共利益和社会秩序,保障和监督行政机关有效实施行政管理具有重要意义。该法对行政许可的原则、设定、实施机关、实施程序、监督检查等做出了规定。

在测绘活动和测绘管理中,也涉及一些行政许可事项,如资质审批、地图审核、建立相对独立平面坐标系统审批等,这些行政许可的设定和实施要符合《行政许可法》的规定。

2. 《中华人民共和国招标投标法》

《中华人民共和国招标投标法》(以下简称《招标投标法》)于 1999 年 8 月 30 日由第九届全国人民代表大会常务委员会第十一次会议通过,中华人民共和国主席江泽民签署第 21 号主席令予以公布,自 2000 年 1 月 1 日起施行。2017 年 12 月 27 日,第十二届全国人民代表大会常务委员会第三十一次会议通过了《关于修改〈中华人民共和国招标投标法〉的决定》,2017 年 12 月 28 日,国家主席习近平发布第八十六号主席令予以公布,自通过之日起实施。

《招标投标法》是国家用来规范招标投标活动,保护国家利益、社会公共利益和招标投标活动当事人的合法权益,提高经济效益,保证项目质量制定的法律。其中对招标投标活动遵循的原则、招标、投标、开标、评标、中标等做出了法律规定。

目前,从事测绘生产经营活动的单位几乎都要参与测绘项目的招标投标活动,因此学习招标投标法对于测绘专业从业人员具有重要意义。

3. 《中华人民共和国反不正当竞争法》

《中华人民共和国反不正当竞争法》(以下简称《反不正当竞争法》)于 1993 年 9 月 2 日由第八届全国人民代表大会常务委员会第三次会议通过,中华人民共和国主席江泽民签署第 10 号主席令予以公布,自 1993 年 12 月 1 日起施行。2017 年 11 月 4 日,第十二届全国人民代表大会常务委员会第三十次会议修订通过了《中华人民共和国反不正当竞争法》,中华人民共和国主席习近平发布第七十七号主席令予以公布,修订后的《中华人民共和国反不正当竞争法》自 2018 年 1 月 1 日起施行。

《反不正当竞争法》是保障社会主义市场经济健康发展,鼓励和保护公平竞争,制止不正当竞争行为,保护经营者和消费者的合法权益的法律。其中对经营者在市场交易活动中遵循的原则、不正当竞争行为的种类、对不正当竞争行为的监督检查、对不正当竞争行为的处罚等做出了法律规定。

在测绘市场上也存在许多不正当竞争的现象,测绘专业从业人员应当了解这部法律,既要知法守法,也要学会运用法律武器保护自己的合法权益。

4. 《中华人民共和国合同法》

《中华人民共和国合同法》(以下简称《合同法》)于 1999 年 3 月 15 日由第九届全国人民代表大会第二次会议通过，中华人民共和国主席江泽民签署第十五号主席令予以公布，自 1999 年 1 月 1 日起施行。

《合同法》是规范各类合同的订立和履行、规范市场交易的法律，对于及时解决经济纠纷，保护当事人的合法权益，维护社会主义市场经济秩序，具有十分重要的作用。其中对合同订立和履行的基本原则、合同订立的形式和内容、合同订立的程序和方法、合同的效力、合同的履行、合同的变更和转让、合同的权利义务终止、违约责任等做出了法律规定，同时对 15 种合同做出了具体规定。

5. 《中华人民共和国标准化法》

《中华人民共和国标准化法》(以下简称《标准化法》)于 1988 年 12 月 29 日由中华人民共和国第七届全国人民代表大会常务委员会第五次会议通过，中华人民共和国主席杨尚昆签署第 11 号主席令予以公布，自 1989 年 4 月 1 日起施行。2017 年 11 月 4 日，第十二届全国人民代表大会常务委员会第三十次会议修订通过了《标准化法》，中华人民共和国主席习近平发布第七十八号主席令予以公布，修订后的《标准化法》自 2018 年 1 月 1 日起施行。

《标准化法》确定了我国的标准体系和标准化管理体制，规定了制定标准的对象与原则以及实施标准的要求，明确了违法行为的法律责任和处罚办法。《标准化法》是国家推行标准化，实施标准化管理和监督的重要依据。

6. 《中华人民共和国计量法》

《中华人民共和国计量法》(以下简称《计量法》)于 1985 年 9 月 6 日由第六届全国人民代表大会常务委员会第十二次会议通过，中华人民共和国主席李先念签署第 28 号主席令予以公布，自 1986 年 7 月 1 日起施行。2017 年 12 月 27 日，第十二届全国人民代表大会常务委员会第三十一次会议通过了《关于修改<中华人民共和国计量法>的决定》(这是对该法的第四次修改)，2017 年 12 月 28 日，国家主席习近平发布第八十六号主席令予以公布，自通过之日起实施。

《计量法》对计量工作的管理、计量基准器具、计量标准器具和计量检定、计量器具的制造和修理、计量监督、法律责任做出了规定。

7. 《中华人民共和国保守国家秘密法》

《中华人民共和国保守国家秘密法》(以下简称《保守国家秘密法》)于 1988 年 9 月 5 日由第七届全国人民代表大会常务委员会第三次会议通过，中华人民共和国主席杨尚昆签署第 6 号主席令予以公布，自 1989 年 5 月 1 日起施行。2010 年 4 月 29 日中华人民共和国第十一届全国人民代表大会常务委员会第十四次会议修订通过了《保守国家秘密法》，中华人民共和国主席胡锦涛签署第二十八号主席令予以公布，修订后的《保守国家秘密法》自 2010 年 10 月 1 日起施行。

《保守国家秘密法》对保密工作管理体制、单位和个人的保密义务、国家秘密范围和密级、保密制度、法律责任等做出了规定。

8. 《行政区域界线管理条例》

该条例是行政法规，于 2002 年 5 月 13 日由国务院总理朱镕基签署中华人民共和国国务院第三百五十三号令予以公布，自 2002 年 7 月 1 日起施行。其中对行政区域界线的确定、管理、勘定、测绘、公布、检查、归档、行政区域界线标准详图的绘制和使用等做出了规定。

9. 《中华人民共和国物权法》

《中华人民共和国物权法》(以下简称《物权法》)于 2007 年 3 月 16 日由第十届全国人民代表大会第五次会议通过，中华人民共和国主席胡锦涛签署第六十二号主席令予以公布，自 2007 年 10 月 1 日起施行。

《物权法》是为了维护国家基本经济制度，维护社会主义市场经济秩序，明确物的归属，发挥物的效用，保护权利人的物权，根据宪法制定的法律。其中对于物权的设立、变更、转让和消灭，物权保护，物权的种类和内容等做出了规定。在这部法律中规定的不动产物权登记制度等是地籍测绘、房产测绘的根据和服务对象。

10. 《中华人民共和国土地管理法》

《中华人民共和国土地管理法》(以下简称《土地管理法》) 是国家运用法律和行政的手段对土地财产制度和土地资源的合理利用所进行管理活动予以规范的各种法律规范的总称。《土地管理法》于 1986 年 6 月 25 日经第六届全国人民代表大会常务委员会第十六次会议审议通过，1987 年 1 月 1 日实施。此后，该法又经过了三次修改。根据 1988 年 12 月 29 日第七届全国人民代表大会常务委员会第五次会议《关于修改〈中华人民共和国土地管理法〉》进行了第一次修订。1998 年 8 月 29 日第九届全国人民代表大会常务委员会第四次会议进行了第二次修订。根据 2004 年 8 月 28 日第十届全国人民代表大会常务委员会第十一次会议《关于修改〈中华人民共和国土地管理法〉的决定》进行了第三次修订，中华人民共和国主席胡锦涛签署第二十八号主席令予以公布，自公布之日起施行。

土地管理是测绘工作重要的服务对象，测绘专业从业人员应当了解有关法律规定。

11. 《中华人民共和国城市房地产管理法》

《中华人民共和国城市房地产管理法》(以下简称《城市房地产管理法》)于 1994 年 7 月 5 日第八届全国人民代表大会常务委员会第八次会议通过。根据 2007 年 8 月 30 日第十届全国人民代表大会常务委员会第二十九次会议《关于修改〈中华人民共和国城市房地产管理法〉的决定》进行了第一次修订，中华人民共和国主席胡锦涛签署第七十二号主席令予以公布，自公布之日起实施。根据 2009 年 8 月 27 日第十一届全国人民代表大会常务委员会第十次会议《关于修改部分法律的决定》第二次修正了《城市房地产管理法》。

城市房地产管理是测绘工作的重要服务对象，测绘专业从业人员应当了解有关法律规定。

5.2 测绘资质资格管理

测绘资质资格管理制度是《测绘法》规定的一项重要的制度，其中第五章共六条对测绘资质资格管理做出了明确的规定。

为了实施《测绘法》规定的测绘资质资格管理制度,2014年7月1日,国家测绘地理信息局以国测管发〔2014〕31号印发修订后的《测绘资质管理规定》和《测绘资质分级标准》;2004年3月19日,国家测绘局发布了《测绘作业证管理规定》,2007年1月24日,人事部、国家测绘局共同发布了《注册测绘师制度暂行规定》,并在全国测绘资质资格管理工作中执行。本节重点介绍测绘资质资格管理的有关规定。

5.2.1 测绘资质管理

1. 测绘资质的概念

从事测绘活动的单位应当具备相应的素质和能力:一是从事测绘活动的单位的人员必须具备测绘专业技术素质,二是从事测绘活动的单位必须具备必要的仪器设备,三是从事测绘活动的单位必须具备严格的质量保证体系,四是从事测绘活动的单位必须具备严格的测绘成果资料保管和保密制度,五是从事测绘活动的单位要具备一定的测绘生产能力,六是从事测绘活动的单位的主体性质要符合我国法律规定。

2. 测绘资质管理的概念

测绘资质管理是指测绘地理信息主管部门对测绘资质制定具体规定,对从事测绘活动的单位进行测绘资质审查、发放测绘资质证书、依法对测绘活动进行监督、查处无证测绘等行政行为。

1) 测绘资质管理是一项法定制度

《测绘法》明确规定,国家对从事测绘活动的单位实行测绘资质管理制度。从事测绘活动的单位应当具备一定的条件,并依法取得相应等级的测绘资质证书后,方可从事测绘活动。

2) 测绘资质实行统一监督管理

测绘资质管理是一项统一监督管理制度。主要体现在:一是测绘资质条件统一规定,除法定的几项条件(需要细化)外,其他条件由国务院测绘地理信息主管部门规定;二是资质管理的具体办法统一规定,即由国务院测绘地理信息主管部门会商有关部门规定;三是资质证书的式样统一规定,即测绘资质证书的式样由国务院测绘地理信息主管部门统一规定;四是统一由测绘地理信息主管部门进行测绘资质审查和统一颁发资质证书,即国务院测绘地理信息主管部门和省、自治区、直辖市人民政府测绘地理信息主管部门负责对从事测绘活动的单位进行测绘资质审查、发放资质证书;五是统一监督执法,对于违反测绘资质管理规定的行为由测绘地理信息主管部门统一进行查处。当然,这里也有一点例外,就是军事测绘单位的资质审查由军队测绘部门负责。

3) 测绘资质管理制度是一项行政许可制度

行政许可是指国家行政机关根据相对人的申请,依法以颁发特定证照等方式,准许相对人行使某种权利,获得从事某种活动资格的一种具体行政行为。但是,这种权利和资格并非任何人都能取得。如果任何人都能取得,则没有必要经过专门的行政机关予以许可。从这个意义上讲,行政许可是将对一般人应禁止的事项,向特定人解除其禁止,从而使特定人取得一般人所不能得到的某种权利和资格。《测绘法》明确规定了对从事测绘活动的单位进行资质审查制度,即一般情况下禁止任何单位和个人从事测绘活动,只有通过国务院测绘地理信息主管部门和省、自治区、直辖市人民政府测绘地理信息主管部门资质审查并领取资质证书的单位，才能解除法律规定的对从事测绘活动的禁止，才能获得从事测绘活动的权利和资格。测绘是一个特殊的行业，涉及公共利益、公共安全和国家安全，所以符合特定条件的人才能获得相应的权利和资格。测绘单位从事测绘活动的权利是由国家来赋予的，是有限的，得不到国家的许可是不能从事测绘活动的。

3. 测绘资质管理的原则

既然测绘资质管理制度是一项行政许可制度，就要按照依法行政的原则，以测绘法、行政许可法等法律法规为依据实施这项制度。

1) 依法原则

由于测绘资质审查制度直接关系公民、法人和其他组织的权利，制定具体办法必须符合有关法律的规定，不得违反有关的法律。例如，《行政许可法》对行政许可的原则、设定、实施机关、程序、监督检查等都做出了规定，《测绘法》对测绘资质的条件、管理机构、资质管理制度的实施等做出了规定，在进行测绘资质管理中必须执行这些法律规定。

2) 统一管理原则

我国社会主义市场经济发展、行政管理体制改革、测绘事业发展、加入世界贸易组织、维护国家安全、测绘行业客观情况、加强测绘管理等都要求对测绘资质实行统一管理，避免多头管理导致政令不畅、不公平竞争、市场混乱、危害国家安全和增加测绘单位负担等弊端。多头管理危害无穷，统一管理势在必行。

3) 公开、透明原则

设定测绘资质审查的法律文件，测绘资质审查的条件、程序，都必须公开、透明。

4) 公正、公平原则

设定和实施测绘资质审查，必须平等对待同等条件的个人和组织，不得歧视。

5) 便民、效率原则

测绘资质审查在程序设置上必须体现方便申请人、提高行政效率的要求。

6) 救济原则

在实施测绘资质审查时，申请人有权陈述、申辩、依法请求听证、申请复议和提起诉讼等。

7) 诚实信用、信赖保护原则

要求政府的行政活动具有真实性、稳定性，行政机关制定的规范或做出的行为应具有稳定性，不能变化无常，不能溯及既往。行政机关不得随意变更或撤销测绘资质。因公共利益的需要，必须撤销或变更测绘资质的，行政机关应负责补偿损失。

8) 监督与责任原则

谁审批，谁监督，谁负责。测绘资质审查要与行政机关的利益脱钩，与责任挂钩。行政机关不履行监督责任或监督不力，甚至滥用职权、以权谋私的，都必须承担法律责任。

4. 测绘资质管理的要点

(1) 制定测绘资质管理规定，规定测绘资质证书的式样。

依法行政是测绘资质管理的基本原则，《测绘法》规定了国家实行测绘资质管理制度，并授权国务院测绘地理信息主管部门会商国务院有关部门制定具体的管理办法,这既是一种权力,更是一种责任。《测绘法》仅仅做出测绘资质管理的原则性规定,而测绘资质管理的许多具体问题需要具体规定。例如,测绘的业务范围、资质等级、资质条件、资质审查程序、资质审查内容、资质审查主体、不同等级测绘资质证书的效力等都需要做出具体规定。

《测绘法》规定,测绘资质证书的式样由国务院测绘地理信息主管部门统一规定。因此,规定测绘资质证书的式样也是测绘地理信息管理的要点之一。

(2) 测绘资质审查和发放测绘资质证书。

测绘资质审查是指对申请测绘行政许可的单位的条件依法进行审查,对符合条件的依法予以行政许可。

测绘资质管理是动态管理,其动态特征是:第一,持有下一等级测绘资质证书的单位申请上一等级测绘资质证书的情况经常发生;第二,新组建的测绘单位申请测绘资质证书;第三,已经取得测绘资质证书的测绘单位申请变更业务范围;第四,在我国的改革中,测绘单位重组或者改制的情况会随时出现;第五,测绘资质证书载明的单位名称和法人代表经常变更等。

(3) 对测绘资质证书持证单位进行年度注册。

由于我国正处在改革发展过程中,测绘资质证书持证单位的情况变化也比较快,重组、改制、合并、拆分的情况不断发生,甚至有些单位撤销、解散、兼并。因此,对于取得测绘资质证书的单位要进行动态管理,对已经不存在的单位要及时取消测绘资质证书,对已经不符合所持资质证书规定条件的单位要及时给予降低等级或取消资质证书的处理,对于有违法行为的单位要依法予以查处和依法给予降低等级或者吊销测绘资质证书的处理。为了有效地实施动态管理,直接对测绘资质证书持证单位进行年度注册。

所谓的年度注册是指每一年度在国务院测绘地理信息主管部门统一部署下,国务院测绘地理信息主管部门和省、自治区、直辖市测绘地理信息主管部门按照规定的程序,在规定的时间内,按规定的条件和规定的内容对测绘单位进行核查,确认其是否继续符合测绘资质的基本条件。

(4) 检查和处理未取得测绘资质证书擅自从事测绘活动和超越资质等级许可的范围从事测绘活动的违法行为。

根据《测绘法》的规定,未取得测绘资质证书,擅自从事测绘活动的,由测绘地理信息主管部门责令停止违法行为,没收违法所得和测绘成果,并处测绘约定报酬1倍以上2倍以下的罚款;情节严重的,没收测绘工具。以欺骗手段取得测绘资质证书从事测绘活动的,由发证的测绘地理信息主管部门吊销测绘资质证书,没收违法所得和测绘成果,并处测绘约定报酬1倍以上2倍以下的罚款;情节严重的,没收测绘工具。超越资质等级许可的范围从事测绘活动、以其他测绘单位的名义从事测绘活动、允许其他单位以本单位的名义从事测绘活动的,由测绘地理信息主管部门责令停止违法行为,没收违法所得和测绘成果,处测绘约定报酬1倍以上2倍以下的罚款,并可以责令停业整顿或者降低资质等级;情节严重的,由发证的测绘地理信息主管部门吊销测绘资质证书。

5. 测绘资质管理机构

根据法律法规的规定,县级以上人民政府测绘地理信息主管部门的职责如下。

1) 国务院测绘地理信息主管部门的职责
(1) 统一监督管理全国测绘资质。
(2) 制定测绘资质管理具体办法。
(3) 规定测绘资质证书式样。
(4) 负责全国甲级测绘资质的审查、发证。
(5) 查处重大的"无证"测绘案件。

2) 省、自治区、直辖市测绘地理信息主管部门的职责
(1) 负责本行政区域测绘资质的监督管理。
(2) 受理本行政区域测绘单位资质申请。
(3) 负责本行政区域甲级测绘资质申请的初审。
(4) 负责本行政区域乙、丙、丁级测绘资质的审查、发证。
(5) 查处本行政区域违反测绘资质管理规定的案件。

3) 市(地)级测绘地理信息主管部门的职责

按照法律法规的规定,市(地)级测绘地理信息主管部门不承担测绘资质审查的职责,但应当依法履行对测绘活动的监督,查处违反测绘资质管理规定的案件,也可以依据规定受省、自治区、直辖市测绘地理信息主管部门的委托承担部分初审工作。

4) 县级测绘地理信息主管部门的职责

按照法律法规的规定,县级测绘地理信息主管部门不承担测绘资质审查的职责,但应当依法履行对测绘活动的监督,查处违反测绘资质管理规定的案件。

6. 测绘资质等级、条件与业务范围

按照从事测绘活动的单位的规模、管理水平、能力大小,将测绘资质划分为甲、乙、丙、丁四个等级,甲级是最高等级,丁级是最低等级。

在《测绘资质分级标准》中,对各等级测绘资质分别规定了不同的条件,上一等级的资质条件高于下一等级的资质条件,这些条件包括单位资产规模、专业技术人员数量、仪器设备种类及数量、办公场所面积、质量管理体系、档案和保密管理、测绘业绩等都有所区别。各等级测绘资质的具体条件详见《测绘资质管理规定》和《测绘资质分级标准》。

测绘工作涉及领域多,工序比较复杂,科学合理地划分测绘业务类别是测绘资质管理的一项很重要的基础工作。目前,由于从事测绘活动的单位的实际状况差别很大,往往很多测绘单位难以同时具备多项业务能力,有些测绘工作也不需要承担单位具备综合能力,因此国家对测绘业务类别的划分非常具体。测绘业务划分为大地测量、测绘航空摄影、摄影测量与遥感、工程测量、地籍测绘、房产测绘、行政区域界线测绘、地理信息系统工程、海洋测绘等。

在甲、乙、丙、丁四个级别的测绘资质中,丙级测绘资质的业务范围仅限于工程测量、摄影测量与遥感、地籍测绘、房产测绘、地理信息系统工程、海洋测绘,且不超过上述范围内的四项业务。丁级测绘资质的业务范围仅限于工程测量、地籍测绘、房产测绘、海洋测绘等。

在《测绘资质分级标准》中,对上述 12 类业务又进行了更具体的划分,可以直接阅读该标准了解有关内容。

7. 测绘资质申请与审批

1) 申请

申请测绘资质的单位，要根据自身业务发展需要和自身条件确定要申请的资质等级和业务范围，并按照规定向可以受理本单位资质申请的测绘资质管理机关提交申请材料。

初次申请测绘资质和申请测绘资质升级的需要提交《测绘资质申请表》，企业法人营业执照或者事业单位法人证书，法定代表人的简历及任命或者聘任文件，符合规定数量的专业技术人员的任职资格证书、任命或者聘用文件、劳动合同、毕业证书、身份证等证明材料，当年单位在职专业技术人员名册，符合省级以上测绘地理信息主管部门认可的测绘仪器检定单位出具的检定证书、购买发票、调拨单等证明材料，测绘质量保证体系、测绘成果及资料档案管理制度，测绘生产和成果的保密管理制度、管理人员、工作机构和基本设施等证明，单位住所及办公场所证明，反映本单位技术水平的测绘业绩及获奖证明(初次申请测绘资质可不提供)，其他应当提供的材料。

测绘单位申请变更业务范围的，应当提供《测绘资质申请表》，符合省级以上测绘地理信息主管部门认可的测绘仪器检定单位出具的检定证书、购买发票、调拨单等证明材料，反映本单位技术水平的测绘业绩及获奖证明(初次申请测绘资质可不提供)，相应专业技术人员的任职资格证书、任命或者聘用文件、劳动合同、毕业证书、身份证等证明材料。

2) 受理、审查、发证

各等级测绘资质申请由单位所在地的省、自治区、直辖市测绘地理信息主管部门受理，测绘资质受理机关应当自收到申请材料之日起 5 日内做出受理决定。申请单位涉嫌违法测绘被立案调查的，案件结案前，不受理其测绘资质申请。

测绘资质申请受理后，测绘资质审批机关应当自受理申请之日起 20 日内做出审批决定。20 日内不能做出决定的，经测绘资质审批机关领导批准，可以延长 10 日，并应当将延长期限的理由告知申请单位。

申请单位符合法定条件的，测绘资质审批机关应当做出拟批准的书面决定，向社会公示 7 日，并于做出正式批准决定之日起 10 日内向申请单位颁发《测绘资质证书》。

测绘资质审批机关做出不予批准的决定，应当向申请单位书面说明理由。

3) 测绘资质证书

《测绘资质证书》分为正本和副本，由国务院测绘地理信息主管部门统一印制，正本和副本具有同等法律效力。

《测绘资质证书》有效期最长不超过 5 年。编号形式为：等级+测资字+省、自治区、直辖市编号+顺序号。

《测绘资质证书》有效期满需要延续的，测绘单位应当在有效期满 60 日前，向测绘资质审批相关部门申请办理延续手续。

对在《测绘资质证书》有效期内遵守有关法规、技术标准，信用档案无不良记录且继续符合测绘资质条件的单位，经测绘资质审批机关批准，有效期延续 5 年。

4) 测绘资质的升级

测绘单位自取得《测绘资质证书》之日起，原则上 3 年后方可申请升级。初次申请测绘资质原则上不得超过乙级。申请的测绘专业只设甲级的，不受前款规定限制。

5) 测绘资质证书的换新和补证

测绘单位在领取新的《测绘资质证书》的同时,须将原《测绘资质证书》交回测绘资质审批机关。

测绘单位遗失《测绘资质证书》,应当及时在公众媒体上刊登遗失声明,持补证申请等其他证明材料到测绘资质审批机关办理补证手续。测绘资质审批机关应当在5日内办理完毕。

8. 测绘资质年度注册

1) 年度注册时间

测绘资质年度注册时间为每年的3月1日至31日。测绘单位应当于每年的1月20日至2月28日按照本规定的要求向省级测绘地理信息主管部门或其委托设区的市(州)级测绘地理信息主管部门报送年度注册的相关材料。取得测绘资质未满6个月的单位,可以不参加年度注册。

2) 年度注册程序

(1) 测绘单位按照规定填写《测绘资质年度注册报告书》,并在规定期限内报送相应测绘地理信息主管部门。

(2) 测绘地理信息主管部门受理、核查有关材料。

(3) 测绘地理信息主管部门对符合年度注册条件的,予以注册;对缓期注册的,应当向测绘单位书面说明理由。

(4) 省级测绘地理信息主管部门向社会公布年度注册结果。

测绘资质年度注册专用标识式样由国务院测绘地理信息主管部门统一规定。

3) 年度注册核查的主要内容

(1) 单位性质、名称、住所、法定代表人及专业技术人员变更情况。

(2) 测绘单位的从业人员总数、注册资金及出资人的变化情况和上年度测绘服务总值。

(3) 测绘仪器设备检定及变更情况。

(4) 完成的主要测绘项目、测绘成果质量以及测绘项目备案和测绘成果汇交情况。

(5) 测绘生产和成果的保密管理情况。

(6) 单位信用情况。

(7) 违反测绘行为被依法处罚情况。

(8) 测绘地理信息主管部门需要核查的其他情况。

4) 缓期注册

有下列行为之一的,予以缓期注册。

(1) 未按时报送年度注册材料或者年度注册材料不符合规定要求的。

(2) 《测绘资质证书》记载事项应当变更而未申请变更的。

(3) 测绘仪器未按期检定的。

(4) 未按照规定备案登记测绘项目的。

(5) 经监督检验发现有测绘成果质量批次不合格的。

(6) 未按照规定汇交测绘成果的。

(7) 测绘单位无正当理由未参加年度注册的。

(8) 单位信用不良经核查属实的。

缓期注册的期限为 60 日。测绘行政地理信息部门应当书面告知测绘单位限期整改，整改后符合规定的，予以注册。

9. 测绘资质监督检查

各级测绘地理信息主管部门履行测绘资质监督检查职责，可以要求测绘单位提供专业技术人员名册及工资表、劳动保险证明、测绘仪器的购买发票及检定证书、测绘项目合同、测绘成果验收(检验)报告等有关材料，并可以对测绘单位的技术质量保证制度、保密管理制度、测绘资料档案管理制度的执行情况进行检查。有关单位和个人对依法进行的监督检查应当协助与配合，不得拒绝或者阻挠。

各级测绘地理信息主管部门应当加强测绘市场信用体系建设，将测绘单位的信用信息纳入测绘资质监督管理范围。取得测绘资质的单位应当向测绘资质审批机关提供真实、准确、完整的单位信用信息。

测绘地理信息主管部门应当对测绘单位违法从事测绘活动进行依法查处。测绘单位违法从事测绘活动被查处的，查处违法行为的测绘地理信息主管部门应当将违法事实、处理结果告知上级测绘地理信息主管部门和测绘资质审批机关。

各级测绘地理信息主管部门实施监督检查时，不得索取或者收受测绘单位的财物，不得谋取其他利益。

10. 测绘资质注销、降低等级及核减业务范围

有下列情形之一的，测绘资质审批机关应当注销资质、降低资质等级或者核减相应业务范围。

(1) 测绘资质有效期满未延续的。
(2) 测绘单位依法终止的。
(3) 测绘资质审查决定依法被撤销、撤回的。
(4) 《测绘资质证书》依法被吊销的。
(5) 测绘单位在两年内未承担相应测绘项目的。
(6) 甲、乙级测绘单位在 3 年内未承担单项合同额分别为 100 万元以上和 50 万元以上测绘项目的。
(7) 测绘单位年度注册材料弄虚作假的。
(8) 测绘单位不符合相应测绘资质标准条件的。
(9) 缓期注册期间逾期未整改或者整改后仍不符合规定的。
(10) 测绘单位连续两次被缓期注册的。

此外，《测绘资质管理规定》规定：测绘单位在从事测绘活动中，因泄露国家秘密被国家安全机关查处的，测绘资质审批机关应当注销其《测绘资质证书》。

测绘单位在申请之日前两年内有下列行为之一的，不予批准测绘资质升级和变更业务范围。

(1) 采用不正当手段承接测绘项目的。
(2) 将承接的测绘项目转包或者违规分包的。
(3) 经监督检验发现有测绘成果质量批次不合格的。

(4) 涂改、倒卖、出租、出借或者以其他形式非法转让《测绘资质证书》的。

(5) 允许其他单位、个人以本单位名义承揽测绘项目的。

(6) 有其他违法违规行为的。

有关测绘资质的具体规定可查阅《测绘资质管理规定》和《测绘资质分级标准》。

5.2.2 测绘执业资格制度

1. 测绘执业资格的概念

《测绘法》第三十条规定：从事测绘活动的专业技术人员应当具备相应的执业资格条件。具体办法由国务院测绘地理信息主管部门会同国务院人力资源社会保障主管部门规定。《测绘法》的这一条款确定了我国实行对测绘专业技术人员的执业资格管理制度。

为了实施《测绘法》的这项规定，2007年1月24日，中华人民共和国人事部、国家测绘局共同发布了《注册测绘师制度暂行规定》，将测绘执业资格确定为注册测绘师。

执业资格是指政府对某些责任较大、社会通用性强，关系公共利益的专业实行准入控制，是依法从事某一特定专业所具备的学识、技术和能力的标准。从这个概念上讲，执业资格具有以下几个特征。

(1) 执业资格是一种专业准入控制，不是任何人都可以具有的。

(2) 执业资格是行政许可，也就是说执业资格是要经过政府有关部门审批的，不经过审批是不能取得执业资格的。

(3) 执业资格具有特定对象，不是所有的专业都有执业资格的限制，只是对某些责任较大、社会通用性强、关系公共利益的专业设定执业资格。

(4) 取得执业资格的人应当具备相应的学识、技术和能力，且符合一定的标准。

《测绘法》第三条规定：测绘事业是经济建设、国防建设、社会发展的基础性事业。测绘广泛服务于经济、国防、科学研究、文化教育、行政管理、生态保护和人民生活等诸多领域，属于责任较大、社会通用性强、专业技术性强、关系公共利益的技术工作。测绘成果对国家版图、疆域的反映，体现了国家的主权和政府的意志。测绘成果的质量与国家经济建设和人民群众日常生活密切相关，地籍测绘、房产测绘及其他一些测绘成果的质量更是直接与人民群众的生活息息相关。所以，测绘执业资格也就理所当然地成为我国执业资格体系中的一个组成部分。

一般来说，测绘执业资格是指自然人(公民、个人)从事测绘专业技术活动应当具备的知识、技术水平和能力等。包括几个方面：一是具有测绘理论知识，二是具有基本的测绘专业技术水平，三是具有所从事的专业技术工作的能力，四是具备一定的运用法律知识和管理知识处理事务的能力。

2. 测绘执业资格管理的概念

测绘执业资格管理是指国家对测绘执业资格做出具体规定，对从事测绘活动的测绘专业技术人员进行测绘执业资格考试、发放测绘执业资格证书、进行审验注册、依法查处非法从事测绘活动等。

3. 测绘执业资格管理的特征

(1) 测绘执业资格管理是一项法定的制度。

《测绘法》规定，从事测绘活动的专业技术人员应当具备相应的执业资格条件，具体办法由国务院测绘地理信息主管部门会同国务院人力资源社会保障主管部门规定。这项规定包括了以下含义：一是国家实行测绘执业资格管理制度，二是从事测绘活动的测绘专业技术人员必须具备执业资格条件，三是国家要制定测绘执业资格的管理办法，四是国务院测绘地理信息主管部门会同国务院人力资源社会保障主管部门承担相应的测绘执业资格管理责任。

(2) 测绘执业资格管理制度是一种行政许可制度。

从事测绘活动的个人只有按照国家有关规定，经过法定的程序，才能获得从事测绘活动的权利和资格。根据我国现行的行政管理体制，全国各行业的执业资格是在国务院人力资源社会保障主管部门的指导下，由行业主管部门负责管理本行业的执业资格。

4. 测绘执业资格管理的法律规定

《测绘法》规定的执业资格管理制度包括以下内容。

(1) 在法律上确定测绘执业资格制度。

从事测绘活动的专业技术人员应当具备相应的执业资格条件。

这项法律制度的特点：一是规范的主体是从事测绘活动的专业技术人员。二是规范的内容是执业资格。三是从事测绘活动的专业技术人员必须具备所从事的测绘活动的条件。

(2) 在法律上确定测绘执业资格的管理制度。

执业资格管理的具体办法由国务院测绘地理信息主管部门会同国务院人力资源社会保障主管部门规定。

这项法律规定的特点：一是要求制定执业资格的具体管理的具体办法。二是授权国务院测绘地理信息主管部门会同国务院人力资源社会保障主管部门制定测绘执业资格具体管理办法。

(3) 规范测绘执业资格证书的式样。

测绘专业技术人员的执业证书的式样由国务院测绘地理信息主管部门统一规定。

这项法律规定的特点：一是测绘执业资格证书的式样要全国统一，并在全国通行使用，不允许存在多种式样的测绘执业资格证书；二是进一步确定了测绘地理信息主管部门的测绘执业资格的管理权限，将规定全国统一的测绘执业资格证书的式样授权给国务院测绘地理信息主管部门。测绘执业资格证书应当由国务院测绘地理信息主管部门组织发放。

(4) 规定对未取得测绘执业资格，擅自从事测绘活动的法律责任。

对未取得测绘执业资格，擅自从事测绘活动的，由测绘地理信息主管部门责令停止违法行为，没收违法所得和测绘成果，对其所在单位可以处违法所得 2 倍以下的罚款；情节严重的，没收测绘工具；造成损失的，依法承担赔偿责任。

5. 注册测绘师制度

1) 注册测绘师的概念

《测绘法》规定测绘专业技术人员要具备相应的执业资格条件。所谓的执业资格是一个抽象的概念，是一种通用的称谓，适用于各个行业。但是，每个行业的执业资格都有各自的特征，例如，建筑行业具有法定执业资格的专业技术人员称为注册建筑师，会计行业具有法定执业资格的人员称为注册会计师。那么，测绘行业具有法定执业资格的专业技术人员确定什么名称呢？在国家测绘局、原人事部共同发布的《注册测绘师制度暂行规定》中，将具有法定执业资格的测绘专业技术人员称为注册测绘师。也就是说，取得注册测绘师资格的人员具有法定的测绘执业资格。所以，法定的测绘执业资格制度在具体实施中定义为注册测绘师制度。

《注册测绘师制度暂行规定》第四条规定：本规定所称注册测绘师，是指经考试取得《中华人民共和国注册测绘师资格证书》，并依法注册后，从事测绘活动的专业技术人员。注册测绘师英文译为 registered surveyor，注册测绘师的定义具有以下几个特征。

(1) 注册测绘师资格的法定证件是《中华人民共和国注册测绘师资格证书》，只有取得该证书的人员，才具有注册测绘师资格；未取得该证书的人员，不具有注册测绘师资格。

(2) 取得注册测绘师资格必须经过考试，未经考试或者考试不合格的，不能取得注册测绘师资格，也就不能获得《中华人民共和国注册测绘师资格证书》。

(3) 取得注册测绘师资格的人员，必须经过注册后，才能以注册测绘师的名义执业。

(4) 注册测绘师是从事测绘活动的专业技术人员。

2) 取得注册测绘师资格应当具备的基本条件

(1) 政治条件。

凡中华人民共和国公民，遵守国家法律法规，恪守职业道德，均可申请参加注册测绘师考试。

(2) 业务条件。

测绘类专业大学专科学历，从事测绘业务工作满6年；或者测绘类专业大学本科学历，从事测绘业务工作满4年；或者含测绘类专业在内的双学士学位或者测绘类专业研究生班毕业，从事测绘业务工作满3年；或者测绘类专业硕士学位，从事测绘业务工作满2年；或者测绘类专业博士学位，从事测绘业务工作满1年；其他理学类或者工学类专业学历或者学位的人员，其从事测绘业务工作年限相应增加2年。

(3) 考试合格。

参加依照《注册测绘师制度暂行规定》组织的注册测绘师资格考试，并在一个考试年度内考试科目全部合格。

3) 注册测绘师资格考试方法

注册测绘师资格考试实行全国统一大纲、统一命题的制度，原则上每年举行一次。国务院测绘地理信息主管部门负责拟定考试科目、考试大纲、考试试题，研究建立并管理考试题库，提出考试合格标准建议。国务院人力资源社会保障主管部门组织专家审定考试科目、考试大纲和考试试题，会同国务院测绘地理信息主管部门确定考试合格标准和对考试工作进行指导、监督、检查。注册测绘师资格考试设3个科目，分别为"测绘综合能力""测绘管理与法律法规"和"测绘案例分析"。

4) 注册测绘师资格证书

符合注册测绘师资格基本条件者可以取得注册测绘师资格，由国家颁发《中华人民共和国注册测绘师资格证书》，该证书是持有人测绘专业水平能力的证明，在全国范围内有效。

《中华人民共和国注册测绘师资格证书》由国务院人力资源社会保障主管部门统一印

制,国务院人力资源社会保障主管部门、国务院测绘地理信息主管部门共同用印。对以不正当手段取得《中华人民共和国注册测绘师资格证书》的,由发证机关收回。自收回该证书之日起,当事人3年内不得再次参加注册测绘师资格考试。

5) 注册测绘师的注册

(1) 注册的意义。

国家对注册测绘师资格实行注册执业管理,取得《中华人民共和国注册测绘师资格证书》的人员,经过注册后方可以注册测绘师的名义从事测绘活动。也就是说,未经法定机构注册,即便持有《中华人民共和国注册测绘师资格证书》也不能以注册测绘师的名义从事测绘活动。

注册管理是执业资格制度工作的重要环节,是建立执业资格制度的根本目的,也是与其他职称评审或职称考试的主要区别。一是执业资格不是终身制,随着行业的发展,它的标准是不断调整的,主要方法是继续教育和再注册;二是执业资格的标准不仅是技术水平,而是法律法规、技术水平、职业道德的复合型标准,执业资格对专业技术人员来说,既是权利也是责任,是权利和责任的统一,体现了对专业技术人员依法执业的要求。只有注册管理到位了,才能真正起到规范执业秩序的目的。

(2) 注册的管理主体。

国务院测绘地理信息主管部门为注册测绘师资格的注册审批机构。各省、自治区、直辖市人民政府测绘地理信息主管部门负责注册测绘师资格的注册审查工作。

(3) 申请注册应当具备的条件。

一是持有《中华人民共和国注册测绘师资格证书》;二是应受聘于一个具有测绘资质的单位,并且只能受聘于一个有测绘资质的单位,才能以注册测绘师名义执业。

(4) 申请注册。

具有注册测绘师资格的人员,应当通过聘用单位所在地(聘用单位属企业的通过本单位工商注册所在地)的测绘地理信息主管部门,向省、自治区、直辖市人民政府测绘地理信息主管部门提出注册申请。

初始注册:初始注册者,可自取得《中华人民共和国注册测绘师资格证书》之日起1年内提出注册申请。逾期未申请者,在申请初始注册时,须符合《注册测绘师制度暂行规定》有关继续教育要求。初始注册需要提交《中华人民共和国注册测绘师初始注册申请表》《中华人民共相国注册测绘师资格证书》、与聘用单位签订的劳动或者聘用合同、逾期申请注册的人员的继续教育证明材料。

延续注册:注册有效期届满需继续执业,且符合注册条件的,应在届满前30个工作日内申请延续注册。延续注册需要提交《中华人民共和国注册测绘师延续注册申请表》、与聘用单位签订的劳动或者聘用合同、达到注册期内继续教育要求的证明材料。

变更注册:在注册有效期内,注册测绘师变更执业单位,应与原聘用单位解除劳动关系,并申请变更注册。变更注册后,其《中华人民共和国注册测绘师注册证》和执业印章在原注册有效期内继续有效。变更注册需要提交《中华人民共和国注册测绘师变更注册申请表》、与新聘用单位签订的劳动或者聘用合同,以及工作调动证明或者与原聘用单位解除劳动或者聘用合同的证明、退休人员的退休证明。

(5) 受理注册申请。

省、自治区、直辖市人民政府测绘地理信息主管部门在收到注册测绘师资格注册的申请材料后，申请材料不齐全或者不符合法定形式的，应当场或者在5个工作日内，一次告知申请者要补正的全部内容，逾期不告知的，自收到申请材料之日起即为受理。

对受理或者不予受理的注册申请，均应出具加盖省、自治区、直辖市人民政府测绘地理信息主管部门专用印章和注明日期的书面凭证。

(6) 审批。

省、自治区、直辖市人民政府测绘地理信息主管部门自受理注册申请之日起20个工作日内，按规定条件和程序完成申报材料的审查工作，并将申报材料和审查意见报国务院测绘地理信息主管部门审批。国务院测绘地理信息主管部门自受理申报人员材料之日起20个工作日内做出审批决定。在规定的期限内不能做出审批决定的，应将延长的期限和理由以电话或书信方式告知申请人。

国务院测绘地理信息主管部门自做出批准决定之日起10个工作日内，将批准决定送达经批准注册的申请人，并核发统一制作的《中华人民共和国注册测绘师注册证》和执业印章。对做出不予批准的决定，应当书面说明理由，并告知申请人享有依法申请行政复议或者提起行政诉讼的权利。对于不符合注册条件的、不具有完全民事行为能力的、刑事处罚尚未执行完毕的，以及因在测绘活动中受到刑事处罚，自刑事处罚执行完毕之日起至申请注册之日止不满3年的不予注册。对于法律、法规规定不予注册的其他情形的不予注册。

(7) 注册有效期。

《中华人民共和国注册测绘师注册证》每一次注册有效期为3年。《中华人民共和国注册测绘师注册证》和执业印章在有效期限内是注册测绘师的执业凭证，由注册测绘师本人保管、使用。

(8) 注销注册。

注册申请人有下列情形之一的，应由注册测绘师本人或者聘用单位及时向当地省、自治区、直辖市人民政府测绘地理信息主管部门提出申请，由国务院测绘地理信息主管部门审核批准后，办理注销手续，收回《中华人民共和国注册测绘师注册证》和执业印章。

① 不具有完全民事行为能力的；
② 申请注销注册的；
③ 注册有效期满且未延续注册的；
④ 被依法撤销注册的；
⑤ 受到刑事处罚的；
⑥ 与聘用单位解除劳动或者聘用关系的；
⑦ 聘用单位被依法取消测绘资质证书的；
⑧ 聘用单位被吊销营业执照的；
⑨ 因本人过失造成利害关系人重大经济损失的；
⑩ 应当注销注册的其他情形。

被注销注册的人员，重新具备初始注册条件，并符合本规定继续教育要求的，可按《注册测绘师制度暂行规定》第十四条规定的程序再次申请注册。

(9) 不予注册。

注册申请人有下列情形之一的不予注册。

① 不具有完全民事行为能力的；

② 刑事处罚尚未执行完毕的；

③ 因在测绘活动中受到刑事处罚，自刑事处罚执行完毕之日起至申请注册之日止不满 3 年的；

④ 法律、法规规定不予注册的其他情形。

不予注册的人员，重新具备初始注册条件，并符合本规定继续教育要求的，可按《注册测绘师制度暂行规定》第十四条规定的程序申请注册。

(10) 注册撤销。

注册申请人以不正当手段取得注册的，应当予以撤销，并由国务院测绘地理信息主管部门依法给予行政处罚；当事人在 3 年内不得再次申请注册；构成犯罪的，依法追究刑事责任。

(11) 公告与救济。

国务院测绘地理信息主管部门应及时向社会公告注册测绘师注册有关情况。当事人对注销注册或者不予注册有异议的，可依法申请行政复议或者提起行政诉讼。

(12) 继续教育。

继续教育是注册测绘师延续注册、重新申请注册和逾期初始注册的必备条件。在每个注册期内，注册测绘师应按规定完成本专业的继续教育。注册测绘师继续教育，分必修课和选修课，在一个注册期内必修课和选修课均为 60 学时。

6) 注册测绘师的执业

(1) 执业岗位。

注册测绘师应在一个具有测绘资质的单位，开展与该单位测绘资质等级和业务许可范围相应的测绘执业活动。

(2) 执业范围。

注册测绘师的执业范围包括：①测绘项目技术设计；②测绘项目技术咨询和技术评估；③测绘项目技术管理、指导与监督；④测绘成果质量检验、审查、鉴定；⑤国务院有关部门规定的其他测绘业务。

(3) 执业能力。

注册测绘师的执业能力主要包括：①熟悉并掌握国家测绘及相关法律、法规和规章；②了解国际、国内测绘技术发展状况，具有较丰富的专业知识和技术工作经验，能够处理较复杂的技术问题；③熟练运用测绘相关标准、规范、技术手段，完成测绘项目技术设计、咨询、评估及测绘成果质量检验管理；④具有组织实施测绘项目的能力。

(4) 执业效力与责任。

在测绘活动中形成的技术设计和测绘成果质量文件，必须由注册测绘师签字并加盖执业印章后方可生效。修改经注册测绘师签字盖章的测绘文件，应由该注册测绘师本人进行；因特殊情况，该注册测绘师不能进行修改的，应由其他注册测绘师修改，并签字、加盖印章，同时对修改部分承担责任。因测绘成果质量问题造成的经济损失，接受委托的单位应承担赔偿责任。接受委托的单位可依法向承担测绘业务的注册测绘师追偿。

(5) 执业收费。

注册测绘师从事执业活动，由其所在单位接受委托并统一收费。

7) 注册测绘师的权利义务

(1) 享有的权利。

注册测绘师享有的权利：①使用注册测绘师称谓；②保管和使用本人的《中华人民共和

国注册测绘师注册证》和执业印章；③在规定的范围内从事测绘执业活动；④接受继续教育；⑤对违反法律、法规和有关技术规范的行为提出劝告，并向上级测绘行政主管部门报告；⑥获得与执业责任相应的劳动报酬；⑦对侵犯本人执业权利的行为进行申诉。

(2) 履行的义务。

注册测绘师应履行的义务：①遵守法律、行政法规和有关管理规定，恪守职业道德；②执行测绘技术标准和规范；③履行岗位职责，保证执业活动成果质量，并承担相应责任；④保守知悉的国家秘密和委托单位的商业、技术秘密；⑤只受聘于一个有测绘资质的单位执业；⑥不准他人以本人名义执业；⑦更新专业知识，提高专业技术水平；⑧完成注册管理机构交办的相关工作。

5.2.3 测绘人员权利保护制度

1. 测绘人员权利保护的意义

在野外测绘活动中，测量人员使用各种测绘仪器，测量土地、房屋、院落、道路、管道、界线等，往往需要进入施测地区的单位或者个人的院落、场地、建筑物等，有时还需要到有关单位收集测量所需的资料和信息。这种工作流动性大，分散作业，施测时间不定，涉及的单位和个人很多。测绘工作人员在进行测绘时，必然要与许多单位和人员发生关系。在与单位和人员发生关系时，由于测绘人员无法证明自己的合法身份，经常得不到配合和支持，甚至出现妨碍和阻挠测绘人员进行测绘的问题，对完成测绘任务带来十分不利的影响。例如：1994 年 6 月，某测绘院工作人员在进行野外测绘作业时，因被怀疑有作案嫌疑，被该镇派出所的 4 名联防队员询问，虽然作业人员一再解释说明测绘工作的性质，但因无有效证明，还是被强行戴上手铐押至派出所关押一个多小时。1995 年 3 月，某测绘院在测区踏勘测量控制点。当测绘人员到某单位测绘时，门卫人员认为测绘人员身份不明，不让施测人员进入该单位进行测绘作业，严重影响了测绘任务的完成。1993 年 8 月，某测绘院在进行测绘作业时，因进入耕地测绘，遭到当地农民的围打，造成 6 人轻伤，1 人重伤。后经当地政府干预，才赔偿了受伤测绘人员的医疗费。宪法和其他有关法律规定任何单位和公民正常的生产、生活秩序不受非法干扰，为保障合法的测绘活动顺利进行，需要采取措施保护测绘人员野外测绘的合法权利。

测量标志是野外测绘的基本依据，没有测量标志，野外测绘工作就无法进行。同时，测量标志是国家的宝贵财产，是国家投入巨额资金，由无数测绘人员经过数十年的努力建立起来的，需要加强保护。野外测绘人员使用测量标志时，应当具有合法的身份和合法的使用目的，并不得损害测量标志。

为了保护测绘人员合法测绘的权利，《测绘法》第三十一条做出了规定："测绘人员进行测绘活动时，应当持有测绘作业证件。任何单位和个人不得妨碍、阻挠测绘人员依法进行测绘活动。"

2. 《测绘法》关于测绘人员权利保护的有关规定

1) 测绘人员进行测绘活动时，应当持有测绘作业证件

这项法律制度的特点如下。

(1) 明确测绘作业证件的发放对象。根据测绘作业证件制度的目的，测绘作业证件的持有者必须是测绘人员，更确切地说应当是从事野外作业的测绘人员。测绘作业证件可起到保护野外测绘人员的合法权利，为野外测绘提供便利的作用。根据这样的含义，测绘作业证件的发放主体只能是测绘作业人员，而不能是其他人，发放范围必须严格控制，取得测绘作业证件的人员必须是合法从事测绘活动的测绘人员。对于非测绘人员，或者不符合条件的人员，或者从事非法测绘的人员，不得发放测绘作业证件。

(2) 明确测绘作业证件的使用条件。即测绘作业人员只有在从事测绘活动时才能使用测绘作业证件，此时该证件才具有法律效力。其他任何场合使用这个证件，都不具有法律效力。

(3) 明确测绘人员的义务。测绘人员在从事测绘活动时要持有测绘作业证件，并接受有关权利人的查验。测绘人员从事测绘活动，若未持有测绘作业证件，其所从事测绘活动的权利就无法得到法律的保护。

2) 任何单位和个人不得妨碍、阻挠测绘人员依法进行测绘活动

这项法律制度的特点如下。

(1) 赋予测绘人员依法从事测绘活动的权利。对于持有测绘作业证件，从事合法测绘活动的测绘人员，不应受到任何妨碍和阻挠。

(2) 赋予测绘活动涉及的单位和个人查验测绘作业证件的权利。测绘人员在要求有关单位和个人为其测绘活动提供便利时，有关单位和个人有权查验其测绘作业证件，测绘人员必须予以配合，出示测绘作业证件。

(3) 明确测绘活动涉及的单位和个人的义务。经过查验测绘作业证件，确认测绘人员从事测绘活动的合法性后，测绘活动涉及的单位和个人应当为其测绘活动提供便利，不得妨碍、阻挠测绘人员依法进行测绘活动。

3) 测绘人员的测绘作业证件的式样由国务院测绘地理信息主管部门统一规定

这项法律规定的特点如下。

(1) 明确测绘作业证件的式样要全国一致。测绘作业证件是测绘人员从事测绘活动的法定的身份证明，在全国通用，具有很强的权威性和严肃性，具有法律效力，必须保持全国统一，不能多种多样。

(2) 授权由国务院测绘地理信息主管部门统一规定测绘作业证件的式样。测绘作业证件的式样只能由国务院测绘地理信息主管部门规定，其他部门或单位不能规定。凡不是由国务院测绘地理信息主管部门统一规定式样的测绘作业证件没有法律效力。

4) 测绘人员使用永久性测量标志，必须持有测绘作业证件

这项法律规定的特点如下。

(1) 测绘作业证件是测绘人员使用永久性测量标志的法定凭证。也就是说，如果测绘人员未持有测绘作业证件，就不能使用测量标志。永久性测量标志是国家的宝贵财产，测绘人员凭测绘作业证件使用测量标志是保护测量标志的一个有效的措施。过去曾长期存在着随意使用和不便于严格管理的现象。有的测绘人员使用时不注意保护，使用后不恢复原状，随意弃置，从而使测量标志遭到破坏失去效能。本规定对增强测绘人员的测量标志保护意识，履行测量标志保护责任具有重要意义。

(2) 测绘人员使用永久性测量标志时，应向永久性测量标志保管人员出示测绘作业证件，这是测绘人员的义务。

(3) 查验使用永久性测量标志的测绘人员的测绘作业证件是测量标志保管人员的权利、责任和义务。这一特点包括两层含义：一是永久性测量标志保管人员有权查验测绘人员的测绘作业证件，测绘人员必须予以配合；二是永久性测量标志保管人员查验测绘人员的测绘作业证件是法定的责任和义务，必须履行这种责任和义务。测量标志保管人员通过查验使用测量标志的测绘人员作业证件，掌握测量标志的使用情况，监督测量标志的使用，以有效地履行保管责任。

(4) 测量标志保管人员通过查验测绘作业证件，对于有证件的测绘人员允许其使用测量标志，无证件的人员不允许其使用测量标志，可以有效地防止随意使用测量标志对测量标志造成损坏，也可防止犯罪分子故意破坏测量标志。

3. 《测绘作业证》的概念

为了实施《测绘法》，国务院测绘地理信息主管部门制定了《测绘作业证管理规定》，并在测绘人员中配发《测绘作业证》，给测绘人员提供一个合法的身份证明。凡在施测时已出示有效测绘作业证件的，所进行的测绘活动受法律保护，施测人员有权要求有关单位和个人提供便利，有关单位和个人对所进行的测绘活动必须予以配合、提供便利。野外测绘人员在作业时，凡不能出示有效测绘作业证件的，所进行的测绘活动有可能无法得到相关单位和个人的配合。

《测绘作业证》具有以下几个特征。

(1) 《测绘作业证》是测绘人员从事测绘活动的合法身份证明，需要具备一定的条件才能获得。

一个测绘人员从事某项具体的测绘活动，需要相关单位和个人提供便利，并不得妨碍、阻挠依法进行的测绘活动。在这里，并不是任何一个人从事测绘活动，相关单位和个人都要无条件地提供便利。因为有些测绘活动的个人不具备法定的主体资格，有些具体的测绘活动本身就是法律所禁止的。例如，从事测绘活动所在单位不具备相应的测绘资质，从事该项测绘活动的个人不具备法定的资格(如执业资格、从业资格，或符合测绘作业证件规定的其他资格)，所从事的具体测绘活动是以获取国家秘密为目的，或者是法律所禁止的，或者是不符合法律规定的。在这种情况下，相关单位为其提供便利就是错误的。所以，测绘人员必须持有依法取得的从事测绘活动的测绘作业证件，作为其从事测绘活动的合法身份证明。换句话说，从事测绘活动必须持有测绘作业证件，而作业证件需要具备一定条件才能取得。

(2) 《测绘作业证》为测绘人员提供权利保障，也有利于保护与测绘活动发生关系的单位和个人的合法权益。

前面我们已经谈到，测绘人员在从事具体的测绘活动过程中，经常受到不合理的、不合法的阻挠，因此对测绘人员从事测绘活动的权利提供保证是十分重要的。测绘人员领取了测绘作业证件，就取得了从事测绘活动的合法身份，所从事的测绘活动就符合法律的规定，因此测绘作业证件为测绘人员从事测绘活动提供了权利保障。如果在依法从事测绘活动过程中，受到妨碍、阻挠，其阻挠的单位或者个人就要承担相应的法律责任。

测绘作业证件不仅为测绘人员提供权利保障，同时也有利于保护与测绘活动发生关系的单位和个人的合法权益。为什么这样说呢？测绘人员持有测绘证件从事测绘活动，事实上是赋予了与测绘活动相关的单位或者个人查验测绘作业证件的权利。例如，测绘人员在进入某一个机关大院进行测绘时,该单位就有权利查验其测绘作业证件。对于具备测绘作业证件的测绘人员允许其进行测绘,对于不具备测绘作业证件的人员,该单位有权不允许该测绘人员进入该单位进行测绘,避免损害本单位合法权益的问题发生。

(3) 从事测绘活动出示测绘作业证件是测绘人员的义务,同时也可以防止非法测绘活动。

从事测绘活动是测绘人员的法定权利,但是在测绘活动中向相关单位和个人出示测绘作业证件是测绘人员的法定义务。例如,当测绘人员要进入某个院落进行测绘,而这个院落是长期关门上锁的,测绘人员进行测绘就必须进入这个院落。如果需要院落主人打开院落大门,测绘人员就必须出示测绘作业证件,证明其合法身份,这是测绘人员的法定义务。

在测绘活动中,对于能够出示测绘作业证件的人员允许进行测绘,不能出示测绘作业证件的测绘人员不允许测绘,这也是防止非法从事测绘活动的一个很好途径。

(4) 为持有测绘作业证件从事测绘活动的测绘人员提供便利是与测绘活动发生关系的单位和个人的义务。

测绘人员从事测绘活动,如果得不到相关单位或者个人的配合,是难以进行的。我们仍然列举同样一个例证,当测绘人员要进入某个院落进行测绘,而这个院落是长期关门上锁的,测绘人员进行测绘时就必须进入这个院落。如果需要院落主人打开院落大门,按照一般的民事原则来处理,院落的主人不开这个门是无可非议的。但是,如果这个测绘人员从事的测绘活动是合法的,院落的主人就应该打开大门,这是院落主人的法定义务。如果院落主人坚决不开门,由此造成不良后果,院落主人要承担相应的法律责任。所以,为持有测绘作业证件从事测绘活动的测绘人员提供便利是与测绘活动发生关系的单位和个人为测绘活动提供便利的法定义务。

(5) 测绘作业证件效力的有限性。

测绘作业证件是测绘人员身份的证明,为测绘人员提供了权利保障,但是它的效力是有限的,持有测绘作业证件的测绘人员的权利也是有限的,并不是持有测绘作业证件就可以到处畅通无阻。一般来说,它适用于下列情况:一是测绘人员与从事测绘活动所在地的人民政府和有关单位、个人联系工作时,二是使用测量标志时,三是接受测绘地理信息管理部门的执法监督检查时,四是进入机关、厂矿、住宅、耕地或者其他地块时,五是办理与所进行的测绘活动相关的其他事项时。该证件不适用于测绘人员进入保密单位、军事禁区和法律法规规定的需要特殊审批的区域进行测绘活动。进入保密单位、军事禁区和法律法规规定的需要特殊审批的区域进行测绘活动,应当按照规定经有关部门批准,并持有测绘作业证件及其相应的批准文件进入。

4. 测绘作业证件的取得

根据《测绘法》的规定,国务院测绘地理信息主管部门颁布了《测绘作业证管理规定》,其中对如何取得测绘作业证件做出了规定。

1) 取得《测绘作业证》的条件

(1) 须在具有测绘资质的单位从业。《测绘作业证》是取得《测绘资质证书》的单位为本单位的测绘人员申请的证件,未取得《测绘资质证书》的单位无权为测绘人员申请《测绘作业证》,个人不能直接申请。

(2) 申请领取《测绘作业证》的人员应当主要是从事测绘外业工作的人员和其他需要持有《测绘作业证》的人员。

2) 申请《测绘作业证》的办法和程序

(1) 准备申请材料。申请单位应当提交的材料有：①申请报告；②测绘单位《测绘资质证书》(证件或复印件)；③《测绘作业证》申请表；④《测绘作业证》申请汇总表。

(2) 提出申请。申请单位向单位所在地的省、自治区、直辖市人民政府测绘地理信息主管部门或者其委托的市(地)级测绘地理信息主管部门提出申请，提交申请材料。测绘单位必须保证申报材料真实、齐全，对申报材料不真实的，不予受理。

(3) 审核发证。省、自治区、直辖市人民政府测绘地理信息主管部门或者其委托的市(地)级人民政府测绘地理信息主管部门应当自收到办证申请，并确认各种报表及各项手续完备之日起30日内，完成《测绘作业证》的审核发证工作。

3) 《测绘作业证》的注册

《测绘作业证》由省、自治区、直辖市人民政府测绘地理信息主管部门或者其委托的市(地)级人民政府测绘地理信息主管部门负责注册核准。每次注册核准有效期为3年。注册核准有效期满前30日内，各测绘单位应当将《测绘作业证》送交单位所在地的省、自治区、直辖市人民政府测绘地理信息主管部门或者其委托的市(地)级人民政府测绘地理信息主管部门注册核准。过期不注册核准的《测绘作业证》无效。

4) 《测绘作业证》的补发和换新

(1) 测绘人员调往其他测绘单位的，由新调入单位重新申领《测绘作业证》。

(2) 测绘单位办理遗失证件的补证和旧证换新证的，省、自治区、直辖市人民政府测绘地理信息主管部门或者其委托的市(地)级人民政府测绘地理信息主管部门应当自收到补(换)证申请之日起30日内，完成补(换)证工作。

5) 测绘单位的责任

测绘单位申报材料不真实，虚报冒领《测绘作业证》的，由省、自治区、直辖市人民政府测绘地理信息主管部门收回冒领的证件，并根据其情节给予通报批评。

5. 《测绘作业证》的使用

1) 测绘人员应当主动出示《测绘作业证》的情况

(1) 进入机关、企业、住宅小区、耕地或者其他地块进行测绘时。

(2) 使用测量标志时。

(3) 接受测绘行政主管部门的执法监督检查时。

(4) 办理与所进行的测绘活动相关的其他事项时。

进入保密单位、军事禁区和法律法规规定的需经特殊审批的区域进行测绘活动时，还应当按照规定持有关部门的批准文件。

2) 各有关部门、单位和个人的义务

各有关部门、单位和个人对依法进行外业测绘活动的测绘人员应当提供测绘工作便利并给予必要的协助。任何单位和个人不得阻挠和妨碍测绘人员依法进行的测绘活动。

3) 测绘人员的义务

测绘人员进行测绘活动时，应当遵守国家法律法规，保守国家秘密，遵守职业道德，不得损毁国家、集体和他人的财产。

5.3 测绘项目招投标

5.3.1 招标投标

测绘项目招标投标是测绘市场上司空见惯的活动,测绘单位通过参与这些活动承揽测绘项目,向社会提供服务,同时自身获得收益。

1. 基本概念

1) 招标

招标是发包的一种方式,目前大多数测绘项目采用招标的方式确定项目承担单位。招标是业主对自愿参加某一特定工程项目的承包单位进行审查、评比和选定的过程。实行招标的最显著特征是将竞争机制引入交易过程,与直接发包相比,其优越性在于:一是招标方通过对自愿参加承包的单位的条件进行综合比较,从中选择报价低、技术力量强、质量保证体系可靠、具有良好信誉的承包者,与其签订合同,有利于节约和合理使用资金,保证发包项目质量;二是招标活动要求依照法定程序公开进行,有利于防止行贿受贿等腐败和不正当竞争行为;三是有利于创造公平竞争的市场环境,促进公平竞争。

招标分为公开招标、邀请招标、议标三种方式。公开招标也称为无限竞争性招标,是招标方按照法定程序,在公开的媒体上发布招标公告,所有符合条件自愿承包的单位都可以平等参加投标,从中选择承包者的方式。邀请招标也称有限竞争性选择招标,是招标方选择若干自愿承包的单位,向其发出邀请,由被邀请的单位竞争,从中选择承包者的方式。议标也称非竞争性招标或指定性招标,是发包者邀请两家或者两家以上愿意承包的单位直接协商确定承包者。

2) 投标

投标是有意承揽项目的单位响应招标,向招标方书面提出自己提供的项目报价及其他响应招标要求的条件,参与项目竞争。对于实行招标的项目来说,投标者往往较多,招标方在公平、公正、公开、平等竞争的原则下,择优选择承包单位。

从理论上讲,发包方通过招标发包测绘项目,不仅对发包方合理使用资金、保证项目质量具有重要意义,而且测绘单位通过投标竞争承揽测绘项目,对于保护公平竞争,维护测绘市场秩序,提高测绘成果质量,促进测绘事业发展也具有重要意义。但是,如果招标投标活动不规范,也会造成恶性竞争、市场混乱、测绘成果质量低劣等不良后果。例如,招标方任意压低项目价格,迫使测绘单位以低于成本的价格投标;测绘单位为了承揽项目,任意压低报价,以低于成本的价格投标;投标方与招标方相互勾结,采取不正当的手段承揽测绘项目等。其结果往往以牺牲测绘成果质量,危害公共安全和公共利益,破坏测绘市场秩序为代价。因此,政府测绘地理信息主管部门对测绘项目招标投标活动进行监督是十分必要的。

2. 《测绘法》的有关规定

《测绘法》对测绘项目招标投标做出的规定，主要包括以下内容。

(1) 测绘项目的招标单位不得让不具有相应测绘资质等级的单位中标。

这项法律规定的特点如下。

① 对于测绘项目招标单位来说，必须查验投标单位的测绘资质，不得把测绘项目让没有测绘资质或者测绘资质等级不符合要求的测绘单位中标。在测绘市场中，无证测绘或者超越资质等级测绘的现象还是或多或少存在着。这种行为的结果，往往由于承揽方缺乏相应的资质条件而致使测绘成果质量低劣，甚至造成重大财产损失和重大伤亡事故，必须明令禁止。例如，某县矿山测量中，矿主为省钱雇用一些冒牌的测量人员用简陋的仪器进行矿井定向，导致矿井塌陷，造成人员伤亡。

② 对于投标单位来说，未取得相应的测绘资质，不得投标测绘项目，也不得借用其他单位的名义投标测绘项目。

(2) 测绘项目的招标单位不得迫使测绘单位以低于测绘成本中标。

所谓"迫使"，是指测绘项目招标方不正确地利用自己所处的项目招标优势地位，以将要发生的损害或者以直接实施损害相威胁，使对方测绘单位产生恐惧而与之订立合同。因迫使而订立合同要具有如下构成要件。

① 迫使人具有迫使的故意。即迫使人明知自己的行为将会对受迫使方从心理上造成恐惧而故意为之，并且迫使方希望通过迫使行为使受迫使方做出的意思表示与迫使方的意愿一致。

② 迫使方必须实施了迫使行为。

③ 迫使行为必须是非法的。迫使人的迫使行为是给对方施加一种强制和威胁，但这种威胁必须是没有法律依据的。

④ 必须要有受迫使方因迫使行为而违背自己的真实意思与迫使方订立合同。如果受迫使方虽受到了对方的迫使行为但不为之所动，没有与对方订立合同或者订立合同不是由于对方的迫使，则不构成迫使。

当前我国的经营性测绘活动被迫压价竞争现象比较普遍，测绘收费平均价格压到了国家指导价的 50%，有的只达到了 30%。有的测绘项目招标方因经费紧张，选择测绘单位时哪家收费最低选哪家，处于弱势地位的测绘单位迫于不正当的竞争压力，不惜以远低于自己生产成本的价格承揽测绘业务，由于入不敷出，往往拖延工期，甚至偷工减料，造成测绘成果质量低劣，对后续的各项工程建设造成重大质量隐患。因此，迫使测绘单位以低于测绘成本中标的行为必须禁止。

(3) 测绘单位不得将中标的测绘项目转让。

所谓转让是指中标方将所承揽的测绘项目全部转给他人完成，或者将测绘项目的主体工作或大部分工作转给他人完成。测绘合同的签订是测绘项目招标单位对中标单位能力的信任，中标单位应当以自己的设备、技术和劳力完成承揽的主要工作。这里的主要工作一般是指对测绘成果的质量起决定性作用的工作，也可以说是技术要求高的那部分工作。但是，目前有些单位和个人不顾招标单位的权益，将测绘项目层层转包，从中牟取暴利，使测绘成果质量难以得到保障；有些单位和个人与测绘项目招标方搞私下交易，暗中收回扣，严重扰乱测绘市场秩序，败坏社会风气。

《招标投标法》第四十八条规定：中标人应当按照合同的约定履行义务，完成中标项目。中标人不得向他人转让中标项目，也不得将中标项目肢解后分别向他人转让。因此，测绘单位不得将中标的测绘项目转让。

(4) 《测绘法》的法律责任。

① 测绘项目的招标单位让不具有相应资质等级的测绘单位中标，或者让测绘单位低于测绘成本中标的，责令改正，可以处测绘约定报酬二倍以下的罚款。招标单位的工作人员利用职务上的便利，索取他人财物，或者非法收受他人财物为他人谋取利益的，依法给予处分；构成犯罪的，依法追究刑事责任。

② 中标的测绘单位向他人转让测绘项目的，责令改正，没收违法所得，处测绘约定报酬一倍以上二倍以下的罚款，并可以责令停业整顿或者降低测绘资质等级；情节严重的，吊销测绘资质证书。

3. 《招标投标法》的有关规定

《中华人民共和国招标投标法》(以下简称《招标投标法》)是从事测绘项目招标投标时必须遵守的，测绘专业工作人员可以结合测绘项目的特点有重点地去学习和理解。

1) 招标

招标是整个招标投标过程的第一个环节，也是对投标、评标、定标有直接影响的环节，所以在招标投标法中对这个环节确立了一系列的明确的规范。要求在招标中有严格的程序、较高的透明度、严谨的行为规则，以求有效地调整在招标中形成的社会经济关系。在这一部分涉及以下几个重要问题。

(1) 招标人。招标人应当具备的基本条件有三项：一是要有可以依法进行招标的项目，比如，有些涉及国家秘密的项目不适宜招标；二是具有合格的招标项目，比如，具有与项目相适应的资金或者可靠的资金来源；三是招标人为法人或者其他组织，应是依法进入市场进行活动的实体，他们能独立地承担责任、享有权利。

(2) 招标方式。在《招标投标法》中规定了两种招标方式，即公开招标和邀请招标。公开招标是公开发布招标信息，公开程度高，参加竞争的投标人多，竞争比较充分，招标人的选择余地大；邀请招标是在有限的范围内发布信息，进行竞争，虽然可以选择，但选择余地不大。《招标投标法》鼓励采用公开招标方式，但也考虑在某些特定的情况下可以采用邀请招标方式。

(3) 招标代理。《招标投标法》规定，招标人可以自行招标，也可以委托招标代理机构办理招标事项。在法律中明确，只有招标人具有编制招标文件和组织评标能力的，才可以自行办理招标事宜。对于代理招标，《招标投标法》一是规定招标代理机构必须依法设立，二是其资格要由法定的部门认定，三是招标人有权自行选择招标代理机构，四是任何单位和个人不得以任何方式为招标人指定招标代理机构，五是招标代理机构与行政机关和其他国家机关不得存在隶属关系或者其他利益关系，六是招标代理机构应当在招标人委托的范围内办理招标事宜。这些规定的用意在于，保证代理招标的质量，形成规范的代理关系，维护招标人的自主权。

(4) 招标公告、投标邀请书。公开招标的显著特点是要发布招标公告，只有这样才能邀请不特定的法人或者其他组织进行投标,参加竞争。邀请招标的做法是由招标人向 3 个以上具备承担招标项目的能力、资信良好的特定的法人或者其他组织发出投标邀请书,它的基本内容与招标公告是一致的,所以特别规定了向至少 3 个潜在投标人发出投标邀请书。目的是保持邀请招标有一定的竞争性,防止以邀请招标为名,搞假招标、形式招标,起不到招标的作用。

(5) 招标文件。这是招标投标过程中最具重要意义的文件,由招标人编制,其根据是招标项目的特点和需要。招标文件的内容由《招标投标法》做出规定,应当包括招标项目的技术要求、对投标人资格审查的标准、投标报价要求和评标标准等所有实质性要求和条件以及拟签订合同的主要条款。

2) 投标

这一部分在《招标投标法》中主要是对投标人和投标活动做出规定,确立有关的行为规则,主要有下列几项。

(1) 投标人。投标人须具备三个条件:一是响应招标,二是参加投标竞争的行列,三是具有法人资格或者是依法设立的其他组织。

(2) 投标文件。投标文件是指具备承担招标项目的能力的投标人,按照招标文件的要求编制的文件。招标投标法还对投标文件的送达、签收、保存的程序做出规定,有明确的规则。对于投标文件的补充、修改、撤回也有具体规定,明确了投标人的权利义务,这些都是适应公平竞争需要而确立的共同规则。

(3) 投标联合体。《招标投标法》对投标人组成联合体共同投标是允许的,这也是符合实际情况的,特别是大型的、复杂的招标项目更有可能采用这种形式。但要对其加以规范,防止和排除在现实中已经出现的以组织联合体为名,低资质的充当高资质的、不合格的混同合格的、责任不明、关系不清等弊端。

(4) 投标中的禁止事项。对于投标人的行为,招标投标法还对禁止的事项做出规定,以维护招标投标的正常秩序,保护合法的竞争。一是禁止串通投标,二是禁止投标人以向招标人或者评标委员会成员行贿的手段谋取中标,三是投标人不得以低于成本的报价竞标,四是投标人不得以他人名义投标或者以其他方式弄虚作假,骗取中标。

3) 评标和中标

评标和中标是招标投标整个过程中两个有决定性影响的环节,在《招标投标法》中对这两个环节做出了一系列的规定,确定了有关的行为规范。

(1) 组织评标委员会。评标是对投标文件进行审查、评议、比较,其根据是法定的原则和招标文件的规定及要求。这是确定中标人的必经程序,也是保证招标获得有效成果的关键环节。评标应当有专家和有关人员参加,由招标人依法组建的评标委员会负责。而不能只由招标人独自进行,以求有足够的知识、经验进行判断,力求客观公正。招标投标法对评标委员会的组成规则也做出了规定。

(2) 评标规则。评标必须按法定的规则进行,这是公正评标的必要保证,招标投标法对此做出了规定。

(3) 中标。在招标投标中选定最优的投标人,从投标人的角度来看,就是投标成功,争取到了招标项目的合同。《招标投标法》对确定中标人的程序、标准和中标人应当切实履行的义务等方面做出了规定,这既是保证竞争的公平、公正,也是为了维护竞争的成果。

4) 法律责任

掌握运用《招标投标法》，首先应当了解其中的各项法律规范，知道什么是可以做的，什么是不允许做的，法律鼓励什么、保护什么，禁止什么、排除什么，在这个基础上则应进一步了解，如果违反了法律规定将产生什么样的后果，比如承担何种责任，将受到何种处罚。这样，就应当自觉地去做那些法律上允许做、鼓励做的事，按照法律规定处置各项事务，约束自己不要去触犯法律。

5.3.2 测绘合同

测绘项目在组织实施前都要签订测绘合同，本节重点介绍合同法。

《中华人民共和国合同法》(以下简称《合同法》)是为了规范合同的签订和履行，保护合同当事人的合法权益，维护社会经济秩序而制定的一部法律。《合同法》是民商法的重要组成部分，是规范市场交易的基本法律，它涉及生产、生活领域的方方面面，与企业的生产经营和人们的生活密切相关。

《合同法》分为总则、分则、附则三部分。总则分为一般规定、合同的订立、合同的效力、合同的履行、合同的变更和转让、合同的权利义务终止、违约责任、其他规定等八章；分则分为买卖合同，供用电、水、气、热力合同，赠予合同，借款合同，租赁合同，融资租赁合同，承揽合同，建设工程合同，运输合同，技术合同，保管合同，仓储合同，委托合同，行纪合同，居间合同等。

本节重点介绍《合同法》总则中第一章(一般规定)、第二章(合同的订立)、第三章(合同的效力)的部分内容，其他内容请阅读《合同法》的具体条款。

1. 合同的基本原则

《合同法》第二条规定：合同是平等主体的自然人、法人、其他组织之间设立、变更、终止民事权利义务关系的协议。

根据《合同法》的规定，订立合同应遵循以下基本原则。

1) 当事人法律地位平等

根据《合同法》的规定，合同当事人的法律地位平等，一方不得将自己的意志强加给另一方。也就是说，合同当事人，在权利义务对等的基础上，经充分协商达成一致，以实现互利互惠的经济利益目的。

2) 自愿的原则

根据《合同法》的规定，当事人依法享有自愿订立合同的权利，任何单位和个人不得非法干预。也就是说，合同当事人通过协商，自愿决定和调整相互权利义务关系。自愿原则贯彻合同活动全过程，包括：订不订立合同自愿，与谁订合同自愿，合同内容由当事人在不违法的情况下自愿约定，双方也可以协议解除合同，在发生争议时当事人可以自愿选择解决争议的方式。

当然，自愿也不是绝对的，不是想怎样就怎样。当事人订立合同、履行合同，应当遵守法律、行政法规，尊重社会公德，不得扰乱社会经济秩序，损害社会公共利益。

3) 公平的原则

根据《合同法》的规定，当事人应当遵循公平原则确定各方的权利和义务。公平原则要求合同双方当事人之间的权利和义务要公平合理,要大体上平衡,强调一方给付与对方给付之间的等值性,以及合同上的负担和风险的合理分配。

4) 诚实信用的原则

根据《合同法》的规定,当事人行使权利、履行义务应当遵循诚实信用原则。诚实信用原则要求当事人在订立、履行合同,以及合同终止后的全过程中,都要诚实,讲信用,相互协作。诚实信用原则具体包括:第一,在订立合同时,不得有欺诈或其他违背诚实信用的行为;第二,在履行合同义务时,当事人应当遵循诚实信用的原则,根据合同的性质、目的和交易习惯履行及时通知、协助、提供必要的条件、防止损失扩大、保密等义务;第三,合同终止后,当事人也应当遵循诚实信用的原则,根据交易习惯履行通知、协助、保密等义务,称为后契约义务。

5) 遵守法律和不得损害社会公共利益的原则

根据《合同法》的规定,当事人订立、履行合同,应当遵守法律、行政法规,尊重社会公德,不得扰乱社会经济秩序,损害社会公共利益。合同不仅仅是当事人之间的问题,有时可能涉及社会公共利益和社会公德,涉及维护经济秩序,合同当事人的意思应当在法律允许的范围内表示,不是想怎么样就怎么样。必须遵守法律以保证交易在遵守公共秩序和善良风俗的前提下进行,使市场经济有一个健康、正常的道德秩序和法律秩序。

6) 合同效力

根据《合同法》的规定,依法成立的合同,对当事人具有法律约束力。当事人应当按照约定履行自己的义务,不得擅自变更或者解除合同。所谓法律约束力,就是说,当事人应当按照合同的约定履行自己的义务,非依法律规定或者取得对方同意,不得擅自变更或者解除合同。如果不履行合同义务或者履行合同义务不符合约定,就要承担违约责任。

依法成立的合同受法律保护。所谓受法律保护,就是说,如果一方当事人未取得对方当事人同意,擅自变更或者解除合同,不履行合同义务或者履行合同义务不符合约定,从而使对方当事人的权益受到损害,受损害方向人民法院起诉要求维护自己的权益时,法院就要依法维护,对于擅自变更或者解除合同的一方当事人强制其履行合同义务并承担违约责任。

2. 合同的订立

《合同法》对合同当事人的资格、合同的形式、合同的主要条款、合同订立的方式、缔约过失责任、当事人保密义务等做出了规定。

1) 合同当事人的资格

《合同法》第九条规定:当事人订立合同,应当具有相应的民事权利能力和民事行为能力。当事人依法可以委托代理人订立合同。

民事权利能力是指法律赋予民事主体享有民事权利和承担民事义务的能力。例如,法律规定,国家保护公民的财产所有权,则每一个公民都享有行使财产所有权的权利能力。一般来说,公民订立合同的权利能力不受限制。只要不违背法律的强制性规定,都可以自由地订立合同。

民事行为能力是指民事主体以自己的行为享有民事权利、承担民事义务的能力。根据《民法通则》的规定,具有完全民事行为能力可以独立进行民事活动;无民事行为能力的人,法律不赋予他们民事行为能力,他们所需要进行的民事活动,由其法定代理人代为进行。限制民事行为能力的人，法律不能赋予他们完全的民事行为能力，而是赋予他们一定的、与其认识能力和判断能力相适应的行为能力，他们可以进行与其年龄、智力、精神健康状况相适应的民事活动，其他民事活动，由其法定代理人代为进行，或者取得法定代理人的同意。

2) 合同的形式

《合同法》第十条规定：当事人订立合同，有书面形式、口头形式和其他形式。法律、行政法规规定采用书面形式的，应当采用书面形式。当事人约定采用书面形式的，应当采用书面形式。

书面形式一般是指当事人双方以合同书、书信、电报、电传、传真等形式达成协议。口头形式是指当事人面对面地谈话或者以通信设备如电话交谈达成协议，如在自由市场买菜、在商店买衣服等。除了书面形式和口头形式外，合同还可以其他形式订立。

3) 合同的主要条款

《合同法》第十二条规定：合同的内容由当事人约定，一般包括以下条款。

(1) 当事人的名称或者姓名和住所；
(2) 标的；
(3) 数量；
(4) 质量；
(5) 价款或者报酬；
(6) 履行期限、地点和方式；
(7) 违约责任；
(8) 解决争议的方法。

当事人可以参照各类合同的示范文本订立合同。

合同的条款是合同中经双方当事人协商一致、规定双方当事人权利和义务的具体条文。合同的条款就是合同的内容。合同的权利和义务，除法律规定的以外，主要由合同的条款确定。合同的条款是否齐备、准确，决定了合同能否成立、生效以及能否顺利地履行、实现订立合同的目的。主要条款的规定只具有提示性与示范性。合同的主要条款或者合同的内容要由当事人约定，一般包括这些条款，但不限于这些条款。不同的合同，由其类型与性质决定，其主要条款或者必备条款可能是不同的。比如，买卖合同中有价格条款，而在无偿合同如赠予合同中就没有此项。

4) 合同订立的方式

《合同法》第十三条规定：当事人订立合同，采取要约、承诺方式。

合同是当事人之间设立、变更、终止民事权利和义务关系的协议。当事人对合同内容协商一致的过程，就是经过要约、承诺完成的。向对方提出合同条件做出签订合同的意思表示称为"要约"，而另一方如果表示接受就称为"承诺"。一般而言，一方发出要约，另一方做出承诺，合同就成立了。但是，有时要约和承诺往往难以区分，许多合同是经过了一次又一次的反复协商才得以达成。

《合同法》对要约的定义及其构成要件、要约邀请、要约生效时间、要约撤回、要约撤销、要约失效、承诺定义、承诺方式、承诺到达时间、承诺期限计算方法、合同成立时间、合同成立地点等做出了规定，具体条款可直接阅读《合同法》。

5) 缔约过失责任

《合同法》第四十二条规定：当事人在订立合同的过程中有下列情形之一，给对方造成损失的，应当承担损害赔偿责任。

(1) 假借订立合同，恶意进行磋商；

(2) 故意隐瞒与订立合同有关的重要事实或者提供虚假情况；

(3) 有其他违背诚实信用原则的行为。

缔约过失责任是指当事人在订立合同过程中，因违背诚实信用原则而给对方造成损失的赔偿责任。根据自愿原则，当事人可以自由决定是否订合同，与谁订合同，订什么样的合同。为订立合同与他人进行协商，协商不成的，一般不承担责任。但是，当事人进行合同的谈判，应当遵循诚实信用原则。本条规定的几种情形违背了诚实信用原则，应当承担损害赔偿责任。负有缔约过失责任的当事人，应当赔偿受损害的当事人。赔偿应当以受损害的当事人的损失为限。这个损失包括直接利益的减少，如谈判中发生的费用，还应当包括受损害的当事人因此失去的与第三人订立合同的机会的损失。

6) 当事人保密义务

《合同法》第四十三条规定：当事人在订立合同过程中知悉的商业秘密，无论合同是否成立，都不得泄露或者不正当地使用。泄露或者不正当地使用该商业秘密给对方造成损失的，应当承担损害赔偿责任。

在一般的合同订立过程中，不涉及商业秘密的问题。如果不是商业秘密，当事人均可以使用这些信息。但是，如果订立合同的过程中知悉了商业秘密，一般当事人是严格保密的，除非当事人认为其不需要保密。商业秘密受法律保护，任何人不得采用非法手段获取、泄露、使用他人的商业秘密，否则要承担法律责任。在订立合同的过程中，为达成协议，有时告诉对方当事人商业秘密是必需的，但一般也提请对方不得泄露、不得使用。在这种情况下，对方当事人有义务不予泄露，也不能使用。如果违反规定，则应当承担由此给对方造成损害的赔偿责任。在有的情况下，虽然一方当事人没有明确告知对方当事人有关的信息是商业秘密，基于此种信息的特殊性质，按照一般的常识，对方当事人也不应当泄露或者不正当地使用，否则有悖于诚实信用原则，也应当承担赔偿责任。无论合同是否达成，当事人均不得泄露或者不正当使用所知悉的商业秘密，而且只要商业秘密仍然是商业秘密，无论经过了多长时间，都不得泄露或者不正当地使用。不得泄露或者不正当地使用商业秘密，不仅仅是《合同法》的要求，其他法律如《中华人民共和国反不正当竞争法》等也有规定。违反法律规定泄露或者不正当地使用商业秘密的，不仅仅限于承担民事赔偿责任，还有可能承担行政责任甚至刑事责任。

3. 合同的效力

合同的效力，是指已经成立的合同在当事人之间产生的一定的法律约束力，也就是通常说的合同的法律效力。《合同法》对合同的生效时间、附条件的合同、无效合同、可撤销合同等合同效力的主要问题做出了规定。

1) 合同的生效时间

《合同法》第四十四条规定：依法成立的合同，自成立时生效。法律、行政法规规定应当办理批准、登记等手续生效的，依照其规定。

合同生效是指合同产生法律约束力。合同生效后，其效力主要体现在以下几个方面。

(1) 在当事人之间产生法律效力。一旦合同成立生效后，当事人应当依合同的规定，享受权利，承担义务。

(2) 合同生效后产生的法律效力还表现在对当事人以外的第三人产生一定的法律约束力。合同一旦生效后，任何单位或个人都不得侵犯当事人的合同权利，不得非法阻挠当事人履行义务。

(3) 合同生效后的法律效力还表现在，当事人违反合同的，将依法承担民事责任，必要时人民法院也可以采取强制措施使当事人依合同的规定承担责任、履行义务，对另一方当事人进行补救。

法律、行政法规规定应当办理批准、登记等手续生效的，自批准、登记时生效。也就是说，某些法律、行政法规规定合同的生效要经过特别程序后才产生法律效力，这是合同生效的特别要件。例如，我国的《中外合资经营法》《中外合作经营法》规定，中外合资经营合同、中外合作经营合同必须经过有关部门的审批后，才具有法律效力。

2) 附条件的合同

《合同法》第四十五条规定：当事人对合同的效力可以约定附条件。附生效条件的合同，自条件成就时生效。附解除条件的合同，自条件成就时失效。当事人为自己的利益不正当地阻止条件成就的，视为条件已成就；不正当地促成条件成就的，视为条件不成就。

所谓附条件的合同，是指合同的双方当事人在合同中约定某种事实状态，并以其将来发生或者不发生作为合同生效或者不生效的限制条件的合同。

(1) 所附条件是由双方当事人约定的，并且作为合同的一个条款列入合同中。其与法定条件的最大区别就在于后者是由法律规定的，不由当事人的意思取舍并具有普遍约束力的条件。因此，合同双方当事人不得以法定条件作为所附条件。

(2) 条件是将来可能发生的事实。过去的、现存的事实或者将来必定发生的事实或者必定不能发生的事实不能作为所附条件。此外，法律规定的事实也不能作为所附条件，如子女继承父亲遗产要等到父亲死亡，就不能作为所附条件。

(3) 所附条件是当事人用来限制合同法律效力的附属意思表示。它同当事人约定的所谓供货条件、付款条件是不同的，后者是合同自身内容的一部分，而附条件合同的所附条件只是合同的附属内容。

(4) 所附条件必须是合法的事实。违法的事实不能作为条件，如双方当事人不能约定某人杀死某人作为合同生效的条件。

3) 无效合同

《合同法》第五十二条规定：有下列情形之一的，合同无效。

(1) 一方以欺诈、胁迫的手段订立合同，损害国家利益；
(2) 恶意串通，损害国家、集体或者第三人利益；
(3) 以合法形式掩盖非法目的；
(4) 损害社会公共利益；
(5) 违反法律、行政法规的强制性规定。

所谓无效合同就是不具有法律约束力和不发生履行效力的合同。一般合同一旦依法成立，就具有法律约束力，但是无效合同却由于违反法律、行政法规的强制性规定或者损害国家、社会公共利益，即使成立，也不具有法律约束力。

5.3.3 反不正当竞争

在社会主义市场经济条件下测绘项目的取得离不开竞争，但竞争必须是正当的，本节重点介绍《中华人民共和国反不正当竞争法》(以下简称《反不正当竞争法》)中的有关内容。

竞争是市场经济最活跃、最核心的因素。竞争机制是市场经济最基本的运行机制。竞争具有双重性，在竞争作用下，可以产生积极的企业行为和社会效果，推动市场经济健康地发展；同时由于利益动机的影响，同样也可以产生消极的企业行为和社会效果，使得一些经营者企图不通过自己的正当努力和商业活动来获取市场中的竞争优势。在现实生活中，不正当竞争行为不但存在，而且相当严重。不正当竞争行为普遍，严重地影响了社会经济秩序，败坏了社会风气，助长腐败现象，甚至造成严重损失。《反不正当竞争法》的制定和实施，对市场竞争行为进行法律规范具有重要作用。

1. 市场交易的基本原则

《反不正当竞争法》第二条第一款规定：经营者在市场交易中，应当遵循自愿、平等、公平、诚实信用的原则，遵守公认的商业道德。

(1) 自愿原则。经营者在所从事的市场交易活动中，能够根据自己的内心意愿，设立、变更和终止商业法律关系。

(2) 平等原则。任何参加市场交易活动的经营者的法律地位平等，都享有平等的权利。

(3) 公平原则。凡是参与市场竞争的经营者都应依照同一规则行事，反对任何采取非法的或不道德的手段获取竞争优势的行为。

(4) 诚实信用原则。经营者在市场交易活动中应保持善意、诚实、恪守信用，反对任何欺诈性的交易行为。

(5) 遵守公认的商业道德。"公认的商业道德"是指在长期的市场交易活动中形成的、为社会所普遍承认和遵守的商业行为准则。

2. 不正当竞争的概念

《反不正当竞争法》第二条第二款规定：本法所称的不正当竞争，是指经营者违反本法规定，损害其他经营者的合法权益，扰乱社会经济秩序的行为。

(1) 不正当竞争是经营者违反《反不正当竞争法》的行为，包括：①采用假冒或混淆等不正当手段从事市场交易的行为；②商业贿赂行为；③利用广告或其他方法，对商品做引入误解的虚假宣传行为；④侵犯商业秘密；⑤违反本法规定的有奖销售行为；⑥诋毁竞争对手商业信誉、商品声誉的行为；⑦公用企业或者其他依法具有独占地位的经营者限定他人购买其指定的经营者的商品，以排挤其他经营者公平竞争的行为；⑧以排挤竞争对手为目的，以低于成本的价格倾销商品的行为；⑨妨碍、破坏其他经营者合法提供的网络产品或者服务正常运行的行为；⑩政府及其所属部门滥用行政权力限制经营者正当经营活动和限制商品地区间正当流通的行为；⑪搭售商品或附加其他不合理条件的行为。

(2) 不正当竞争是损害其他经营者合法权益的行为。任何通过不正当手段获取竞争优势，相对于市场中的其他诚实经营者都是不公平的，其应得的商业利益无不因此受到损害。

而每一具体的不正当竞争行为都意味着损害或可能损害其他某一特定经营者的利益。

(3) 不正当竞争是扰乱社会经济秩序的行为。不正当竞争并非单纯的民事侵权行为，也扰乱了社会经济秩序。其主要表现是制造市场混乱，破坏竞争的公平性，损害社会一般消费者乃至整个社会的公共利益。

3. 反不正当竞争的主管机关

《反不正当竞争法》第三条规定：各级人民政府应当采取措施，制止不正当竞争行为，为公平竞争创造良好的环境和条件。国务院建立反不正当竞争工作协调机制，研究决定反不正当竞争重大政策，协调处理维护市场竞争秩序的重大问题。

第四条规定：县级以上人民政府工商行政管理部门对不正当竞争行为进行监督检查；法律、行政法规规定由其他部门监督检查的，依照其规定。

(1) 各级人民政府应对制止不正当竞争行为，为公平竞争创造良好的环境和条件承担义务，制止下属部门和单位的不正当竞争行为，支持县级以上人民政府工商行政管理部门对不正当竞争行为的监督检查工作以及其他部门依照法律、行政法规所做的监督检查工作，采取行政的、经济的办法，预防或消除不正当竞争行为发生及危害后果。

(2) 县级以上人民政府工商行政管理部门是反不正当竞争的主管机关，承担反不正当竞争的主要职责，工商行政管理机关负责对不正当竞争行为进行监督查处。

(3) 法律、行政法规规定由其他部门监督检查的，依照其规定。此规定的含义是，如果《反不正当竞争法》所规定的某项不正当竞争行为，在其他的法律、行政法规中从另外的角度也作了规定，同时，其他的法律、行政法规也授权工商行政管理机关以外的部门监督、检查的，其所授权的监督检查部门可依该法律、行政法规的规定执行。

4. 依法禁止不正当竞争行为

依法禁止不正当竞争行为主要包括11个方面。

(1) 禁止欺骗性的市场交易行为。如假冒他人的注册商标；擅自使用知名商品特有的名称、包装、装潢，或者使用与知名商品近似的名称、包装、装潢，造成和他人的知名商品相混淆，使购买者误认为是该知名商品；擅自使用他人的企业名称或者姓名，使人误认为是他人的商品，在商品上伪造或者冒用认证标志、名优标志等质量标志，伪造产地，对商品质量作引人误解的虚假表示。

(2) 禁止公用企业及其他依法具有独占地位的经营者实施限制竞争的行为。

(3) 禁止政府机关滥用行政权力限制正常的市场竞争的行为。政府及其所属部门不得滥用行政权力，限定他人购买其指定的经营者的商品，限制其他经营者正当的经营活动。政府及其所属部门不得滥用行政权力，限制外地商品进入本地市场，或者本地商品流向外地市场。

(4) 禁止采取商业贿赂的手段实施不正当竞争。经营者不得采用财物或者其他手段进行贿赂以销售或者购买商品。在账外暗中给予对方单位或者个人回扣的，以行贿论处；对方单位或者个人在账外暗中收受回扣的，以受贿论处。经营者销售或者购买商品，可以以明示方式给对方折扣，可以给中间人佣金。经营者给对方折扣、给中间人佣金的，必须如实入账。接受折扣、佣金的经营者必须如实入账。

(5) 禁止商品宣传中的引人误解的虚假宣传行为。经营者不得利用广告或者其他方法，对商品的质量、制作成分、性能、用途、生产者、有效期限、产地等作引人误解的虚假宣传。广告的经营者不得在明知或者应知的情况下,代理、设计、制作、发布虚假广告。

(6) 禁止采用非法手段侵犯商业秘密。一是以盗窃、利诱、胁迫或者其他不正当手段获取权利人的商业秘密;二是披露、使用或者允许他人使用以前项手段获取的权利人的商业秘密;三是违反约定或者违反权利人有关保守商业秘密的要求,披露、使用或者允许他人使用其所掌握的商业秘密。

(7) 禁止经营者以排挤竞争对手为目的,以低于成本的价格销售商品。

(8) 禁止经营者销售时,违背购买者的意愿搭售商品或者附加其他不合理的条件。

(9) 禁止经营者的下列有奖销售:一是所设奖的种类、兑奖条件、奖金金额或者奖品等有奖销售信息不明确,影响兑奖;二是采用谎称有奖或者故意让内定人员中奖的欺骗方式进行有奖销售;三是抽奖式的有奖销售,最高奖的金额超过五万元。

(10) 禁止经营者的商业诽谤行为,不得捏造、散布虚伪事实,损害竞争对手的商业信誉、商品声誉。

(11) 禁止经营者利用技术手段,通过影响用户选择或者其他方式,实施下列妨碍、破坏其他经营者合法提供的网络产品或者服务正常运行的行为:一是未经其他经营者同意,在其合法提供的网络产品或者服务中,插入链接、强制进行目标跳转;二是误导、欺骗、强迫用户修改、关闭、卸载其他经营者合法提供的网络产品或者服务;三是恶意对其他经营者合法提供的网络产品或者服务实施不兼容;四是其他妨碍、破坏其他经营者合法提供的网络产品或者服务正常运行的行为。

5. 对不正当竞争行为的监督检查

1) 监督检查机关

《反不正当竞争法》第十六条规定:对涉嫌不正当竞争行为,任何单位和个人有权向监督检查部门举报,监督检查部门接到举报后应当依法及时处理。监督检查部门应当向社会公开受理举报的电话、信箱或者电子邮件地址,并为举报人保密。对实名举报并提供相关事实和证据的,监督检查部门应当将处理结果告知举报人。

监督检查部门包括各级人民政府工商行政管理机关和法律、法规规定的其他机关。

2) 监督检查机关的职权

监督检查部门在监督检查不正当竞争行为时,有权行使下列职权。

(1) 进入涉嫌不正当竞争行为的经营场所进行检查;

(2) 询问被调查的经营者、利害关系人及其他有关单位、个人,要求其说明有关情况或者提供与被调查行为有关的其他资料;

(3) 查询、复制与涉嫌不正当竞争行为有关的协议、账簿、单据、文件、记录、业务函电和其他资料;

(4) 查封、扣押与涉嫌不正当竞争行为有关的财物;

(5) 查询涉嫌不正当竞争行为的经营者的银行账户。

3) 监督检查程序和被检查人的义务

监督检查部门工作人员监督检查不正当竞争行为时,应当出示检查证件。

监督检查部门在监督检查不正当竞争行为时,被检查的经营者、利害关系人和证明人应当如实提供有关资料或者情况。

6. 不正当竞争行为应当承担的法律责任

为了有效地制止不正当竞争行为，必须对其采取严格的法律限制和制裁措施，行为人必须承担相应的法律责任。

1) 不正当竞争行为的损害赔偿责任

因不正当竞争行为受到损害的经营者的赔偿数额，按照其因被侵权所受到的实际损失确定；实际损失难以计算的，按照侵权人因侵权所获得的利益确定。赔偿数额还应当包括经营者为制止侵权行为所支付的合理开支。

2) 采用欺骗性手段从事市场交易应当承担的法律责任

经营者假冒他人的注册商标，擅自使用他人的企业名称或者姓名，伪造或者冒用认证标志、名优标志等质量标志，伪造产地，对商品质量作引人误解的虚假表示的，依照《中华人民共和国商标法》《中华人民共和国产品质量法》的规定处罚。

经营者擅自使用知名商品特有的名称、包装、装潢，或者使用与知名商品近似的名称、包装、装潢，造成和他人的知名商品相混淆，使购买者误认为是该知名商品的，监督检查部门应当责令停止违法行为，没收违法商品。违法经营额 5 万元以上的，可以并处违法经营额 5 倍以下的罚款；没有违法经营额或者违法经营额不足 5 万元的，可以并处 25 万元以下的罚款。情节严重的，吊销营业执照。

3) 商业贿赂犯罪及不构成商业贿赂犯罪的商业贿赂行为应当承担的法律责任

经营者采用财物或者其他手段进行贿赂以销售或者购买商品，构成犯罪的，依法追究刑事责任；不构成犯罪的，监督检查部门可以根据情节处以 10 万元以上 300 万元以下的罚款，有违法所得的，予以没收，情节严重的，吊销营业执照。

4) 损害竞争对手商业信誉、商品声誉应当承担的法律责任

经营者违反规定损害竞争对手商业信誉、商品声誉的，由监督检查部门责令停止违法行为、消除影响，处 10 万元以上 50 万元以下的罚款；情节严重的，处 50 万元以上 300 万元以下的罚款。

5) 利用广告或者其他方法对商品作虚假宣传的经营者和代理、设计、制作、发布虚假广告的广告经营者应当承担的法律责任

经营者利用广告或者其他方法，对商品作引人误解的虚假宣传的，监督检查部门应当责令停止违法行为，处 20 万元以上 100 万元以下的罚款；情节严重的，处 100 万元以上 200 万元以下的罚款，可以吊销营业执照。广告的经营者，在明知或者应知的情况下，代理、设计、制作、发布虚假广告的，依照《中华人民共和国广告法》的规定处罚。

6) 侵犯商业秘密行为应当承担的法律责任

经营者违反规定侵犯商业秘密的，由监督检查部门责令停止违法行为，处 10 万元以上 50 万元以下的罚款；情节严重的，处 50 万元以上 300 万元以下的罚款。

7) 违法的有奖销售行为应当承担的法律责任

经营者违反规定进行有奖销售的，由监督检查部门责令停止违法行为，处 5 万元以上 50 万元以下的罚款。

8) 妨碍、破坏其他经营者合法提供的网络产品应当承担的法律责任

经营者违反规定妨碍、破坏其他经营者合法提供的网络产品或者服务正常运行的，由监督检查部门责令停止违法行为，处 10 万元以上 50 万元以下的罚款；情节严重的，处 50 万元以上 300 万元以下的罚款。

9) 妨害监督检查部门依法履职应当承担的法律责任

妨害监督检查部门依照本法履行职责，拒绝、阻碍调查的，由监督检查部门责令改正，对个人可以处 5000 元以下的罚款，对单位可以处 5 万元以下的罚款，并可以由公安机关依法给予治安管理处罚。

10) 监督检查部门的工作人员徇私舞弊应当承担的法律责任

监督检查部门的工作人员滥用职权、玩忽职守、徇私舞弊或者泄露调查过程中知悉的商业秘密的，依法给予处分；构成犯罪的，依法追究刑事责任。

5.4 测绘基准和测绘系统

5.4.1 测绘基准

1. 测绘基准的概念

测绘基准是指一个国家的整个测绘的起算依据和各种测绘系统的基础，包括所选用的各种大地测量参数、统一的起算面、起算基准点、起算方位以及有关的地点、设施和名称等。我国目前采用的测绘基准主要包括大地基准、高程基准、重力基准和深度基准。

1) 大地基准

大地基准是建立大地坐标系统和测量空间点点位的大地坐标的基本依据。我国目前大多数地区采用的大地基准是 1980 西安坐标系。其大地测量常数采用国际大地测量学与地球物理学联合会第 16 届大会(1975 年)推荐值，大地原点设在陕西省泾阳县永乐镇。2008 年 7 月 1 日，经国务院批准，我国正式启用 2000 国家大地坐标系；该坐标系是全球地心坐标系在我国的具体体现。

2) 高程基准

高程基准是建立高程系统和测量空间点高程的基本依据。我国目前采用的高程基准为 1985 国家高程基准。

3) 重力基准

重力基准是建立重力测量系统和测量空间点的重力值的基本依据。我国先后使用了 57 重力测量系统、85 重力测量系统和 2000 重力测量系统。我国目前采用的重力基准为 2000 国家重力基准。

4) 深度基准

深度基准是海洋深度测量和海图上图载水深的基本依据。我国目前采用的深度基准因海区不同而有所不同。中国海区从 1956 年采用理论最低潮面(即理论深度基准面)作为深度基准。内河、湖泊采用最低水位、平均低水位或设计水位作为深度基准。

2. 测绘基准的特征

1) 科学性

任何测绘基准都是依靠严密的科学理论、科学手段和方法经过严密的演算和施测建立起来的，其形成的数学基础和物理结构都必须符合科学理论和方法的要求，从而使测绘基准具有科学性特点。

2) 统一性

为保证测绘成果的科学性、系统性和可靠性，满足科学研究、经济建设、国防建设和生态保护的需要，一个国家和地区的测绘基准必须是严格统一的。测绘基准不统一，不仅使测绘成果不具有可比性和衔接性，也会对国家安全和城市建设以及社会管理带来不良的后果。

3) 法定性

测绘基准由国家最高行政机关国务院批准，测绘基准数据由国务院测绘地理信息主管部门负责审核，测绘基准的设立必须符合国家的有关规范和要求，使用的测绘基准由国家法律规定，从而使测绘基准具有法定性特征。

4) 稳定性

测绘基准是一切测绘活动和测绘成果的基础和依据，测绘基准一经建立，便具有相对稳定性，在一定时期内不能轻易改变。

5.4.2 测绘基准管理

《测绘法》对测绘基准的规定主要体现在以下两方面。

1. 国家规定测绘基准

测绘基准是国家整个测绘工作的基础和起算依据。为保证国家测绘成果的整体性、系统性和科学性，实现测绘成果起算依据的统一，保障测绘事业为国家经济建设、国防建设、社会发展和生态保护服务，《测绘法》明确规定从事测绘活动，应当使用国家规定的测绘基准和测绘系统，执行国家规定的测绘技术规范和标准。目前，国家规定的测绘基准包括大地基准、高程基准、深度基准和重力基准。

国家对测绘基准的规定是非常严格的。一方面，体现在测绘基准的数据由国务院测绘地理信息主管部门审核后，还必须与国务院其他有关部门、军队测绘部门进行会商，充分听取各相关部门的意见。另一方面，测绘基准的数据经相关部门审核后，必须经国务院批准后才能实施，各项测绘基准数据经国务院批准后，便成为所有测绘活动的起算依据。

2. 国家要求使用统一的测绘基准

《测绘法》规定从事测绘活动应当使用国家规定的测绘基准和测绘系统。从事测绘活动使用国家规定的测绘基准是从事测绘活动的基本技术原则和前提，不使用国家规定的测绘基准，要依法承担相应的法律责任。2009 年 5 月 12 日国务院颁布的《基础测绘条例》规定，实施基础测绘项目，不使用全国统一的测绘基准和测绘系统或者不执行国家规定的测绘技术规范和标准的，责令限期改正，给予警告，可以并处 10 万元以下罚款；对负有直接责任的主管人员和其他直接责任人员，依法给予处分。

5.4.3 测绘系统

1. 测绘系统的概念

测绘系统是指由测绘基准延伸,在一定范围内布设的各种测量控制网,它们是各类测绘成果的依据,包括大地坐标系统、平面坐标系统、高程系统、地心坐标系统和重力测量系统。

1) 大地坐标系统

大地坐标系统是用来表述地球点的位置的一种地球坐标系统。它采用一个接近地球整体形状的椭球作为点的位置及其相互关系的数学基础。大地坐标系统的三个坐标是大地经度、大地纬度、大地高。1954年北京坐标系、1980西安坐标系和2000国家大地坐标系,是我国在不同时期采用的大地坐标系统。

2) 平面坐标系统

平面坐标系统是指确定地面点的平面位置所采用的一种坐标系统。大地坐标系统是建立在椭球面上的,而绘制的地图则是在平面上的。因此,必须通过地图投影把椭球面上的点的大地坐标科学地转换成展绘在平面上的平面坐标。平面坐标用平面上两轴相交成直角的纵、横坐标表示。我国在陆地上的国家统一的平面坐标系统是采用"高斯—克吕格平面直角坐标系"。它是利用高斯—克吕格投影将不可平展的地球椭球面转换成平面而建立的一种平面直角坐标系。

3) 高程系统

高程系统是用以传算全国高程测量控制网中各点高程所采用的统一系统。我国规定采用的高程系统是正高系统,高程起算依据是国家黄海85高程基准。

4) 地心坐标系统

地心坐标系统是以坐标原点与地球质心重合的大地坐标系统,或空间直角坐标系统。我国目前采用的2000国家大地坐标系即是全球地心坐标系在我国的具体体现,其原点为包括海洋和大气的整个地球的质量中心。

国家测绘局在2008年发布的2号公告中指出,2000国家大地坐标系与现行国家大地坐标系转换、衔接的过渡期为8~10年。现有各类测绘成果在过渡期内可沿用现行国家大地坐标系;2016年7月1日(最晚不超过2018年7月1日)后新生产的各类测绘成果应采用2000国家大地坐标系。

5) 重力测量系统

重力测量系统是指重力测量施测与计算所依据的重力测量基准和计算重力异常所采用的正常重力公式的总称。57重力测量系统、85重力测量系统和2000重力测量系统,即为我国在不同时期采用的重力测量系统。

2. 测绘系统管理

《测绘法》对测绘系统管理进行了明确的规定,并设立了严格的测绘法律责任。

1) 测绘系统管理的基本法律规定

(1) 从事测绘活动要使用国家规定的测绘系统。《测绘法》第五条对此做出了具体规定。

(2) 国家建立全国统一的大地坐标系统、平面坐标系统、高程系统、地心坐标系统和重力测量系统,确定国家大地测量等级和精度。《测绘法》第十条对国家建立统一的测绘系统进行了规定,并明确测绘系统的具体规范和要求由国务院测绘地理信息主管部门会同国务院其他有关部门、军队测绘部门制定。

(3) 建立相对独立的平面坐标系统要依法经过批准。《测绘法》明确规定建立相对独立的平面坐标系统要依法经过批准。因建设、城市规划和科学研究的需要,大城市和国家重大工程项目确需建立相对独立的平面坐标系统的,由国务院测绘地理信息主管部门批准;其他确需建立相对独立的平面坐标系统的,由省、自治区、直辖市人民政府测绘地理信息主管部门批准。建立相对独立的平面坐标系统,应当与国家坐标系统相联系。

(4) 未经批准擅自建立相对独立的平面坐标系统的,应当承担相应的法律责任。《测绘法》第五十二条对此法律责任进行了规定。

2) 测绘系统管理的职责

(1) 国务院测绘地理信息主管部门的职责。

① 负责建立全国统一的大地坐标系统、平面坐标系统、高程系统、地心坐标系统和重力测量系统。

② 会同国务院其他有关部门、军队测绘部门制定国家大地测量等级和精度以及国家基本比例尺地图的系列和基本精度的具体规范和要求。

③ 负责因建设、城市规划和科学研究的需要,大城市和国家重大工程项目确需建立相对独立的平面坐标系统的审批。

④ 负责全国测绘系统的维护和统一监督管理。

(2) 省级测绘地理信息主管部门的职责。

① 建立本省行政区域内与国家测绘系统相统一的大地控制网和高程控制网。

② 负责因建设、城市规划和科学研究的需要,除大城市和国家重大工程项目以外确需建立相对独立的平面坐标系统的审批。

③ 负责本省行政区域内全国统一的测绘系统的维护和统一监督管理。

(3) 市、县级测绘地理信息主管部门的职责。

按照现行测绘法律法规的规定,市、县级测绘地理信息主管部门的职责主要包括以下两个方面。

① 建立本行政区域内与国家测绘系统相统一的大地控制网和高程控制网的加密网。

② 负责测绘系统的维护和统一监督管理。

3. 卫星导航定位基准站管理

1) 卫星导航定位基准站的概念

卫星导航定位基准站,是指对卫星导航信号进行长期连续观测,并通过通信设施将观测数据实时或者定时传送至数据中心的地面固定观测站。

2) 国家建立统一的卫星导航定位基准服务系统

国务院测绘地理信息主管部门和省、自治区、直辖市人民政府测绘地理信息主管部门应当会同本级人民政府其他有关部门,按照统筹建设、资源共享的原则,建立统一的卫星导航定位基准服务系统,提供导航定位基准信息公共服务。

3) 建设和运行卫星导航定位基准站要遵守的规定

(1) 建设卫星导航定位基准站的,建设单位应当按照国家有关规定报国务院测绘地理信息主管部门或者省、自治区、直辖市人民政府测绘地理信息主管部门备案。国务院测绘地理信息主管部门应当汇总全国卫星导航定位基准站建设备案情况，并定期向军队测绘部门通报。

(2) 卫星导航定位基准站的建设和运行维护应当符合国家标准和要求，不得危害国家安全。卫星导航定位基准站的建设和运行维护单位应当建立数据安全保障制度，并遵守保密法律、行政法规的规定。县级以上人民政府测绘地理信息主管部门应当会同本级人民政府其他有关部门，加强对卫星导航定位基准站建设和运行维护的规范和指导。

4) 《测绘法》的处罚规定

(1) 违反本法规定，卫星导航定位基准站建设单位未报备案的，给予警告，责令限期改正；逾期不改正的，处10万元以上30万元以下的罚款；对直接负责的主管人员和其他直接责任人员，依法给予处分。

(2) 违反本法规定，卫星导航定位基准站的建设和运行维护不符合国家标准、要求的，给予警告，责令限期改正，没收违法所得和测绘成果，并处30万元以上50万元以下的罚款；逾期不改正的，没收相关设备；对直接负责的主管人员和其他直接责任人员，依法给予处分；构成犯罪的，依法追究刑事责任。

4. 相对独立的平面坐标系统管理

1) 相对独立的平面坐标系统的概念

相对独立的平面坐标系统，是指为满足在局部地区进行大比例尺测图和工程测量的需要，以任意点和方向起算建立的平面坐标系统或者在全国统一的坐标系统基础上，进行中央子午线投影变换以及平移、旋转等而建立的平面坐标系统。相对独立的平面坐标系统是一种非国家统一的，但与国家统一坐标系统相联系的平面坐标系统。这种独立的平面坐标系统通过与国家坐标系统之间的联测，确定两种坐标系统之间的数学转换关系，即称之为相对独立的平面坐标系统与国家坐标系统相联系。

2) 建立相对独立的平面坐标系统的原则

建立相对独立的平面坐标系统，必须坚持以下原则：一是必须是因建设、城市规划和科学研究的需要。如果不是满足建设、城市规划和科学研究的需要，必须按照国家规定采用全国统一的测绘系统。二是确实需要建立。建立相对独立的平面坐标系统必须有明确的目的和理由，不建设就会对工程建设、城市规划等造成严重影响。三是必须经过批准。未按照规定程序经省级以上测绘地理信息主管部门批准，任何单位都不得建立相对独立的平面坐标系统。四是应当与国家坐标系统相联系。建立的相对独立的平面坐标系统必须与国家统一的测量控制网点进行联测，建立与国家坐标系统之间的联系。

3) 建立相对独立的平面坐标系统的审批

建立相对独立的平面坐标系统审批，是一项有数量限制的行政许可。为保障城市建设的顺利进行，保持测绘成果的连续性、稳定性和系统性，维护国家安全和地区稳定，一个城市只能建设一个相对独立的平面坐标系统。为加强对建立相对独立的平面坐标系统的管理，国家测绘局2006年4月12日颁布了《建立相对独立的平面坐标系统管理办法》，对建立相对独立的平面坐标系统的审批权限进行了详细规定。

(1) 国务院测绘地理信息主管部门的审批权限。

① 50万人口以上的城市。
② 列入国家计划的国家重大工程项目。
③ 其他确需国务院测绘地理信息主管部门审批的。
(2) 省级测绘地理信息主管部门的审批权限。
① 50万人口以下的城市。
② 列入省级计划的大型工程项目。
③ 其他确需省级测绘地理信息主管部门审批的。
(3) 申请建立相对独立的平面坐标系统应提交的材料。
① 建立相对独立的平面坐标系统申请书。
② 工程项目的申请人的有效身份证明。
③ 立项批准文件。
④ 能够反映建设单位测绘成果及资料档案管理设施和制度的证明文件。
⑤ 建立城市相对独立的平面坐标系统的,应当提供该市人民政府同意建立的文件(原件)。
(4) 不予批准的情形。

依据《建立相对独立的平面坐标系统管理办法》的规定,有以下情况之一的,对建立相对独立的平面坐标系统的申请不予批准。
① 申请材料内容虚假的。
② 国家坐标系统能够满足需要的。
③ 已依法建有相关的相对独立的平面坐标系统的。
④ 测绘地理信息主管部门依法认定的应当不予批准的其他情形。

4) 建立相对独立的平面坐标系统的法律责任

测绘法对未经批准,未经批准擅自建立相对独立的平面坐标系统,或者采用不符合国家标准的基础地理信息数据建立地理信息系统的,给予警告,责令改正,可以并处50万元以下的罚款;对直接负责的主管人员和其他直接责任人员,依法给予处分。

新中国成立以来,我国已经建立了全国统一的测绘基准和测绘系统,并不断得到完善和精化,其中包括天文大地网、平面控制网、高程控制网、重力控制网等,为不同时期国家的经济建设、国防建设、科学研究和社会发展提供了有力的基准保障。近年来,国家十分重视测绘基准和测绘系统建设,不断加大对测绘基准和测绘系统建设的投入力度,加强国家现代测绘基准体系基础设施建设,积极开展现代测绘基准体系建设关键技术研究,现代测绘基准体系建设取得了重要进展,逐步使我国的测绘基准和测绘系统建设处于世界领先地位。

5.4.4 测量标志

测量标志是国家重要的基础设施,是国家经济建设、国防建设、科学研究、社会发展和生态保护的重要基础。长期以来,国家在我国陆地和海洋边界内布设了大量的用于标定测量控制点空间地理位置的永久性测量标志,包括各等级的三角点、基线点、导线点、军用控制点、重力点、天文点、水准点和卫星定位点的木质觇标和标石标志、GNSS卫星地面跟踪站以及海底大地点设施等,这些标志在我国各个时期的国民经济建设和国防建设中都发挥了巨大的作用,是国家一笔十分宝贵的财富。

1. 测量标志的概念

测量标志是指在陆地和海洋标定测量控制点位置的标石、觇标以及其他标记的总称。标石一般是指埋设于地下一定深度，用于测量和标定不同类型控制点的地理坐标、高程、重力、方位、长度等要素的固定标志；觇标是指建在地面上或者建筑物顶部的测量专用标架，作为观测照准目标和提升仪器高度的基础设施。根据使用用途和时间期限，测量标志可以分为永久性测量标志和临时性测量标志两种。

永久性测量标志是指设有固定标志物以供测量标志使用单位长期使用的需要永久保存的测量标志，包括国家各等级的三角点、基线点、导线点、军用控制点、重力点、天文点、水准点和卫星定位点的木质觇标、钢质觇标和标石标志，以及用于地形测图、工程测量和形变测量等的固定标志和海底大地点设施等。

临时性测量标志是指测绘单位在测量过程中临时设立和使用的，不需要长期保存的标志和标记。如测站点的木桩、活动觇标、测旗、测杆、航空摄影的地面标志、描绘在地面或者建筑物上的标记等，都属于临时性测量标志。

2. 测量标志管理体制

国家对测量标志的保护和管理历来都十分重视。1955年12月29日，周恩来总理签署了《关于长期保护测量标志的命令》。1981年9月12日，国务院和中央军委联合发布了《关于长期保护测量标志的通告》。1984年1月7日，国务院公布了《测量标志保护条例》。1992年12月28日，全国人大第二十九次会议审议通过了我国第一部《测绘法》，对测量标志保护的基本原则和要求进行了规定。1996年9月4日，国务院重新修订发布了《中华人民共和国测量标志保护条例》，使测量标志保护制度进一步得到完善。2017年4月27日，全国人大第二次修订出台的《测绘法》建立健全了统一监督管理的测绘行政管理体制，进一步强化了测量标志管理职责。

1) 各级人民政府

(1) 加强对测量标志保护工作的领导，采取有效措施加强测量标志保护工作，增强公民依法保护测量标志的意识。

(2) 对在测量标志保护工作中做出显著成绩的单位和个人，给予奖励。

(3) 将测量标志保护经费列入当地政府财政预算和年度计划。

2) 国务院测绘地理信息主管部门

(1) 研究制定有关测量标志保护的行政法规(草案)、规章和相关政策，制定测量标志有偿使用的具体办法。

(2) 组织制定全国测量标志保护规划和普查、维修年度计划。

(3) 组织测量标志保护法律、法规的宣传，提高全民的测量标志保护意识。

(4) 检查、维护国家一、二等永久性测量标志。

(5) 依法查处损毁测量标志的违法行为。

3) 省级测绘地理信息主管部门

(1) 组织贯彻实施有关测量标志保护的法律、法规和规章。

(2) 参与制定或者制定测量标志保护的地方法规、规章和规范性文件。

(3) 负责本省范围内的国家一、二等永久性测量标志的拆迁审批；负责国家和本省统一设置的四等以上三角点、水准点和 D 级以上全球卫星定位控制点的测量标志的迁建审批工作。

(4) 制定全省测量标志普查和维修年度计划及定期普查维护制度。

(5) 组织建立永久性测量标志档案。

(6) 组织实施永久性测量标志的检查、维护和管理工作。

(7) 查处永久性测量标志违法案件。

4) 市、县(市)人民政府测绘地理信息主管部门

(1) 组织贯彻实施有关测量标志保护的法律、法规、规章和相关政策。

(2) 负责本市、县(市)设置的永久性测量标志的迁建审批工作。

(3) 建立和修订永久性测量标志档案。

(4) 负责永久性测量标志的检查、维护和管理工作。

(5) 负责永久性测量标志的统计、报告工作。

(6) 处理永久性测量标志损毁事件以及因测量标志损坏造成的事故。

(7) 查处违反测量标志保护有关法律、法规和规章的行为。

5) 乡(镇)人民政府

《测绘法》规定乡级人民政府应当做好本行政区域内的测量标志保护工作，主要体现在以下几个方面。

(1) 宣传贯彻测量标志保护的法律、法规、规章和测量标志保护政策。

(2) 确定永久性测量标志的保管单位或者人员，并对其保管责任的落实情况进行监督检查。

(3) 根据测绘行政主管部门委托，办理永久性测量标志委托保管手续。

(4) 负责永久性测量标志的日常检查，制止损毁永久性测量标志的行为，并定期向当地测绘地理信息主管部门报告测量标志保护情况。

3. 测量标志建设

测量标志建设，是指测绘单位或者工程项目建设单位为满足测绘工作的需要而建造、设立固定标志的活动。对于测量标志建设，《测绘法》和《测量标志保护条例》都有明确的规定，主要体现在以下几个方面。

(1) 使用国家规定的测绘基准和测绘标准。

(2) 选择有利于测量标志长期保护和管理的点位。

(3) 设置永久性测量标志的，应当对永久性测量标志设立明显标记；设置基础性测量标志的，还应当设立由国务院测绘地理信息主管部门统一监制的专门标牌。

(4) 设置永久性测量标志，需要依法使用土地或者在建筑物上建设永久性测量标志的，有关单位和个人不得干扰和阻挠。建设永久性测量标志需要占用土地的，地面标志占用土地的范围为 36~100 m²，地下标志占用土地的范围为 16~36 m²。

(5) 设置永久性测量标志的部门应当将永久性测量标志委托测量标志设置地的有关单

位或者人员负责保管,签订测量标志委托保管书,明确委托方和被委托方的权利和义务,并由委托方将委托保管书抄送乡级人民政府和县级以上地方人民政府测绘地理信息主管部门备案。

(6) 符合法律、法规规定的其他要求。

4. 测量标志保管与维护

1) 测量标志保管

(1) 设立明显标记。永久性测量标志是建立在地面或者地下的固定标志。为了防止永久性测量标志遭到破坏,必须设立明显的标记,使人们能够很方便地识别测量标志,进而达到保护的目的。《测绘法》第四十二条规定:永久性测量标志的建设单位应当对永久性测量标志设立明显标记,并委托当地有关单位指派专人负责保管。

(2) 实行委托保管制度。测量标志分布面广,数量巨大,保护测量标志必须充分依靠当地的人民群众。

测量标志保管人员的职责主要如下。

① 经常检查测量标志的使用情况,查验永久性测量标志使用后的完好状况;
② 发现永久性测量标志有移动或者损毁的情况,及时向当地乡级人民政府报告;
③ 制止、检举和控告移动、损毁、盗窃永久性测量标志的行为;
④ 查询使用永久性测量标志的测绘人员的有关情况。

根据《测量标志保护条例》的规定,国务院其他有关部门按照国务院规定的职责分工,负责管理本部门专用的测量标志保护工作。军队测绘部门负责管理军事部门测量标志保护工作,并按照国务院、中央军事委员会规定的职责分工负责管理海洋基础测量标志保护工作。

(3) 工程建设要避开永久性测量标志。工程建设避开永久性测量标志,是指在两个相邻测量标志之间建设建筑物不能影响相邻标志之间相互通视,在测量标志附近建设建筑物不能影响卫星定位设备接收卫星传送信号,工程建设不得造成测量标志沉降或者位移,在测量标志附近建设微波站、广播电视台站、雷达站、架设线路等,要避免受到电磁干扰影响测量仪器正常使用等。为合理保护测量标志,避免工程建设损毁测量标志,《测绘法》明确规定进行工程建设,应当避开永久性测量标志。

(4) 拆迁永久性测量标志要经过批准,并支付拆迁费用。工程建设要尽量避开永久性测量标志,但在实际工作中,无法避开永久性测量标志的工程项目非常多,涉及国家重大投资的工程项目、城市规划布局调整等,在大型工程项目实施过程中,造成测量标志损毁或者移动是不可避免的。为此,《测绘法》规定确实无法避开的,需要拆迁永久性测量标志或者使永久性测量标志失去效能的,应当经省、自治区、直辖市人民政府测绘地理信息主管部门批准;涉及军用控制点的,应当征得军队测绘部门的同意。所需迁建费用由工程建设单位承担,以用于永久性测量标志的恢复重建。

(5) 使用测量标志应当持有测绘作业证件,并保证测量标志的完好。永久性测量标志作为测绘基础设施,承载着十分精确的数据信息,是从事测绘活动的基础。非测绘人员随意使用永久性测量标志很容易造成测量标志损坏或者使测量标志失去使用效能。为此,《测绘法》规定测绘人员使用永久性测量标志,必须持有测绘作业证件,并保证测量标志的完好。《测量标志保护条例》规定违反测绘操作规程进行测绘，使永久性测量标志受到损坏的，无证使用永久性测量标志并且拒绝县级以上人民政府测绘地理信息主管部门监督和负责保管测量标志的单位和人员查询的，要依法承担相应的法律责任。

(6) 定期组织开展测量标志普查和维护工作。定期开展测量标志普查和维护工作是保护测量标志的重要措施和手段。设置永久性测量标志的部门应当按照国家有关的测量标志维修规程，对永久性测量标志定期组织维修，保证测量标志正常使用。通过定期组织开展测量标志普查，发现测量标志损毁或者将失去使用效能的，应当及时进行维护，确保测量标志完好。

2) 测量标志拆迁审批职责

(1) 国务院测绘地理信息主管部门的审批权限。

2017 年第二次修订的《测绘法》，已将测量标志拆迁审批权限下放到省、自治区、直辖市人民政府测绘地理信息主管部门。所以原来由国务院测绘地理信息主管部门审批的高等级测量标志拆迁由标志所在地的省、自治区、直辖市人民政府测绘地理信息主管部门审批即可。

(2) 省级测绘地理信息主管部门的审批权限。

① 国家一、二等三角点(含同等级的大地点)、水准点(含同等级的水准点)。

② 国家天文点、重力点(包括地壳形变监测点等具有物理因素的点)、GPS 点(B 级精度以上)。

③ 国家明确规定需要重点保护的其他永久性测量标志等。

④ 国家三、四等三角点(含同等级的大地点)、水准点(含同等级的水准点)。

⑤ 省级测绘地理信息主管部门建立的不同等级的三角点、水准点、GPS 点等。

⑥ 省级测绘地理信息主管部门明确需要重点保护的其他永久性测量标志。

(3) 市、县级测绘地理信息主管部门的审批权限。

① 国家平面控制网、高程控制网和空间定位网的加密网点。

② 市、县测绘地理信息主管部门自行建造的其他不同等级的三角点、水准点和 GPS 点。

3) 测量标志维护

测量标志维护是指测绘地理信息主管部门或者测量标志建设单位采用物理加固、设立警示牌等手段确保测量标志完好、能够正常使用的活动。测量标志维护是各级测绘地理信息主管部门的一项重要职责。

(1) 开展测量标志普查。

测量标志维护要在准确掌握测量标志完好状况的前提下进行。各级测绘地理信息主管部门通过开展测量标志普查，及时了解测量标志损毁程度和分布区域及特点，做到心中有数，为科学编制测量标志维修规划和计划打下基础。开展测量标志普查工作是做好测量标志维护的基础。

(2) 制订测量标志维修规划和计划。

《测量标志保护条例》第十七条规定：测量标志保护工作应当执行维修规划和计划。全国测量标志维修规划，由国务院测绘行政主管部门会同国务院其他有关部门制定。省、自治区、直辖市人民政府管理测绘工作的部门应当组织同级有关部门，根据全国测量标志维修规划，制定本行政区域内的测量标志维修计划，并组织协调有关部门和单位统一实施。制订测量标志维修规划和计划是保障测量标志有序维护的重要保障，对于科学维护、分类管理、强化责任,具有十分重要的意义。

(3) 按照测量标志维修规程进行维修。

《测量标志保护条例》第十八条规定:设置永久性测量标志的部门应当按照国家有关的测量标志维修规程,对永久性测量标志定期组织维修,保证测量标志正常使用。按照测量标志维修规程,通过筑设加固井、设立防护墙、加设警示牌等方式,修复或者维护测量标志,从而保证测量标志能够正常使用。

5. 测量标志的使用

1) 测量标志使用的基本规定

测量标志使用是指测绘单位在测绘活动中使用测量标志测定地面点空间地理位置的活动。我国现行《测绘法》《测量标志保护条例》对测绘人员使用永久性测量标志的法律规定主要包括以下内容。

(1) 测绘人员使用永久性测量标志,应当持有测绘作业证件,接受县级以上人民政府测绘地理信息主管部门的监督和负责保管测量标志的单位和人员的查询,并按照操作规程进行测绘,保证测量标志的完好。

(2) 国家对测量标志实行有偿使用,但是使用测量标志从事军事测绘任务的除外。测量标志有偿使用的收入应当用于测量标志的维护、维修,不得挪作他用。

2) 测绘人员的义务

(1) 测绘人员使用永久性测量标志,必须持有测绘作业证件,并保证测量标志的完好。

(2) 测绘人员根据测绘项目开展情况建立永久性测量标志,应当按照国家有关的技术规定执行,并设立明显的标记。

(3) 接受县级以上测绘地理信息主管部门的监督和测量标志保管人员的查询。

(4) 依法交纳测绘基础设施使用费。

(5) 积极宣传测量标志保护的法律、法规和相关政策。

6. 法律责任

《测绘法》及《测量标志保护条例》对违反测量标志保护法律、行政法规的行为,设定了严格的法律责任,这些行为主要包括以下几方面。

(1) 损毁或者擅自移动永久性测量标志和正在使用中的临时性测量标志的。

(2) 侵占永久性测量标志用地的。

(3) 在永久性测量标志安全控制范围内从事危害测量标志安全和使用效能的活动的。

(4) 在测量标志占地范围内,建设影响测量标志使用效能的建筑物的。

(5) 擅自拆除永久性测量标志或者使永久性测量标志失去使用效能,或者拒绝支付迁建费用的。

(6) 违反操作规程使用永久性测量标志,造成永久性测量标志毁损的。

(7) 无证使用永久性测量标志并且拒绝县级以上人民政府测绘地理信息主管部门监督和负责保管测量标志的单位和人员查询的。

(8) 干扰或者阻挠测量标志建设单位依法使用土地或者在建筑物上建设永久性测量标

志的。

5.5 测绘标准化

5.5.1 测绘标准化管理

1. 标准的基本知识

1) 标准的概念及属性

标准是标准化活动的成果,是标准化系统中最基本的要素,也是标准化学科中最基本的术语和概念。标准是为在一定范围内获得最佳秩序,对活动或其结果规定共同的和重复使用的规则、导则或者特性的文件。它以科学、技术和实践经验的综合成果为基础,以获得最佳秩序、促进最佳社会效益为目的,经有关方面协商一致,由主管机构批准,以特定形式发布,作为共同遵守的准则和依据。1986年国际标准化组织发布的ISO第2号指南中提出的定义为:"标准是得到一致(绝大多数)同意,并经公认的标准化团体批准,作为工作或者工作成果的衡量准则、规则或特性要求,供(有关各方)共同重复使用的文件,目的是在给定范围内达到最佳有序化程度。"

依据《中华人民共和国标准化法》的规定,国家标准、行业标准均可分为强制性和推荐性两种属性的标准。保障人体健康,人身、财产安全的标准和法律、行政法规规定强制执行的标准是强制性标准;其他标准是推荐性标准。省、自治区、直辖市标准化行政主管部门制定的工业产品安全、卫生要求的地方标准,在本地区内是强制性标准。

强制性标准是由法律规定必须遵照执行的标准。强制性标准以外的标准是推荐性标准,也叫非强制性标准。推荐性国家标准的代号为"GB/T",强制性国家标准的代号为"GB"。行业标准中的推荐性标准也是在行业标准代号后加个"T"字,如"JB/T"即机械行业推荐性标准,不加"T"字即为强制性行业标准。

2) 标准的层级

按照标准所起的作用和涉及的范围,标准分为国际标准、区域标准、国家标准、行业标准、地方标准和企业标准等不同层次和级别。按照《中华人民共和国标准化法》的规定,我国通常将标准划分为国家标准、行业标准、地方标准和企业标准四个层次。各层次之间有一定的依从关系和内在联系,形成一个覆盖全国又层次分明的标准体系。

国际标准是由国际标准化组织或其他国际标准组织通过并公开发布的标准。目前主要的国际标准是由国际标准化组织(ISO)、国际电工委员会(IEC)、国际电信联盟(ITU)批准和发布的。国际计量局(BIPM)、食品法典委员会(CAC)、世界卫生组织(WHO)等是被ISO认可并列入《国际标准题内关键词索引》的一些国际组织,其制定、发布的标准也是国际标准。根据《中华人民共和国标准化法》的规定,我国积极鼓励采用国际标准。

区域标准是由某一区域标准化组织或区域标准组织通过并公开发布的标准。如非洲地区标准化组织(ARSO)发布的非洲地区标准(ARS)、欧洲标准化委员会(CEN)发布的欧洲标准(EN)

等都是区域标准。

国家标准是由国家标准机构通过并公开发布的标准。对需要在全国范围内统一的技术要求，应当制定国家标准。国家标准由国务院标准化行政主管部门编制计划和组织草拟，并统一审批、编号、发布。国家标准的代号为"GB"，其含义是"国标"两个字汉语拼音的第一个字母"G"和"B"的组合。目前，我国国家标准由国家质检总局和国家标准化管理委员会联合发布。

行业标准是由行业标准化团体或机构通过并发布的标准，主要是在某行业的范围内统一实施，又称为团体标准。对没有国家标准又需要在全国某个行业范围内统一的技术要求，可以制定行业标准，作为对国家标准的补充，当相应的国家标准实施后，该行业标准自行废止。行业标准由行业标准归口部门审批、编号、发布，实行统一管理。行业标准的归口部门及其所管理的行业标准范围，由国务院标准化行政主管部门审定，并公布该行业的行业标准代号。

地方标准是在国家的某个地区通过并公开发布的标准。一般对没有国家标准和行业标准而又需要在省、自治区、直辖市范围内统一的下列要求，可以制定地方标准。

① 工业产品的安全、卫生要求；
② 药品、兽药、食品卫生、环境保护、节约能源、种子等法律、法规规定的要求；
③ 其他法律、法规规定的要求。

地方标准由省、自治区、直辖市标准化行政主管部门统一编制计划、组织制定、审批、编号和发布。

企业标准是对企业范围内需要协调、统一的技术要求、管理要求和工作要求所制定的标准。企业标准由企业制定，由企业法人代表或法人代表授权的主管领导批准、发布。企业标准应在发布后 30 日内向政府标准化主管部门备案。

为适应某些领域标准快速发展和快速变化的需要，我国在 1998 年规定的四级标准之外，增加了一种"国家标准化指导性技术文件"，作为对国家标准的补充，其代号为"GB/Z"。符合下列情况之一的项目，可以制定标准化指导性技术文件：①技术尚在发展中，需要有相应的文件引导其发展或具有标准化价值，尚不能制定为标准的项目；②采用国际标准化组织、国际电工委员会及其他国际组织(包括区域性国际组织)的技术报告的项目。标准化指导性技术文件仅供使用者参考。

3) 标准的修订与复审

修订标准是指对一项已在生产中实施多年的标准进行修订。修订部分主要是生产实践中反映出来的不适应生产现状和科学技术发展的部分，或者修改其内容，或者予以补充，或者予以删除。修订标准不改动标准编号，仅将其年代号改为修订时的年代号。

复审标准是指对实施过一个时期以后的标准的内容进行复查，审阅其中有无与生产和科学技术发展不适应的内容。当仅有小部分内容做了改动或不作实质性改动时，常用修改标准通知单的办法予以更改；当有大部分内容需要做改动或作实质性修改时，应将其列入标准修订计划予以修订。审查后的标准无改动，或仅有小部分改动，则确认有效。标准重版时不改动标准年代号，在首页上加上"××××年确认"，以表明这项标准已经复审，其内容继续有效。

4) 标准化

标准化的定义，一直是标准化研究领域公认的难题之一。迄今为止，世界各国在不同的文献甚至各种词典中,对标准化的定义几乎是五花八门。我国 1996 年颁发的国家标准(GB 3935.1—1996)中规定的定义为:"在一定范围内获得最佳秩序,对实际的或潜在的问题制定共同的和重复使用的规则的活动,称为标准化。它包括制定、发布及实施标准的全过程。"

1986 年国际标准化组织发布的 ISO 第 2 号指南中提出的标准化的定义为:"针对现实的或潜在的问题,为制定(供有关各方)共同重复使用的规定所进行的活动,其目的是在给定范围内达到最佳有序化程度。"ISO 在公布这个定义的同时,做出了如下两点注释:①制定是确定、发布和实施标准的活动;②标准化的重要作用是改善产品、生产过程和服务对于预定目标的适应性,消除贸易壁垒,促进技术协作。

在国民经济的各个领域,凡具有多次重复使用和需要制定标准的具体产品,以及各种定额、规划、要求、方法、概念等,都可称为标准化对象。标准化对象一般可分为两大类:一类是标准化的具体对象,即需要制定标准的具体事物;另一类是标准化总体对象,即各种具体对象的总和所构成的整体,通过它可以研究各种具体对象的共同属性、本质和普遍规律。

2. 测绘标准的概念和特征

1) 测绘标准的概念

测绘标准是针对性很强的技术标准,具体是指对测绘活动的过程、成果、产品、服务等,针对一定范围内需要统一的技术要求、规格格式、精度指标、管理程序,从设计、生产、检验、应用等方面所制定的需要共同遵守的规定。测绘标准包括国家标准、行业标准、地方标准和标准化指导性技术文件。

按照国家测绘局《测绘标准化工作管理办法》的规定,在测绘领域内,需要在全国范围内统一的技术要求,应当制定国家标准;对没有国家标准而又需要在测绘行业范围内统一的技术要求,可以制定测绘行业标准;对没有国家标准和行业标准而又需要在省、自治区、直辖市范围内统一的技术要求,可以制定相应的地方标准。

随着测绘科技的发展和地理信息产业的繁荣,测绘标准化的工作内容已经渗透到地理信息领域。根据《地理信息标准化工作管理规定》的规定,在地理信息领域内,需要在全国范围内统一的技术要求,应当制定地理信息国家标准。测绘与地理信息标准在测绘与地理信息产业发展过程中,相互渗透、相互补充,逐步形成测绘与地理信息标准化体系。

2) 测绘标准的特征

(1) 科学性。任何一种测绘标准都是运用科学理论和科学方法并在长期科学实践的基础上提出的概念性规则和规定,既符合常规测绘生产需要,又兼顾测绘新技术应用与发展并被大家遵守,因而测绘标准具有科学性。

(2) 实用性。测绘标准是测绘活动必须遵守的规则,因而测绘标准必须具有实用性,才能被普遍遵守。实用性是测绘标准的基本特性。

(3) 权威性。测绘标准的立项、制定由国务院测绘行政主管部门或者标准化机构组织实施。测绘标准的发布严格按照国家法定程序进行,测绘标准的内容严格按照相关学科或者专业理论进行延伸和推广。因此,测绘标准一经发布便具有权威性。

(4) 法定性。标准化法、标准化法实施细则以及测绘法等法律法规明确规定测绘标准,要求严格执行国家测绘标准,因而使测绘标准具有法定性。

(5) 协调性。不同的测绘标准涉及工序不同、专业不同,而测绘成果具有兼容性、协调性，必然使测绘标准要具有协调性，各相关测绘标准必须保持协调一致，才能被各个专业共同遵守。

3. 测绘标准的制定

制定标准一般指制定一项新标准，是指制定过去没有而现在需要进行制定的标准。它是根据生产发展的需要和科学技术发展的水平来制定的，因而反映了当前的生产技术水平。制定标准是国家标准化工作的重要方面，反映了国家标准化工作的水平。

一个新标准制定后，由标准批准机关给定一个标准编号，同时标明它的分类号，以表明该标准的专业隶属和制定年代。

1) 测绘国家标准

在测绘领域内，需要在全国范围内统一的技术要求，应当制定测绘国家标准。

(1) 测绘术语、分类、模式、代号、代码、符号、图式、图例等技术要求。

(2) 国家大地基准、高程基准、重力基准和深度基准的定义和技术参数，国家大地坐标系统、平面坐标系统、高程系统、地心坐标系统和重力测量系统的实现、更新和维护的仪器、方法、过程等方面的技术要求。

(3) 国家基本比例尺地图、公众版地图及其测绘的方法、过程、质量、检验和管理等方面的技术要求。

(4) 基础航空摄影的仪器、方法、过程、质量、检验和管理等方面的技术指标和技术要求，用于测绘的遥感卫星影像的质量、检验和管理等方面的技术要求。

(5) 基础地理信息数据生产及基础地理信息系统建设、更新与维护的方法、过程、质量、检验和管理等方面的技术要求。

(6) 测绘工作中需要统一的其他技术要求。

2) 强制性测绘标准

测绘国家标准及测绘行业标准分为强制性标准和推荐性标准。下列情况应当制定强制性测绘标准或者标准强制性条款。

(1) 涉及国家安全、人身及财产安全的技术要求。

(2) 建立和维护测绘基准与测绘系统必须遵守的技术要求。

(3) 国家基本比例尺地图测绘与更新必须遵守的技术要求。

(4) 基础地理信息标准数据的生产和认定。

(5) 测绘行业范围内必须统一的技术术语、符号、代码、生产与检验方法等。

(6) 需要控制的重要测绘成果质量的技术要求。

(7) 国家法律、行政法规规定强制执行的内容及其技术要求。

测绘行业标准不得与测绘国家标准相违背，测绘地方标准不得与测绘国家标准和测绘行业标准相违背。

3) 测绘标准化指导性技术文件

符合下列情形之一的，可以制定测绘标准化指导性技术文件。

(1) 技术尚在发展中，需要有相应的测绘标准文件引导其发展或者具有标准化价值，尚不定为标准的。

(2) 采用国际标准化组织以及其他国际组织(包括区域性国际组织)技术报告的。

(3) 国家基础测绘项目及有关重大专项实施过程中,没有国家标准和行业标准而又需要统一的技术要求。

4) 测绘标准的分类

根据测绘事业转型、升级和发展对标准化的需求,按照《测绘地理信息标准化"十三五"规划》的要求,国家测绘地理信息局于 2017 年 9 月 21 日印发了《测绘标准体系(2017 修订版)》。该体系由测绘标准体系框架和测绘标准体系表构成,并从信息化测绘技术、事业转型升级和服务保障需求出发,兼顾现行测绘国家标准和行业标准情况,以测绘标准化对象为主体,按信息、技术和工程等多个视角对测绘标准进行分类和架构,共包含"定义与描述""获取与处理""成果""应用服务""检验与测试"和"管理"共 6 大类 36 小类标准,每一个小类标准包含若干国家标准或行业标准。6 大类标准之间相互关联,从而构成一个覆盖整个测绘领域的结构化、系统性和可扩展的标准体系。

测绘标准体系框架说明描述了 6 大类 36 小类标准约束应用范围与基本内容;测绘标准体系表基于测绘标准体系框架建立,内容不仅包括已经发布实施的测绘国家标准和行业标准,还包含已列计划正在制定中的测绘国家标准和行业标准,以及综合考虑当前的技术水平和未来发展需要的标准化需求方向。在《测绘标准体系(2017 修订版)》中,测绘标准体系共 6 大类 36 小类,总计有 377 项已发布或制定中标准。在 377 项已发布和制定中标准中,定义与描述类有 58 项,占 15.4%;获取与处理类有 129 项,占 34.2%;成果类 61 项,占 16.2%;应用服务类 49 项,占 13.0%;检验与测试类 67 项,占 17.8%;管理类 13 项,占 3.4%。

(1) 定义与描述类标准:为测绘提供基础性、公共性描述,确保信息的互联互通和一致理解,促进信息融合、共享和使用的大类标准。该大类标准可以作为其他标准的基础和依据,具有普遍指导意义。定义与描述类标准基于信息视角,针对标准化需求、目的和范围,按照语义、表达等概念架构构建,包含术语、参考系、分幅编号、分类与代码、数据字典、元数据、地图图式和地名译音共 8 小类标准。基于地理标识的参考系统、三维基础地理信息要素分类与代码、影像要素分类与代码、三维基础地理信息要素数据词典、航天影像和航空影像数据要素词典、公众版地形图图式、电子地图图式等标准都属于定义与描述类标准。

(2) 获取与处理类标准:为满足特定要求,对测绘生产所采用技术方法、途径等需要协调的事项进行规范统一,以满足连续、重复使用要求的通用性标准。该大类标准规定测绘过程中的技术要求、参数和程序,支撑测绘成果按技术规范高效生产,可作为其他标准的基础和依据。获取与处理类标准的划分以技术视角为主,部分小类采用企业视角,基于信息获取处理所需测绘专业技术领域组成,以及获取处理目的和范围进行构建,包含大地测量、摄影测量与遥感、地图编制与印刷、海洋测绘、不动产测绘、界线测绘和工程测量共 7 小类标准。如《全球定位系统(GNSS)测量规定》《测量外业电子记录基本规定》《1∶500、1∶1000、1∶2000 地形图航空摄影规范》《1∶500、1∶1000、1∶2000 地形图航空摄影测量内业规范》《国家基本比例尺地形图更新规范》和《地籍测绘规范》等都属于获取与处理类标准。

(3) 成果类标准:是测绘成果生产、使用和维护中需遵守技术准则、要求方面的专用标准。该类标准描述测绘成果的结构、规格、质量等技术指标,以保证测绘成果的规范性。成果类标准基于信息视角,按测绘成果内容和分类架构构建,包含遥感数据成果、基础地理信息成果、基础地理国情监测成果、基本比例尺地形图、公众版测绘成果、数据库、其他成果共 7 小类标准。如规定基础地理信息数据成果的内容、技术要求、技术指标,规定地面、车载、航空、航天遥感影像或点云数据成果的内容、技术要求和指标的标准都属于成果类标准。

(4) 应用服务类标准：是测绘应用服务对象定义与描述、技术要求与流程、成果内容与指标、服务运行等方面进行规范的专用标准。该类标准为测绘应用服务提供支撑。应用服务类标准基于企业视角，按测绘专题应用服务的方式和类型进行构建，包含导航与位置服务、应急测绘服务、地理国情监测、智慧/数字城市、全球地理信息资源建设和其他应用服务共6小类标准。如规定导航与位置服务信息定义与描述内容，获取处理的技术方法与要求，导航与位置服务数据的内容、技术指标和要求方面的标准都属于应用服务类标准。

(5) 检验与测试类标准：为验证测绘生产、成果和应用服务是否满足确定准则，对成果、仪器设备、软件和环境进行检查和验收的通用或专用标准。检验与测试类标准提供质量要求、检测内容与方法、质量评定等。检验与测试类标准基于企业视角，按测绘检验测试所涉及内容和分类构建，包含成果检验、仪器检验、系统与软件测试、检验环境共4小类标准。如《数字测绘成果质量检查与验收》《测绘成果质量检查与验收》《测绘成果质量监督抽查与数据认定》《光电测距仪检定规程》和《全球定位系统(GNSS)测量型接收机检定规程》等都属于检验与测试类标准。

(6) 管理类标准：是为保障测绘工作的协调运行和顺利实施，以测绘管理领域共性因素为对象所制定的通用标准。管理类标准提供测绘项目、成果、文档和安全方面的管理手段和措施，是测绘生产、管理和维护的重要保障。管理类标准基于企业视角，按测绘管理所涉及对象与分类进行构建，包含项目管理、成果管理、文档管理和安全管理共4小类标准。如《测绘技术设计规定》《测绘技术总结编写规定》《测绘作业人员安全规范》和《基础地理信息数据档案管理与保护规范》等都属于管理类标准。

4．测绘标准的发布

1) 标准的发布

按照《测绘标准化工作管理办法》，属于测绘国家标准和国家标准化指导性技术文件的，报国务院标准化行政主管部门批准、编号、发布；属于测绘行业标准和行业标准化指导性技术文件的，由国务院测绘地理信息主管部门批准、编号、发布。

测绘行业标准和行业标准化指导性技术文件的编号由行业标准代号、标准发布的顺序号及标准发布的年号构成。

(1) 强制性测绘行业标准编号：CH××××(顺序号)—××××(发布年号)。

(2) 推荐性测绘行业标准编号：CH/T××××(顺序号)—××××(发布年号)。

(3) 测绘行业标准化指导性技术文件编号：CH/Z××××(顺序号)—××××(发布年号)。

测绘地方标准的发布，按照国家和地方有关规定执行。测绘地方标准发布后30日内，省级测绘地理信息主管部门应当向国务院测绘地理信息主管部门备案。备案材料包括：地方标准批文、地方标准文本、标准编制说明及相关材料等。

强制性测绘标准及标准强制性条款必须执行。推荐性标准被强制性测绘标准引用的，也必须强制执行。不符合强制性标准或强制性条款的测绘成果或者地理信息产品，禁止生产、进口、销售、发布和使用。

测绘企事业单位应当积极采用和推广测绘标准，并应当在成果或者其说明书、包装物上标注所执行标准的编号和名称。

2) 标准的复审

测绘标准的复审工作由国务院测绘地理信息主管部门组织测绘标委会实施。标准复审周期一般不超过 5 年。下列情况应当及时进行复审。

(1) 不适应科学技术的发展和经济建设需要的。

(2) 相关技术发生了重大变化的。

(3) 标准实施过程中出现重大技术问题或有重要反对意见的。

测绘国家和行业标准化指导性技术文件发布后 3 年内必须复审，以决定是否继续有效、转化为标准或者撤销。

测绘国家标准和国家标准化指导性技术文件的复审结论经国务院测绘地理信息主管部门审查同意，报国务院标准化行政主管部门审批发布。测绘行业标准和行业标准化指导性技术文件的复审结论由国务院测绘地理信息主管部门审批。对确定为继续有效或者废止、撤销的，由国务院测绘地理信息主管部门发布公告；对确定为修订、转化的，按相关规定程序进行修订。

5. 测绘与地理信息标准化管理

1) 测绘与地理信息标准化的概念

测绘与地理信息标准化，是在测绘与地理信息产业领域内，制定大家共同遵守的技术规则，并发布和实施测绘与地理信息标准的全过程。

测绘与地理信息标准化工作的主要任务，是贯彻国家有关标准化工作的法律、法规，加强测绘与地理信息标准化工作的统筹协调；组织制定和实施测绘与地理信息标准化工作的规划、计划；建立和完善测绘与地理信息标准体系；加快测绘与地理信息标准的制定、修订，并对标准的宣传、贯彻与实施进行指导和监督。为保障标准化工作依法实施，国家先后出台了一系列有关标准化管理的法律法规和规章，为做好测绘与地理信息标准化工作提供了直接的法律依据。

2) 测绘与地理信息标准化管理的职责

(1) 国务院测绘地理信息主管部门标准化工作职责。

① 贯彻国家标准化工作的法律、行政法规、方针和政策，制定测绘标准化管理的规章制度。

② 组织制定和实施国家测绘标准化规划、计划，建立测绘标准体系。

③ 组织实施测绘国家标准项目的制定、修订和标准复审。

④ 组织制定、修订、审批、发布和复审测绘行业标准和测绘行业标准化指导性技术文件。

⑤ 负责测绘标准的宣传、贯彻和监督实施工作；归口负责测绘标准化工作的国际合作与交流。

⑥ 指导省、自治区、直辖市测绘地理信息主管部门的测绘标准化工作。

(2) 省、自治区、直辖市测绘地理信息主管部门标准化工作职责。

① 贯彻国家标准化工作的法律、法规、方针和政策，制定贯彻实施的具体办法。

② 组织制定和实施地方测绘标准化规划、计划。

③ 组织制定、修订和实施测绘地方标准项目。
④ 组织宣传、贯彻并监督检查测绘标准的实施。
⑤ 指导下级测绘地理信息主管部门的标准化工作。

3) 测绘法对测绘与地理信息标准化的规定

测绘法对测绘标准化管理做出了特别规定，主要体现在以下几个方面。

(1) 《测绘法》第五条规定：从事测绘活动应当使用国家规定的测绘基准和测绘系统，执行国家规定的测绘技术规范和标准。

测绘技术规范是测绘标准的一种，是对测绘产品的质量、规格、形式以及测绘作业中的技术要求所作的统一规定。

(2) 国家确定大地测量等级和精度以及国家基本比例尺的系列和基本精度。

《测绘法》第十条规定：国家建立全国统一的大地坐标系统、平面坐标系统、高程系统、地心坐标系统和重力测量系统，确定国家大地测量等级和精度以及国家基本比例尺地图系列和基本精度。具体规范和要求由国务院测绘地理信息主管部门会同国务院其他有关部门、军队测绘部门制定。

根据本条规定，国务院测绘地理信息主管部门应当组织制定具体的规范和要求，统一大地测量等级和精度以及国家基本比例尺地图的系列和基本精度，从而为统一大地测量成果数据和国家基本比例尺地图系列和精度提供了法律依据。

(3) 国家制定工程测量规范和房产测量规范。

《测绘法》第二十三条规定：水利、能源、交通、通信、资源开发和其他领域的工程测量活动，应当按照国家有关的工程测量技术规范进行。

城乡建设领域的工程测量活动应当执行由国务院建设行政主管部门、国务院测绘地理信息主管部门负责组织编制的测量技术规范。与房屋产权、产籍相关的房屋面积的测量，应当执行由国务院建设行政主管部门、国务院测绘地理信息主管部门负责组织编制的测量技术规范。根据《测绘法》的规定，从事工程测量和房产测绘，应当执行国家相应的规范和标准。

(4) 《测绘法》第二十四条规定：建立地理信息系统，必须采用符合国家标准的基础地理信息数据。

根据本条规定，建立地理信息系统，一是必须采用符合国家标准的数据，二是这些数据必须是符合国家标准的基础地理信息数据，三是建立地理信息系统不采用符合国家标准的基础地理信息数据要依法承担相应的法律责任。

5.5.2 测绘计量管理

计量属于测量的范畴，也可以说计量是一种特定形式的为使被测量的单位量值在允许范围内溯源到基本单位的测量。测绘计量是实现测绘单位统一、量值准确可靠的活动，是指以测绘技术和法制手段保证测绘量值准确可靠、单位统一的测量活动。测绘计量标准是指用于测量器具检定、测试各类测绘计量器具的标准装置、器具和设施。测绘计量器具是指用于直接或间接传递量值的测绘工作用仪器、仪表和器具。

1. 测绘计量管理的法律规定

为加强计量监督管理，保障国家计量单位制的统一和量值的准确可靠，有利于生产、贸易和科学技术的发展，适应社会主义现代化建设的需要，维护国家和人民的利益，我国于1985年颁布了《中华人民共和国计量法》(以下简称《计量法》)。2017年12月27日，第十二届全国人民代表大会常务委员会第三十一次会议通过了《关于修改〈中华人民共和国计量法〉的决定》，对该法进行了第四次修订。1987年经国务院批准，国家计量局颁布了《中华人民共和国计量法实施细则》。2018年3月19日，根据《国务院关于修改和废止部分行政法规的决定》，对《中华人民共和国计量法实施细则》进行了第三次修正。国家测绘局于1996年5月颁布了《测绘计量管理暂行办法》，对计量监督管理、计量检定、计量器具管理等进行了规范。本部分根据目前最新的《计量法》《计量法实施细则》和《测绘计量管理暂行办法》的有关规定，重点叙述计量检定、检定机构和检定人员资格的有关规定，计量校准在其他章节中说明。

1) 对计量检定的法律规定

计量检定活动，是指法律规定或者质量技术监督部门授权的用于保障量值溯源和准确传递而进行的强制检定和其他检定活动。为加强对计量检定活动的管理，国家出台了一系列法律、法规和规章进行规定。

(1) 对执行国家计量检定规程的规定。计量检定必须执行计量检定规程。国家计量检定规程由国务院计量行政部门制定。没有国家计量检定规程的，由国务院有关主管部门和省、自治区、直辖市人民政府计量行政部门分别制定部门计量检定规程和地方计量检定规程，并向国务院计量行政部门备案。《测绘计量管理暂行办法》第十条规定：开展测绘计量器具检定，应执行国家、部门或地方计量检定规程。对没有正式计量检定规程的，应执行有关测绘技术标准或自行编写检校办法报主管部门批准后使用。

(2) 对强制性检定的规定。县级以上人民政府计量行政部门对社会公用计量标准器具，部门和企业、事业单位使用的最高计量标准器具，以及用于贸易结算、安全防护、医疗卫生、环境监测方面的列入强制检定目录的工作计量器具，实行强制检定。未按照规定申请检定或者检定不合格的，不得使用。

(3) 对周期检定的规定。使用实行强制检定的工作计量器具的单位和个人，应当向当地县级以上人民政府计量行政部门指定的计量检定机构申请周期检定。任何单位和个人不准在工作岗位上使用无检定合格印、证或者超过检定周期以及经检定不合格的计量器具。

2) 对产品质量检验机构的规定

(1) 为社会提供公证数据的产品质量检验机构，必须经省级以上人民政府计量行政部门对其计量检定、测试的能力和可靠性进行考核。取得计量认证合格证书方可开展检验工作。

(2) 测绘产品质量监督检验机构，必须向省级以上政府计量行政主管部门申请计量认证。取得计量认证合格证书后，在测绘产品质量监督检验、委托检验、仲裁检验、产品质量评价和成果鉴定中提供作为公证的数据，具有法律效力。

3) 对计量检定人员资格的规定

(1) 法定计量检定人员的资格。国家法定计量检定机构的计量检定人员，必须经县级以上人民政府计量行政部门考核合格，考核不合格的，不得从事计量检定工作。计量检定人员的技术职务系列，由国务院计量行政部门会同有关主管部门制定。

(2) 对计量检定人员的禁止性规定。对计量检定人员的禁止性规定包括以下几方面。
① 伪造检定数据的。
② 出具错误数据，给送检一方造成损失的。
③ 违反计量检定规程开展计量检定。
④ 使用未经考核合格的计量标准开展计量检定。
⑤ 未经考核合格执行计量检定的。

2. 测绘计量检定人员资格

测绘计量检定人员，是指受聘于测绘计量检定机构，从事非强制性测绘计量检定工作的专业技术人员。测绘计量检定人员资格审批是测绘行政主管部门的一项重要职责。国家测绘局 2007 年颁布的《测绘计量检定人员资格认证办法》，对测绘计量检定人员资格审批进行了严格的规定。

1) 申请测绘计量检定人员资格的条件
(1) 具有中专以上文化程度。
(2) 具有技术员以上技术职称。
(3) 了解计量工作的相关法律、法规、规章。
(4) 熟练掌握所从事测绘计量检定项目的专业知识和操作技能。
(5) 受聘于测绘计量检定机构。
2) 申请测绘计量检定人员应提交的材料
申请测绘计量检定人员资格应当提交以下材料。
(1) 测绘计量检定人员资格认证申请表。
(2) 学历证书复印件。
(3) 技术职称证书复印件。
(4) 聘用合同复印件。
(5) 一寸近期正面免冠照片。
3) 测绘计量检定人员资格考试

申请测绘计量检定人员资格，必须通过由测绘地理信息主管部门组织的考试。测绘计量检定人员资格考试实行全国统一命题。国务院测绘地理信息主管部门负责组织考试试题的命题和提供工作。测绘计量检定人员资格考试于每年第三季度举行一次。

(1) 申请人初次申请考核认证计量检定员资格考试的科目包括以下几个。
① 测绘、计量基础知识。
② 申请检定项目、测绘器具的专业知识和实际操作技能。
③ 相关法律法规知识。
④ 相应的测绘计量技术规范(规程)或者技术标准。
(2) 申请增加测绘计量检定项目考试的科目包括以下几个。
① 申请增加的检定项目、测绘器具的专业知识和实际操作技能。
② 相应的测绘计量技术规范(规程)或者技术标准。

测绘计量检定人员资格考试的合格分数线由国务院测绘地理信息主管部门确定。测绘计量检定人员资格考试结果，由组织考试的测绘地理信息主管部门书面通知申请人所在单位。

4) 发证

组织考核认证的测绘地理信息主管部门应当对所颁发的《计量检定员证》进行登记造册。由省级测绘地理信息主管部门颁发《计量检定员证》的人员名单及证书编号、检定项目、有效期限等,应当向国务院测绘地理信息主管部门备案。

《计量检定员证》有效期为 5 年。在有效期届满 90 日前,测绘计量检定人员应当按照相关规定,向原颁证机关提出复审申请;逾期未经复审的,其《计量检定员证》自动失效。

5) 监督管理

(1) 按照《中华人民共和国计量法实施细则》的规定,测绘计量检定人员有下列行为之一的,由县级以上计量行政主管部门给予行政处分;构成犯罪的,依法追究刑事责任。

① 伪造检定数据的。
② 出具错误数据,给送检一方造成损失的。
③ 违反计量检定规程进行计量检定的。
④ 使用未经考核合格的计量标准开展检定的。
⑤ 未经考核合格执行计量检定的。

(2) 测绘计量检定人员未按照国家规定的服务标准、资费标准和行政机关依法规定的条件,向用户提供安全、方便、稳定和价格合理的服务,并履行普遍服务的义务的,测绘地理信息主管部门应当责令限期改正,或者依法采取有效措施督促其履行义务。

(3) 被许可人涂改、倒卖、出租、出借测绘计量检定人员证件,或者以其他形式非法转卖的,超越行政许可范围进行测绘计量检定的,向负责监督检查的行政机关隐瞒有关情况、提供虚假材料或者拒绝提供反映其活动情况的真实材料的以及法律法规、规章规定的其他违法行为的,行政机关应当依法给予行政处罚;构成犯罪的,一并追究刑事责任。

3. 测绘计量器具管理

测绘计量器具是指能用以直接或间接测出被测对象量值的测绘装置、设施、仪器仪表、量具和用于统一测绘量值的标准物质,包括测绘计量基准、测绘计量标准和测绘工作计量器具。如经纬仪、全站仪、测距仪、GNSS 接收机、水准仪、钢卷尺等。

1) 检定和校准

测绘计量器具需要进行检定和校准的,要按照国家规定的检定规程和检定周期进行检定或者校准。未经检定或者经检定不合格的,不得提供使用。

2) 保管

测绘计量器具是测绘单位从事测绘生产非常重要的物质条件和基础,没有测绘计量器具,一切测绘活动都无从谈起。为此,测绘单位应当配备与测绘生产、科研、经营管理相适应的测绘计量检测设施,建立健全测绘计量器具管理制度,建立本单位管理的计量器具的明细目录和台账,标明不同测绘计量器具相应的检定周期。同时,要配备专用的测绘仪器保管库房,并配备满足测绘计量器具存放的防火、防潮等设施,保证测绘计量器具正常使用。

3) 使用

使用测绘计量标准器具,必须具备下列条件。

(1) 经计量检定合格的。
(2) 具有正常工作所需的环境条件。

(3) 具有称职的保存、维护、使用人员。

(4) 具有完善的管理制度。

使用实行强制检定的工作计量器具的单位和个人，应当向当地县(市)级人民政府计量行政部门指定的计量检定机构申请周期检定。当地不能检定的，按照就近就地的原则，向上一级人民政府计量行政部门指定的计量检定机构申请周期检定。

同时，使用测绘计量器具，还应当严格按照国家规定的操作规程进行操作，保证测绘计量器具量值的准确传递，从而保障测绘成果质量合格。

4) 修理

(1) 测绘单位修理本单位的测绘计量器具，应当严格按照国家规定的测绘计量标准修理规程进行，并满足相应的物质生产条件。对企业、事业单位修理计量器具的质量，测绘地理信息主管部门应当加强管理，县级以上人民政府计量行政部门有权进行监督检查，包括抽检和监督试验。凡无产品合格印、证，或者经检定不合格的计量器具，不准出厂(库)用于测绘生产。

(2) 具有条件的测绘单位，对社会开展测绘计量器具修理的，应当申请办理《修理计量器具许可证》。申请办理《修理计量器具许可证》可直接向当地县(市)级人民政府计量行政部门申请考核。当地不能考核的，可以向上一级地方人民政府计量行政部门申请考核。经考核合格后取得《修理计量器具许可证》的，方可准予使用国家统一规定的标志和批准营业。

5.6 测绘成果管理

5.6.1 测绘成果的概念与特征

1. 测绘成果的概念

测绘成果是指通过测绘形成的数据、信息、图件以及相关的技术资料，是各类测绘活动形成的记录和描述自然地理要素或者地表人工设施的形状、大小、空间位置及其属性的地理信息、数据、资料、图件和档案。

测绘成果分为基础测绘成果和非基础测绘成果。基础测绘成果包括全国性基础测绘成果和地区性基础测绘成果。

2. 测绘成果的表现形式

测绘成果的表现形式，主要包括数据、信息、图件以及相关的技术资料。

(1) 天文测量、大地测量、卫星大地测量、重力测量的数据和图件。

(2) 航空航天摄影和遥感的底片、磁带。

(3) 各种地图(包括地形图、普通地图、地籍图、海图和其他有关的专题地图等)及其数字化成果。

(4) 各类基础地理信息以及在基础地理信息基础上挖掘、分析形成的信息。

(5) 工程测量数据和图件。
(6) 地理信息系统中的测绘数据及其运行软件。
(7) 其他有关地理信息数据。
(8) 与测绘成果直接有关的技术资料、档案等。

3. 测绘成果的特征

测绘成果是国家重要的基础性信息资源，作为测绘成果主要表现形式的基础地理信息是数据量最大、覆盖面最宽、应用范围最广的战略性信息资源之一，基础地理信息资源的规模、品种和服务水平等已经成为国家信息化水平的一个重要标志。从测绘成果本身的含义及应用范围等方面来归纳分析，可以看出测绘成果具有下列基本特征。

1) 科学性

测绘成果的生产、加工和处理等各个环节，都是依据一定的数学基础、测量理论和特定的测绘仪器设备以及特定的软件系统来进行，因而测绘成果具有科学性的特点。

2) 保密性

测绘成果涉及自然地理要素和地表人工设施的形状、大小、空间位置及其属性，大部分测绘成果都涉及国家安全和利益，具有严格的保密性。

3) 系统性

不同的测绘成果以及测绘成果的不同表示形式，都是依据一定的数学基础和投影法则，在一定的测绘基准和测绘系统控制下，按照先控制、后碎部，先整体、后局部的原则，有着内在的关联，具有系统性。

4) 专业性

不同种类的测绘成果，由于专业不同，其表示形式和精度要求也不尽相同。如大地测量成果与房产测绘成果及地籍测绘成果等都有着明显的区别，带有很强的专业性。这种专业性不仅体现在应用领域和成果作用的不同，还体现在成果精度的不同。

5.6.2 测绘成果质量

1. 测绘成果质量的概念

测绘成果质量是指测绘成果满足国家规定的测绘技术规范和标准，以及满足用户期望目标值的程度。测绘成果质量不仅关系到各项工程建设的质量和安全，关系到经济社会发展规划决策的科学性、准确性，而且涉及国家主权、利益和民族尊严，影响着国家信息化建设的顺利进行。在实际工作中，因测绘成果质量不合格，使工程建设受到影响并造成重大损失的事例时有发生。提高测绘成果质量是国家信息化发展和重大工程建设质量的基础保证，是提高政府管理决策水平的重要途径，是维护国家主权和人民群众利益的现实需要。因此，加强测绘成果质量管理，保证测绘成果质量，对于维护公共安全和公共利益具有十分重要的意义。

2. 测绘成果质量的监督管理

《测绘法》规定，县级以上人民政府测绘地理信息主管部门应当加强对测绘成果质量的监督管理。依法进行测绘成果质量监督管理，是各级测绘地理信息主管部门的法定职责，也是测绘统一监督管理的重要内容。

1) 测绘地理信息主管部门质量监管措施

(1) 加强测绘标准化管理。

测绘标准化对于保证测绘成果质量具有重要作用。各级测绘地理信息主管部门作为测绘成果质量监督管理的实施主体,加强对测绘标准化工作的管理,是实施质量监督的重要内容。一方面,测绘地理信息主管部门要通过制定国家标准和行业标准,加强质量、标准及计量基础工作,确保测绘成果质量。另一方面,测绘地理信息主管部门要加强对测绘计量检定人员资格的考核,严格测绘计量检定人员资格审批,做到持证上岗,保证量值的准确溯源和传递。

(2) 开展测绘成果质量监督检查。

对测绘单位完成的测绘成果定期或者不定期进行监督检查,是各级测绘地理信息主管部门对测绘成果质量监督的重要方法。通过定期开展测绘成果质量监督检查,及时发现问题,督促测绘单位进行整改。检查的主要内容一般包括质量管理制度建立情况、执行测绘技术标准的情况、产品质量状况、仪器设备的检定情况等。通过定期或者不定期检查,推动测绘单位加强测绘成果质量管理,完善各项质量管理制度和措施,确保测绘成果质量。对测绘成果质量监督检查的结果,要通过一定的方式向社会公布。

(3) 加强对测绘仪器设备计量检定情况的监督检查。

测绘仪器设备作为从事测绘工作的重要设施和条件,对于保证测绘成果质量具有重要作用。国家测绘局在1996年5月22日发布的《测绘计量管理暂行办法》中规定,未按规定申请检定或检定不合格的测绘计量器具,不准使用。《测绘计量管理暂行办法》在测绘计量器具目录中,明确规定了 J_2 级以上经纬仪、S_3 级以上水准仪、GNSS 接收机、精度优于 $5\text{ mm}+5\times10^{-6}\cdot D$ 测距仪、全站仪、微伽级重力仪,以及尺类等仪器设备的检定周期为一年,其他精度的仪器设备检定周期一般为两年。因此,测绘地理信息主管部门要认真贯彻落实计量法和计量法实施细则,通过组织实施对测绘项目的检查验收或通过测绘资质证书年度注册的渠道,监督检查测绘单位的测绘仪器设备定期检定情况,加强对测绘仪器设备计量检定的管理,确保测绘仪器设备安全、可靠和量值的准确溯源与传递。

(4) 引导测绘单位建立健全质量管理制度。

《测绘法》将建立健全完善的测绘技术、质量保证体系作为测绘资质申请的一个基本条件,充分说明了建立健全测绘技术、质量保证体系对保证测绘成果质量的重要性。通过引导测绘单位建立健全测绘成果质量管理制度,促使测绘单位自觉规范自身的质量管理行为,明确测绘成果质量管理责任,加强测绘成果质量宣传教育,强化测绘成果质量管理,确保测绘成果质量。

(5) 依法查处不合格的测绘成果。

依法查处测绘成果质量违法案件是加强测绘成果质量监督管理的重要措施和手段。通过查处测绘成果质量违法案件,充分发挥查办案件的治本功能,进一步提高测绘单位的质量意识,增强质量责任,从而有效地保障测绘成果质量。《测绘法》规定,测绘成果质量不合格的,责令测绘单位补测或者重测;情节严重的,责令停业整顿,并处降低资质等级或者吊销测绘资质证书;造成损失的,依法承担赔偿责任。

2) 测绘单位的质量责任

测绘单位是测绘成果生产的主体,必须自觉遵守国家有关质量管理的法律、法规和规章,对完成的测绘成果质量负责。测绘成果质量不合格的，不准提供使用，否则要依法承担相应的法律责任。

(1) 测绘单位应当建立健全测绘成果质量管理制度。

① 测绘单位应当经常进行质量教育，开展群众性质量管理活动，不断增强干部职工的质量意识，有计划、分层次地组织岗位技术培训，逐步实行持证上岗。

② 测绘单位必须建立健全测绘成果质量管理制度。甲、乙级测绘单位应当设立专门的质量管理或者质量检查机构；丙级测绘单位应当设立专职质量检查人员；丁级测绘单位应当设立兼职质量检查人员。

③ 测绘单位应当按照国家的《质量管理和质量保证》标准，推行全面质量管理，建立和完善测绘质量体系。甲级测绘单位应当通过ISO 9000系列质量保证体系认证，乙级测绘单位应当通过ISO 9000系列质量保证体系认证或者通过省级测绘地理信息主管部门考核，丙级测绘单位应当通过ISO 9000系列质量保证体系认证或者通过设区的市(州)级以上测绘地理信息主管部门考核，丁级测绘单位应当通过县级以上测绘地理信息主管部门考核。

(2) 测绘单位对其完成的测绘成果质量负责，承担相应的质量责任。

① 测绘单位的法定代表人确定本单位的质量方针和质量目标，签发质量手册，建立本单位的质量体系并保证有效运行，对本单位提供的测绘成果承担质量责任。

② 测绘单位的行政领导及总工程师(负责人)按照职责分工负责质量方针、质量目标的贯彻实施，签发有关的质量文件及作业指导书，处理生产过程中的重大技术问题和质量争议，审议技术总结，对本单位成果的技术设计质量负责。

③ 测绘单位的质量管理机构及质量检查人员在规定的职权范围内，负责质量管理的日常工作。包括编制年度质量计划，贯彻技术标准和质量文件，对作业过程进行现场监督和检查，处理质量问题，组织实施内部质量审核工作。各级检查人员对其所检查的成果质量负责。

④ 测绘生产人员必须严格执行操作规程，按照技术设计进行作业，并对作业质量负责。其他岗位的工作人员，应当严格执行有关的规章制度，保证本岗位的工作质量，因工作质量问题影响成果质量的，承担相应的质量责任。

⑤ 测绘单位按照测绘项目的实际情况实行项目质量负责人制度。项目质量负责人对该测绘项目的产品质量负直接责任。

⑥ 测绘成果质量不合格的，责令测绘单位补测或者重测；情节严重的，责令停业整顿，并处降低资质等级或者吊销测绘资质证书；造成损失的，依法承担赔偿责任。

(3) 测绘成果必须经过检查验收，验收合格后方能对外提供利用。

① 测绘单位对测绘成果质量实行过程检查和最终检查。

② 测绘成果过程检查由测绘单位的中队(室、车间)检查人员承担。

③ 测绘成果最终检查由测绘单位的质量管理机构负责实施。

④ 验收工作由测绘项目的委托单位组织实施，或由该单位委托具有检验资格的检验机构验收，验收工作应在测绘成果最终检查合格后进行。

⑤ 检查、验收人员与被检查单位在质量问题的处理上有分歧时，属检查中的，由测绘单位的总工程师裁定；属验收中的，由测绘单位上级质量管理机构裁定。凡委托验收中产生的分歧可报各省、自治区、直辖市测绘地理信息主管部门的质量管理机构裁定。

5.6.3 测绘成果汇交

测绘成果是国家基础性、战略性信息资源,是国家花费大量人力、物力生产的宝贵财富和重要的空间地理信息,是国家进行各项工程建设和经济社会发展的重要基础。为充分发挥测绘成果的作用,提高测绘成果的使用效益,降低政府行政管理成本,实现测绘成果的共建共享,国家实行测绘成果汇交制度。

1. 测绘成果汇交的概念

测绘成果汇交是指向法定的测绘公共服务和公共管理机构提交测绘成果副本或者目录,由测绘公共服务和公共管理机构编制测绘成果目录,并向社会发布信息,利用汇交的测绘成果副本更新测绘公共产品和依法向社会提供利用。

2. 测绘成果汇交的特征

1) 法定性

测绘成果汇交制度是《测绘法》确定的一项重要法律制度。《测绘法》和《测绘成果管理条例》不仅规定了测绘成果汇交的主体、接受主体和汇交的形式,同时也规定了测绘成果汇交的具体内容和具体程序。测绘成果汇交具有法定性特征。

2) 无偿性

测绘成果汇交的目的是促进测绘成果的广泛利用,提高测绘成果的使用效益。《测绘成果管理条例》规定了测绘成果目录或者副本实行无偿汇交的制度。

3) 完整性

测绘成果具有科学性、系统性和专业性等特点,测绘成果所包含的数据、信息、图件以及相关的技术资料是有机统一的整体,不可分割。如果只汇交了测量控制网坐标成果,而没有成果说明及技术设计等资料,那么整个控制网所采用的测量基准和测量系统等都是不可知的,测量成果也是不能使用的。因此,测绘成果汇交必须完整。测绘成果汇交具有完整性特征。

4) 时效性

测绘成果所承载的自然地理要素或者地表人工设施的形状、大小、空间位置及其属性信息会不断发生变化,测绘成果汇交必须坚持一定的时效性。《测绘成果管理条例》规定,测绘项目出资人或者承担国家投资的测绘项目的单位应当自测绘项目验收完成之日起三个月内,向测绘地理信息主管部门汇交测绘成果副本或者目录。

3. 测绘成果汇交的主体

1) 测绘项目出资人

按照现行测绘法律、行政法规的规定,对没有使用国家投资的测绘项目,或者是由公民、法人或者其他组织自行出资的测绘项目,由测绘项目出资人按照规定向测绘项目所在地的省、自治区、直辖市测绘地理信息主管部门汇交测绘成果目录,测绘成果汇交的主体为测绘项目出资人。依法汇交测绘成果目录是测绘项目出资人的法定义务。

2) 承担测绘项目的测绘单位

基础测绘项目或者国家投资的其他测绘项目,测绘成果汇交的主体为承担测绘项目的单位,由测绘单位汇交测绘成果副本或者目录。中央财政投资完成的测绘项目,由承担测绘项目的单位向国务院测绘地理信息主管部门汇交测绘成果资料;地方财政投资完成的测绘项目,由承担测绘项目的单位向测绘项目所在地的省、自治区、直辖市人民政府测绘地理信息主管部门汇交测绘成果资料。属于基础测绘的,承担测绘项目的单位要依法汇交测绘成果副本。

3) 中方部门或者单位

《测绘成果管理条例》对外国的组织或者个人与中华人民共和国有关部门或者单位合作,经批准在中华人民共和国领域内从事测绘活动的,明确规定测绘成果归中方部门或者单位所有,并由中方部门或者单位向国务院测绘地理信息主管部门汇交测绘成果副本。

4) 市、县级测绘行政主管部门

随着我国测绘地理信息管理体制的不断完善,目前很多省、自治区、直辖市通过颁布地方性测绘法规和政府规章的方式,都坚持了逐级进行测绘成果汇交的原则,从而使市、县级测绘地理信息主管部门成为成果汇交的一个特殊主体。测绘单位或者测绘项目出资人按照属地管理的原则,将测绘成果资料汇交至所在地测绘地理信息主管部门,然后按照规定的时限,由市、县级测绘地理信息主管部门统一汇交至省级测绘地理信息主管部门,使我国的测绘成果汇交制度得到了延伸。

4. 测绘成果汇交的内容

按照《测绘法》《测绘成果管理条例》和国家测绘局 1993 年制定的《关于汇交测绘成果目录和副本的实施办法》的规定,测绘成果汇交的主要内容包括测绘成果目录和副本两部分。

1) 测绘成果目录

(1) 按国家基准和技术标准施测的一、二、三、四等天文、三角、导线、长度、水准测量成果的目录。

(2) 重力测量成果的目录。

(3) 具有稳固地面标志的全球定位测量(GPS)、多普勒定位测量、卫星激光测距(SLR)等空间大地测量成果的目录。

(4) 用于测制各种比例尺地形图和专业测绘的航空摄影底片的目录。

(5) 我国自己拍摄的和收集国外的可用于测绘或修测地形图及其他专业测绘的卫星摄影底片和磁带的目录。

(6) 面积在 10 km² 以上的 1∶500~1∶2 000 比例尺地形图和整幅的 1∶1000~1∶100 万比例尺地形图(包括影像地图)的目录。

(7) 其他普通地图、地籍图、海图和专题地图的目录。

(8) 上级有关部门主管的跨省区、跨流域,面积在 50 km² 以上,以及其他重大国家项目的工程测量的数据和图件目录。

(9) 县级以上地方人民政府主管的面积在省管限额以上(由各省、自治区、直辖市人民政府颁发的政府规章确定)的工程测量的数据和图件目录。

2) 测绘成果副本

(1) 按国家基准和技术标准施测的一、二、三、四等天文、三角、导线、长度、水准测量成果的成果表、展点图(路线图)、技术总结和验收报告的副本。

(2) 重力测量成果的成果表(含重力值归算、点位坐标和高程、重力异常值)、展点图、异常图、技术总结和验收报告的副本。

(3) 具有稳固地面标志的全球定位测量(GPS)、多普勒定位测量、卫星激光测距(SLR)等空间大地测量的测量成果、布网图、技术总结和验收报告的副本。

(4) 正式印制的地图,包括各种正式印刷的普通地图、政区地图、教学地图、交通旅游地图,以及全国性和省级的其他专题地图。

3) 基础测绘成果汇交的内容

基础测绘成果是国家各项建设、公共服务中普遍使用和频繁使用的成果资料,具有公共产品的性质。依据《测绘法》和《测绘成果管理条例》的规定,测绘成果属于基础测绘成果的,应当汇交副本;属于非基础测绘成果的,应当汇交目录。

下列测绘成果为基础测绘成果。

(1) 为建立全国统一的测绘基准和测绘系统进行的天文测量、三角测量、水准测量、卫星大地测量、重力测量所获取的数据、图件。

(2) 基础航空摄影所获取的数据、影像资料。

(3) 遥感卫星和其他航天飞行器对地观测所获取的基础地理信息遥感资料。

(4) 国家基本比例尺地图、影像图及其数字化产品。

(5) 基础地理信息系统的数据、信息等。

上述基础测绘成果应当由承担基础测绘项目的测绘单位依法汇交测绘成果副本。

5. 测绘成果资料目录

测绘成果资料目录是测绘成果类别、规格和属性信息等的索引,是按照一定的分类规则将测绘成果的名称、数量、规格及属性等信息编制成册。测绘成果目录包括全国测绘成果目录和省级测绘成果目录。

国家对测绘成果资料目录的编制非常重视。国家测绘局于1994年专门出台了《测绘成果目录编制技术规定(试行)》,《测绘法》及《测绘成果管理条例》对测绘成果资料目录的编制公布均做出了明确的规定。

测绘成果目录由国务院测绘地理信息主管部门和省、自治区、直辖市人民政府测绘地理信息主管部门编制。按照我国现行测绘法律、行政法规的规定,测绘成果汇交的接收主体为国务院测绘地理信息主管部门和省、自治区、直辖市人民政府测绘地理信息主管部门,因此法律明确规定测绘成果目录由国务院测绘地理信息主管部门和省、自治区、直辖市人民政府测绘地理信息主管部门定期进行编制。

测绘成果资料目录应当向社会公布。测绘成果汇交的目的是促进测绘成果的利用,发挥测绘信息资源的作用。测绘成果资料目录是测绘成果的微观反映,只有及时向社会公布,才能让社会公众了解测绘地理信息主管部门所拥有的测绘成果,从而更好地发挥测绘成果的作用。测绘成果资料目录属于政府信息公开的重要内容,测绘地理信息主管部门应当依法进行公开。

6. 测绘成果汇交的法律责任

测绘成果汇交的法律责任主要包括以下三个方面。

1) 不按照规定汇交测绘成果资料的法律责任

《测绘法》对测绘成果汇交主体不按照规定汇交测绘成果资料的法律责任做出了规定：不汇交测绘成果资料的，责令限期汇交；逾期不汇交的，对测绘项目出资人处以重测所需费用 1 倍以上 2 倍以下的罚款，对承担国家投资的测绘项目的单位处以 5 万元以上 20 万元以下的罚款，暂扣测绘资质证书，自暂扣测绘资质证书之日起 6 个月内仍不汇交测绘成果资料的，吊销测绘资质证书；并对负有直接责任的主管人员和其他直接责任人员依法给予处分。

2) 测绘地理信息主管部门的法律责任

《测绘成果管理条例》对测绘地理信息主管部门的法律责任进行了规定，明确县级以上人民政府测绘地理信息主管部门有下列行为之一的，由本级人民政府或者上级人民政府测绘地理信息主管部门责令改正，通报批评；对直接负责的主管人员和其他直接责任人员，依法给予处分。

(1) 接收汇交的测绘成果副本或者目录，未依法出具汇交凭证的。

(2) 未及时向测绘成果保管单位移交测绘成果资料的。

(3) 未依法编制和公布测绘成果资料目录的。

(4) 发现违法行为或者接到对违法行为的举报后，不及时进行处理的。

(5) 不依法履行监督管理职责的其他行为。

3) 测绘成果保管单位的法律责任

《测绘成果管理条例》规定，测绘成果保管单位有下列行为之一的，由测绘地理信息主管部门给予警告，责令改正；有违法所得的，没收违法所得；造成损失的，依法承担赔偿责任；对直接负责的主管人员和其他直接责任人员，依法给予处分。

(1) 未按照测绘成果资料的保管制度管理测绘成果资料，造成测绘成果资料损毁、散失的。

(2) 擅自转让汇交的测绘成果资料的。

(3) 未依法向测绘成果的使用人提供测绘成果资料的。

5.6.4 测绘成果保管

1. 测绘成果保管的概念

测绘成果保管是指测绘成果保管单位依照国家有关档案法律、行政法规的规定，采取科学的防护措施和手段，对测绘成果进行归档、保存和管理的活动。

由于测绘成果具有专业性、系统性、保密性等特点；同时，测绘成果又以纸质资料和数据形态共同存在，使测绘成果保管不同于一般的文档资料。测绘成果资料的存放设施与条件，应当符合国家测绘、保密、消防及档案管理的有关规定和要求。

2. 测绘成果保管的特点

1) 测绘成果保管要采取安全保障措施

由于测绘成果是广大测绘工作者在不同时期获取的自然地理要素和地表人工设施的真

实反映，不仅数量大，而且测绘成果的获取需要花费大量人力、物力和财力，测绘成果一经丢失、损坏，便必须再到实地重新测绘才能获得。因此，测绘成果保管单位必须采取安全保障措施，保障测绘成果的完整和安全。测绘成果资料的存放设施与条件，应当符合国家保密、消防及档案管理的有关规定和要求。

  2) 基础测绘成果保管要采取异地备份存放制度

  基础测绘是指建立全国统一的测绘基准和测绘系统，进行基础航空摄影，获取基础地理信息的遥感资料，测制和更新国家基本比例尺地图、影像图和数字化产品，建立、更新基础地理信息系统。基础测绘成果是国家经济建设、国防建设和社会发展的重要保障和基础，为保障国家基础测绘成果资料的安全，避免出现基础测绘成果资料由于意外情况造成毁坏、散失，《测绘成果管理条例》规定，测绘成果保管单位应当建立健全测绘成果资料的保管制度，配备必要的设施，确保测绘成果资料的安全，并对基础测绘成果资料实行异地备份存放制度。

  3) 测绘成果保管不得损毁、散失和转让

  由于测绘成果的重要性、保密性和具有著作权特点，《测绘成果管理条例》第十二条规定，测绘成果保管单位应当按照规定保管测绘成果资料，不得损毁、散失和转让。

  3. 测绘地理信息业务档案管理

  为加强测绘科技档案管理，国家测绘局、国家档案局于1988年3月4日发布了《测绘科学技术档案管理规定》，对测绘科技档案的内容、机构及其职责、归档、保管、利用、销毁等做出了规定。根据《中华人民共和国测绘法》《中华人民共和国档案法》等法律法规，在坚持问题导向、加强重点研究、准确把握形势、继承与创新并举，强化规范性、合法性、前瞻性、指导性原则基础上，国家测绘地理信息局、国家档案局于2015年3月5日共同制定印发了《测绘地理信息业务档案管理规定》。该规定从测绘地理信息业务档案管理原则、落实档案管理职能、健全档案工作机制、完善档案安全保管制度、丰富优化馆藏结构、推进档案信息化建设、促进档案信息资源共享、依法加大监督管理力度等方面，对测绘地理信息业务档案进行了规范，为保障档案事业可持续发展和依法治档提供了法规依据。《测绘科学技术档案管理规定》(国测发〔1988〕82号)届时废止。

  1) 测绘地理信息业务档案的主要内容

  测绘地理信息业务档案是指在从事测绘地理信息业务活动中形成的具有保存价值的文字、数据、图件、电子文件、声像等不同形式和载体的历史记录。测绘地理信息业务档案主要包括以下几个方面。

  (1) 航空航天遥感影像获取档案；
  (2) 基础测绘项目档案；
  (3) 地理国情监测(普查)档案；
  (4) 应急测绘保障服务档案；
  (5) 测绘成果与地理信息应用档案；
  (6) 测绘科学技术研究项目档案；
  (7) 工程测量档案；
  (8) 海洋测绘与江河湖水下测量档案；
  (9) 界线测绘与不动产测绘档案；

(10) 公开地图制作档案。
2) 测绘地理信息业务档案管理机构

省级以上测绘地理信息行政主管部门及有条件的市、县测绘地理信息行政主管部门应当设立专门的测绘地理信息业务档案保管机构。测绘地理信息单位应当设立档案资料室，负责管理本单位测绘地理信息业务档案。测绘地理信息业务档案保管机构的职责如下。

(1) 接收、整理、集中保管测绘地理信息业务档案；
(2) 开发和提供利用馆藏测绘地理信息业务档案资源；
(3) 开展测绘地理信息业务档案信息化建设；
(4) 指导测绘地理信息业务档案的形成、积累、整理、立卷等档案业务工作；
(5) 督促建档单位按时移交测绘地理信息业务档案；
(6) 承担测绘地理信息业务档案验收工作；
(7) 负责测绘地理信息业务档案鉴定工作；
(8) 收集国内外有利用价值的测绘地理信息资料、文献等；
(9) 开展馆际交流活动。

3) 测绘地理信息业务档案管理职责

国务院测绘地理信息主管部门负责全国测绘地理信息业务档案管理工作。县级以上地方人民政府测绘地理信息主管部门负责本行政区域内的测绘地理信息业务档案管理工作。国家和地方档案行政管理部门应当加强对测绘地理信息业务档案的监督和指导。各级测绘地理信息主管部门应当加强测绘地理信息业务档案基础设施建设，推进测绘地理信息业务档案信息化和数字档案馆建设。涉及国家秘密的测绘地理信息业务档案的管理，应当遵守国家有关保密的法律法规规定。

(1) 国务院测绘地理信息主管部门的职责。
① 贯彻执行国家档案工作的法律、法规和方针政策，统筹规划全国测绘地理信息业务档案工作；
② 制定国家测绘地理信息业务档案管理制度、标准和技术规范；
③ 指导、监督、检查全国测绘地理信息业务档案工作；
④ 组织国家重大测绘地理信息项目业务档案验收工作。

(2) 县级以上地方人民政府测绘地理信息主管部门的职责。
① 贯彻执行档案工作的法律、法规和方针政策，制定本行政区域的测绘地理信息业务档案工作管理制度；
② 指导、监督、检查本行政区域的测绘地理信息业务档案工作；
③ 组织本行政区域内重大测绘地理信息项目业务档案验收工作。

4) 测绘地理信息业务档案的建档与归档

(1) 测绘地理信息项目承担单位负责测绘地理信息业务文件资料归档材料的形成、积累、整理、立卷等建档工作。

(2) 测绘地理信息业务档案建档工作应当纳入测绘地理信息项目计划、经费预算、管理程序、质量控制、岗位责任。测绘地理信息项目实施过程中，应当同步提出建档工作要求，同步检查建档制度执行情况。

(3) 测绘地理信息项目组织部门下达测绘地理信息项目计划时，应当以书面形式告知相应的档案保管机构，并在项目合同书、设计书等文件中，明确提出测绘地理信息业务档案的归档范围、份数、时间、质量等要求。

(4) 建档单位应当按照《测绘地理信息业务档案保管期限表》，将归档材料收集齐全、整理立卷，确保测绘地理信息业务档案的完整、准确、系统和安全。不得篡改、伪造、损毁、丢失测绘地理信息业务档案。

(5) 测绘地理信息归档业务文件材料应当原始真实、系统完整、清晰易读和标识规范，符合归档要求，档案载体能够长期保存。

(6) 国家或地方重大测绘地理信息项目业务档案验收应当由相应的测绘地理信息行政主管部门组织实施，并出具验收意见。其他测绘地理信息项目业务档案的验收，由相应的档案保管机构负责，并出具验收意见。测绘地理信息项目组织部门在完成项目验收后，应当将项目验收意见抄送档案保管机构。建档单位应当在测绘地理信息项目验收完成之日起两个月内，向项目组织部门所属的档案保管机构移交测绘地理信息业务档案，办理归档手续。

5) 测绘地理信息业务档案的保管与销毁

(1) 测绘地理信息业务档案的保管。

① 档案保管机构应当将测绘地理信息业务档案进行分类、整理并编制目录，做到分类科学、整理规范、排架有序和目录完整。

② 测绘地理信息业务档案保管期限分为永久和定期。具有重要查考利用保存价值的，应当永久保存；具有一般查考利用保存价值的，应当定期保存，期限为10年或30年，具体划分办法按照《测绘地理信息业务档案保管期限表》的要求执行。

③ 档案保管机构应当具备档案安全保管条件，库房配备防火、防盗、防渍、防有害生物、温湿度控制、监控等保护设施设备，库房管理应当符合国家有关规定。

④ 档案保管机构应当建立健全测绘地理信息业务档案安全保管制度，定期对测绘地理信息业务档案保管状况进行检查，采取有效措施，确保档案安全。重要的测绘地理信息业务档案实行异地备份保管。

⑤ 因机构变动等原因，测绘地理信息业务档案保管关系发生变更的，原单位应当妥善保管测绘地理信息业务档案并向指定机构移交。

⑥ 鼓励单位和个人向档案保管机构移交、捐赠、寄存测绘地理信息业务档案，档案保管机构应当对其进行妥善保管。

(2) 测绘地理信息业务档案的销毁。

档案保管机构应当对保管期满的测绘地理信息业务档案提出鉴定意见，并报同级测绘地理信息行政主管部门批准。对不再具有保存价值的档案应当登记、造册，经批准后按规定销毁。禁止擅自销毁测绘地理信息业务档案。

6) 测绘地理信息业务档案的利用

(1) 各级测绘地理信息行政主管部门和档案保管机构应当依法向社会开放测绘地理信息业务档案，法律、法规另有规定的除外。单位和个人持合法证明，可以依法利用已经开放的测绘地理信息业务档案。

(2) 档案保管机构应当定期公布馆藏开放的测绘地理信息业务档案目录，并为档案利用创造条件，简化手续，提供方便。

测绘地理信息业务档案的阅览、复制、摘录等应当符合国家有关规定。

(3) 各级测绘地理信息行政主管部门和档案保管机构应当采取档案编研、在线服务、交换共享等多种方式,加强对档案信息资源的开发利用,提高档案利用价值,扩大利用领域。

(4) 向档案保管机构移交、捐赠、寄存测绘地理信息业务档案的单位和个人,对其档案具有优先利用权,并可对其不宜向社会开放的档案提出限制利用意见,维护其合法权益。

7) 测绘地理信息业务档案监督管理

(1) 各级测绘地理信息行政主管部门应当加强对测绘地理信息业务档案工作的领导,明确分管负责人、工作机构和人员,建立健全档案管理规章制度,保障档案工作所需经费,配备适应档案现代化管理需要的设施设备。

(2) 各级测绘地理信息行政主管部门应当依法履行管理职责,加强对测绘地理信息业务档案工作的监督检查,对违法违规行为责令整改。

(3) 对于违反国家档案管理规定,造成测绘地理信息业务档案失真、损毁、丢失的,依法追究相关人员的责任;构成犯罪的,依法移送司法机关处理。

4. 测绘成果保管的措施

测绘成果保管涉及测绘成果及测绘地理信息业务档案保管部门、测绘成果所有权人、测绘单位以及测绘成果使用单位等多个主体。不管是哪种类型的测绘成果保管主体,都必须按照《测绘法》等有关法律、法规的规定,建立健全测绘成果保管制度,采取措施保障测绘成果的完整和安全并按照国家有关规定向社会公开和提供利用。

1) 建立测绘成果保管制度,配备必要的设施

测绘成果是广大测绘工作者风餐露宿,付出艰辛劳动获取的成果,是政府管理、国土规划、文化教育、科学研究、外交和国防建设不可缺少的地理信息战略资源和国家的宝贵财富,大部分测绘成果都涉及国家秘密,事关国家安全和利益。因此,测绘成果保管单位应当本着对国家和人民利益高度负责的精神,建立有效的管理制度,配备必要的安全防护设施,防止测绘成果的损坏、丢失、灭失和失(泄)密。

(1) 需要建立的测绘成果保管制度。

需要建立的测绘成果保管制度,主要是指按照《测绘法》《档案法》《保密法》《测绘成果管理条例》的有关规定,制定和完善测绘成果存放、保管、提供、销毁、复制、保密等方面的制度,并要成立相应的测绘成果保管工作机构,明确相应的测绘成果保管人员和职责,确保各项测绘成果保管制度落实到位。

(2) 配备必要的设施。

测绘成果保管单位配备的测绘成果保管和安全防护设施主要包括以下几个方面。

① 存放载体介质的库房设施。如纸质介质档案资料库房、胶片介质档案资料库房、磁介质档案资料库房等其他特殊要求的档案资料库房。

② 存放载体介质的柜架设施。如档案资料密集柜、磁介质档案资料专用柜等其他特殊要求的档案资料柜架。

③ 专业技术设备。如档案资料修复与保护设备、磁介质读取备份与维护设备、档案资料杀虫除菌设备、温湿度检测控制设备等。

④ 安全防护设施。如监视设施、报警设施、防盗设施、防火设施、防磁设施、换风设施等。

⑤ 管理与服务设备。如日常管理与服务用计算机、档案资料管理与服务专业软件、网络设备、目录数据采集设备、档案资料扫描数字化设备、数据存储设备等。

2) 基础测绘成果资料实行异地备份存放制度

基础测绘成果是测绘成果中的核心成果,是国家直接投资完成的重要资源,属于公共财政支持的范畴,大多属于国家秘密,直接关系国家安全。基础测绘成果异地备份存放,就是将基础测绘成果进行备份,并存放于不同地点,以保证基础测绘成果意外损毁后,可以迅速恢复基础测绘成果。异地存放的基础测绘成果资料,应与本地存放的测绘成果资料所采取的安全措施同一规格,要符合国家保密、消防及档案管理部门的有关规定和要求。

5.6.5 测绘成果保密管理

国家秘密是指关系国家的安全和利益,依照法定程序规定,在一定时间内只限一定范围的人员知悉的事项。我国国家秘密的密级分为"绝密""机密""秘密"三级。"绝密"是最重要的国家秘密,泄露会使国家的安全和利益受到特别严重的损害;"机密"是重要的国家秘密,泄露会使国家的安全和利益遭受严重的损害;"秘密"是一般的国家秘密,泄露会使国家的安全和利益遭受一定程度的损害。

为了保守国家秘密,维护国家的安全和利益,保障社会主义现代化建设的顺利进行,《中华人民共和国保守国家秘密法》(全国人大1988年9月5日通过,2010年4月29日第十一届全国人民代表大会常务委员会第十四次会议进行了修订,以下简称《保密法》)明确规定一切国家机关、武装力量、政党、社会团体、企事业单位和公民都有保守国家秘密的义务。测绘成果是指通过测绘形成的数据、信息、图件以及相关的技术资料,大部分测绘成果都涉及国家秘密。加强测绘成果保密管理,对于维护国家安全和利益,保守国家秘密,具有十分重要的意义。

1. 测绘成果保密的概念

测绘成果保密,是指测绘成果由于涉及国家秘密,综合运用法律和行政手段将测绘成果严格限定在一定范围内和被一定的人员知悉的活动。

大量的测绘成果属于国家秘密,测绘成果也相应地划分为秘密测绘成果和公开测绘成果两类。对于测绘成果的密级划分,1984年4月国家测绘局专门出台了《全国测绘资料和测绘档案管理规定》。2003年12月23日,国家测绘局和国家保密局又联合印发了《测绘管理工作国家秘密范围的规定》,对测绘成果的密级进行了严格的划分。

1) 绝密级测绘成果

绝密级测绘成果包括:国家大地坐标系、地心坐标系以及独立坐标系之间的相互转换参数;分辨率高于$5'×5'$,精度优于±1毫伽的全国性高精度重力异常成果;1:1万、1:5万全国高精度数字高程模型;地形图保密处理技术参数及算法。

2) 机密级测绘成果

机密级测绘成果包括:国家等级控制点坐标成果以及其他精度相当的坐标成果;国家等级天文测量、三角测量、导线测量、卫星大地测量的观测成果;国家等级重力点成果及其他精度相当的重力点成果;分辨率高于$30'×30'$,精度优于±5毫伽的重力异常成果;精度优于±1m

的高程异常成果，精度优于±3″的垂线偏差成果；涉及军事禁区的大于或等于 1∶1 万的国家基本比例尺地形图及其数字化成果；1∶2.5 万、1∶5 万、1∶10 万国家基本比例尺地形图及其数字化成果；空间精度及涉及的要素和范围相当于上述机密基础测绘成果的非基础测绘成果。

3) 秘密级测绘成果

秘密级测绘成果包括：构成环线或者线路长度超过 1000 m 的国家等级水准网成果资料；重力加密点成果；分辨率高于 30′×30′至 1°×1°，精度在±5 毫伽至±10 毫伽的重力异常成果；精度优于±1 m 至±2 m 的高程异常成果，精度优于±3″至±6″的垂线偏差成果；非军事禁区 1∶5000 国家基本比例尺地形图，或多张连续的、覆盖范围超过 6 km^2 的大于 1∶5000 的国家基本比例尺地形图及其数字化成果；1∶10 万、1∶25 万、1∶50 万国家基本比例尺地形图及其数字化成果；军事禁区及国家安全要害部门所在地的航摄影像；空间精度及涉及的要素和范围相当于上述秘密基础测绘成果的非基础测绘成果；涉及军事、国家安全要害部门的点位名称及坐标；涉及国民经济重要设施精度优于±100 m 的点位坐标。属于国家秘密测绘成果的保密期限，一律定为"长期"保存。

随着测绘科技的进步和测绘事业的发展，测绘成果的种类和表现形式越来越多，测绘成果的保密问题也越来越突出。由于测绘成果广泛服务于经济社会发展的各个领域，测绘成果密级越高，其应用范围越小。为了促进测绘成果的广泛利用，必须正确处理测绘成果保密与经济社会发展的需求关系。

2. 测绘成果保密的特征

1) 测绘成果涉及的国家秘密事项是客观存在的实物

测绘成果保密的关键是一部分自然地理要素和地表人工设施的大小、形状、空间位置及其属性需要保密。例如军事设施的空间位置、大小、形状和属性需要保密，有些政治设施、经济设施、科技设施以及国家安全设施等的空间位置、大小、形状、属性需要保密，决定了相应的测绘成果必须保密。这些特定的设施都是客观存在的物质实体，测绘成果涉及的国家秘密事项是客观存在的实物。

2) 测绘成果涉及的国家秘密事项具有广泛性

不论国家还是地区的测绘成果，都是对国家或者一个区域自然地理要素和地表人工设施的空间位置、大小、形状和属性的客观反映。这些自然地理要素和地表人工设施不仅分布广泛，其数量也是十分浩大的。根据《保密法》的规定，国家事务中的重大决策中的秘密事项、国防建设和武装力量活动中的秘密事项、外交和外事活动中的秘密事项以及对外承担保密义务的事项、国民经济和社会发展中的秘密事项、科学技术中的秘密事项、维护国家安全活动和追查刑事犯罪中的秘密事项、其他经国家保密工作部门确定为应当保守的国家秘密事项等都属于国家秘密，这些国家秘密的相当一部分都会通过测绘手段，真实地反映在不同类型的测绘成果上。因此，测绘成果涉及国家秘密的事项具有广泛性。

3) 涉及国家秘密的测绘成果数量大，涉及面广

2018 中国地理信息产业大会于 7 月 26 日至 27 日在海口召开。据会上发布的 2018 中国地理信息产业报告显示，2018 年中国地理信息产业稳步发展，并向高质量方向转变，产业总产值预计超过 6200 亿元，同比增长 20%。截至 2018 年 6 月底，测绘地理信息产业从业单位

数量超过 9.5 万家,其中测绘资质单位已超过 1.9 万家。测绘地理信息产业从业人员数量超过 117 万人,其中测绘资质单位从业人员超过 46 万人。中国地理信息产业规模稳步壮大、国际地位提升,产业结构不断优化,龙头企业成长势头强劲、带头效应明显,转型升级初见成效,新服务、新业态、新产品不断出现,产业发展环境持续优化,自主创新能力持续提升,服务领域不断拓展,测绘地理信息专业就业率保持高位,国际市场开拓取得新进展。地理信息产业已经成为国民经济新的经济增长点。面对如此巨大的市场,测绘成果的数量巨大,其中大部分都属于国家秘密。国家大地坐标系统、平面坐标系统、高程系统、重力测量系统的控制点数量至少有 100 多万点的数据;国家 1∶1 万~1∶100 万基本比例尺地形图及数据库,城市 1∶500、1∶1000、1∶2000、1∶5000 比例尺地形图及数据库,以及数字高程模型、数字正射影像信息、数据库等,都涉及国家秘密,与这些测绘成果直接接触的人员数量是相当大的,这些人员涉及的领域和范围也非常广。

4) 测绘成果涉及的国家秘密事项保密时间长

测绘成果涉及的国家秘密要素是以实物形式存在的物质实体,这些物质实体一般情况下都会长期存在着,即使由于各种人为和不可抗力使这些物质实体不存在了,也会由此而产生新的保密内容。特别是各类测绘系统的点位和数据,始终是测定保密要素的空间位置、大小、形状的依据。因此,除国家有变更密级或解密的规定外,测绘成果的保密期限都是长期的,需要长久保存。

5) 测绘成果不同于其他文件、档案等保密资料

测绘成果一经提供出去,便由使用单位自行使用、保存和销毁,与其他带有密级的文件、档案等秘密资料不同。其他带有密级的文件、档案、音像等资料一般都采取登记借阅的方式,借阅完后要在规定的时间内归还。因此,对提供和使用测绘成果的单位和人员都要有特殊的要求,以防止泄露国家秘密的事件发生,危害国家安全和利益。为此,《测绘法》明确规定,对外提供测绘成果,必须经国务院测绘地理信息主管部门和军队测绘部门批准。

3. 测绘成果保密管理规定

《测绘法》规定了测绘成果保密管理制度,其具体内容涉及以下几个方面。

(1) 测绘成果属于国家秘密的,适用国家保密法律、行政法规的规定。

本条规定包含了以下两个方面的内容。

① 确定哪些测绘成果属于国家秘密。

明确测绘成果的秘密范围和秘密等级,对于测绘成果保密管理具有十分重要的作用。关于测绘成果的秘密范围和秘密等级的划分,国家秘密法、保密法实施办法以及国家保密局、国家测绘局联合制定的《测绘管理工作国家秘密范围的规定》都有明确的规定,是划分测绘成果秘密范围和秘密等级的依据。测绘成果保密管理,首先必须清楚哪些测绘成果属于国家秘密,是什么秘密等级,只有在这个前提下,才能更好地进行管理。

② 测绘成果保密适用国家保密法律、行政法规的规定。《保密法》《保密法实施办法》《测绘成果管理条例》等都对测绘成果保密进行了严格的规定。保守国家秘密法明确规定一切国家机关、武装力量、政党、社会团体、企事业单位和公民都有保守国家秘密的义务,报刊、书籍、地图、图文资料、声像制品的出版和发行等,应当遵守有关保密规定,不得泄露国家秘密;携带属于国家秘密的文件、资料和其他物品外出不得违反有关保密规定;加强测

绘成果保密管理，测绘成果保管单位应当建立健全测绘成果资料的保管制度，配备必要的设施，确保测绘成果资料的安全。

(2) 对外提供属于国家秘密的测绘成果，按照国务院和中央军事委员会规定的审批程序执行。

① 对外提供属于国家秘密的成果应当依法经过审批。涉及国家秘密的测绘成果与国家安全和利益密切相关。涉及国家秘密的测绘成果一旦泄露出去，会对国家安全造成严重的威胁和损害。因此，《测绘成果管理条例》规定，对外提供属于国家秘密的测绘成果，应当按照国务院和中央军事委员会规定的审批程序，报国务院测绘地理信息主管部门或者省、自治区、直辖市人民政府测绘地理信息主管部门审批；测绘地理信息主管部门在审批前，应当征求军队有关部门的意见。

② 对外提供属于国家秘密的测绘成果要按照规定的审批程序进行。对外提供属于国家秘密的测绘成果属于一项测绘行政许可事项。按照《行政许可法》的规定，行政许可必须由法定的实施机关按照法定的条件、标准和程序进行。《测绘成果管理条例》规定，对外提供属于国家秘密的测绘成果，应当按照国务院和中央军事委员会规定的审批程序，报国务院测绘地理信息主管部门或者省、自治区、直辖市人民政府测绘地理信息主管部门审批。

(3) 测绘成果保管单位应当采取措施保障测绘成果的完整和安全，并按照国家有关规定向社会公开和提供利用。

① 测绘成果保管单位要采取措施保障测绘成果的完整和安全。测绘成果是各项经济建设的重要基础和保障，是一笔十分宝贵的财富。同时，大部分测绘成果都涉及国家秘密，测绘成果保管单位必须采取有效的安全保障措施保证测绘成果的完整和安全，防止测绘成果损坏、灭失和泄露国家秘密。

② 按照国家有关规定向社会公开和提供利用。测绘成果保管单位的一项基本职责，就是向社会提供利用各类测绘成果。但由于测绘成果数量大，使用范围广，测绘成果的种类和用途不一致，很多测绘成果都涉及国家秘密，因此，测绘成果保管单位必须依照国家有关测绘成果提供的规定，依法向社会公开和提供利用。

5.6.6 测绘成果提供利用

1. 基础测绘成果和国家投资完成的其他测绘成果

为规范测绘成果提供行为，《测绘法》第三十六条明确规定，基础测绘成果和国家投资完成的测绘成果，用于政府决策、国防建设和公共服务的，应当无偿提供。前款规定之外的，依法实行有偿使用制度，但是各级人民政府及其有关部门和军队因防灾减灾、应对突发事件、维护国家安全等公共利益的需要，可以无偿使用。《测绘成果管理条例》对测绘成果提供利用也相应地做出了规定。用于政府决策，一般是指为国家权力机关、行政机关、审判机关、检察机关以及军队、警察、监狱等机关为管理国家事务而决策时需要直接使用测绘成果的情形。社会公共服务是指由公共财政支付的非营利性服务，其目的是追求不特定多数人的利益，而非个人和特定企业、部门、团体的利益。

2. 属于国家秘密的测绘成果

《测绘成果管理条例》对测绘成果提供利用的规定，涵盖了三个方面：一是对法人或者其他组织需要利用属于国家秘密的基础测绘成果的，要求申请人提出明确的利用目的和范围，报测绘成果所在地的测绘地理信息主管部门审批；二是对外提供属于国家秘密的测绘成果的，要严格按照国务院和中央军事委员会规定的审批程序，报国务院测绘地理信息主管部门或者省、自治区、直辖市人民政府测绘地理信息主管部门审批；三是规定了测绘地理信息主管部门的法定义务，要求测绘行地理信息主管部门审查同意后，以书面形式告知申请人测绘成果的秘密等级、保密要求以及相关著作权保护要求。

对外提供属于国家秘密的测绘成果，是指向境外、国外以及其与国内有关单位合资、合作的法人或者其他组织提供的属于国家秘密的测绘成果。对外提供属于国家秘密的测绘成果要严格按照国务院和中央军事委员会规定的审批程序，报国务院测绘地理信息主管部门或者自治区、直辖市人民政府测绘地理信息主管部门审批。

1) 申请对外提供属于国家秘密的测绘成果应当提交的资料

(1) 对外提供我国测绘成果资料申请表，包括申请人的情况、使用测绘成果资料的用途和必要性，拟对外提供测绘成果资料的目录以及与测绘成果资料有关的技术说明等。

(2) 已经确定拟对外提供的测绘成果资料内容的，应提供测绘成果资料原件。

(3) 政府部门批准的中外经济、文化、科学技术等各类合作工作，应提供政府相应的批准文件。

(4) 非政府部门的中外经济、文化、科学技术等各类合作工作，应提供申请人与外方签订的合同或协议书。

(5) 拟定中的中外经济、文化、科学技术等各类合作工作，应提供相应的立项文件。

(6) 申请人的工商注册证明或代码证，以及申请人的法人资质证明和身份证等有效身份证明。

(7) 能够反映申请人测绘成果资料档案管理条件和制度的证明文件。

2) 对外提供属于国家秘密的测绘成果不予批准的情况

(1) 对外提供的测绘成果资料妨碍国家安全的。

(2) 非涉密的测绘成果资料能够满足需要的。

(3) 申请材料内容虚假的。

(4) 审批机关依法不予批准的其他情形。

3. 测绘成果使用人的权利义务

(1) 测绘成果使用人与测绘项目出资人应当签订书面协议，明确双方的权利和义务。使用人应当根据基础测绘成果的秘密等级按照国家有关保密法律法规的要求使用，并采取有效的保密措施，严防泄密。

(2) 使用人所领取的基础测绘成果仅限于在本单位的范围内，按批准的使用目的使用。本单位以被许可使用人在企业登记主管机关、机构编制主管机关或者社会团体登记管理机关的登记为限，不得扩展到所属系统和上级、下级或者同级其他单位。

(3) 使用人若委托第三方开发，项目完成后，负有督促其销毁相应测绘成果的义务。第三方为外国组织和个人以及在我国注册的外商独资企业和中外合作企业的,被许可使用人应当履行对外提供我国测绘成果的审批程序,依法经国务院测绘地理信息主管部门或者自治区、直辖市人民政府测绘地理信息主管部门批准后,方可委托。

(4) 使用人应当在使用基础测绘成果所形成的成果的显著位置注明基础测绘成果版权的所有者;测绘成果涉及著作权保护和管理的,依照有关法律、行政法规的规定执行。

(5) 使用人主体资格发生变化时,应向原受理审批的测绘地理信息主管部门重新提出使用申请。

4. 测绘成果提供的职责分工

测绘成果提供包括基础测绘成果提供和非基础测绘成果提供。这里主要介绍基础测绘成果提供的职责分工。为规范基础测绘成果提供使用的管理,保障基础测绘成果的有效利用,国家测绘局于2006年9月出台了《基础测绘成果提供使用管理暂行办法》,对基础测绘成果的提供利用进行了规定。

1) 基础测绘成果提供的职责分工

(1) 国家测绘地理信息主管部门负责审批的基础测绘成果。

① 全国统一的一、二等平面控制网、高程控制网和国家重力控制网的数据、图件。

② 1:50万、1:25万、1:10万、1:5万、1:2.5万国家基本比例尺地图、影像图和数字化产品。

③ 国家基础航空摄影所获取的数据、影像等资料,以及获取基础地理信息的遥感资料。

④ 国家基础地理信息数据。

⑤ 其他应当由国家测绘地理信息主管部门审批的基础测绘成果。

(2) 省级测绘地理信息主管部门负责审批的基础测绘成果。

① 本行政区域内统一的三、四等平面控制网、高程控制网的数据、图件。

② 本行政区域内的1:1万、1:5000等国家基本比例尺地图、影像图和数字化产品。

③ 本行政区域内的基础航空摄影所获取的数据、影像等资料,以及获取基础地理信息的遥感资料。

④ 本行政区域内的基础地理信息数据。

⑤ 属国家测绘地理信息主管部门审批范围,但已委托省、自治区、直辖市测绘地理信息主管部门负责管理的基础测绘成果。

⑥ 其他应当由省、自治区、直辖市测绘地理信息主管部门审批的基础测绘成果。

(3) 市(地)、县级测绘地理信息主管部门负责审批的基础测绘成果。

按照《基础测绘成果提供使用管理暂行办法》规定,市(地)、县级测绘地理信息主管部门负责审批的基础测绘成果的具体范围和审批办法由省、自治区、直辖市测绘地理信息主管部门规定。

市(地)、县级测绘地理信息主管部门负责审批的基础测绘成果原则上包括以下几项。

① 本行政区域内加密控制网的数据、图件。

② 本行政区域内1:500、1:1000、1:2000国家基本比例尺地图、影像图及其数字化成果。

③ 本行政区域内的基础地理信息数据。

④ 其他应当由市(地)、县级测绘地理信息主管部门负责审批的基础测绘成果。

⑤ 属省级测绘地理信息主管部门审批范围，但已委托市级测绘地理信息主管部门负责管理的基础测绘成果。

2) 申请利用基础测绘成果的条件

(1) 有明确、合法的使用目的。

(2) 申请的基础测绘成果范围、种类、精度与使用目的相一致。

(3) 符合国家的保密法律法规及政策。

申请使用基础测绘成果，应当按照规定提交《基础测绘成果使用申请表》及加盖有关单位公章的证明函；属于各级财政投资的项目，应当提交项目批准文件。

5.6.7 重要地理信息数据审核与公布

1. 重要地理信息数据的概念

重要地理信息数据，是指在中华人民共和国领域和管辖的其他海域内的重要自然和人文地理实体的位置、高程、深度、面积、长度等位置信息数据和重要属性信息数据。重要地理信息数据主要包括以下内容。

(1) 涉及国家主权、政治主张的地理信息数据。

(2) 国界、国家面积、国家海岸线长度，国家版图重要特征点、地势、地貌分区位置等地理信息数据。

(3) 冠以"全国""中国""中华"等字样的地理信息数据。

(4) 经相邻省级人民政府联合勘定并经国务院批复的省级界线长度及行政区域面积，沿海省、自治区、直辖市海岸线长度。

(5) 法律法规规定以及需要由国务院测绘地理信息主管部门审核的其他重要地理信息数据。

2. 重要地理信息数据的特征

1) 权威性

重要地理信息数据的获取是依据科学的观测方法和手段进行的。重要地理信息数据是由国务院测绘地理信息主管部门审核，并要与国务院其他有关部门、军队测绘部门会商后，报国务院批准，由国务院或者国务院授权的部门以公告形式公布，并在全国范围内发行的报纸或者互联网上刊登。因此，重要地理信息数据具有权威性。

2) 准确性

重要地理信息数据涉及在中华人民共和国领域和管辖的其他海域内的重要自然和人文地理实体的位置、高程、深度、面积、长度等位置信息数据和重要属性信息数据，这些数据是依据科学的技术方法和手段获取的，建议人提出建议后，国务院测绘地理信息主管部门还要对数据的科学性、完整性、可靠性等进行严格审核。因而，重要地理信息数据具有严格的准确性。

3) 法定性

重要地理信息数据审核公布制度由国家法律规定，重要地理信息数据的审核、批准、公布的主体和程序都必须严格按照《测绘法》《行政许可法》及《重要地理信息数据审核公布管理规定》执行,任何单位和个人不得擅自审核公布。因此,重要地理信息数据具有法定性。

3. 重要地理信息数据的审核

按照《测绘法》和国家有关重要地理信息数据审核公布管理的规定,重要地理信息数据由国务院测绘地理信息主管部门审核。但由于重要地理信息数据的权威性、准确性等特点,国务院测绘地理信息主管部门还必须与国务院有关部门进行会商。如有关国界线的重要地理信息数据必须与外交部会商,有关行政区域界线的长度等重要地理信息数据,必须与民政部门进行会商。但是申请审核公布重要地理信息数据,必须依法向国务院测绘地理信息主管部门提出申请。

1) 建议人应提交的资料

国务院测绘地理信息主管部门负责受理单位和个人(建议人)提出的审核公布重要地理信息数据的建议。建议人也可以直接向省、自治区、直辖市测绘地理信息主管部门提出审核公布重要地理信息数据的建议。省、自治区、直辖市测绘地理信息主管部门应当在规定的时间内将建议转报国务院测绘地理信息主管部门。

建议审核公布重要地理信息数据,应向国务院测绘地理信息主管部门提交如下资料。

(1) 建议人的基本情况。
(2) 重要地理信息数据的详细数据成果资料,科学性及公布的必要性说明。
(3) 重要地理信息数据获取的技术方案及对数据验收评估的有关资料。
(4) 国务院测绘地理信息主管部门规定的其他资料。

2) 国务院测绘地理信息主管部门审核的内容

(1) 重要地理信息数据公布的必要性。
(2) 提交的有关资料的真实性和完整性。
(3) 重要地理信息数据的可靠性和科学性。
(4) 重要地理信息数据是否符合国家利益,是否影响国家安全。
(5) 与相关历史数据、已公布数据的对比。

国务院测绘地理信息主管部门应当会同国务院有关部门、军队测绘部门对通过审核的重要地理信息数据公布的必要性、公布部门等内容进行会商,并向国务院上报公布建议。

4. 重要地理信息数据的公布

经国务院测绘地理信息主管部门会商其他有关部门对重要地理信息数据进行审核并报国务院后,由国务院批准,并由国务院或者国务院授权的部门公布。

1) 公布的方式

重要地理信息数据经国务院批准并明确授权公布的部门后,要以公告形式公布,并在全国范围内发行的报纸或者互联网上刊登。

2) 重要地理信息数据公布应注意的事项

(1) 重要地理信息数据公布时,应当注明审核、公布的部门。
(2) 依法公布重要地理信息数据的国务院有关部门,应当在公布时,将公布公告抄送国务院测绘地理信息主管部门。国务院测绘地理信息主管部门收到公布公告后,应当在规定的时间内通知建议人。

(3) 国务院有关部门、有关单位或者个人擅自发布已经国务院批准并授权国务院有关部门公布的重要地理信息数据的，擅自发布未经国务院批准的重要地理信息数据的，要依法承担相应的法律责任。

5. 重要地理信息数据的使用

中华人民共和国领域和管辖的其他海域的位置、高程、深度、面积、长度等重要地理信息数据，关系到国家政治、经济和国际地位以及社会稳定，涉及国家主权和领土完整以及民族尊严。重要地理信息数据不准确，就有可能损害国家领土的完整，对国家经济建设、行政管理和国际交往造成不良影响，也会对测绘地理信息工作造成很多不利后果。因此，《测绘成果管理条例》和《重要地理信息数据审核公布管理规定》中都明确规定，在行政管理、新闻传播、对外交流、教学等对社会公众有影响的活动、公开出版的教材以及需要使用重要地理信息数据的，应当使用依法公布的数据。在对社会公众有影响的活动中使用未经依法公布的重要地理信息数据的，要依法承担相应的法律责任。具体处罚条款详见《测绘法》。

5.6.8 地图管理

1. 地图的概念

地图是指根据特定的数学法则，将地球上的自然和社会现象，通过制图综合，并以符号和注记缩绘在平面或者曲面上的图像。地图是地理空间信息的图形表现形式，是为人们提供自然地理要素或者地表人工设施的形状、大小、空间位置及其属性的图形。地图按比例尺大小，可分为大比例尺地图、中比例尺地图和小比例尺地图；按其内容可分为普通地图和专题地图；按用途分为参考图、教学地图、地形图、航空图、海图、天文图、交通图和旅游图等；按地图表现形式可分为缩微地图、数字地图、电子地图、影像地图等。由于地图是对自然地理现象和社会经济现象的直观表达，通俗易懂，因此成为各级领导宏观决策、经济建设、国防军事、生态建设和人民群众日常生活需要的必备读物和实用工具。

2. 地图的特征

(1) 科学性。地图的生产过程是一个复杂的过程，包括从建立测量控制网开始，到野外实地采集地理信息数据，然后通过一定的数学法则和制图规范，经过公式化、符号化和抽象化、直观化的技术处理，最终编辑形成地图。地图的生产过程，自始至终都是依靠严格的测绘科学理论、数学法则和制图规范来进行的，因而地图具有严密的科学性。

(2) 政治性。地图作为人类生存空间的重要地理信息载体，是人们认识世界和改造世界、实现经济社会可持续发展的重要工具之一，有其特定的商业价值。绘有完整国界线的地图是国家版图的主要表现形式，体现着一个国家在主权方面的意志和在国际社会中的政治外交立场，具有严肃的政治性。

(3) 法定性。地图是测绘成果的直观表达形式，但地图又不同于其他的测绘成果。地图上国界线、行政区域界线的画法及标准由国家法律明确规定，由国务院测绘地理信息主管部门会同有关部门拟定后报国务院批准公布；地图编制、出版、展示、登载等都有严格的法律规定；地图审核由具有法定权限的测绘地理信息主管部门依法进行；地图的著作权受国家法律保护。因而，地图具有严格的法定性。

3. 国家基本比例尺地图

地图是依一定的比例关系和制图规则，科学地表达自然地理要素或者地表人工设施的形状、大小、空间位置及其属性。世界上许多国家通常都是根据实际需要，由国家确定一些比例尺作为这个国家地图的基本比例尺，依此比例尺和相应的测绘标准测制的地图即为国际基本比例尺地图。

我国目前确定的国家基本比例尺地图包括 1∶500、1∶1000、1∶2000、1∶5000、1∶1 万、1∶2.5 万、1∶5 万、1∶10 万、1∶25 万、1∶50 万和 1∶100 万共 11 种。

国家基本比例尺地图系列是国家各项经济建设、国防建设和社会发展的基础图，具有使用频率高、内容表示详细、分类齐全、精度高等特点，是我国最具权威性的基础地图。《测绘法》对国家基本比例尺地图做出了具体规定。

(1) 国家确定国家基本比例尺地图的系列和基本精度。国家基本比例尺地图系列和基本精度是指按照国家规定的测图技术标准、编图技术标准、图式和比例尺系统测量和编制的若干特定规格的地图系列。《测绘法》明确规定国家设立全国统一的大地坐标系统、平面坐标系统、高程系统、地心坐标系统和重力测量系统，确定国家大地测量等级和精度以及国家基本比例尺地图的系列和基本精度。

(2) 国家制定国家基本比例尺地图的系列和基本精度的具体规范和要求。为了保证地图质量和精度，《测绘法》明确规定国家基本比例尺地图的系列和基本精度的具体规范和要求，由国务院测绘地理信息主管部门组织制定。在国务院测绘地理信息主管部门组织制定具体规范和要求时，应当与国务院其他有关部门、军队测绘部门会商。

(3) 测制国家基本比例尺地图，应当执行国家制定的制图规范和要求。

4. 地图编制管理

地图编制是指编制地图的作业过程，包括编辑准备、原图编绘和出版准备三个阶段。由于地图具有严密的科学性、严肃的政治性和严格的法定性，因此，国家对编制地图十分重视，2015 年 11 月 11 日国务院第 111 次常务会议通过了《地图管理条例》，自 2016 年 1 月 1 日起施行，该条例对地图内容表示的原则、编制地图的资质、出版地图的资质、地图印刷或者展示前的审核及备案、地图著作权保护等做出了明确的规定。

1) 地图编制资质管理

根据《测绘法》和《地图管理条例》的规定，从事地图编制必须依法取得测绘资质证书并在测绘资质证书许可的业务范围内从事地图编制工作。在国家测绘局颁布的《测绘资质管理规定》和《测绘资质分级标准》中，对于编制地形图、世界政区地图、全国政区地图、省级及以下政区地图、全国性教学地图、地方性教学地图、电子地图、真三维地图和其他专用地图的，要求必须依法取得地图编制资质。地图编制资质的申请、受理、审查和许可，在测绘资质管理的相关内容中有具体的规定，这里不再详述。

2) 地图编制内容规定

《地图管理条例》对地图编制内容进行了严格的规定，主要内容如下。

(1) 编制地图，应当执行国家有关地图编制标准，遵守国家有关地图内容表示的规定。

(2) 编制地图必须遵守保密法律、法规，地图不得表示下列内容。
① 危害国家统一、主权和领土完整的；
② 危害国家安全、损害国家荣誉和利益的；
③ 属于国家秘密的；
④ 影响民族团结、侵害民族风俗习惯的；
⑤ 法律、法规规定不得表示的其他内容。

(3) 编制地图，应当选用最新的地图资料并及时补充或者更新，正确反映各要素的地理位置、形态、名称及相互关系，且内容符合地图使用目的。编制涉及中华人民共和国国界的世界地图、全国地图，应当完整表示中华人民共和国疆域。

(4) 正确反映各要素的地理位置、形态、名称及相互关系，具备符合地图使用目的的有关数据和专业内容。

(5) 地图的比例尺和开本应当符合国家有关规定。

(6) 在地图上绘制中华人民共和国国界、中国历史疆界、世界各国间边界、世界各国间历史疆界以及中华人民共和国县级以上行政区域界线的，应当严格按照《地图管理条例》确定的基本原则和要求进行。

(7) 利用涉及国家秘密的测绘成果编制地图的，应当依法使用经国务院测绘地理信息主管部门或者省、自治区、直辖市人民政府测绘地理信息主管部门进行保密技术处理的测绘成果。

5. 地图审核管理

地图审核是指测绘地理信息主管部门依据国家有关地图编制的规范和标准，对地图的内容及其表现形式进行审查的一种行政行为，是加强地图管理的重要措施和手段。地图审核的目的，是保证地图质量，维护国家安全和利益。国土资源部 2006 年 6 月发布了《地图审核管理规定》，2017 年 11 月 20 日国土资源部第 3 次部务会议对《地图审核管理规定》进行了修订，自 2018 年 1 月 1 日起施行。《地图管理条例》明确规定国家实行地图审核制度。向社会公开的地图，应当报送有审核权的测绘地理信息行政主管部门审核。但是，景区图、街区图、地铁线路图等内容简单的地图除外。

1) 地图审核的职责

《地图审核管理规定》对各级测绘行政主管部门的地图审核职责进行了规定。国务院测绘地理信息主管部门负责全国地图审核工作的监督管理。省、自治区、直辖市人民政府测绘地理信息主管部门以及设区的市级人民政府测绘地理信息主管部门负责本行政区域地图审核工作的监督管理。

(1) 国务院测绘地理信息主管部门负责审核的地图。
① 全国地图；
② 主要表现地为两个以上省、自治区、直辖市行政区域的地图；
③ 香港特别行政区地图、澳门特别行政区地图以及台湾地区地图；
④ 世界地图以及主要表现地为国外的地图；
⑤ 历史地图。

(2) 省级测绘地理信息主管部门负责审核的地图。

省、自治区、直辖市人民政府测绘地理信息行政主管部门负责审核主要表现地在本行政区域范围内的地图。其中，主要表现地在设区的市行政区域范围内不涉及国界线的地图，由设区的市级人民政府测绘地理信息行政主管部门负责审核。

2) 地图审核的申请

(1) 申请地图审核的条件。

根据国家地图审核管理规定，在下列情况下，地图审核申请人应当向地图审核部门提出地图审核申请。申请人应当依照规定向有审核权的测绘地理信息主管部门提出地图审核申请。

① 出版、展示、登载、生产、进口、出口地图或者附着地图图形的产品的；

② 已审核批准的地图或者附着地图图形的产品，再次出版、展示、登载、生产、进口、出口且地图内容发生变化的；

③ 拟在境外出版、展示、登载的地图或者附着地图图形的产品的。

(2) 申请地图审核应当提交的材料。

① 地图审核申请表。

② 需要审核的地图最终样图或者样品。用于互联网服务等方面的地图产品，还应当提供地图内容审核软硬件条件。

③ 地图编制单位的测绘资质证书。

有下列情形之一的，可以不提供测绘资质证书。

① 进口不属于出版物的地图和附着地图图形的产品；

② 直接引用古地图；

③ 使用示意性世界地图、中国地图和地方地图。

④ 利用测绘地理信息主管部门具有审图号的公益性地图且未对国界、行政区域界线或者范围、重要地理信息数据等进行编辑调整。

利用涉及国家秘密的测绘成果编制的地图，应当提供省级以上测绘地理信息主管部门进行保密技术处理的证明文件。地图上表达的其他专业内容、信息、数据等，国家对其公开另有规定的，从其规定，并提供有关主管部门可以公开的相关文件。申请人应当如实提交有关材料，反映真实情况，并对申请材料的真实性负责。

3) 地图审核的有关规定

(1) 地图审查的内容。

① 地图表示内容中是否含有《地图管理条例》规定的不得表示的内容；

② 中华人民共和国国界、行政区域界线或者范围以及世界各国间边界、历史疆界在地图上的表示是否符合国家有关规定；

③ 重要地理信息数据、地名等在地图上的表示是否符合国家有关规定；

④ 主要表现地包含中华人民共和国疆域的地图，中华人民共和国疆域是否完整表示；

⑤ 地图内容表示是否符合地图使用目的和国家地图编制有关标准；

⑥ 法律、法规规定需要审查的其他内容。

(2) 测绘地理信息主管部门的责任。

① 有审核权的测绘地理信息主管部门应当健全完善地图内容审查工作机构，配备地图

内容审查专业人员。地图内容审查专业人员应当经省级以上测绘地理信息主管部门培训并考核合格,方能从事地图内容审查工作。

② 测绘地理信息主管部门应当依据地图内容审查工作机构提出的审查意见及相关申请材料,做出批准或者不予批准的书面决定并及时送达申请人。予以批准的,核发地图审核批准文件和审图号。不予批准的,核发地图审核不予批准文件并书面说明理由,告知申请人享有依法申请行政复议或者提起行政诉讼的权利。

③ 测绘地理信息主管部门应当自受理地图审核申请之日起 20 个工作日内做出审核决定。时事宣传地图、发行频率高于一个月的图书和报刊等插附地图的,应当自受理地图审核申请之日起 7 个工作日内做出审核决定。应急保障等特殊情况需要使用地图的,应当即送即审。涉及专业内容且没有明确审核依据的地图,向有关部门征求意见时,征求意见时间不计算在地图审核的期限内。

④ 测绘地理信息主管部门应当在其门户网站等媒体上及时公布获得审核批准的地图名称、审图号等信息。审图号由审图机构代号、通过审核的年份、地图类型简称、序号等组成。审图号编制的具体内容,由国务院测绘地理信息主管部门另行规定。

(3) 地图审核申请人的义务。

地图审核是一项测绘行政许可事项,申请地图审核的条件、程序和标准等,都必须严格按照《行政许可法》《地图管理条例》的规定进行,地图审核申请被批准后,申请人应当履行下列义务。

① 按照国务院测绘地理信息主管部门或者省级测绘地理信息主管部门出具的地图内容审查意见书和试制样图上的批注意见对地图进行修改。

② 经审核批准的地图,申请人应当在地图或者附着地图图形的产品的适当位置显著标注审图号,并向做出审核批准的测绘地理信息主管部门免费送交样本一式两份。属于出版物的,应当在版权页标注审图号;没有版权页的,应当在适当位置标注审图号。属于互联网地图服务的,应当在地图页面左下角标注审图号。

③ 互联网地图服务审图号有效期为两年。审图号到期,应当重新送审。审核通过的互联网地图服务,申请人应当每六个月将新增标注内容及核查校对情况向做出审核批准的测绘地理信息主管部门备案。

4) 地图审核的监督管理

(1) 上级测绘地理信息主管部门应当加强对下级测绘地理信息主管部门实施地图审核行为的监督检查,建立健全监督管理制度,及时纠正违反本规定的行为。

(2) 测绘地理信息主管部门应当建立和完善地图审核管理和监督系统,提升地图审核效率和监管能力,方便公众申请与查询。

(3) 互联网地图服务单位应当配备符合相关要求的地图安全审校人员,并强化内部安全审校核查工作。

(4) 最终向社会公开的地图与审核通过的地图内容及表现形式不一致,或者互联网地图服务审图号有效期届满未重新送审的,测绘地理信息主管部门应当责令改正、给予警告,可以处 3 万元以下的罚款。

(5) 测绘地理信息主管部门及其工作人员在地图审核工作中滥用职权、玩忽职守、徇私舞弊的,依法给予处分;涉嫌构成犯罪的,移送有关机关依法追究刑事责任。

6. 地图出版管理

地图出版是指将编制的地图作品编辑加工，经过复制并由具有法定地图出版资质的专业出版机构向公众发行。

1) 地图出版管理机构

按照《地图管理条例》的规定，县级以上人民政府出版行政主管部门应当加强对地图出版活动的监督管理，依法对地图出版违法行为进行查处。

2) 地图出版管理

出版单位从事地图出版活动的，应当具有国务院出版行政主管部门审核批准的地图出版业务范围，并依照《出版管理条例》的有关规定办理审批手续。出版单位根据需要，可以在出版物中插附经审核批准的地图。任何出版单位不得出版未经审定的中小学教学地图。出版单位出版地图，应当按照国家有关规定向国家图书馆、中国版本图书馆和国务院出版行政主管部门免费送交样本。地图著作权的保护，依照有关著作权法律、法规的规定执行。

地图出版物必须按照国家有关规定载明地图作者、出版者、印刷者或者复制者、发行者的名称、地址，书号、地图审图号或者版号，出版日期、刊期以及其他有关事项。地图出版物的规格、开本、版式等必须符合国家有关地图出版的标准和规范要求，保证地图质量。

7. 互联网地图服务管理

《出版管理条例》对互联网地图服务的政策和互联网地图服务单位的要求做出了明确规定。

1) 国家关于互联网地图服务的政策

(1) 国家鼓励和支持互联网地图服务单位开展地理信息开发利用和增值服务。

(2) 县级以上人民政府应当加强对互联网地图服务行业的政策扶持和监督管理。

2) 对互联网地图服务单位的要求

(1) 互联网地图服务单位向公众提供地理位置定位、地理信息上传标注和地图数据库开发等服务的，应当依法取得相应的测绘资质证书。互联网地图服务单位从事互联网地图出版活动的，应当经国务院出版行政主管部门依法审核批准。

(2) 互联网地图服务单位应当将存放地图数据的服务器设在中华人民共和国境内，并制定互联网地图数据安全管理制度和保障措施。县级以上人民政府测绘地理信息行政主管部门应当会同有关部门加强对互联网地图数据安全的监督管理。

(3) 互联网地图服务单位收集、使用用户个人信息的，应当明示收集、使用信息的目的、方式和范围，并经用户同意。互联网地图服务单位需要收集、使用用户个人信息的，应当公开收集、使用规则，不得泄露、篡改、出售或者非法向他人提供用户的个人信息。互联网地图服务单位应当采取技术措施和其他必要措施，防止用户的个人信息泄露、丢失。

(4) 互联网地图服务单位用于提供服务的地图数据库及其他数据库不得存储、记录含有按照国家有关规定在地图上不得表示的内容。互联网地图服务单位发现其网站传输的地图信息含有不得表示的内容的，应当立即停止传输，保存有关记录，并向县级以上人民政府测绘地理信息行政主管部门、出版行政主管部门、网络安全和信息化主管部门等有关部门报告。

(5) 任何单位和个人不得通过互联网上传标注含有按照国家有关规定在地图上不得表

示的内容。

(6) 互联网地图服务单位应当使用经依法审核批准的地图，加强对互联网地图新增内容的核查校对，并按照国家有关规定向国务院测绘地理信息行政主管部门或者省、自治区、直辖市测绘地理信息行政主管部门备案。

(7) 互联网地图服务单位对在工作中获取的涉及国家秘密、商业秘密的信息，应当保密。

(8) 互联网地图服务单位应当加强行业自律，推进行业信用体系建设，提高服务水平。

8. 地图著作权管理

地图作品体现了作者的思想性和创造性，凝聚了地图作者的智慧和心血，广泛应用于国民经济建设、国防建设和社会发展各个领域。《中华人民共和国著作权法》将地图及示意图等图形作品纳入著作权保护的范畴。

为保护地图的著作权，维护地图作者的合法权益，《中华人民共和国著作权法》《中华人民共和国著作权法实施条例》《地图管理条例》等法律、行政法规对地图著作权保护进行了规定，并明确地图的著作权受法律保护。未经地图著作权人许可，任何单位和个人不得以复制、发行、改编、翻译、编辑等方式使用其地图。

地图的著作权依法受法律保护，使用他人地图作品必须征得著作权人同意，并应当同著作权人订立使用合同；未经地图著作权人许可，任何单位和个人都不得对地图进行复制、发行、改编、翻译、编辑等。

著作权法规定著作权人可以全部或者部分转让作品的复制权、发行权、出租权、展览权、改编权、翻译权、汇编权和应当由著作权人依法享有的其他权利。改编、翻译、注释、整理已有作品而产生的作品，其著作权由改编、翻译、注释、整理人享有，但行使著作权时不得侵犯原作品的著作权。采用复制、发行、改编、翻译、编辑等方式使用其地图，必须经过地图著作权人许可。

根据《著作权法》的规定，针对以下情况可以不经地图著作权人许可而对其地图作品进行复制、发行、改编、翻译、编辑等，不向其支付报酬，但应当指明作者姓名、作品名称，并不得侵犯著作权人依照著作权法享有的其他权利。

(1) 为个人学习、研究或者欣赏使用他人已经发表的地图作品的。

(2) 为介绍、评论某一地图作品或者说明某一问题，在作品中适当引用他人已经发表的地图作品的。

(3) 为报道时事新闻，在报纸、期刊、广播电台、电视台等媒体中不可避免地再现或者引用已经发表的地图作品的。

(4) 为学校教学或者科学研究，翻译或者少量复制已经发表的地图，供教学或者科研人员使用，但不得出版发行。

(5) 国家机关为执行公务在合理范围内使用已经发表的地图。

(6) 图书馆、档案馆、纪念馆、博物馆、美术馆等为陈列或者保存版本的需要，复制本馆收藏的地图。

(7) 将已经发表的地图修改成盲文出版等。

5.7 基础测绘管理

为了加强基础测绘管理，规范基础测绘活动，保障基础测绘事业为国家经济建设、国防建设和社会发展服务，根据《中华人民共和国测绘法》，2009年5月6日国务院第62次常务会议通过了《基础测绘条例》，温家宝总理签署第556号国务院令予以公布，自2009年8月1日起施行。《基础测绘条例》明确规定了基础测绘的概念、性质、工作原则、管理体制；基础测绘规划；基础测绘项目的组织实施；基础测绘成果的更新与利用；相关法律责任等。

5.7.1 基础测绘概述

1. 基础测绘的概念

基础测绘是指建立全国统一的测绘基准和测绘系统，进行基础航空摄影，获取基础地理信息的遥感资料，测制和更新国家基本比例尺地图、影像图和数字化产品，建立、更新基础地理信息系统。

2. 基础测绘的性质

《基础测绘条例》第三条明确规定基础测绘是公益性事业。基础测绘是国民经济和社会发展的基础性工作，为国民经济、社会发展以及为国家各个部门、行业等全社会各类用户提供统一、权威的空间定位基础和基础地理信息服务，有较高的可变运营成本，投资巨大。其成果大多涉及国家秘密和国家安全，不能作为普通商品和服务在市场上自由交易；难以通过市场机制筹措所需的资金。基础测绘是基础性、非营利性公益事业，由国家财政资金支持，属政府职能中公共服务的范畴，是一种政府行为。

县级以上人民政府应当加强对基础测绘工作的领导，将基础测绘纳入本级国民经济和社会发展规划及年度计划，所需经费列入本级财政预算。

国家对边远地区和少数民族地区的基础测绘给予财政支持，具体办法由财政部门会同同级测绘行政主管部门制定。

3. 《基础测绘条例》适用范围

(1) 在中华人民共和国领域和中华人民共和国管辖的其他海域从事基础测绘活动，适用本条例。

(2) 在中华人民共和国领海、中华人民共和国领海基线向陆地一侧至海岸线的海域和中华人民共和国管辖的其他海域从事海洋基础测绘活动，按照国务院、中央军事委员会的有关规定执行。

4. 基础测绘工作原则

基础测绘工作应当遵循统筹规划、分级管理、定期更新、保障安全的原则。

(1) 统筹规划：是指从整体上做出计划，考虑全局，兼顾细节。国务院测绘行政主管部门负责全国基础测绘整体规划,该规划既要考虑全国大局,还要考虑各地方单位的实际情况,整体部署,统筹安排,科学规划,可操作性强。

(2) 分级管理:是指按照属地原则分层管理基础测绘工作。国务院测绘行政主管部门负责管理全国基础测绘工作,省、市、县级测绘行政主管部门负责管理本行政区域基础测绘工作。

(3) 定期更新:测绘地理信息现势性很强,这就要求基础测绘工作要定期更新。基础测绘成果更新周期应当根据不同地区国民经济和社会发展的需要、测绘科学技术水平和测绘生产能力、基础地理信息变化情况等因素确定。

(4) 保障安全:基础测绘工作尤其是基础测绘成果一般都涉密,所以基础测绘主管部门和用户都应加强涉密基础测绘的管理,确保涉密基础测绘数据、信息、图件及相关技术资料的安全保密,促进成果合法、有效利用,防止发生失(泄)密事件。此外,在基础测绘成果获取过程中,也要做好安全工作,确保人身、仪器和相关数据资料的安全。

5. 管理体制

(1) 国务院测绘地理信息主管部门负责全国基础测绘工作的统一监督管理。

(2) 县级以上地方人民政府负责管理测绘工作的行政部门(以下简称测绘地理信息主管部门)负责本行政区域基础测绘工作的统一监督管理。

5.7.2 基础测绘规划

1. 基础测绘规划的编制、组织实施和报批

(1) 国务院测绘地理信息主管部门会同国务院其他有关部门、军队测绘部门,组织编制全国基础测绘规划,报国务院批准后组织实施。

(2) 县级以上地方人民政府测绘地理信息主管部门会同本级人民政府其他有关部门,根据国家和上一级人民政府的基础测绘规划和本行政区域的实际情况,组织编制本行政区域的基础测绘规划,报本级人民政府批准后组织实施。

(3) 基础测绘规划报送审批前,组织编制机关应当组织专家进行论证,并征求有关部门和单位的意见。其中,地方的基础测绘规划,涉及军事禁区、军事管理区或者作战工程的,还应当征求军事机关的意见。基础测绘规划报送审批文件中应当附具意见采纳情况及理由。

2. 基础测绘规划的公布和修改

(1) 组织编制机关应当依法公布经批准的基础测绘规划。各级测绘地理信息主管部门组织编制的基础测绘规划经批准后应当依法公布。

(2) 经批准的基础测绘规划是开展基础测绘工作的依据,未经法定程序不得修改;确需修改的,应当按照《基础测绘条例》规定的原审批程序报送审批。

3. 基础测绘年度计划的编制和备案

国务院发展改革部门会同国务院测绘地理信息主管部门,编制全国基础测绘年度计划。县级以上地方人民政府发展改革部门会同同级测绘地理信息主管部门,编制本行政区域

的基础测绘年度计划,并分别报上一级主管部门备案。

4. 基础测绘应急保障预案制定职责和预案内容

(1) 县级以上人民政府测绘地理信息主管部门应当根据应对自然灾害等突发事件的需要,制定相应的基础测绘应急保障预案。

(2) 基础测绘应急保障预案的内容应当包括应急保障组织体系、应急装备和器材配备、应急响应、基础地理信息数据的应急测制和更新等应急保障措施。

5.7.3 基础测绘项目的组织实施

1. 国务院测绘地理信息主管部门组织实施的基础测绘项目

(1) 建立全国统一的测绘基准和测绘系统;
(2) 建立和更新国家基础地理信息系统;
(3) 组织实施国家基础航空摄影;
(4) 获取国家基础地理信息遥感资料;
(5) 测制和更新全国 1∶100 万至 1∶2.5 万国家基本比例尺地图、影像图和数字化产品;
(6) 国家急需的其他基础测绘项目。

2. 省、自治区、直辖市人民政府测绘地理信息主管部门组织实施的基础测绘项目

(1) 建立本行政区域内与国家测绘系统相统一的大地控制网和高程控制网;
(2) 建立和更新地方基础地理信息系统;
(3) 组织实施地方基础航空摄影;
(4) 获取地方基础地理信息遥感资料;
(5) 测制和更新本行政区域 1∶1 万至 1∶5000 国家基本比例尺地图、影像图和数字化产品。

3. 市、县级人民政府测绘地理信息主管部门组织实施的基础测绘项目

设区的市、县级人民政府依法组织实施 1∶2000~1∶500 比例尺地图、影像图和数字化产品的测制和更新以及地方性法规、地方政府规章确定由其组织实施的基础测绘项目。

4. 基础测绘项目承担单位的要求

(1) 组织实施基础测绘项目,应当依据基础测绘规划和基础测绘年度计划,依法确定基础测绘项目承担单位。

(2) 基础测绘项目承担单位应当具有与所承担的基础测绘项目相应等级的测绘资质,并不得超越其资质等级许可的范围从事基础测绘活动。

(3) 基础测绘项目承担单位应当具备健全的保密制度和完善的保密设施,严格执行国家保密法律、法规的规定。

5. 基础测绘活动应遵循的技术原则

(1) 从事基础测绘活动,应当使用全国统一的大地基准、高程基准、深度基准、重力基准，以及全国统一的大地坐标系统、平面坐标系统、高程系统、地心坐标系统、重力测量系统，执行国家规定的测绘技术规范和标准。

(2) 因建设、城市规划和科学研究的需要，确需建立相对独立的平面坐标系统的，应当与国家坐标系统相联系。

6. 基础测绘设施建设和资金安排原则

(1) 县级以上人民政府及其有关部门应当遵循科学规划、合理布局、有效利用、兼顾当前与长远需要的原则，加强基础测绘设施建设，避免重复投资。

(2) 国家安排基础测绘设施建设资金，应当优先考虑航空摄影测量、卫星遥感、数据传输以及基础测绘应急保障的需要。

7. 基础测绘设施保护

国家依法保护基础测绘设施。任何单位和个人不得侵占、损毁、拆除或者擅自移动基础测绘设施。基础测绘设施遭受破坏的，县级以上地方人民政府测绘地理信息主管部门应当及时采取措施，组织力量修复，确保基础测绘活动正常进行。

8. 地方做好基础测绘应急保障的职责

(1) 县级以上人民政府测绘地理信息主管部门应当加强基础航空摄影和用于测绘的高分辨率卫星影像获取与分发的统筹协调，做好基础测绘应急保障工作，配备相应的装备和器材，组织开展培训和演练，不断提高基础测绘应急保障服务能力。

(2) 自然灾害等突发事件发生后，县级以上人民政府测绘地理信息主管部门应当立即启动基础测绘应急保障预案，采取有效措施，开展基础地理信息数据的应急测制和更新工作。

5.7.4　基础测绘成果的更新与利用

1. 基础测绘成果更新

(1) 国家实行基础测绘成果定期更新制度。

(2) 基础测绘成果更新周期应当根据不同地区国民经济和社会发展的需要、测绘科学技术水平和测绘生产能力、基础地理信息变化情况等因素确定。其中，1∶100 万至 1∶5000 国家基本比例尺地图、影像图和数字化产品至少 5 年更新一次；自然灾害多发地区以及国民经济、国防建设和社会发展急需的基础测绘成果应当及时更新。

(3) 基础测绘成果更新周期确定的具体办法，由国务院测绘地理信息主管部门会同军队测绘部门和国务院其他有关部门制定。

(4) 县级以上人民政府测绘地理信息主管部门应当及时收集有关行政区域界线、地名、水系、交通、居民点、植被等地理信息的变化情况，定期更新基础测绘成果。

(5) 县级以上人民政府其他有关部门和单位应当对测绘地理信息主管部门的信息收集工作予以支持和配合。

(6) 按照国家规定需要有关部门批准或者核准的测绘项目，有关部门在批准或者核准前应当书面征求同级测绘地理信息主管部门的意见，有适宜基础测绘成果的，应当充分利用已有的基础测绘成果,避免重复测绘。

2. 基础测绘成果质量监督管理

(1) 县级以上人民政府测绘地理信息主管部门应当采取措施,加强对基础地理信息测制、加工、处理、提供的监督管理,确保基础测绘成果质量。

(2) 基础测绘项目承担单位应当建立健全基础测绘成果质量管理制度,严格执行国家规定的测绘技术规范和标准,对其完成的基础测绘成果质量负责。

3. 基础测绘成果利用

基础测绘成果的利用,按照国务院有关规定执行(具体规定见前面有关章节)。

5.7.5 法律责任

《基础测绘条例》明确规定了违反相关规定对测绘地理信息主管部门和基础测绘项目承担单位的法律责任。

1. 测绘地理信息主管部门的法律责任

(1) 违反《基础测绘条例》,县级以上人民政府测绘地理信息主管部门和其他有关主管部门将基础测绘项目确定由不具有测绘资质或者不具有相应等级测绘资质的单位承担的,责令限期改正,对负有直接责任的主管人员和其他直接责任人员,依法给予处分。

(2) 县级以上人民政府测绘地理信息主管部门和其他有关主管部门的工作人员利用职务上的便利收受他人财物、其他好处,或者玩忽职守,不依法履行监督管理职责,或者发现违法行为不予查处,造成严重后果,构成犯罪的,依法追究刑事责任;尚不构成犯罪的,依法给予处分。

2. 项目承担单位的法律责任

(1) 违反《基础测绘条例》,基础测绘项目承担单位未取得测绘资质证书从事基础测绘活动的,责令停止违法行为,没收违法所得和测绘成果,并处测绘约定报酬1倍以上2倍以下的罚款。

(2) 基础测绘项目承担单位超越资质等级许可的范围从事基础测绘活动的,责令停止违法行为,没收违法所得和测绘成果,处测绘约定报酬1倍以上2倍以下的罚款,并可以责令停业整顿或者降低资质等级;情节严重的,吊销测绘资质证书。

(3) 实施基础测绘项目,不使用全国统一的测绘基准和测绘系统或者不执行国家规定的测绘技术规范和标准的,责令限期改正,给予警告,可以并处10万元以下罚款;对负有直接责任的主管人员和其他直接责任人员,依法给予处分。

(4) 侵占、损毁、拆除或者擅自移动基础测绘设施的,责令限期改正,给予警告,可以并处5万元以下罚款;造成损失的,依法承担赔偿责任;构成犯罪的,依法追究刑事责任;尚不构成犯罪的,对负有直接责任的主管人员和其他直接责任人员,依法给予处分。

(5) 基础测绘成果质量不合格的,责令基础测绘项目承担单位补测或者重测;情节严重的,责令停业整顿,降低资质等级直至吊销测绘资质证书;造成损失的,依法承担赔偿责任。

5.8 界线测绘和其他测绘管理

5.8.1 界线测绘管理

1. 国界线测绘的概念和特征

1) 国界线测绘的概念

国界线是指相邻国家领土的分界线,是划分国家领土范围的界线,也是国家行使领土主权的界线。国界可以分为陆地国界、水域国界和空中国界。

国界线测绘是指划定国家间的共同边界线而进行的测绘活动,是与邻国明确划定边界线、签订边界条约和议定书,以及日后定期进行联合检查的基础工作。国界线测绘的主要成果是边界线位置和走向的文字说明、界桩点坐标及边界线地形图。

2) 国界线测绘的特征

(1) 国界线测绘涉及国家主权和领土完整。如果在国界线测绘中出现错误,使中华人民共和国领土成为其他国家的领土,直接影响我国的主权和领土完整。

(2) 国界线测绘涉及我国的外交关系和政治主张。国界线测绘成果出现质量问题或者错误,将会引起国际边界争议和争端,必然会对我国的外交关系产生不利影响,很自然地会引起相邻国家的不同见解和主张,容易造成国际政治影响。

(3) 国界线测绘涉及国家安全和利益,属于国家秘密范围。国界线测绘成果包括边界地图、未定国界的勘测资料等属于国家绝密级资料,直接涉及国家安全和利益。因此,国界线测绘有不同于其他测绘活动的特殊性。

2. 国界线测绘管理

国界线测绘具有严格的法定性、政治性和严肃性。因此,国家对国界线测绘活动的管理历来都十分严格。

(1) 国界线测绘,按照中华人民共和国与相邻国家缔结的边界条约或者协定进行。国界线测绘不仅涉及我国的主权问题,而且涉及我国与邻国之间的外交关系。在国界线测绘中,《测绘法》明确规定必须按照我国与相邻国家缔结的边界条约或者协定执行。国界线测绘必须按照边界条约和协定中所商定的两国国界线的主要位置及基本走向,认真进行国界线实地勘测,并准确绘制国界线地图,这是国界线测绘的基本原则。

(2) 制定国界线标准样图。国界线标准样图是指国界线画法的标准样图,是指按照一定原则制作的有关中国国界线画法的统一的、标准的地图。制定国界线标准样图的目的是维护我国的领土和主权,提高地图上绘制国界线的准确度,避免出现国界线绘制方面的错误。国界线标准样图涉及我国与相邻国家之间的领土划分,因此,《测绘法》规定拟定国界线标准样图的工作由外交部和国务院测绘地理信息主管部门共同负责,其他任何部门都无权制定国界线标准样图。

依据《地图管理条例》的规定，制定国界线标准样图必须坚持以下两个原则。

第一，我国与邻国之间已经订立边界条约、边界协定或者边界议定书的，在拟定国界线标准样图时，严格按照有关的边界条约、边界协定或者边界议定书及其附图进行。

第二，我国与有关相邻国家之间没有订立边界条约、边界协定或者边界议定书的，按照中华人民共和国地图的习惯画法拟定。中华人民共和国地图的习惯画法，是指在我国与相邻国家之间还没有通过订立边界条约、边界协定或者边界议定书而正式划定边界线的情况下，根据在长期的历史过程中形成的双方行政管辖所涉及的范围以及我国政府对边界线的主张，在地图上表示国界线。

(3) 公布国界线标准样图。《测绘法》第二十条规定：中华人民共和国地图的国界线标准样图，由外交部和国务院测绘地理信息主管部门拟定，报国务院批准后公布。从而明确了国界线标准样图的公布机关只能是国务院或者国务院授权的部门。公布国界线标准样图的目的是维护我国的领土完整和主权，为使用国界线的单位和个人提供法定依据。如 1999 年，国务院授权外交部和国家测绘局公布了比例尺为 1：400 万的中华人民共和国国界线标准样图；2001 年，国务院批准了外交部和国家测绘局拟定的比例尺为 1：100 万的中华人民共和国国界线标准样图，为使用国界线的地图编制提供了法定依据和保障。

3. 行政区域界线测绘的概念和内容

行政区域界线是指国务院或者省、自治区、直辖市人民政府批准的行政区域毗邻的各有关人民政府行使行政区域管辖权的分界线。行政区域界线涉及行政区域界线周边地区的稳定与发展和行政争议。因此，加强行政区域界线的管理具有十分重要的意义。为了加强对行政区域界线的管理，巩固行政区域界线勘定成果，维护行政区域界线附近的地区稳定，2002 年 5 月 13 日，国务院颁布了《行政区域界线管理条例》，并自 2002 年 7 月 1 日起施行。

1) 行政区域界线测绘的概念

行政区域界线测绘是指利用测绘技术手段和原理，为划定行政区域界线的走向、分布以及周边地理要素而进行的测绘工作。行政区域界线测绘是测绘地理信息主管部门为勘定行政区域界线而实施的一种行政行为，行政区域界线测绘的成果具有法律效力。因此，行政区域界线测绘被认定是一种法定测绘。

2) 行政区域界线测绘的内容

1990 年 2 月 7 日，民政部、国家土地管理局、国家测绘局联合发布了《省级行政区域界线勘界测绘技术规定(试行)》。根据该规定，行政区域界线测绘的主要内容，包括界桩的埋设与测定、边界线的标绘、边界协议书附图的绘制、边界线走向和界桩位置说明的编写、中华人民共和国省级行政区域界线详图集的编纂和制印。行政区域界线测绘采用全国统一的大地坐标系统、平面坐标系统和高程系统，执行国家现行的有关测绘技术规范和标准。

4. 行政区域界线测绘管理

行政区域界线测绘管理，是测绘行政管理的重要组成部分，测绘法对行政区域界线测绘的管理做出了法律规定。

1) 行政区域界线测绘按照国务院有关规定执行

这里所说的有关规定，既包括国务院有关行政区域界线测绘的行政法规，也包括国务院有关县级以上行政区域界线测绘的勘界原则,以及对具体行政区域界线画法的调查处理意见等。

为了做好我国行政区域界线的勘测工作,1989年国务院专门对民政部、国家测绘局、国家土地管理局等11个部门《关于勘定行政区域界线试点工作的请示》做出了批示。1989年11月国家民政部、国家土地管理局、国家测绘局联合发布了《省、自治区、直辖市行政区域界线勘定办法(试行)》和《省级行政区域界线勘界测绘技术规程(试行)》。1999年国务院办公厅印发了《关于抓紧做好勘界工作维护边界地区稳定的通知》,国家标准《省级行政区域界线测绘规范》出台。2002年5月,国务院颁布了《行政区域界线管理条例》。上述这些行政法规、规定和技术规程及标准等,为行政区域界线测绘提供了直接参考和依据,在行政区域界线测绘过程中,必须严格遵照执行。

2) 拟定和公布行政区域界线的标准画法图

《测绘法》第二十一条规定:省、自治区、直辖市和自治州、县、自治县、市行政区域界线的标准画法图,由国务院民政部门和国务院测绘地理信息主管部门拟定,报国务院批准后公布。这里涉及行政区域界线的标准画法图的制定问题,由国务院测绘地理信息主管部门负责。

行政区域界线的标准画法图,是指根据国务院及各省、自治区、直辖市人民政府批准的行政区域界线协议书、附图及勘界有关成果,按照一定的编绘方式编制的反映各级行政区域界线画法的地图。勘定行政区域界线体现了我国的国家意志,民政部是国务院管理行政区域界线的部门,自然资源部是行政区域界线测绘的主管部门,因此,测绘法明确行政区域界线标准画法图的拟定工作,由民政部和自然资源部共同负责。由民政部和国务院测绘地理信息主管部门拟定后,行政区域界线的标准画法图要经国务院批准后才能公布,并且只能由国务院或者国务院授权的部门公布。公布的行政区域界线的标准画法图,是地图上行政区域界线画法的法定依据,编制地图涉及行政区域界线时,必须严格按照行政区域界线的标准画法图执行。

3) 行政区域界线测绘的资质管理、成果管理和标准管理

(1) 资质管理。从事行政区域界线测绘活动,必须依法取得由国务院测绘地理信息主管部门或者省、自治区、直辖市人民政府测绘地理信息主管部门颁发的《测绘资质证书》,并在资质等级许可的范围内从事测绘活动。各级测绘地理信息主管部门要加强对界桩埋设、边界点测定、边界线及相关地形要素调绘、边界协议书附图标绘、边界点位置和边界线走向说明的编写、行政区域界线详图集的编纂等行政区域界线测绘的资质管理,依法查处各类测绘资质违法案件。

(2) 成果管理。从事行政区域界线测绘活动,必须保证测绘成果的质量,并依法汇交测绘成果。测绘地理信息主管部门要加强对行政区域界线测绘成果的监督管理,保证行政区域界线测绘成果质量。

(3) 标准管理。从事行政区域界线测绘活动,必须采用国家规定的测绘技术标准和规范,满足勘界测绘技术规程和规定的精度要求。

5. 权属界线测绘管理

确定土地、建筑物、构筑物以及地面上其他附着物的所有权和使用权,对于维护社会的

正常经济秩序，保护权利人的合法权益，具有十分重要的意义和作用。

1) 权属界线测绘的概念

权属是指所有权和使用权，这里是指土地、建筑物、构筑物以及地面上其他附着物的所有权和使用权。所有权是指所有者对其所有物依法享有的占有、使用、收益和处分的权利。使用权是指使用者对其使用的土地、建筑物、构筑物以及地面上其他附着物依法享有的占有、使用和收益的权利。

权属界线是指土地、建筑物、构筑物以及地面上其他附着物的权属的分界线，也称为权属界址线。界址线的转折点称为界址点，将所有界址点连接起来，就形成了一块土地、建筑物、构筑物以及地面上其他附着物的权属界址线。

权属界线测绘是指测定权属界线的走向和界址点的坐标及绘制权属界线图的活动。权属界线测绘是确定权属的重要手段，只有通过权属界线测绘才能准确地将权属界线用数据和图形的形式表示出来。

权属界线测绘的成果，主要包括权属调查表、权属界址点坐标、权属面积统计表、权属界线图等。

2) 权属界线测绘管理的具体规定

《测绘法》对权属界线测绘进行了规定，明确测量土地、建筑物、构筑物和地面其他附着物的权属界址线，应当按照县级以上人民政府确定的权属界线的界址点、界址线或者提供的有关登记资料和附图进行。权属界址线发生变化时，有关当事人应当及时进行变更测绘。

(1) 权属界线测绘应当按照县级以上人民政府确定的权属界线的界址点、界址线或者提供的有关登记资料和附图进行。权属界线测绘的主要内容是测定权属界址点及其地面上相关的建筑物、附着物等，权属界址点确定的依据是有关的权属调查资料、权属登记资料和相应的附图。权属登记资料主要是指土地、建筑物等有关权属归属的文件、档案等。为了确保权属界线测绘的准确性，维护权利人的合法权益，权属界线测绘必须按照县级以上人民政府的确权为依据进行。只有对权属界址线进行认真测量，并达到"权属合法""界址清楚""面积准确"的土地、建筑物、构筑物以及地面上其他附着物，有关部门才能依法予以确权，发放相关证书。

(2) 权属界址线发生变化时，有关当事人应当及时进行变更测绘。土地、建筑物、构筑物以及地面上其他附着物因分割、合并或受自然因素影响等原因，其权属界址点、界址线等相关的资料必须及时更新，保持现势性，才能保证土地、建筑物、构筑物以及地面上其他附着物等不动产流转的安全、方便。

从事权属界线测绘，必须依法取得相应等级和业务范围的测绘资质证书，其业务范围一般为地籍测绘、房产测绘等。同时，权属界线测绘，还应当严格按照测绘法的规定，执行国家规定的测绘技术规范和标准，保证权属界线测绘的成果质量。

5.8.2 地籍测绘管理

1. 地籍测绘的概念

地籍测绘，是指对地块权属界线的界址点坐标进行精确测定，并把地块及其附着物的位置、面积、权属关系和利用状况等要素准确地绘制在图纸上和记录在专门的表册中的测绘工作。地籍测绘是地籍管理的重要内容，是国家测绘工作的重要组成部分。地籍测绘成果包括控制点和界址点坐标、地籍图和地籍表册等。

2. 地籍测绘的特征

(1) 地籍测绘是政府行使土地行政管理职能的具有法律意义的行政性技术行为，地籍测绘为土地管理提供了准确、可靠的地理参考系统。

(2) 地籍测绘是在地籍调查的基础上进行的，具有勘验取证的法律特征。

(3) 地籍测绘的技术标准必须符合土地法律法规的要求，从事地籍测绘的人员应当具有丰富的土地管理知识。

(4) 地籍测绘工作有非常强的现势性。

(5) 地籍测绘的技术和方法是现代测绘高新技术的应用集成。

3. 地籍测绘的法律规定

《测绘法》第二十二条规定：县级以上人民政府测绘地理信息主管部门会同本级人民政府不动产登记主管部门，加强对不动产测绘的管理。

地籍测绘作为不动产测绘的重要组成部分，应该执行此条法律规定。地籍测绘是地籍管理的基础性工作，是国家测绘工作的重要组成部分。组织管理地籍测绘工作是《测绘法》确定的各级测绘地理信息主管部门的一项法定职责，也是测绘地理信息主管部门履行统一监督管理职责的具体体现。测绘地理信息主管部门在组织管理地籍测绘时，要充分考虑地籍测绘的特殊性，与不动产登记主管部门密切配合、相互协作、加强沟通，以保证地籍测绘工作的顺利进行。

4. 地籍测绘的监督管理

测绘地理信息主管部门依法组织管理地籍测绘，主要涉及以下几个方面。

1) 监督管理地籍测绘资质

地籍测绘工作是国家测绘工作的重要组成部分，从事地籍测绘工作必须依法取得省级以上测绘地理信息主管部门颁发的载有地籍测绘(不动产测绘)业务的测绘资质证书；建立地籍数据库以及地籍管理信息系统，必须取得载有地理信息系统工程业务的测绘资质证书，并使用符合国家标准的基础地理信息数据。对未取得地籍测绘(不动产测绘)资质的单位以及使用不符合国家标准的基础地理信息数据建立地籍管理信息系统的，各级测绘地理信息主管部门要依法严肃查处。

2) 监督管理地籍测绘成果质量

地籍测绘成果是测绘成果的重要组成部分，监督管理地籍测绘成果质量、确认地籍测绘成果是各级测绘地理信息主管部门的重要职责。各级测绘地理信息主管部门应当加强地籍测绘成果监督检查，确保地籍测绘成果质量。

3) 地籍测绘标准化管理

根据国务院测绘地理信息主管部门以及省、自治区、直辖市测绘地理信息主管部门"三定"的规定，测绘地理信息主管部门的一项重要职责是研究制定地籍测绘技术标准和规范，对地籍测绘过程中是否执行国家技术规范和标准情况进行监督管理。《测绘法》也明确规定从事测绘活动，应当使用国家规定的测绘基准和测绘系统，执行国家规定的测绘技术规范和标准。因此，各级测绘地理信息主管部门要加强对地籍测绘标准化的管理，确保国家地籍测绘的各项标准、规范得到全面正确地实施。

5.8.3 房产测绘

1. 房产测绘的概念

房产测绘是采集和表述房屋及房屋用地的有关信息，为房产产权、产籍管理、房地产开发利用、交易、征收税费，以及为城镇规划建设提供数据和资料的测绘活动。房产测绘通过利用测绘技术手段测定和表述房屋及其自然状况、权属状况、位置、数量、质量以及利用状况及其属性等信息，为房产产权、产籍管理等提供基础数据。

2. 房产测绘的内容

房产测绘的主要内容包括房产平面控制测量、房产面积预算、房产面积测算、房产要素调查与测量、房产变更调查与测量、房产图测绘和建立房产信息系统。随着房地产市场的快速发展和现代测绘技术的广泛应用，房产测绘的技术手段和方法也越来越多，房产测绘的内容也越来越丰富。

房产测绘与房产权属管理、交易、开发、拆迁等房产管理活动密切相关。房产测绘的目的，是为房产管理包括产权产籍管理、开发管理、交易管理和拆迁管理服务，以及为评估、征税、收费、仲裁、鉴定等活动提供基础图、表、数字、资料和相关的信息，为城市规划和城市建设等提供基础数据和资料。为了加强对房产测绘的管理，建设部和国家测绘局于 2000 年 12 月 28 日联合发布了《房产测绘管理办法》，对房产测绘行为做出了具体规定。

3. 房产测绘的法律规定

《测绘法》对房产测绘制度进行了规定，即与房屋产权、产籍相关的房屋面积的测量，应当执行国务院住房城乡建设主管部门、国务院测绘地理信息主管部门组织编制的测量技术规范。

(1) 国家制定房产测量规范，并明确由国务院住房城乡建设主管部门、国务院测绘地理信息主管部门组织编制。房产测绘与房产权属管理、交易、开发、拆迁等房产管理活动密切相关，直接涉及房屋权利人的合法权益。由于房产测绘的特殊性，《测绘法》明确房产测量技术规范由国务院住房城乡建设主管部门、国务院测绘地理信息主管部门组织编制，其他任何部门都无权编制房产测量技术规范。

建设部、国家测绘局于 2000 年联合制定了我国第一个房产测绘国家标准《房产测量规范》，并由国家质量技术监督局发布。《房产测量规范》对城镇房产测绘的内容与基本要求进行了规定，适用于城市、建制镇的建成区和建成区以外的工矿企事业单位及其毗连居民点的房产测绘。建设部、国家测绘局联合制定《房产测量规范》，是落实测绘法确定的房产测绘管理职能的具体体现。

(2) 房产测绘必须执行国务院住房城乡建设主管部门、国务院测绘地理信息主管部门组织编制的测量技术规范。房产测绘成果涉及房屋权利人的权益，涉及房产产权、产籍的管理。制定统一的房产测量规范对于保证房产测绘成果质量，维护房产产权、产籍当事人的合法权益和做好产权产籍管理工作具有重要意义,房产测绘单位在进行房产测绘活动中必须严格执行。

4. 房产测绘管理

1) 房产测绘资质管理

按照《测绘法》的规定,从事测绘活动的单位应当依法取得相应等级的测绘资质证书。《房产测绘管理办法》第十二条规定:房产测绘单位应当依照《测绘法》的规定,取得省级以上人民政府测绘地理信息主管部门颁发的载明房产测绘业务的测绘资质证书。因此,测绘地理信息主管部门应当严格测绘资质审查,加强对房产测绘资质的日常监督管理,发现未依法取得房产测绘资质从事房产测绘活动的,要依法严肃查处。

2) 房产测绘成果质量管理

房产测绘成果质量直接涉及房产权利人的切身权益。房产测绘作为测绘工作的一个重要分支,测绘成果质量监督管理的有关规定同样适用于房产测绘。但是,由于房产测绘有其特殊性,对房产测绘成果质量的监督管理有不同于其他专业范围领域内的测绘活动。房产测绘项目委托人对房产测绘成果有争议的,依据房产测绘管理办法的规定,可以委托由国家认定的房产测绘成果鉴定机构鉴定。用于房屋权属登记等房产管理的房产测绘成果,住房城乡建设主管部门应当对施测单位的资质、测绘成果的适用性、界址点准确性、面积量算依据与方法等内容进行审核。审核后的房产测绘成果纳入房产档案统一管理。测绘地理信息主管部门在监督检查房产测绘成果时,应当与房产行政主管部门相互配合、协调一致,做到依法监管。

3) 房产测绘违法案件查处

房产测绘成果与老百姓的切身利益密切相关,带有一定的权威性、法定性,因此,测绘地理信息主管部门应当与住房城乡建设主管部门相互配合、协调联动,加强对房产测绘成果的监督管理,依法查处房产测绘违法案件。对于无证从事房产测绘活动,房产测绘单位在房产面积测算中不执行国家标准、规范和规定的,在房产面积测算中弄虚作假、欺骗房屋权利人的,房产面积测算失误、造成重大损失的行为,应当依法严肃查处。

5.8.4 地理信息系统建设管理

1. 建立地理信息系统的法律规定

《测绘法》对建立地理信息系统做出了法律规定,主要体现在以下几个方面。

1) 国家制定基础地理信息数据的标准

基础地理信息数据是指按照国家规定的技术规范、标准制作的,可通过计算机系统使用的数字化的基础测绘成果。基础地理信息数据是建立各类空间数据库和地理信息系统的基础数据。为提高基础地理信息数据的使用效益,提高测绘成果共享利用程度和各类地理信息系统之间的兼容性,《测绘法》明确规定国家制定基础地理信息数据标准。基础地理信息数据的标准必须是由国家标准化主管部门依据标准化法颁布的国家标准,依据有关行业标准生产的基础地理信息数据不能作为建立地理信息系统的基础数据。

目前,国家已经建成了 1:400 万、1:100 万、1:25 万、1:5 万国家基础地理信息数据库和地名数据库,1:5 万数字高程模型数据库,全国卫星影像数据库和部分城市的 1:500～1:2000 基础地理信息数据库等。1:400 万地图数据库已经实现网络提供,大部分省、自治区、直辖市也已建成了 1:1 万地形数据库和正射影像数据库。这些基础地理信息数据库的建成,为各相关部门建立地理信息系统提供了基础地理信息数据保障。

2) 建立地理信息系统必须采用符合国家标准的基础地理信息数据

随着我国经济社会发展和地理信息系统技术在各行各业的普及应用,各相关部门在不同时期建立了大量的专业地理信息系统,在城市规划管理、国土资源管理、防灾减灾、公安、消防、交通、水利等各个领域发挥了巨大的作用,地理信息系统已成为各级政府和政府相关部门从事宏观管理和区域规划决策的重要保障手段。但是,在地理信息系统应用日益广泛的同时,由于地理信息系统采用的基础地理信息数据的标准不统一,使各个系统之间的兼容性、数据的共享性非常差,从而影响和限制了地理信息系统的整合和应用,对国民经济和社会信息化发展产生了深刻的影响。因此,《测绘法》规定建立地理信息系统必须采用符合国家标准的基础地理信息数据。

2. 地理信息系统工程管理

1) 地理信息系统工程资质管理

从事地理信息系统工程建设的单位,应当依法取得由国务院测绘地理信息主管部门或省、自治区、直辖市测绘地理信息主管部门颁发的载有地理信息系统工程业务的测绘资质证书,并在资质等级许可的范围内从事地理信息系统工程建设活动。对于没有依法取得测绘资质证书违法从事地理信息系统建设的单位,各级测绘地理信息主管部门要依法予以查处。

2) 地理信息系统数据管理

建立地理信息系统,必须采用符合国家标准的基础地理信息数据,这是测绘法确定的基本原则。对用不符合国家标准的基础地理信息数据的,要依法进行处理。测绘地理信息主管部门要加强地理信息系统标准工作,强化对地理信息系统建设单位的日常监管,检查地理信息系统建设单位所采用的数据是不是属于国家基础地理信息数据,检查所采用的基础地理信息数据是不是符合国家标准。

在地理信息产业迅速发展的今天,地理信息系统技术不仅广泛应用于政府宏观经济管理和应对突发事件,还在国土资源管理、城市规划、房产管理、水利、电力、通信、海洋、人口、统计等众多领域得到了应用。例如,地籍管理信息系统、房产管理信息系统、防洪指挥系统、城市规划信息系统等,都是典型的地理信息系统。随着地理信息产业的发展,地理信息系统技术将会在更多的行业中得到应用。但是,对于任何一种信息系统而言,只要操作对象是空间数据,都属于地理信息系统,不管它在形式上叫什么名字,测绘地理信息主管部门都应当依法监管。

3) 地理信息系统成果利用管理

《测绘法》明确规定:县级以上人民政府测绘地理信息主管部门应当根据突发事件应对工作需要,及时提供地图、基础地理信息数据等测绘成果,做好遥感监测、导航定位等应急测绘保障工作。县级以上人民政府测绘地理信息主管部门应当会同本级人民政府其他有关部门依法开展地理国情监测,并按照国家有关规定严格管理、规范使用地理国情监测成果。各级人民政府应当采取有效措施，发挥地理国情监测成果在政府决策、经济社会发展和社会公众服务中的作用。根据上述规定，县级以上人民政府测绘地理信息主管部门应当在出现突发事件情况时，根据需要及时提供地图、基础地理信息数据，应当组织开展地理国情监测，并管理、使用好地理国情监测成果。

5.8.5 海洋测绘

1. 海洋测绘的概念

海洋测绘是测绘学科的一个分支，是以海洋为对象的测绘活动的总称。海洋测绘按专业细分，包括控制测量、水深测量、水文测量、扫海测量、海洋磁力测量、底质测量、浮泥测量、水下障碍物探测、浅地层剖面测量、水下管线测量、海岸滩涂地形测量和海域界线测量。海洋测绘的方法主要包括海洋地震测量、海洋重力测量、海洋磁力测量、海底热流测量、海洋电法测量和海洋放射性测量等。

2. 海洋测绘的特点

(1) 海洋测绘的对象是海洋以及海洋中的各种自然现象和人文现象。

海洋中的自然现象包括曲折的海岸、起伏不平的海底、动荡不定的海水、风云变幻的海洋上空等，归结起来就是指海岸、海底、海洋水文和海洋气象以及海空变化。人文现象是指经过人工建设、人为设置的设施，如港口设施(码头、船坞、系船浮筒、防波堤等)、海中的各种平台、航行标志、人为的各种沉物、港界等设施。

(2) 海洋测绘的主要载体是船舶。

由于海洋测绘的主要对象是海洋以及与海洋有关的各种设施和现象，因此，海洋测绘主要是在船舶上进行的。由于船舶一直处在运动之中，从而给海洋测绘带来了困难。

(3) 海洋测绘所使用的仪器设备有其特殊性。

海洋测绘包括海底地形、地貌和设施等内容，必须借助专用的海洋测绘仪器设备来进行。包括多波束海洋测深系统、无线电定位系统、声呐设备等特殊仪器，而这些设备在陆地上是不需要的。

(4) 海洋测绘的成果比较复杂。

陆地测绘成果一般包括各种控制点三维坐标、各种基础图件、各种地理信息系统等，但海洋测绘却要广泛得多、复杂得多。海洋测绘成果除了包括陆地上已有的测绘成果之外，还包括许多测量报告、海图等内容。

3. 海洋测绘管理

从广义上讲，从事海洋测绘活动，必须遵守《测绘法》及有关的法律、法规和规章，必须依法取得海洋测绘资质。海洋测绘工作是全国测绘工作的重要组成部分，是测绘地理信息主管部门负责统一监督管理的重要内容，但海洋测绘有其特殊性，《测绘法》第四条规定：军队测绘部门负责管理军事部门的测绘工作，并按照国务院、中央军事委员会规定的职责分工负责管理海洋基础测绘工作。根据《测绘法》规定，海洋基础测绘工作由军事测绘部门按照国务院、中央军事委员会规定的职责分工具体负责。

5.8.6 涉外测绘管理

1. 涉外测绘管理的概念

涉外测绘管理是指对外国的组织或者个人来华从事非商业性测绘活动或者采取合作的方式来华从事商业性测绘活动以及一次性测绘活动的监督管理。

随着我国对外开放步伐的进一步加快，我国对外经济、文化、科学技术交流与合作的领域越来越广，在许多开放的领域都涉及测绘工作。测绘事关国家主权和安全，现代战争离不开以测绘提供的地理空间信息为基础实施远程精确武装打击。为了维护国家安全和国家主权，在我国加入世界贸易组织(WTO)以后，国务院在《外商投资产业指导目录》中将测绘业列入限制类目录。为加强对外国的组织或者个人在中华人民共和国领域和管辖的其他海域从事测绘活动的管理，维护国家安全和利益，国土资源部依据《测绘法》，于2007年1月出台了《外国的组织或者个人来华测绘管理暂行办法》。2010年11月29日国土资源部第6次部务会议审议通过了《国土资源部关于修改〈外国的组织或者个人来华测绘管理暂行办法〉的决定》，进行了第一次修订，并经国务院批准，于2011年4月27日起施行。2019年7月16日，自然资源部第二次部务会议，审议通过了《自然资源部关于第一批废止和修改的部门规章的决定》，进行了第二次修订。该办法明确了国务院测绘地理信息主管部门会同军队测绘部门负责来华测绘的审批，县级以上各级人民政府测绘地理信息主管部门依照法律、行政法规和规章的规定，对来华测绘履行监督管理职责。

2. 涉外测绘活动的原则

涉外测绘活动的主体是外国的组织或者个人，涉外测绘活动的重要特征是涉及国家安全和利益。外国的组织或者个人在中华人民共和国领域和管辖的其他海域从事测绘活动，必须遵守以下原则。

(1) 必须遵守中华人民共和国的法律、行政法规的规定。
(2) 不得涉及中华人民共和国的国家秘密。
(3) 不得危害中华人民共和国的国家安全。

3. 外国组织或者个人来华测绘审批

为加强外国组织或者个人在中华人民共和国领域和管辖的其他海域从事测绘活动，《测绘法》规定外国的组织或者个人在中华人民共和国领域和管辖的其他海域从事测绘活动，必须经国务院测绘地理信息主管部门会同军队测绘部门批准，并遵守中华人民共和国的有关法律、行政法规的规定，县级以上各级人民政府测绘地理信息主管部门依照法律、行政法规和规章的规定，对来华测绘履行监督管理职责。

1) 外国组织或个人申请来华测绘的形式

外国的组织或者个人在中华人民共和国领域测绘，必须与中华人民共和国的有关部门或者单位依法采取合资、合作的形式(以下简称合资、合作测绘)。合资、合作的形式，是指依照《中华人民共和国中外合资经营企业法》《中华人民共和国中外合作经营企业法》的规定设立合资、合作企业。经国务院及其有关部门或者省、自治区、直辖市人民政府批准，外国的组织或者个人来华开展科技、文化、体育等活动时，需要进行一次性测绘活动的(以下简称一次性测绘)，可以不设立合资、合作企业，但是必须经国务院测绘地理信息主管部门会同军队测绘部门批准，并与中华人民共和国的有关部门和单位的测绘人员共同进行。

2) 合资、合作企业申请测绘资质的审批

合资、合作测绘应当取得国务院测绘地理信息主管部门颁发的《测绘资质证书》。合资、合作企业申请测绘资质，应当分别向国务院测绘地理信息主管部门和其所在地的省、自治区、直辖市人民政府测绘地理信息主管部门提交申请材料，其审批程序按照新修订的《外国的组织或者个人来华测绘管理暂行办法》执行。

(1) 合资、合作企业申请测绘资质应当具备的条件。

① 符合《中华人民共和国测绘法》以及外商投资的法律法规的有关规定。

② 符合《测绘资质管理规定》的有关要求。

③ 已经依法进行企业登记，并取得中华人民共和国法人资格。

(2) 合资、合作企业申请测绘资质应当提供的资料。

① 《测绘资质管理规定》中要求提供的申请材料。

② 企业法人营业执照。

③ 国务院测绘地理信息主管部门规定应当提供的其他材料。

(3) 合资、合作企业申请测绘资质程序。

① 提交申请。合资、合作企业应当分别向国务院测绘地理信息主管部门提交申请材料。

② 受理。国务院测绘地理信息主管部门在收到申请材料后依法做出是否受理的决定。

③ 审查。国务院测绘地理信息主管部门决定受理后10个工作日内送军队测绘部门会同审查，并在接到会同审查意见后10个工作日内做出审查决定。

④ 发放证书。审查合格的，由国务院测绘地理信息主管部门颁发相应等级的《测绘资质证书》；审查不合格的，由国务院测绘地理信息主管部门做出不予许可的决定。

(4) 合资、合作企业从事测绘活动的限制性规定。

依照《外国的组织或者个人来华测绘管理暂行办法》的规定，外国的组织或者个人与中华人民共和有关部门或者单位合资、合作，不得从事下列测绘活动。

① 大地测量。

② 测绘航空摄影。

③ 行政区域界线测绘。

④ 海洋测绘。

⑤ 地形图、世界政务地图、全国政区地图、省级及以下政区地图、全国性教学地图、地方性教学地图和真三维地图的编制。

⑥ 导航电子地图编制。

⑦ 国务院测绘地理信息主管部门规定的其他测绘活动。

3) 一次性测绘管理

(1) 一次性测绘的概念。

一次性测绘，是指外国的组织或者个人在不设立合资、合作企业的前提下，经国务院及其有关部门或者省、自治区、直辖市人民政府批准,来华开展科技、文化、体育等活动时,需要进行的一次性测绘活动。

(2) 一次性测绘的原则。

① 经国务院及其有关部门或者省、自治区、直辖市人民政府批准来华从事科技、文化、体育等特定活动。

② 经国务院测绘地理信息主管部门会同军队测绘部门批准。

③ 与中华人民共和国的有关部门和单位的测绘人员共同进行。

④ 必须遵守中华人民共和国的有关法律、行政法规的规定,并不得涉及国家秘密和危害国家安全。

(3) 一次性测绘的申请。

申请一次性测绘,应当向国务院测绘行政主管部门提交如下申请材料。

① 外国组织或者个人来华测绘申请表。

② 国务院及其有关部门或者省、自治区、直辖市人民政府的批准文件。

③ 按照法律法规规定应当提交的有关部门的批准文件。

④ 外国组织或者个人的身份证明和有关资信证明。

⑤ 测绘活动的范围、路线、测绘精度及测绘成果形式的说明。

⑥ 进行测绘活动时使用的测绘仪器、软件和设备的清单和情况说明。

⑦ 中华人民共和国现有测绘成果不能满足项目需要的说明。

一次性测绘应当依照下列程序取得国务院测绘地理信息主管部门的批准文件。

① 提交申请。经国务院及其有关部门批准,外国的组织或者个人来华开展科技、文化、体育等活动时,需要进行一次性测绘活动的,应当向国务院测绘地理信息主管部门提交申请材料。经省、自治区、直辖市人民政府批准,外国的组织或者个人来华开展科技、文化、体育等活动时,需要进行一次性测绘活动的,应当向国务院测绘地埋信息主管部门和省、自治区、直辖市人民政府测绘地理信息主管部门分别提交申请材料。

② 受理。国务院测绘地理信息主管部门在收到申请材料后依法做出是否受理的决定。

③ 审查。国务院测绘地理信息主管部门决定受理后 10 个工作日内送军队测绘部门会同审查,并在接到会同审查意见后 10 个工作日内做出审查决定。

④ 批准。准予一次性测绘的,由国务院测绘地理信息主管部门依法向申请人送达批准文件,并抄送测绘活动所在地的省、自治区、直辖市人民政府测绘地理信息主管部门;不准予一次性测绘的,应当做出书面决定。

4. 涉外测绘监督管理

1) 涉外测绘业务范围

合资、合作企业应当在《测绘资质证书》载明的业务范围内从事测绘活动;一次性测绘应当按照国务院测绘地理信息主管部门批准的内容进行。合资、合作测绘或者一次性测绘的,应当保证中方测绘人员全程参与具体测绘活动。

2) 涉外测绘成果管理规定

来华测绘成果的管理依照有关测绘成果管理法律法规的规定执行。来华测绘成果归中方部门或者单位所有的,未经依法批准,不得以任何形式将测绘成果携带或者传输出境。

3) 测绘地理信息主管部门监督管理规定

县级以上地方人民政府测绘地理信息主管部门,应当加强对本行政区域内来华测绘的监督管理,定期对下列内容进行检查。

(1) 是否涉及国家安全和秘密。

(2) 是否在《测绘资质证书》载明的业务范围内进行。

(3) 是否按照国务院测绘地理信息主管部门批准的内容进行。

(4) 是否按照《中华人民共和国测绘成果管理条例》的有关规定汇交测绘成果副本或者目录。

(5) 是否保证了中方测绘人员全程参与具体测绘活动。

4) 法律责任

(1) 违反《外国的组织或者个人来华测绘管理暂行办法》规定,法律、法规已规定行政处罚的,从其规定。来华测绘涉及中华人民共和国的国家秘密或者危害中华人民共和国的国家安全的行为的,依法追究其法律责任。

(2) 有以伪造证明文件、提供虚假材料等手段,骗取一次性测绘批准文件的;超出一次性测绘批准文件的内容从事测绘活动行为的,由国务院测绘地理信息主管部门撤销批准文件,责令停止测绘活动,处 3 万元以下罚款。有关部门对中方负有直接责任的主管人员和其他直接责任人员,依法给予行政处分;构成犯罪的,依法追究刑事责任,对形成的测绘成果依法予以收缴。

(3) 未经依法批准将测绘成果携带或者传输出境的,由国务院测绘地理信息主管部门处 3 万元以下罚款;构成犯罪的,依法追究刑事责任。

5.8.7 军事测绘

1. 军事测绘的概念

军事测绘,是指具有军事内容或者为军队作战、训练、军事工程、战场准备等实施的测绘工作的总称。军事测绘是为军事需要获取和提供地理、地形资料和信息的专业勤务,是国防建设和军队指挥的保障之一。

军事测绘包括生产测绘成果和实施测绘保障两方面的任务。一是生产测绘成果,主要是测制符合规范要求的测绘产品,由军队专业部门进行;二是实施测绘保障,主要是提供测绘成果和为部队作战、训练准备地形资料而采取的综合措施,由测绘勤务部门、分队进行。军事测绘成果的种类繁多,需要经过复杂的技术工作才能完成,这些技术工作主要包括大地测量、摄影测量、地图制图、海洋测绘和工程测量等。

2. 军事测绘的特征

军事测绘的特殊性主要体现在以下几个方面。

1) 保密性

军事测绘是为军队作战、训练、军事工程、战场准备而实施的测绘工作,军事测绘成果承载了大量军事设施、军事工程和军队作战、训练等重要信息,这些信息与国家安全和利益紧密相关,属于军事秘密。军事测绘的基本比例尺地图为 1:5 万地形图,属于国家机密。因此,军事测绘的一个重要特征就是保密性。

2) 精确性

地理信息为数字化战场和信息化战争构建了基础框架,是建设现代化军队、打赢信息化战争、建立国家安全保障体系重要的信息支撑。现代战争的精确制导和精确打击都离不开精确的地理信息数据。有了精确、及时、可靠的军事测绘保障,才能正确地感知战场,拥有空间信息优势,才能更及时、有效地运用作战力量,发挥作战效能。因此,军事测绘成果必须具有精确性。

3) 实时性

现代军事战争是信息化战争,地理信息为赢得现代战争提供了保障。《中国人民解放军测绘条例》明确规定,军事测绘的根本要求是及时、准确、真实。军事测绘成果必须注重实时性,实时地把握战场地形条件和地貌特征,为赢得战争提供保障条件。

3. 军事测绘管理

1) 国家制定军事测绘管理办法

《测绘法》第六十七条规定:军事测绘管理办法由中央军事委员会根据本法规定。该条规定明确了国家要专门制定军事测绘管理的具体办法,并由中央军事委员会根据《测绘法》制定。现行《中国人民解放军测绘条例》是由中央军委于 1996 年 1 月 10 日颁布的,1 月 18 日由中央军委主席江泽民签发命令施行。《中国人民解放军测绘条例》是我军第一部规范军事测绘活动的基本法规。

2) 国家编制军事测绘规划和海洋基础测绘规划

《测绘法》第十七条规定:军队测绘部门负责编制军事测绘规划,按照国务院、中央军事委员会规定的职责分工负责编制海洋基础测绘规划,并组织实施。该条规定,一是明确了国家要编制军事测绘规划和海洋基础测绘规划,二是确定了军事测绘规划和海洋基础测绘规划由军队测绘部门负责编制并组织实施。

3) 军事测绘主管部门负责军事测绘单位的测绘资质审查

《测绘法》第二十八条规定:军事测绘主管部门负责军事测绘单位的测绘资质审查。该条规定确定了军事测绘资质审查制度。军事测绘单位主要是承担军事测绘项目,其人员、装备情况及其实施的具体测绘项目都涉及军事秘密,不宜由地方测绘单位承担。因此,国家确立了军事测绘资质审查制度,并明确由军事测绘部门负责。

4) 管理海洋基础测绘工作

海洋测绘是以海洋为对象的测绘活动的总称。海洋测绘是一项广泛应用于国家经济建设、国防建设和社会发展的测绘工作,是全国测绘工作的一部分。海洋基础测绘工作属于全国基础测绘工作的重要组成部分,但海洋基础测绘工作具有特殊性。因此,《测绘法》对海洋基础测绘工作做出了特别规定,明确海洋基础测绘工作由军队测绘部门按照国务院、中央军事委员会规定的职责分工负责管理。

随着科学技术的发展和国际新安全观的形成，军事测绘的范围已从陆地、海洋扩展到外层空间。为适应未来作战的需要，提高快速反应能力，军事测绘正朝着发展航天遥感、地形信息传输、地图自动显示和卫星定位导航等测绘新技术，精化地心坐标和地球引力场模型，扩大动态大地测量应用，发展射电干涉测量和地形匹配制导技术，以提高远程武器命中精度，研制全天候、全天时、小型化和可靠性高的野战测量系统和多功能、自动化的测图、制图装备等方向发展，以改进测绘手段，加快测绘速度，满足军队指挥自动化的要求。

附录一　中华人民共和国测绘法

(2017年4月27日，第十二届全国人民代表大会常务委员会第二十七次会议第二次修订)

第一章　总　则

第一条　为了加强测绘管理，促进测绘事业发展，保障测绘事业为经济建设、国防建设、社会发展和生态保护服务，维护国家地理信息安全，制定本法。

第二条　在中华人民共和国领域和中华人民共和国管辖的其他海域从事测绘活动，应当遵守本法。

本法所称测绘，是指对自然地理要素或者地表人工设施的形状、大小、空间位置及其属性等进行测定、采集、表述，以及对获取的数据、信息、成果进行处理和提供的活动。

第三条　测绘事业是经济建设、国防建设、社会发展的基础性事业。各级人民政府应当加强对测绘工作的领导。

第四条　国务院测绘地理信息主管部门负责全国测绘工作的统一监督管理。国务院其他有关部门按照国务院规定的职责分工，负责本部门有关的测绘工作。

县级以上地方人民政府测绘地理信息主管部门负责本行政区域测绘工作的统一监督管理。县级以上地方人民政府其他有关部门按照本级人民政府规定的职责分工，负责本部门有关的测绘工作。

军队测绘部门负责管理军事部门的测绘工作，并按照国务院、中央军事委员会规定的职责分工负责管理海洋基础测绘工作。

第五条　从事测绘活动，应当使用国家规定的测绘基准和测绘系统，执行国家规定的测绘技术规范和标准。

第六条　国家鼓励测绘科学技术的创新和进步，采用先进的技术和设备，提高测绘水平，推动军民融合，促进测绘成果的应用。国家加强测绘科学技术的国际交流与合作。

对在测绘科学技术的创新和进步中做出重要贡献的单位和个人，按照国家有关规定给予奖励。

第七条　各级人民政府和有关部门应当加强对国家版图意识的宣传教育，增强公民的国家版图意识。新闻媒体应当开展国家版图意识的宣传。教育行政部门、学校应当将国家版图意识教育纳入中小学教学内容，加强爱国主义教育。

第八条　外国的组织或者个人在中华人民共和国领域和中华人民共和国管辖的其他海域从事测绘活动，应当经国务院测绘地理信息主管部门会同军队测绘部门批准，并遵守中华人民共和国有关法律、行政法规的规定。

外国的组织或者个人在中华人民共和国领域从事测绘活动，应当与中华人民共和国有关部门或者单位合作进行，并不得涉及国家秘密和危害国家安全。

第二章 测绘基准和测绘系统

第九条 国家设立和采用全国统一的大地基准、高程基准、深度基准和重力基准,其数据由国务院测绘地理信息主管部门审核,并与国务院其他有关部门、军队测绘部门会商后,报国务院批准。

第十条 国家建立全国统一的大地坐标系统、平面坐标系统、高程系统、地心坐标系统和重力测量系统,确定国家大地测量等级和精度以及国家基本比例尺地图的系列和基本精度。具体规范和要求由国务院测绘地理信息主管部门会同国务院其他有关部门、军队测绘部门制定。

第十一条 因建设、城市规划和科学研究的需要,国家重大工程项目和国务院确定的大城市确需建立相对独立的平面坐标系统的,由国务院测绘地理信息主管部门批准;其他确需建立相对独立的平面坐标系统的,由省、自治区、直辖市人民政府测绘地理信息主管部门批准。

建立相对独立的平面坐标系统,应当与国家坐标系统相联系。

第十二条 国务院测绘地理信息主管部门和省、自治区、直辖市人民政府测绘地理信息主管部门应当会同本级人民政府其他有关部门,按照统筹建设、资源共享的原则,建立统一的卫星导航定位基准服务系统,提供导航定位基准信息公共服务。

第十三条 建设卫星导航定位基准站的,建设单位应当按照国家有关规定报国务院测绘地理信息主管部门或者省、自治区、直辖市人民政府测绘地理信息主管部门备案。国务院测绘地理信息主管部门应当汇总全国卫星导航定位基准站建设备案情况,并定期向军队测绘部门通报。

本法所称卫星导航定位基准站,是指对卫星导航信号进行长期连续观测,并通过通信设施将观测数据实时或者定时传送至数据中心的地面固定观测站。

第十四条 卫星导航定位基准站的建设和运行维护应当符合国家标准和要求,不得危害国家安全。

卫星导航定位基准站的建设和运行维护单位应当建立数据安全保障制度,并遵守保密法律、行政法规的规定。

县级以上人民政府测绘地理信息主管部门应当会同本级人民政府其他有关部门,加强对卫星导航定位基准站建设和运行维护的规范和指导。

第三章 基础测绘

第十五条 基础测绘是公益性事业。国家对基础测绘实行分级管理。

本法所称基础测绘,是指建立全国统一的测绘基准和测绘系统,进行基础航空摄影,获取基础地理信息的遥感资料,测制和更新国家基本比例尺地图、影像图和数字化产品,建立、更新基础地理信息系统。

第十六条 国务院测绘地理信息主管部门会同国务院其他有关部门、军队测绘部门组织编制全国基础测绘规划,报国务院批准后组织实施。

县级以上地方人民政府测绘地理信息主管部门会同本级人民政府其他有关部门,根据国家和上一级人民政府的基础测绘规划及本行政区域的实际情况,组织编制本行政区域的基础测绘规划，报本级人民政府批准后组织实施。

第十七条 军队测绘部门负责编制军事测绘规划，按照国务院、中央军事委员会规定的职责分工负责编制海洋基础测绘规划，并组织实施。

第十八条 县级以上人民政府应当将基础测绘纳入本级国民经济和社会发展年度计划，将基础测绘工作所需经费列入本级政府预算。

国务院发展改革部门会同国务院测绘地理信息主管部门，根据全国基础测绘规划编制全国基础测绘年度计划。

县级以上地方人民政府发展改革部门会同本级人民政府测绘地理信息主管部门，根据本行政区域的基础测绘规划编制本行政区域的基础测绘年度计划，并分别报上一级部门备案。

第十九条 基础测绘成果应当定期更新，经济建设、国防建设、社会发展和生态保护急需的基础测绘成果应当及时更新。

基础测绘成果的更新周期根据不同地区国民经济和社会发展的需要确定。

第四章　界线测绘和其他测绘

第二十条 中华人民共和国国界线的测绘，按照中华人民共和国与相邻国家缔结的边界条约或者协定执行，由外交部组织实施。中华人民共和国地图的国界线标准样图，由外交部和国务院测绘地理信息主管部门拟定，报国务院批准后公布。

第二十一条 行政区域界线的测绘，按照国务院有关规定执行。省、自治区、直辖市和自治州、县、自治县、市行政区域界线的标准画法图，由国务院民政部门和国务院测绘地理信息主管部门拟定，报国务院批准后公布。

第二十二条 县级以上人民政府测绘地理信息主管部门应当会同本级人民政府不动产登记主管部门，加强对不动产测绘的管理。

测量土地、建筑物、构筑物和地面其他附着物的权属界址线，应当按照县级以上人民政府确定的权属界线的界址点、界址线或者提供的有关登记资料和附图进行。权属界址线发生变化的，有关当事人应当及时进行变更测绘。

第二十三条 城乡建设领域的工程测量活动，与房屋产权、产籍相关的房屋面积的测量，应当执行由国务院住房城乡建设主管部门、国务院测绘地理信息主管部门组织编制的测量技术规范。

水利、能源、交通、通信、资源开发和其他领域的工程测量活动，应当执行国家有关的工程测量技术规范。

第二十四条 建立地理信息系统，应当采用符合国家标准的基础地理信息数据。

第二十五条 县级以上人民政府测绘地理信息主管部门应当根据突发事件应对工作需要，及时提供地图、基础地理信息数据等测绘成果，做好遥感监测、导航定位等应急测绘保障工作。

第二十六条 县级以上人民政府测绘地理信息主管部门应当会同本级人民政府其他有关部门依法开展地理国情监测，并按照国家有关规定严格管理、规范使用地理国情监测成果。

各级人民政府应当采取有效措施，发挥地理国情监测成果在政府决策、经济社会发展和社会公众服务中的作用。

第五章 测绘资质资格

第二十七条 国家对从事测绘活动的单位实行测绘资质管理制度。

从事测绘活动的单位应当具备下列条件，并依法取得相应等级的测绘资质证书，方可从事测绘活动。

(一)有法人资格；

(二)有与从事的测绘活动相适应的专业技术人员；

(三)有与从事的测绘活动相适应的技术装备和设施；

(四)有健全的技术和质量保证体系、安全保障措施、信息安全保密管理制度以及测绘成果和资料档案管理制度。

第二十八条 国务院测绘地理信息主管部门和省、自治区、直辖市人民政府测绘地理信息主管部门按照各自的职责负责测绘资质审查、发放测绘资质证书。具体办法由国务院测绘地理信息主管部门商国务院其他有关部门规定。

军队测绘部门负责军事测绘单位的测绘资质审查。

第二十九条 测绘单位不得超越资质等级许可的范围从事测绘活动，不得以其他测绘单位的名义从事测绘活动，不得允许其他单位以本单位的名义从事测绘活动。

测绘项目实行招投标的，测绘项目的招标单位应当依法在招标公告或者投标邀请书中对测绘单位资质等级做出要求，不得让不具有相应测绘资质等级的单位中标，不得让测绘单位低于测绘成本中标。

中标的测绘单位不得向他人转让测绘项目。

第三十条 从事测绘活动的专业技术人员应当具备相应的执业资格条件。具体办法由国务院测绘地理信息主管部门会同国务院人力资源社会保障主管部门规定。

第三十一条 测绘人员进行测绘活动时，应当持有测绘作业证件。

任何单位和个人不得阻碍测绘人员依法进行测绘活动。

第三十二条 测绘单位的测绘资质证书、测绘专业技术人员的执业证书和测绘人员的测绘作业证件的式样，由国务院测绘地理信息主管部门统一规定。

第六章 测绘成果

第三十三条 国家实行测绘成果汇交制度。国家依法保护测绘成果的知识产权。

测绘项目完成后，测绘项目出资人或者承担国家投资的测绘项目的单位，应当向国务院测绘地理信息主管部门或者省、自治区、直辖市人民政府测绘地理信息主管部门汇交测绘成果资料。属于基础测绘项目的，应当汇交测绘成果副本；属于非基础测绘项目的，应当汇交测绘成果目录。负责接收测绘成果副本和目录的测绘地理信息主管部门应当出具测绘成果汇交凭证，并及时将测绘成果副本和目录移交给保管单位。测绘成果汇交的具体办法由国务院规定。

国务院测绘地理信息主管部门和省、自治区、直辖市人民政府测绘地理信息主管部门应当及时编制测绘成果目录，并向社会公布。

第三十四条 县级以上人民政府测绘地理信息主管部门应当积极推进公众版测绘成果的加工和编制工作，通过提供公众版测绘成果、保密技术处理等方式，促进测绘成果的社会化应用。

测绘成果保管单位应当采取措施保障测绘成果的完整和安全，并按照国家有关规定向社会公开和提供利用。

测绘成果属于国家秘密的，适用保密法律、行政法规的规定；需要对外提供的，按照国务院和中央军事委员会规定的审批程序执行。

测绘成果的秘密范围和秘密等级，应当依照保密法律、行政法规的规定，按照保障国家秘密安全、促进地理信息共享和应用的原则确定并及时调整、公布。

第三十五条 使用财政资金的测绘项目和涉及测绘的其他使用财政资金的项目，有关部门在批准立项前应当征求本级人民政府测绘地理信息主管部门的意见；有适宜测绘成果的，应当充分利用已有的测绘成果，避免重复测绘。

第三十六条 基础测绘成果和国家投资完成的其他测绘成果，用于政府决策、国防建设和公共服务的，应当无偿提供。

除前款规定情形外，测绘成果依法实行有偿使用制度。但是，各级人民政府及有关部门和军队因防灾减灾、应对突发事件、维护国家安全等公共利益的需要，可以无偿使用。

测绘成果使用的具体办法由国务院规定。

第三十七条 中华人民共和国领域和中华人民共和国管辖的其他海域的位置、高程、深度、面积、长度等重要地理信息数据，由国务院测绘地理信息主管部门审核，并与国务院其他有关部门、军队测绘部门会商后，报国务院批准，由国务院或者国务院授权的部门公布。

第三十八条 地图的编制、出版、展示、登载及更新应当遵守国家有关地图编制标准、地图内容表示、地图审核的规定。

互联网地图服务提供者应当使用经依法审核批准的地图，建立地图数据安全管理制度，采取安全保障措施，加强对互联网地图新增内容的核校，提高服务质量。

县级以上人民政府和测绘地理信息主管部门、网信部门等有关部门应当加强对地图编制、出版、展示、登载和互联网地图服务的监督管理，保证地图质量，维护国家主权、安全和利益。

地图管理的具体办法由国务院规定。

第三十九条 测绘单位应当对完成的测绘成果质量负责。县级以上人民政府测绘地理信息主管部门应当加强对测绘成果质量的监督管理。

第四十条 国家鼓励发展地理信息产业，推动地理信息产业结构调整和优化升级，支持开发各类地理信息产品，提高产品质量，推广使用安全可信的地理信息技术和设备。

县级以上人民政府应当建立健全政府部门间地理信息资源共建共享机制，引导和支持企业提供地理信息社会化服务，促进地理信息广泛应用。

县级以上人民政府测绘地理信息主管部门应当及时获取、处理、更新基础地理信息数据，通过地理信息公共服务平台向社会提供地理信息公共服务，实现地理信息数据开放共享。

第七章 测量标志保护

第四十一条 任何单位和个人不得损毁或者擅自移动永久性测量标志和正在使用中的临时性测量标志，不得侵占永久性测量标志用地，不得在永久性测量标志安全控制范围内从事危害测量标志安全和使用效能的活动。

本法所称永久性测量标志,是指各等级的三角点、基线点、导线点、军用控制点、重力点、天文点、水准点和卫星定位点的觇标和标石标志,以及用于地形测图、工程测量和形变测量的固定标志和海底大地点设施。

第四十二条　永久性测量标志的建设单位应当对永久性测量标志设立明显标记,并委托当地有关单位指派专人负责保管。

第四十三条　进行工程建设,应当避开永久性测量标志;确实无法避开,需要拆迁永久性测量标志或者使永久性测量标志失去使用效能的,应当经省、自治区、直辖市人民政府测绘地理信息主管部门批准;涉及军用控制点的,应当征得军队测绘部门的同意。所需迁建费用由工程建设单位承担。

第四十四条　测绘人员使用永久性测量标志,应当持有测绘作业证件,并保证测量标志的完好。

保管测量标志的人员应当查验测量标志使用后的完好状况。

第四十五条　县级以上人民政府应当采取有效措施加强测量标志的保护工作。

县级以上人民政府测绘地理信息主管部门应当按照规定检查、维护永久性测量标志。

乡级人民政府应当做好本行政区域内的测量标志保护工作。

第八章　监督管理

第四十六条　县级以上人民政府测绘地理信息主管部门应当会同本级人民政府其他有关部门建立地理信息安全管理制度和技术防控体系,并加强对地理信息安全的监督管理。

第四十七条　地理信息生产、保管、利用单位应当对属于国家秘密的地理信息的获取、持有、提供、利用情况进行登记并长期保存,实行可追溯管理。

从事测绘活动涉及获取、持有、提供、利用属于国家秘密的地理信息,应当遵守保密法律、行政法规和国家有关规定。

地理信息生产、利用单位和互联网地图服务提供者收集、使用用户个人信息的,应当遵守法律、行政法规关于个人信息保护的规定。

第四十八条　县级以上人民政府测绘地理信息主管部门应当对测绘单位实行信用管理,并依法将其信用信息予以公示。

第四十九条　县级以上人民政府测绘地理信息主管部门应当建立健全随机抽查机制,依法履行监督检查职责,发现涉嫌违反本法规定行为的,可以依法采取下列措施。

(一)查阅、复制有关合同、票据、账簿、登记台账以及其他有关文件、资料;

(二)查封、扣押与涉嫌违法测绘行为直接相关的设备、工具、原材料、测绘成果资料等。

被检查的单位和个人应当配合,如实提供有关文件、资料,不得隐瞒、拒绝和阻碍。

任何单位和个人对违反本法规定的行为,有权向县级以上人民政府测绘地理信息主管部门举报。接到举报的测绘地理信息主管部门应当及时依法处理。

第九章　法律责任

第五十条　违反本法规定,县级以上人民政府测绘地理信息主管部门或者其他有关部门工作人员利用职务上的便利收受他人财物、其他好处或者玩忽职守,对不符合法定条件的单位核发测绘资质证书,不依法履行监督管理职责,或者发现违法行为不予查处的,对负有责任的领导人员和直接责任人员,依法给予处分;构成犯罪的,依法追究刑事责任。

第五十一条 违反本法规定,外国的组织或者个人未经批准,或者未与中华人民共和国有关部门、单位合作,擅自从事测绘活动的,责令停止违法行为,没收违法所得、测绘成果和测绘工具,并处十万元以上五十万元以下的罚款;情节严重的,并处五十万元以上一百万元以下的罚款,限期出境或者驱逐出境;构成犯罪的,依法追究刑事责任。

第五十二条 违反本法规定,未经批准擅自建立相对独立的平面坐标系统,或者采用不符合国家标准的基础地理信息数据建立地理信息系统的,给予警告,责令改正,可以并处五十万元以下的罚款;对直接负责的主管人员和其他直接责任人员,依法给予处分。

第五十三条 违反本法规定,卫星导航定位基准站建设单位未报备案的,给予警告,责令限期改正;逾期不改正的,处十万元以上三十万元以下的罚款;对直接负责的主管人员和其他直接责任人员,依法给予处分。

第五十四条 违反本法规定,卫星导航定位基准站的建设和运行维护不符合国家标准、要求的,给予警告,责令限期改正,没收违法所得和测绘成果,并处三十万元以上五十万元以下的罚款;逾期不改正的,没收相关设备;对直接负责的主管人员和其他直接责任人员,依法给予处分;构成犯罪的,依法追究刑事责任。

第五十五条 违反本法规定,未取得测绘资质证书,擅自从事测绘活动的,责令停止违法行为,没收违法所得和测绘成果,并处测绘约定报酬一倍以上二倍以下的罚款;情节严重的,没收测绘工具。

以欺骗手段取得测绘资质证书从事测绘活动的,吊销测绘资质证书,没收违法所得和测绘成果,并处测绘约定报酬一倍以上二倍以下的罚款;情节严重的,没收测绘工具。

第五十六条 违反本法规定,测绘单位有下列行为之一的,责令停止违法行为,没收违法所得和测绘成果,处测绘约定报酬一倍以上二倍以下的罚款,并可以责令停业整顿或者降低测绘资质等级;情节严重的,吊销测绘资质证书。

(一)超越资质等级许可的范围从事测绘活动;

(二)以其他测绘单位的名义从事测绘活动;

(三)允许其他单位以本单位的名义从事测绘活动。

第五十七条 违反本法规定,测绘项目的招标单位让不具有相应资质等级的测绘单位中标,或者让测绘单位低于测绘成本中标的,责令改正,可以处测绘约定报酬二倍以下的罚款。招标单位的工作人员利用职务上的便利,索取他人财物,或者非法收受他人财物为他人谋取利益的,依法给予处分;构成犯罪的,依法追究刑事责任。

第五十八条 违反本法规定,中标的测绘单位向他人转让测绘项目的,责令改正,没收违法所得,处测绘约定报酬一倍以上二倍以下的罚款,并可以责令停业整顿或者降低测绘资质等级;情节严重的,吊销测绘资质证书。

第五十九条 违反本法规定,未取得测绘执业资格,擅自从事测绘活动的,责令停止违法行为,没收违法所得和测绘成果,对其所在单位可以处违法所得二倍以下的罚款;情节严重的,没收测绘工具;造成损失的,依法承担赔偿责任。

第六十条 违反本法规定,不汇交测绘成果资料的,责令限期汇交;测绘项目出资人逾期不汇交的,处重测所需费用一倍以上二倍以下的罚款;承担国家投资的测绘项目的单位逾期不汇交的,处五万元以上二十万元以下的罚款,并处暂扣测绘资质证书,自暂扣测绘资质证书之日起六个月内仍不汇交的，吊销测绘资质证书；对直接负责的主管人员和其他直接责任人员，依法给予处分。

第六十一条 违反本法规定，擅自发布中华人民共和国领域和中华人民共和国管辖的其他海域的重要地理信息数据的，给予警告，责令改正，可以并处五十万元以下的罚款；对直接负责的主管人员和其他直接责任人员，依法给予处分；构成犯罪的，依法追究刑事责任。

第六十二条 违反本法规定，编制、出版、展示、登载、更新的地图或者互联网地图服务不符合国家有关地图管理规定的，依法给予行政处罚、处分；构成犯罪的，依法追究刑事责任。

第六十三条 违反本法规定，测绘成果质量不合格的，责令测绘单位补测或者重测；情节严重的，责令停业整顿，并处降低测绘资质等级或者吊销测绘资质证书；造成损失的，依法承担赔偿责任。

第六十四条 违反本法规定，有下列行为之一的，给予警告，责令改正，可以并处二十万元以下的罚款；对直接负责的主管人员和其他直接责任人员，依法给予处分；造成损失的，依法承担赔偿责任；构成犯罪的，依法追究刑事责任。

(一)损毁、擅自移动永久性测量标志或者正在使用中的临时性测量标志；

(二)侵占永久性测量标志用地；

(三)在永久性测量标志安全控制范围内从事危害测量标志安全和使用效能的活动；

(四)擅自拆迁永久性测量标志或者使永久性测量标志失去使用效能，或者拒绝支付迁建费用；

(五)违反操作规程使用永久性测量标志，造成永久性测量标志毁损。

第六十五条 违反本法规定，地理信息生产、保管、利用单位未对属于国家秘密的地理信息的获取、持有、提供、利用情况进行登记、长期保存的，给予警告，责令改正，可以并处二十万元以下的罚款；泄露国家秘密的，责令停业整顿，并处降低测绘资质等级或者吊销测绘资质证书；构成犯罪的，依法追究刑事责任。

违反本法规定，获取、持有、提供、利用属于国家秘密的地理信息的，给予警告，责令停止违法行为，没收违法所得，可以并处违法所得二倍以下的罚款；对直接负责的主管人员和其他直接责任人员，依法给予处分；造成损失的，依法承担赔偿责任；构成犯罪的，依法追究刑事责任。

第六十六条 本法规定的降低测绘资质等级、暂扣测绘资质证书、吊销测绘资质证书的行政处罚，由颁发测绘资质证书的部门决定；其他行政处罚，由县级以上人民政府测绘地理信息主管部门决定。

本法第五十一条规定的限期出境和驱逐出境由公安机关依法决定并执行。

第十章 附　则

第六十七条 军事测绘管理办法由中央军事委员会根据本法规定。

第六十八条 本法自 2017 年 7 月 1 日起施行。

附录二 国务院关于加强测绘工作的意见

国发〔2007〕30号

各省、自治区、直辖市人民政府，国务院各部委、各直属机构：

测绘是经济社会发展和国防建设的一项基础性工作。改革开放以来，我国测绘事业取得长足发展，测绘法律法规逐步完善，数字中国地理空间框架建设稳步推进，测绘科技水平不断提高，地理信息产业正在兴起，测绘保障作用明显增强。但是，在测绘事业发展中还存在着基础地理信息资源短缺、公共服务水平较低、成果开发利用不足和统一监管薄弱等问题。随着经济社会的全面进步，各方面对测绘的需求不断增长，测绘滞后于经济社会发展需求的矛盾日益突出。为进一步加强测绘工作，提高测绘对落实科学发展观和构建社会主义和谐社会的保障服务水平，现提出以下意见。

一、用科学发展观指导测绘工作

(一)充分认识加强测绘工作的重要性和紧迫性。测绘是准确掌握国情国力、提高管理决策水平的重要手段。提供测绘公共服务是各级政府的重要职能。加强测绘工作对于加强和改善宏观调控、促进区域协调发展、构建资源节约型和环境友好型社会、建设创新型国家等具有重要作用。同时，测绘工作涉及国家秘密，地图体现国家主权和政治主张，全面提高测绘在国家安全战略中的保障能力，确保涉密测绘成果安全，维护国家版图尊严和地图的严肃性，对于维护国家主权、安全和利益至关重要。现代测绘技术已经成为国家科技水平的重要体现，地理信息产业正在成为新的经济增长点。全面提高测绘保障服务水平，对于经济社会又好又快发展具有积极的促进作用。

(二)加强测绘工作的指导思想。坚持以邓小平理论和"三个代表"重要思想为指导，全面贯彻落实科学发展观，把为经济社会发展提供保障服务作为测绘工作的出发点和落脚点，完善体制机制，着力自主创新，加快信息化测绘体系建设，构建数字中国地理空间框架，加强测绘公共服务，发展地理信息产业，努力建设服务型测绘、开放型测绘、创新型测绘，全面提高测绘对促进科学发展、构建社会主义和谐社会的保障服务水平。

(三)加强测绘工作的基本原则。

——坚持统筹规划，协调发展。统筹测绘事业发展全局，推进地理信息资源共建共享，合理规划安排，避免重复测绘，推动国家测绘和区域测绘、公益性测绘和地理信息产业以及军地测绘的协调发展。

——坚持保障安全，高效利用。妥善处理测绘成果保密与开发利用的关系，在确保国家安全的前提下提供有力的测绘保障服务，加强地理信息资源开发与整合，推动测绘成果广泛应用，促进地理信息产业发展。

——坚持科技推动，服务为本。贯彻自主创新、重点跨越、支撑发展、引领未来的基本方针，以科技创新为动力，以经济社会发展需求为导向，紧密围绕党和国家的中心任务，提供可靠、适用、及时的测绘保障服务。

——坚持完善体制，强化监管。健全测绘行政管理体制，理顺和落实各级测绘行政主管部门的职责，强化测绘工作统一监督管理，全面推进测绘依法行政，加大测绘成果管理和测绘市场监管力度。

二、切实提高测绘保障能力和服务水平

(四)加快基础地理信息资源建设。加大基础测绘工作力度，加强基础测绘规划和年度计划的衔接，按照统一设计、分级负责的原则，全面推进数字中国地理空间框架建设。"十一五"期间，开展卫星定位连续运行参考站网建设，改建或扩建大地控制网、高程控制网和重力基本网，加快形成覆盖全部国土、陆海统一的高精度现代测绘基准体系。大力提高基础航空摄影能力和国产高分辨率卫星影像获取能力，实现高分辨率航空航天遥感影像对陆地国土的定期覆盖和局部地区的动态覆盖。到2010年，全面完成陆地国土1∶5万地形图测绘；科学合理确定覆盖范围和更新周期，基本完成1∶1万地形图的必要覆盖和城镇地区1∶2000及更大比例尺地形图测绘。加快各级基础地理信息数据库建设。积极开展海洋基础测绘、海岛(礁)测绘和极地测绘工作。建立健全定期更新和动态更新相结合的更新机制，切实提高基础地理信息的现势性，实现基础地理信息资源数量增加、质量提高和结构优化。

(五)构建基础地理信息公共平台。紧密结合国民经济和社会信息化需求，在各级基础地理信息数据库的基础上，加强资源整合和数据库完善，为自然资源和地理空间基础信息数据库提供科学、准确、及时的基础地理信息数据；针对地方、部门、行业特色，在电子政务、公共安全、位置服务等方面，分类构建权威、标准的基础地理信息公共平台，更好地满足政府、企业以及人民生活等方面对基础地理信息公共产品服务的迫切需要。使用财政资金建设的基于地理位置的信息系统，应当采用测绘行政主管部门提供的基础地理信息公共平台。

(六)推进地理信息资源共建共享。加快建立国家测绘与地方测绘、测绘部门与相关部门以及军地测绘之间的地理信息资源共建共享机制，明确共建共享的内容、方式和责任，统筹协调地理信息数据采集分工、持续更新和共享服务工作，充分利用现有和规划建设的国家信息化设施，避免重复建设。使用财政资金的测绘项目和使用财政资金的建设工程测绘项目，有关部门在批准立项前应当征求本级人民政府测绘行政主管部门的意见，有适宜测绘成果的，应当充分利用已有的测绘成果。加强基础航空摄影和用于测绘的高分辨率卫星影像获取与分发的统筹协调，提高利用效率。有关部门应当及时向测绘部门提供用于基础地理信息更新的地名、境界、交通、水系、土地覆盖等信息，测绘部门要按有关规定及时提供基础地理信息服务。

(七)拓宽测绘服务领域。大力提高测绘公共服务水平，切实加强测绘成果的开发应用，充分发挥测绘在管理社会公共事务、处理经济社会发展重大问题、提高人民生活质量以及城乡建设、防灾减灾等方面的作用。建设全国测绘成果网络化分发服务系统，及时发布测绘成果目录，提供丰富的地理信息服务。不断丰富产品种类，大力开发适用、实用的权威性测绘公共产品，提高产品质量。积极稳妥推出公众版地形图，加快公益性地图网站建设。加强对农村公益性测绘服务，为新农村建设开发适用的测绘产品。积极开展基础地理信息变化监测和综合分析工作，及时提供地表覆盖、生态环境等方面的变化信息，为加强和改善宏观调控提供科学依据。通过加强信息资源整合、开展试点示范等方式，建设各类基于地理信息的政

府管理与决策系统。建立健全应急管理测绘保障机制，为突发公共事件的防范处置工作提供及时的地理信息和技术服务。

(八)促进地理信息产业发展。统筹规划地理信息产业优先发展领域，尽快研究制定地理信息产业发展政策和促进健康快速发展的财政、金融、税收等政策。培育具有自主创新能力的地理信息骨干企业，尽快掌握产业核心技术，形成一批具有自主知识产权的先进技术装备，增强我国地理信息产业的整体实力和国际竞争力。引导社会资金投入，推动地理信息的社会化利用，提高测绘对经济增长的贡献率。通过政府采购和项目带动等方式，引导和鼓励企业开展地理信息开发利用和增值服务，促进智能交通、现代物流、车载导航、手机定位等新兴服务业的发展。妥善处理地理信息保密与利用的关系，修订测绘管理工作国家秘密范围的规定，制定涉密地理信息使用管理办法。

三、加快测绘科技进步与创新

(九)完善测绘科技创新体系。加强测绘科研基地、科技文献资源以及科技服务网络等测绘科技基础条件平台建设。完善测绘科技创新政策，充分发挥各类测绘科研机构、高等院校、国家重点实验室、部门开放实验室、工程技术研究中心和有关企业在测绘科技创新中的主体作用，建立健全以需求为导向、产学研相结合、分工协作的测绘科技创新体系，加强测绘科技推广和成果转化。

(十)增强测绘科技自主创新能力。将测绘科技自主创新纳入国家科技创新体系，通过国家和地方科技计划和基金，加大对测绘科技创新的支持力度。加强测绘基础理论研究和软科学研究，加快高精度快速定位、高分辨率卫星遥感、影像自动化处理、地理信息网格以及信息安全保密等方面的关键技术攻关，显著提高我国测绘科技的整体实力。推进信息化测绘体系建设，促进地理信息获取实时化、处理自动化、服务网络化和应用社会化。加强测绘对外技术合作与交流，积极参加测绘领域的重大国际科技合作项目，不断提高我国测绘的国际地位。

(十一)加强现代化测绘装备建设。在充分利用国内外卫星资源的基础上，加快自主研制发射满足测绘需求的应用卫星，加强卫星应用系统建设。大力加强现代测绘基准体系基础设施建设，积极发展卫星导航定位综合服务系统。加快基础测绘生产基地的装备和设施更新，提高野外测绘高新技术装备水平。加强应急测绘装备建设。改善各级基础地理信息存储管理与服务机构的装备条件。建立和完善国家、省、市级之间互联互通的全国基础地理信息网络体系。

四、加强测绘工作统一监管

(十二)健全测绘行政管理体制。县级以上地方人民政府要进一步落实和强化测绘工作管理职责，加强测绘资质、标准、质量以及测绘成果提供和使用等方面的统一监督管理。各级测绘行政主管部门要根据新时期测绘工作面向全社会提供保障服务的特点，认真履行职责，按照统一、协调、有效的原则，加强自身建设，落实管理力量和工作经费，增强工作能力。

(十三)完善测绘法规和标准。加强依法行政，建立健全适应社会主义市场经济体制的测绘法律法规体系。进一步加强基础测绘、海洋基础测绘和地图管理等方面的立法工作。加强测绘与地理信息标准化工作的管理，健全标准体系，加快测绘与地理信息标准的研究制定，提高标准的科学性、协调性和适用性。

(十四)加强测绘成果管理。严格执行测绘成果汇交制度,政府投资项目的测绘成果必须依法及时向测绘行政主管部门无偿汇交,加强测绘成果汇交执行情况的定期检查和重点抽查。推进测绘档案管理信息化。加强对外提供测绘成果的统一管理,修订对外提供测绘成果的有关规定。加大对重要地理信息数据审核、公布和使用的监管力度。完善测绘成果安全保障体系,落实测绘成果异地备份制度,强化测绘成果保密和使用监管。强化测绘成果安全防范意识,依法打击窃取国家秘密测绘成果和向境外非法提供国家秘密测绘成果的犯罪行为。做好测量标志保护和维护工作,制定测量标志土地使用的有关规定,建立责权利相结合的管理机制。依法规范和审批城市坐标系统建设,开展城市坐标系统的清理。

(十五)加强地图管理。测绘行政主管部门要加强对地图编制的管理,完善地图审核制度,严把地图审核关。提高联合执法能力,进一步加大对地图市场及互联网网站登载地图的监管力度,严格查处和封堵互联网用户上传、标注涉密地理信息,严厉打击各种违法违规编制、出版、传播、使用地图以及侵犯地图知识产权等行为。将国家版图意识教育纳入爱国主义教育和中小学教学内容,提高全社会的国家版图意识。

(十六)加大测绘市场监管力度。进一步加强测绘资质管理,从事地理信息数据的采集、加工、提供等测绘活动必须依法取得测绘资质证书,严格市场准入。健全测绘单位质量管理体系,建立测绘质量监理制度,加强对房产测绘和导航电子地图、重大建设项目等的测绘质量监督。严厉查处无证测绘、超资质超范围测绘、非法采集提供地理信息、侵权盗版和不正当竞争等行为。加强对外国的组织或者个人来华测绘活动的监督管理。鼓励群众积极举报测绘领域的违法违规行为,加强社会监督。加快建立测绘市场信用体系,严格市场准入和退出机制,加强测绘执法监督,形成统一、竞争、有序的测绘市场。

五、加强对测绘工作的领导

(十七)加强对测绘工作的组织领导和统筹协调。地方各级政府要充分认识加强测绘工作的重要性和紧迫性,加强组织领导,抓好测绘发展规划的编制和组织实施,把数字区域地理空间框架和信息化测绘体系建设作为本地区国民经济和社会发展的重要内容加快推进。采取有效措施,切实解决好测绘工作中存在的突出问题,为测绘事业发展创造良好的环境条件。各级测绘行政主管部门要加强测绘工作统一监督管理,提高测绘依法行政能力。有关部门要加大支持力度,加强协作配合,共同做好测绘工作。做好测绘宣传和舆论引导工作,在全社会推广普及测绘知识。

(十八)完善测绘投入机制。各级政府要切实将基础测绘投入纳入本级财政预算,不断提高经费投入水平。中央财政要继续加强对边远地区与少数民族地区基础测绘的支持。建立健全公共财政对测绘基础设施建设维护、公共应急测绘保障、测绘科技创新、测绘与地理信息标准化等方面的投入机制,加大投入力度。加强财政经费使用的监管和绩效评估,提高财政资金使用效率。

(十九)加强测绘队伍建设。加大测绘人才培养力度,全面提高测绘队伍整体素质。继续推进新世纪测绘人才培养工程,实施测绘领军人才培养工程,完善以测绘高等教育、职业技术教育、继续教育、在职培训相结合的测绘人才培养体系,健全人才引进、使用、评价机制。加强测绘职业资格管理,积极实施注册测绘师制度。稳步推进测绘事业单位结构调整,加强基础地理信息获取和服务队伍建设，形成一支布局合理、功能完善、保障有力的基础测绘队伍。大力改善野外测绘工作条件，对野外测绘队伍人员继续实行工资倾斜政策，完善津贴补贴政策。充分发挥测绘有关社团和中介组织的作用。要教育广大测绘工作者进一步增强责任感和使命感，继续弘扬"爱祖国、爱事业、艰苦奋斗、无私奉献"的测绘精神，脚踏实地，开拓进取，为全面建设小康社会、构建社会主义和谐社会做出更大的贡献。

中华人民共和国国务院

二〇〇七年九月十三日

附录三 测绘地理信息事业"十三五"规划

发改地区〔2016〕1907号

各省、自治区、直辖市及计划单列市、新疆生产建设兵团发展改革委、测绘地理信息局(测绘地理信息行政主管部门、测绘地理信息主管部门):

为贯彻落实《中华人民共和国国民经济和社会发展第十三个五年规划纲要》及《全国基础测绘中长期规划纲要(2015—2030年)》有关要求,推动测绘地理信息事业加快发展,不断拓展覆盖领域和空间,全面提升服务保障能力,我们会同有关部门编制了《测绘地理信息事业"十三五"规划》。现印发你们,请遵照实施。

附件:测绘地理信息事业"十三五"规划

国家发展改革委
国家测绘地信局
2016年8月31日

测绘地理信息事业是国民经济和社会发展的重要组成部分,是全面小康社会建设的重要基础。"十三五"时期是测绘地理信息事业全面发展的关键时期。为贯彻落实《中华人民共和国国民经济和社会发展第十三个五年规划纲要》及《全国基础测绘中长期规划纲要(2015—2030年)》有关要求,推动测绘地理信息事业加快发展,不断拓展覆盖领域和空间,全面提升服务保障能力,特制定《测绘地理信息事业"十三五"规划》(以下简称《规划》),对新时期全国测绘地理信息事业发展做出总体部署。

本规划所指的测绘地理信息事业,包括基础测绘、地理国情监测、应急测绘、航空航天遥感测绘、全球地理信息资源开发等公益性事业和以地理信息资源开发利用为核心的地理信息产业。

一、发展现状与面临形势

(一)"十二五"主要成就

"十二五"期间,测绘地理信息事业紧密围绕经济社会发展和国家重大战略、重大规划、重大改革、重大政策、重大工程、重大项目实施需要,坚持服务大局、服务社会、服务民生的宗旨,加快转型升级,充分发挥支撑、保障和服务作用,为"十三五"发展奠定了坚实基础。

1. 发展方向更加明确

测绘地理信息事业以习近平总书记重要指示精神为行动指南,围绕国家发展改革大局,确立了"全力做好测绘地理信息服务保障,大力促进地理信息产业发展,尽责维护国家地理信息安全"的发展定位,明确了测绘地理信息总体发展思路,着力建设科学完备的政策法规体系、基础测绘体系、公共服务体系、地理信息产业体系、科技创新体系和人才队伍体系，全面提升运用法治思维和法治方式的管理能力、基础地理信息资源供给能力、公益性服务保障能力、地理信息产业竞争能力、创新驱动发展能力、维护国家地理信息安全能力，测绘地理信息事业发展方向目标更为清晰，有力保障了"十二五"规划任务的全面完成。

2. 发展基础更为坚实

统筹建成 2200 多个站组成的全国卫星导航定位基准站网，基本形成全国卫星导航定位基准服务系统。实现我国陆地国土 1∶5 万基础地理信息全部覆盖和重点要素年度更新、全要素每五年更新，基本完成省级 1∶1 万基础地理信息数据库建设。"资源三号"卫星影像全球有效覆盖达 7112 万平方千米，后续星研建进展顺利。"天地图"实现 30 个省级节点、205 个市(县)级节点与国家级主节点服务聚合，形成网络化地理信息服务合力。333 个地级城市和 476 个县级城市数字城市建设全面铺开。全国智慧城市试点取得阶段性成果。完成了第一次全国地理国情普查，初步构建起支撑常态化地理国情监测的生产组织、技术装备、人才队伍等体系。信息化测绘基础设施更加健全，形成了天空地一体化的数据获取能力。测绘科技创新能力稳步提升，机载雷达测图系统、大规模集群化遥感数据处理系统、无人飞行器航摄系统等方面的建设取得重要突破，研制的 30 米分辨率全球地表覆盖数据产品在国际上产生重要影响。

3. 全面改革扎实推进

国家测绘地理信息局取消和下放 1/3 行政审批事项，促进了市场活力释放和激发。各级测绘地理信息管理机构逐步健全，职责职能得到强化，执法力量得到加强。政企分离和事业单位分类改革积极推进，生产服务组织体系进一步优化。积极引导地理信息企业、科研院所、高等院校共建科技创新平台，测绘地理信息科技创新体系更加完善。修订印发《地图管理条例》，推进《中华人民共和国测绘法》修订，法规制度进一步完善。维护国家地理信息安全能力有所提升，国家版图意识宣传教育不断深化，地图市场特别是互联网地图市场更加规范。

4. 服务成效日益彰显

主动服务区域经济发展、主体功能区建设等重要领域，大力开展地理国情普查成果应用和地理国情监测试点示范。形成 1000 多个基于"天地图"的业务化应用，为公安、水利、海关、邮政等提供了高效的基础服务。累计开发数字城市应用系统超过 5600 个，取得显著的经济效益和社会效益。为新疆和田、云南鲁甸、四川芦山等地震灾害救助和恢复重建等提供了及时可靠的应急测绘保障。为 APEC 会议、第三次经济普查、第一次全国水利普查、不动产登记等重大事项和各级政府决策、环境治理等重要方面提供高效有力的技术支持与产品服务。地理信息产业持续快速健康发展，形成千亿级的产业规模，有力促进了智能交通、电子商务、现代物流、精细农业等相关产业的发展，为人民群众提供了更加丰富的地理信息产品和服务。

(二)"十三五"发展形势

"十三五"时期，国内外发展环境更加错综复杂。世界多极化、经济全球化、社会信息化深入发展，新一轮科技革命和产业变革蓄势待发。我国经济发展进入新常态，向形态更高级、分工更优化、结构更合理阶段深化的趋势更加明显，经济发展前景广阔，但提质增效、转型升级的要求更加紧迫。中央明确了创新、协调、绿色、开放、共享的发展理念，做出了以创新发展新经济、以改革培育新动能的重要部署，新时期测绘地理信息事业发展面临着新机遇和新挑战。

1. 经济社会发展对测绘地理信息提出新需求

到"十三五"末，我国实现全面建成小康社会的总目标，需要充分发挥测绘地理信息的基础支撑和服务保障作用。"一带一路"建设、京津冀协同发展和长江经济带发展等重大战略实施，为创新地理信息资源开发利用模式，全方位做好支撑保障提出更高要求。拓展我国经济发展空间、实施"走出去"战略和促进海洋经济发展，需要进一步拓展测绘地理信息覆盖范围，尽快掌握全球和海洋地理信息资源。加强生态文明建设，优化国土空间开发格局，推进"多规合一"，需要加快提升测绘地理信息工作的深度和广度，形成更为全面有效的基础支撑。落实"互联网+""中国制造2025""促进大数据发展"等行动计划，为发展地理信息产业提供了更加广阔的舞台。

2. 全面深化改革对测绘地理信息提出新要求

党的第十八届三中全会明确提出，要处理好政府和市场关系，使市场在资源配置中起决定性作用，加快转变政府职能，更好发挥政府作用。落实上述要求，测绘地理信息部门需要切实推进行政管理体制改革，进一步简政放权、放管结合、优化服务，转变职能，切实加快政企、政资、政事、政社分开，推动公益性服务和产业化服务协同发展；需要在测绘地理信息公共服务领域有序引入市场竞争机制，探索建立测绘地理信息基础设施建设多元化投入机制，为进一步提升发展质量和效益创造有利环境和条件。更好地服务保障重大改革任务，要求测绘地理信息部门进一步创新工作理念和发展方式，提供更高水平的产品和服务。

3. 总体国家安全观赋予测绘地理信息新使命

2014年，习近平总书记提出要构建国家安全体系。地理信息作为国家重要的基础性、战略性信息资源，在维护国家安全中发挥着重要作用。今后一个时期，为应对地缘政治压力、保障边境地区稳定、维护我国海洋权益和全球战略利益，需要进一步加强海洋、边境地区乃至全球的地理信息资源开发建设。加强测绘地理信息统一监管，强化地理信息安全体系建设，提高公民的安全保密意识和国家版图意识，尽责维护国家地理信息安全。

4. 科学技术快速发展为测绘地理信息发展注入新动力

国际上卫星导航定位系统的现代化建设及卫星导航定位基准站全球化布局加快推进，对地观测系统向全天时、全天候、高精度方向发展，地理信息处理更加自动化、智能化，为我国测绘地理信息发展提供了技术指引。我国测绘地理信息技术与以移动互联网、物联网、大数据、云计算为代表的新一代信息技术加速融合，催生出各种地理信息新应用、新产品和新服务。北斗卫星导航系统、现代测绘基准体系、地理信息公共服务平台等基础设施不断完善，机载雷达、无人机、倾斜摄影等新型技术装备在测绘地理信息领域的应用日益广泛，将极大地提升生产服务的质量和效率。

面对国民经济和社会发展的强劲需求以及改革创新发展的内在要求，测绘地理信息事业还存在不少亟待解决的矛盾和问题。主要表现在：适应测绘地理信息事业新格局的政策法规、管理体制和运行机制有待完善；测绘地理信息与经济社会发展的深度融合需要加强，需求与服务有机衔接的长效机制尚未形成；地理国情普查与监测的应用需进一步深化拓展，应急测绘保障服务能力仍显薄弱；全球和海洋地理信息资源开发建设严重滞后；地理信息产业整体水平不高，核心竞争力不强；自主创新能力对测绘地理信息事业发展的支撑作用有待进一步提高。

二、总体要求

(一)指导思想

高举中国特色社会主义伟大旗帜,全面贯彻党的十八大和十八届三中、四中、五中全会精神,深入贯彻习近平总书记系列重要讲话精神,按照"五位一体"总体布局和"四个全面"战略布局,坚持创新、协调、绿色、开放、共享的发展理念,按照"加强基础测绘、监测地理国情、强化公共服务、壮大地信产业、维护国家安全、建设测绘强国"的总体发展思路,着力科技创新,加强能力建设,丰富地理信息资源,拓展服务领域,推进依法行政,创新体制机制,弘扬测绘精神,加强队伍建设,形成业务体系更加完善、保障服务更加有力、经济社会效益更加显著、体制机制更加健全的测绘地理信息事业发展新局面,为全面建成小康社会做出新贡献。

(二)基本原则

——坚持科学发展。坚持测绘地理信息事业总体发展思路,把握时代特征,抓住发展机遇,创新发展理念,破解发展难题,增强发展动力,以优质高效保障服务拓展发展空间,厚植发展优势,促进军地测绘深度融合发展,推动测绘地理信息事业可持续发展。

——坚持深化改革。深化重点领域和关键环节改革,充分发挥市场在资源配置中的决定作用,更好发挥政府在制度设计、规划计划、政策制定等方面的统筹引导作用,稳妥有序地推进传统领域管理体制机制改革,促进新型业务领域创新发展,增强测绘地理信息事业发展动力。

——坚持法治建设。完善法律法规体系,健全依法决策机制。深入推进简政放权、放管结合、优化服务改革,加强测绘基准、地图市场、成果应用等方面的监管,完善综合执法机制,推进依法测绘,为测绘地理信息事业发展提供良好法治环境和有力法治保障。

(三)发展目标

坚持以改革为动力、以创新为驱动、以法治为保障,到2020年,形成适应经济发展新常态的测绘地理信息管理体制机制和国家地理信息安全监管体系,构建新型基础测绘、地理国情监测、应急测绘、航空航天遥感测绘、全球地理信息资源开发等协同发展的公益性保障服务体系,显著提升地理信息产业对国民经济的贡献率,使我国测绘地理信息整体实力达到国际先进水平,开创测绘地理信息事业发展的新格局,为全面建成小康社会、实现"两个一百年"奋斗目标提供坚强有力的保障服务。

——地理信息资源更加丰富。统筹建成2500个以上站点规模的全国卫星导航定位基准站网,陆海一体的现代测绘基准体系进一步完善。获取"一带一路"沿线及重点区域的地理信息资源。海洋地理信息资源开发建设取得阶段性成果。基础地理信息、地理国情信息、应急测绘保障信息等资源实现有效融合。

——公共服务保障更加有力。基础测绘成果供给更加有效。向相关行业和社会公众提供高精度位置服务的能力全面形成。地理国情监测与经济社会发展深度融合,实现监测业务常态化。基本建成4小时抵达80%陆地国土和重点海域、覆盖全国的应急测绘体系。"天地图"具备全球地理信息服务能力。建成一批智慧城市时空信息云平台。

——自主创新能力明显提高。科技体制改革、自主创新和成果转化等取得重大突破,市场导向的技术创新机制更加健全,人才、资本、技术、知识自由流动,企业、科研院所、高校、事业单位协同创新，科技创新资源配置更加优化，自主创新效率显著提升。测绘地理信息标准体系更加科学完善。

——依法行政能力全面提升。测绘地理信息法律规范体系更加完备，职责明确、机构健全、监管有力、运转协调的测绘地理信息行政管理体制和运行机制进一步健全，地理信息安全监管体系更加完善，统一开放、竞争有序的测绘地理信息市场体系基本形成。

——产业竞争能力显著增强。地理信息产业保持较高的增长速度，2020年总产值超过8000亿元，培育一批具有较强国际竞争力的龙头企业和较好成长性的创新型中小企业，形成一批具有国际影响力的自主品牌。

三、重点任务

按照供给侧结构性改革的要求，扩展测绘地理信息业务领域，打造由新型基础测绘、地理国情监测、应急测绘、航空航天遥感测绘、全球地理信息资源开发等"五大业务"构成的公益性保障服务体系。

(一)推进新型基础测绘建设

按照陆海兼顾、联动更新、按需服务、开放共享的要求，构建以北斗卫星以及自主技术装备为主要支撑的现代测绘基准体系，丰富基础地理信息内容，拓展覆盖范围，推进各级各类数据库的建设、优化、整合和更新，形成适应新技术、新产品、新服务的生产组织管理模式，全面提升基础测绘的质量和效益。

1. 加快现代测绘基准体系建设

加快陆海一体的现代测绘基准体系建设。完成卫星导航定位基准站的北斗化升级改造，统筹建成2500个以上站点规模的全国卫星导航定位基准站网，实现我国地心坐标框架的动态维持与更新，形成覆盖全国的分米级实时位置服务能力，全面提升基准和位置服务水平。统筹开展全国似大地水准面精化工作，建成新一代全国统一的厘米级似大地水准面。完善国家重力基准，开展重力空白区航空重力测量，构建新一代高阶重力场模型。建立国家测绘基准数据库，提升测绘基准成果的管理和社会化服务水平。强化国家、行业及地方卫星导航定位基准站的统筹管理、资源整合、数据共享，加强测绘基准服务机构建设，制定相关管理制度、建设标准和技术规范，形成一体化管理和协同服务机制。深入推进北斗卫星导航系统应用，拓展测绘地理信息领域北斗卫星导航系统的业务范围、产品体系和服务模式。

2. 加强基础地理信息资源建设

扩大高精度基础地理信息覆盖范围，实现省级基础地理信息对陆地国土必要覆盖，市县级基础地理信息对全国县级以上城镇建成区全面覆盖。完善基础地理信息数据联动更新机制，持续做好国家级基础地理信息重点要素年度更新，省级基础地理信息按需更新，城市重点区域大比例尺基础地理信息及时更新。进一步加强边疆地区、农村地区、自然灾害频发地区基础测绘工作。持续推进我国海岛(礁)测绘工作。组织开展海洋地理信息资源开发利用战略研究和规划编制工作，沿海地区根据需要组织开展沿海滩涂、近海海域等测绘工作。持续开展极地测绘工作，提升服务极地考察活动能力。继续推进内陆水体水下地形测绘。加快开展地下管线测绘，构建地下管线信息系统。

3. 开展新型基础地理信息数据库建设

优化基础地理信息数据库模型与结构，丰富数据内容，拓展社会、经济、人文、资源、环境等要素，建成综合性强、应用面广、标准化程度高的基础地理信息数据库体系，形成全国基础测绘成果"一个库"。选择合适地区开展新型基础测绘试点。探索建立基于地理实体的成果采集和管理模式，逐步推动现有国家基础地理信息数据库向地理实体数据库的转型，实现基础地理信息数据的集成应用和联动更新。

(二)开展地理国情常态化监测

健全地理国情监测体制机制，构建监测技术支撑体系，提升监测工作服务国家重大战略的能力，形成一批具有影响力的监测成果，为政府、企业和公众提供多样化监测服务。

1. 开展基础性和专题性监测

对我国陆地国土范围的地形地貌、植被覆盖、水域、荒漠与裸露地等自然地理要素以及与人类活动密切相关的交通网络、居民地与设施、地理单元等人文地理要素开展基础性监测。适时开展"一带一路"建设、京津冀协同发展和长江经济带发展等国家重大战略实施及国家级新区建设格局、全国地级以上城市空间格局、生态安全屏障建设、海岸带保护利用状况等专题性监测。开展地理国情监测服务于空间性规划"多规合一"和主体功能区建设，推进地理国情监测服务于生态文明建设目标评价考核、资源环境承载力监测预警评价、领导干部自然资源资产离任审计等生态文明体制改革重点领域。

2. 形成常态化监测支撑体系

充分利用各种对地观测技术手段，建立空天地多方位、立体化的地理国情监测网络。构建地理国情信息时空数据库，建立地理国情信息在线服务平台。开展统计分析、数据挖掘和开发应用，形成多样化的监测成果。完善地理国情监测的内容指标、技术规范、工艺流程，形成地理国情常态化监测能力。逐步完善地理国情监测组织实施、部门协作及信息发布等机制。推动各地将地理国情监测纳入年度计划和部门预算管理。

(三)加强应急测绘建设

建立健全应急测绘保障服务体制机制，形成反应迅速、运转高效、协调有序的专业化应急测绘保障体系，全面提升应急测绘综合保障服务能力。

1. 建立应急测绘业务体系

根据国家应急规划和应急体系建设要求，完善应急测绘体制机制，重点加强联动响应、资源统筹、数据服务以及日常运维等机制建设。按照上下协同、部门协作、军民融合的原则，合理划分保障区域，明确保障职责，布局国家应急测绘业务体系，建立健全应急测绘标准。加强应急测绘业务机构以及专业技术人才队伍建设，重点增强国家和省级应急测绘专业力量。

2. 强化应急测绘综合保障

加强国家航空应急测绘能力，建设12个国家航空应急测绘保障区，重点装备高性能无人机航空测绘应急系统。增强国家应急测绘现场勘测能力，建设3支国家应急测绘保障分队，重点装备多功能、集成化的地面采集与处理设备。提升国家应急测绘数据处理能力，重点加强数据快速处理、制图、存储和服务等系统建设。提高国家应急测绘资源共享能力，建成国家应急测绘资源数据共享网络及平台，丰富国家应急测绘基础底图数据库。各地针对当地特点和需求，开展区域性应急测绘保障能力建设，加强协作，实现军地、部门、区域应急测绘资源的高效共享和协同服务。

(四)统筹航空航天遥感测绘

进一步建立健全国家航空航天测绘遥感影像资料获取的统筹协调和资源共享机制，实现多种类、多分辨率航空航天遥感影像对重点区域的及时覆盖，对陆地国土的全面覆盖，以及对境外区域的有序覆盖。

1. 加强航空航天遥感影像获取和管理

实现优于2.5米分辨率卫星影像每年全面覆盖陆地国土一次。获取我国500万平方千米优于1米分辨率影像。加大城市地区优于0.2米分辨率的航空影像获取力度。推进机载激光雷达、倾斜摄影、航空重力等新技术生产应用。加强航空航天遥感影像获取的统筹规划，建立国家基础航空摄影定期分区更新机制、航天遥感影像数据分级分区获取机制。完善航空航天遥感影像的保管、提供、使用制度以及资料信息定期发布制度。

2. 强化航空航天遥感影像应用服务

建立和完善系列测绘卫星应用系统，提升卫星测绘数据获取、处理、提供的业务能力。完善航空航天遥感影像产品体系，加大立体测绘影像产品、专题应用产品及增值产品的开发力度。推进多传感器、多视角、多时相遥感影像数据的标准化处理，基于倾斜航空摄影测量、卫星立体测绘等技术，建设高识别度、高容量、高现势性的三维实景中国影像数据库及信息服务系统，形成常态化的航空航天遥感影像产品生产和分发服务能力。探索建立测绘卫星用户委员会机制，理顺卫星用户与卫星运营单位之间的关系，促进卫星测绘应用的深度和广度。

(五) 推进全球地理信息资源开发

大力开展全球地理信息获取与位置服务，建立全球地理信息数据采集、管理与在线服务一体化的生产技术支持体系，形成全球地理信息综合服务能力。

1. 加快全球地理信息资源建设

加强全球地理信息资源建设的顶层设计，确定建设重点、细化建设内容、明确技术路线。加快形成全球多尺度地理信息数据快速采集与处理能力，逐步拓展全球地理信息资源的覆盖和更新范围。完成"一带一路"沿线及重点区域约4500万平方千米多分辨率数字正射影像、数字地表模型及地理名称等数据生产，开展中巴经济走廊、东盟非盟等重要区域的数字高程模型、核心矢量要素、多时相地表覆盖等数据生产。加快建立多分辨率、多时相的全球地理信息数据库，形成多尺度、多类型、多样式的全球地理信息产品。

2. 强化全球地理信息服务应用

依托国家地理信息公共服务平台，构建境外分布式数据中心，形成全球地理信息服务能力。强化与北斗卫星导航定位系统的集成，完善边境地区卫星导航定位基准站网，形成高精度位置服务能力。构建国产卫星海外接收站及处理系统，提高全球卫星资源接收处理能力。制定全球地理信息数据产品、生产工艺及应用服务标准规范。构建全球地理信息资源快速处理、高效管理、动态更新与实时服务的技术装备体系。

四、能力建设

夯实发展基础，激发服务活力，全面提升公共服务有效供给能力、基础设施装备保障能力、地理信息产业竞争能力、创新驱动发展能力和协调融合发展能力。

(一) 提升公共服务能力

紧密结合经济社会发展的需求，加强地理信息资源的开发利用，构建以"五大业务"为支撑的公益性服务体系，建立起保证基本公共需求和增强按需定制服务相协调的服务架构，着力提高网络化服务能力，全面提升测绘地理信息公共服务水平。

1. 加强公共服务的有效供给

面向全社会对测绘地理信息的基本公共需求，深化供给侧改革，强化新型基础测绘和航空航天遥感测绘等普惠性服务的有效供给。扩展基础测绘成果内容，发展以地理实体为主要表现形式的公共产品。推出标准化的三维实景影像产品，拓宽应用领域、提高应用频次。加强服务流程信息化建设，简化成果提供审批程序，提升公共服务效率。开展服务"一带一路"建设、京津冀协同发展和长江经济带发展等重大战略的区域性地图产品、反映国家辉煌成就地图产品、国家大地图集、城市地图集等系列专题地图编制工作。

2. 拓宽公共服务的发展空间

针对经济社会发展对测绘地理信息的多样化需求，拓展定制化专题服务的领域。围绕区域协调发展、国土空间开发、自然资源资产管理、生态环境保护、新型城镇化建设等开展重要地理国情监测，服务国家重大战略的实施和全面深化改革重大事项的落实。强化城市地下、水体水下应急测绘保障能力，做好基于地理空间的孕灾环境分析和监测服务。拓展全球地理信息资源应用服务领域。在继续做好数字城市地理空间框架建设基础上，健全数字城市维护更新和管理应用的长效机制，推进智慧城市时空信息云平台试点示范应用，提升对城市精细化管理的支撑能力。探索建立政府和社会资本合作(PPP)等新型测绘地理信息公共服务供给模式，加强政府与企业在地理信息资源开发服务中的合作。

3. 提升网络化综合服务水平

强化"天地图"公益性服务的战略性地位。建设"天地图"国家数据中心、区域数据中心，融合集成基础地理信息数据库、地理国情信息时空数据库、国家应急测绘基础底图数据库等信息资源，整合政府部门权威信息和全球热点地区重要信息，加强地理信息大数据开放共享和深化应用。加强涉密版、政务版"天地图"的统筹建设，发挥其以地理信息聚合部门数据、促进部门之间信息共享的基础平台作用。充分利用市场机制推动公众版"天地图"建设，惠及群众生产生活。推出覆盖全行业、一站式的地理信息资源目录服务系统。

(二)提升基础设施装备保障能力

以加强重大技术装备建设为重点，进一步完善测绘地理信息基础设施，推动生产、服务技术体系的网络化、信息化和智能化改造，满足"五大业务"协同发展的迫切需要。

1. 加快装备现代化

积极推动"资源三号"后续光学卫星和雷达卫星、重力卫星等的立项、研制和发射，逐步形成多源航天遥感数据获取体系。加快建设多分辨率、多传感器、全天候综合航空遥感体系，大力发展长航时航空遥感平台，促进无人飞机、轻型飞机、浮空器等新型平台和机载激光雷达、重力仪、倾斜摄影仪等新型传感器的推广应用，配套建设数据传输和通信指挥系统。加快推进地理信息地面获取技术装备的更新换代，提高水下、地下测量装备水平。加强数据规模化快速处理系统建设，提高多源海量数据综合处理的自动化、智能化和实时化水平。进一步完善测绘产品质量检验和测绘仪器计量检测体系。探索建立卫星测绘应用系统等基础设施建设的多元化投入机制。

2. 推进生产服务体系信息化

加快生产流程的信息化改造，提升生产服务的信息化、智能化水平。整合核心技术、重大装备、资料数据等方面资源，建设生产管理信息平台，形成生产原始资料数据集中管理、分布式处理、生产质量统一监管和生产成果集中入库管理的信息化测绘地理信息生产布局。加强网络基础设施建设，依托国家电子政务内外网资源，构建国家、省、市三级互联互通的测绘地理信息传输网络。

3. 增强安全防护能力

建设国家互联网地理信息安全监管平台，形成由国家级互联网地图监管中心和省级互联网监管分节点组成、上下联动的监控网络。加强卫星导航定位基准站建设和运行的安全管理，同步规划、设计和建设相关安全基础设施。加快开展网络基础设施核查分类，完成网络基础设施更新改造，大力推进行业等级保护和分级保护工作，加强关键网络基础设施和重要信息系统安全保障。完善地理信息定密和新技术测绘成果公开使用政策，加强新型地理信息成果保密处理技术研究，促进地理信息安全使用。加强国家版图意识宣传教育，提高公民对地理信息安全维护的意识和能力。

(三)提升地理信息产业竞争能力

加强地理信息产业政策引导，优化地理信息资源、技术、管理等要素配置，着力扩大地理信息消费，推动地理信息产业向价值链高端延伸，向精细化和高品质转变。

1. 发展地理信息产业重点领域

大力发展测绘遥感数据服务，开展测绘航空航天遥感数据的商业化获取和增值服务，建成较为完整的测绘航空航天遥感数据获取、处理、服务产业链，培育 3~5 家测绘遥感数据服务龙头企业。推动地理信息系统通用软件开发应用，推进高性能遥感数据处理软件以及行业领域应用软件的产品化和产业化，培育 2~3 家以地理信息软件开发和集成为核心业务的龙头企业。引导和推进现代高端测绘地理信息技术装备制造业的资源整合，紧密结合"中国制造 2025"行动计划，发展一批拥有自主知识产权的高端遥感技术装备和高端地面测绘装备生产制造企业。推进地理信息与导航定位融合服务类企业兼并重组，促进产业链各环节均衡发展。支持面向中亚—西亚、俄蒙日朝韩、东盟的北斗产业化应用。加快推进地理信息与北斗卫星导航定位的融合，支持发展以移动通信网络、互联网和车联网为支撑，融合实时交通信息、移动通信基站信息等的综合导航定位动态服务。积极发展测绘基准服务业。繁荣地图出版业，发展地图文化创意产业，形成地图文化产业集群。

2. 优化地理信息产业发展环境

适度放宽地理信息成果使用许可和增值开发政策，支持充分利用基础地理信息资源开展社会化应用和增值服务。建立健全地理信息获取、处理、应用以及安全保密监管等相关配套制度措施。加快国产测绘遥感卫星数据有关政策的研究制定，推进遥感数据的商业化应用。坚持简政放权、放管结合、优化服务，持续推进行政审批制度改革，健全市场准入和退出机制。继续推进地理信息产业分类标准、产业单位名录库和统计指标体系建设，逐步完善统计工作机制。充分发挥相关学会、协会在促进产业发展中的作用。充分利用产业基金、产业基地等支持企业创新创业。

(四)提升科技自主创新能力

进一步完善测绘地理信息科技体制机制，推进重点领域科技创新，提高测绘地理信息标准化水平，深化国际交流合作，提升科技创新的引领和推动作用。

1. 完善科技创新体系

完善测绘地理信息科研项目管理、科技成果登记与信息公开公示、成果转移转化统计和报告等制度，健全科学研究、信用评价、创新团队认定、科技人才评价等方面的政策。优化测绘地理信息科技创新组织体系布局，加强测绘地理信息领域科研基地(平台)建设，积极开展创新联盟、协同中心、创客或众创空间等新型创新平台建设，支持大众创业、万众创新。

强化企业的技术创新主体作用,鼓励参与制定科技规划、政策和标准,支持申报国家和地方人才计划、牵头实施国家科技项目。建立以企业为主体的创新平台,形成一批具有国际竞争力的创新型领军企业和具有较强创新能力的科技型中小型地理信息企业。支持野外观测台站、检校场、大型科研仪器设施等科研条件平台的建设与共享。加强地理信息技术和知识产权交易平台建设。

2. 加强科技攻关和标准化

以支撑重大工程和成果广泛应用为重点,统筹优势科技力量,着力开展地理国情监测、海洋测绘、全球地理信息资源开发、地下空间测绘等关键技术攻关。加强物联网、云计算、大数据以及移动互联网等高新技术在测绘地理信息领域的应用研究,支持对大地测量基准、位置智能感知、遥感机理、数据挖掘与地理信息网络安全等方面的原始创新。加快测绘地理信息新型智库建设,加强发展战略研究。构建新型测绘地理信息标准体系。建立跨部门测绘地理信息标准化协调机制。完善测绘地理信息标准制修订程序,重点研制地理国情监测、卫星导航定位基准站等方面的标准,促进标准制定与科技创新和重大工程的相互转化,发挥标准的技术考核作用。加强科技标准宣传贯彻。开展测绘地理信息标准化综合试点。

3. 深化国际交流合作

推动地理信息技术、装备、标准、服务"走出去",积极接纳发达国家的地理信息产业外包业务,开拓非洲、南美、东南亚等新兴经济体市场,深度融入全球地理信息产业链、价值链。继续引进、消化、吸收国际先进技术,深化测绘地理信息科技及人才国际交流。积极参与全球及区域性测绘科技合作计划和国际测绘地理信息标准制订,争取主导编制4项国际标准,参与制修订国际标准化组织(ISO/TC211)主导的30%以上国际标准。根据受援国意愿和我对外战略需要,研究推动向相关国家提供测绘项目、技术、人才等方面的援助。

(五)提升协调融合发展能力

促进各地区测绘地理信息事业协调发展。进一步打破军民测绘地理信息领域技术、标准和行业壁垒,加强军民测绘融合发展。鼓励各有关领域、行业根据需要加强测绘能力建设与数据资源共享,提升全国测绘地理信息协调融合发展水平。

1. 推进区域测绘协调发展

围绕国家区域发展重大战略,推动形成西部、东北、中部、东南沿海和京津冀等五大区域测绘地理信息协调发展格局,支持建立五大区域测绘地理信息发展联盟。加大跨行政区域的测绘地理信息工作统筹力度,通过建立跨行政区域测绘地理信息联席会议制度,推进跨行政区域的基础测绘、地理国情监测、应急测绘等方面合作,促进地理信息产业集群发展。鼓励发达地区对相对落后地区进行帮扶,为贫困地区提供精准测绘地理信息服务。加大对新疆、西藏和四省藏区援助力度,在技术、人才等方面加强对边远地区、少数民族地区测绘地理信息工作的支持。

2. 深化军民融合发展

加强国家层面的宏观统筹与顶层设计,做好规划衔接和项目、需求对接,完善工作协调机制,实现军民力量整合、资源聚合、信息融合。推进国家空间基准、航天遥感测绘、海洋测绘以及高精度位置服务等重点领域的统筹共建,加强测绘基础设施、北斗系统、地理信息、科技资源等方面的共享应用,建立跨部门跨领域地理信息资料成果通报汇交和位置服务站网共享机制,以及应急保障、国防动员等方面平战结合机制,形成军民兼容的测绘技术标准体系。按照国家军民融合示范要求推进测绘地理信息领域的试点示范工作,引导多种力量参与测绘地理信息领域军民深度融合发展，形成富有特色的军民融合发展模式。鼓励地方立足实际推进测绘地理信息军民深度融合发展。

五、实施保障

(一)完善管理体制机制

全力抓好地理国情监测、应急测绘以及不动产测绘、地下管线测绘、海洋地理信息资源开发等方面职责职能的落实。围绕服务于空间性规划"多规合一"、主体功能区建设监测、资源环境承载能力监测预警等新业务工作，完善市县级测绘地理信息行政管理部门职责。根据国家关于中央与地方事权划分的有关要求，科学确立测绘地理信息中央和地方事权，中央层面上，重点围绕国家政治、经济、国防、外交等方面的重大战略需求，做好全球、全国及跨区域重大测绘地理信息工程的顶层设计、统筹协调和组织实施；地方层面上，主要针对本地区范围内经济社会发展需求，开展本地区的测绘地理信息统筹协调和组织实施等工作。

(二)加强法规制度建设

完成《中华人民共和国测绘法》修订，健全地理信息安全、地理国情监测、地理信息共享应用、应急测绘等方面的法规制度。完善测绘地理信息资质、市场监管和信用管理的挂钩政策。研究制定政府购买测绘地理信息公共服务的指导性目录和制度，推动测绘地理信息公共服务承接主体多元化。健全卫星测绘应用政策，推动建立多元投入机制。强化测绘地理信息行政执法队伍建设，完善与国土资源等综合执法工作机制，有效提升测绘地理信息行政执法力量和效能。

(三)优化生产服务组织结构

按照"五大业务"发展需求，改造生产服务工艺流程，优化调整生产事业单位布局。稳妥推进事业单位分类改革，合理控制生产事业单位人员规模。整合国家测绘基准生产服务机构，统筹全国测绘基准服务，提升其对经济社会发展的保障服务能力。强化测绘产品质量监督检验机构的功能定位，建立布局合理的测绘产品质量监督检验体系。进一步简政放权，全面完成测绘地理信息行业协会与行政机关的脱钩改制工作。

(四)强化人才队伍支撑

加强党建工作，认真落实全面从严治党主体责任，坚持党管干部原则，弘扬新时代测绘精神，打造一支作风过硬、业务精湛的测绘地理信息干部队伍。强化高层次人才培养，尤其是注重行业领军人才的接续发展。围绕测绘地理信息事业新格局的需求，加强跨领域复合型人才的引进、培养和使用。继续实施测绘地理信息专业认证，推进注册测绘师职业资格制度实施。

(五)抓好规划组织实施

明确各级测绘地理信息部门主体责任，抓好《规划》实施，并将《规划》指标的落实作为年度绩效考核的重要内容。发展改革部门加强指导支持和统筹衔接。强化与各相关部门沟通衔接，推动落实各项支持举措。做好各级测绘地理信息"十三五"规划之间，以及与国家和地方总体规划、专项规划之间的衔接。统筹安排年度计划，健全规划、计划及项目、资金安排等有效衔接机制，确保《规划》目标和任务得以落实。国家发展改革委会同国家测绘地理信息局适时开展《规划》实施评估。

附录四　测绘地理信息科技发展"十三五"规划

国测科发〔2016〕5号

各省、自治区、直辖市、计划单列市测绘地理信息行政主管部门，新疆生产建设兵团测绘地理信息主管部门，局所属各单位，各有关单位：

根据《中共中央 国务院关于深化体制机制改革加快实施创新驱动发展战略的若干意见》《中华人民共和国国民经济和社会发展第十三个五年规划》《"十三五"国家科技创新规划》和《测绘地理信息事业"十三五"规划》，结合测绘地理信息科技发展实际，我局编制了《测绘地理信息科技发展"十三五"规划》，已经局长办公会审议通过。现予印发，请结合实际贯彻落实。

国家测绘地理信息局
2016年10月18日

根据《中共中央国务院关于深化体制机制改革加快实施创新驱动发展战略的若干意见》《中华人民共和国国民经济和社会发展第十三个五年规划》和《测绘地理信息事业"十三五"规划》，为深入贯彻实施国家创新驱动发展战略，切实提高测绘地理信息科技创新能力和水平，增强科技创新对事业改革创新发展的支撑和引领作用，制定本规划。

一、形势与需求

(一)现状和趋势

1. 国际测绘地理信息科技发展现状和趋势

大地测量与导航定位方面。GPS、北斗(BDS)、格洛纳斯(GLONASS)和伽利略(Galileo)等全球卫星导航定位系统(GNSS)都在加快建设和完善进程，区域卫星导航定位系统建设加速推进。GNSS数据处理由离线向在线转变，美国等提供了高精度在线GNSS数据处理服务。国际地球参考框架点坐标精度达到毫米级，年变化率的精度优于1毫米/年。全球大地测量观测系统(GGOS)正致力于整合各类大地测量数据，形成一致、可靠的大地测量数据产品。重力测量卫星CHAMP、GRACE和GOCE的成功升空以及GRACE后续星的即将发射昭示着人类将迎来一个前所未有的卫星重力测量时代。室内外无缝导航定位技术发展迅速，形成了无线局域网(WiFi)、超声波、射频识别(RFID)、蓝牙等多手段互为补充的室内导航定位技术体系。英国国防科学与技术实验室正在研制量子导航定位系统，能精确跟踪人体移动的位置，可在水下精确导航定位。

摄影测量与遥感方面。卫星影像正在向高时空分辨率、高光谱分辨率方向发展，

WorldView-3 卫星 0.31 米分辨率是目前全球民用遥感卫星的最高水平。航空摄影测量成为三维精细建模主要手段，多角度倾斜航空系统逐渐成为城市精细三维建模的重要数据采集装备。多时相合成孔径雷达(SAR)干涉测量、极化干涉测量和 SAR 层析建模技术是近年来的研究热点。机载激光雷达(LiDAR)技术已成为复杂地形测量和三维建模的重要手段。地面移动激光扫描系统可以快速获取目标三维和属性信息。基于多源传感器的数据融合与反演服务成为遥感技术应用新趋势。

地理信息与地图制图方面。地图制图更加注重产品的三维表达以及属性信息的精细化，产品内容和产品形式向社会化、三维化、动态化、泛在化和智能化发展。美国地质调查局(USGS)发布了更易于促进地理信息产品快速广泛传播的美国地形图，瑞士正在开发包含 10 层要素的三维地形景观模型(3DTLM)。地理信息的现势性方面，英国实现了半年现势性的全国多尺度地理信息数据库的动态更新。随着移动互联网、大数据、云计算技术的发展，基于云架构的地理信息数据网络化采集、自动化成图、智能化分析与泛在化服务正在成为热点。

地理国情监测方面。欧美等国家和地区在战略规划、土地覆盖和土地利用、国土疆域、自然灾害等方面开展了大量地理国情监测工作。地理国情监测数据获取技术比较成熟、获取手段多样，涵盖了航天、航空、低空、地面等多个层面和光学、雷达(LiDAR)等多种方式，能及时获取不同空间、时间、光谱分辨率的地理国情监测遥感影像数据和地面调查数据，可为地理国情监测提供丰富的数据源。相关研究主要集中在全球变化、土地覆盖、土地利用、生态环境、自然灾害、地表沉降等领域，大多以科学研究为主，还没有形成清晰完整的技术标准。

2. 我国测绘地理信息科技发展现状

1) 科技创新政策环境明显改善

国家先后发布了《中共中央 国务院关于深化科技体制改革加快国家创新体系建设的意见》《中共中央 国务院关于深化体制机制改革加快实施创新驱动发展战略的若干意见》《国家创新驱动发展战略纲要》等重大政策，极大地优化了我国测绘地理信息科技发展环境，也提出了新的更高要求。国家测绘地理信息局召开了测绘地理信息科技创新工作会，印发了《关于加强测绘地理信息科技创新的意见》和《信息化测绘体系建设技术大纲》等相关科技政策文件，为科技创新发展指明了方向。建立和完善了国家测绘地理信息局重点实验室管理办法、全国测绘地理信息科普教育基地管理办法等管理制度，为加强科技创新管理工作打下了良好的政策基础。良好的政策有效地保障了测绘地理信息科技经费的投入，据统计，"十二五"期间，测绘地理信息科研经费累计投入达 22.40 亿元，其中财政投入 13.75 亿元，较"十一五"增加 37.5%。企业加大了科技创新投入力度，部分企业研发投入高达企业年收益 20%以上。

2) 科技自主创新能力显著提升

大力推动核心与关键技术攻关，形成了一批重要创新成果，信息化测绘技术体系基本建成。资源三号 01、02 星成功发射，开启了我国自主航天测绘的新时代。成功研制了北斗卫星导航定位芯片，结束了我国高精度卫星导航定位产品"有机无芯"的历史。北斗导航卫星建立了星间链路，标志着我国掌握了全球导航卫星星座自主运行核心技术。研制了国内首套机载雷达测图系统，达到国际先进水平。自主研发了大规模集群化遥感数据处理系统，生产效率提高了 5～10 倍。基础地理信息大范围快速更新技术实现突破，首次完成了全国范围 1∶5

万基础地理信息数据库年度更新。在国际上率先开展了地理国情普查与监测,成功打造了自主知识产权的国家地理信息公共服务平台,数字城市地理空间框架向智慧城市时空信息云平台升级。与互联网、云计算、大数据等新技术融合,测绘地理信息正成为大众创业、万众创新的重要领域。自主研发了航空数码相机、倾斜相机、无人飞行器航摄系统、应急监测系统、移动测量系统等一大批技术装备,实现了基于中央处理器、操作系统、数据库的新一代地理信息平台软件的全面国产化,部分性能指标优于国外同类产品。据不完全统计,"十二五"期间,共开展科研项目 4300 余项,其中国家级科技项目 300 余项、省部级科技项目 800 余项,形成科技成果近 1000 项,在生产中转化应用 600 余项。多项科技成果获得国家科技进步奖、国家自然科学奖、国家发明奖和国际奖项,获国家创新团队奖 1 项。

3) 关键技术研发取得重要突破

大地测量与导航定位方面。现代测绘基准关键技术取得突破,基本具备涵盖全部陆海国土、高精度、三维、动态的能力。统筹建成 2200 多个站组成的全国卫星导航定位基准站(CORS)网,正在加快推进 CORS 网的北斗升级改造。GNSS 多系统组合精密定位理论、方法以及软件研制等方面取得了丰硕成果,实现了精密单点定位(PPP)技术与网络实时动态定位(RTK)技术的统一。研制了中国大陆 1°×1°格网速度场模型。国产航空重力仪研制取得突破性进展,开展了系列试验。研制了中国陆地 2'×2'重力似大地水准面模型(CNGG2013),精度达到 10 厘米。自主设计了具备室外亚米级、室内优于 3 米的室内外无缝导航定位系统。卫星导航与智能终端、互联网融合发展,应用技术水平显著提高,具备了区域服务能力并稳步向全球推进。

摄影测量与遥感方面。资源三号 01 和 02 星、高分一号、高分二号、天绘一号、吉林一号等为代表的测绘遥感卫星投入使用,我国卫星遥感数据获取、处理与应用能力显著提升,与国际先进水平的差距不断缩小。数字航摄仪、大面阵航空数码相机、多角度倾斜数码相机、机载 LiDAR、机载 SAR 等航空遥感技术装备研发成功并推广应用,全面提升了我国航空遥感数据获取能力和水平。自主研发的车载移动测量系统、室内同步定位与制图系统、地面三维激光扫描仪等技术装备投入生产应用。研发了与航空航天遥感获取能力配套的遥感数据处理软件,具有影像高精度几何处理、地物地形要素自动识别与快速提取、生态环境遥感反演等功能。

地理信息与地图制图方面。突破了基于倾斜影像的三维城市模型自动提取技术,提高了三维城市建模和可视化效率。矢量瓦片技术促进了地理信息在移动端的广泛使用。突破了基于知识的多尺度地理信息数据自动化制图技术,让制图更加平民化。"图数分离"制图综合数据模型突破了跨尺度缩编问题,为全国多尺度地理信息数据的联动更新奠定了技术基础。基础地理信息动态更新技术体系有力支撑了国家基础地理信息数据库"一年一版"目标的顺利实现。我国首个分布式节点协同、业务化运行的地理信息云服务平台"天地图"投入运营,能够提供全国地理信息资源在线共享与协同服务。世界首套 30 米分辨率全球地表覆盖数据在国际上产生重要影响。

地理国情普查与监测方面。开展了首次全国地理国情普查,建立了全覆盖多尺度地理空间单元分类体系,形成了多尺度国家省市三级基础地理国情要素与专题要素监测分类指标体系,攻克了信息提取与变化检测、综合统计与分析、地理国情解释与评价等关键技术。全面摸清了我国"山水林田湖"等地表自然资源要素现状和空间分布,查清了我国人工设施空间分布情况,首次全面真实地绘制我国"地情图",取得了京津冀地区重点大气颗粒物污染源空间分布、首都经济圈20年城市空间格局、三江源生态保护区管理、国家级新区建设变化、沿海滩涂变化、南水北调中线工程水源地环境动态监测等系列监测成果。

4) 科技创新平台布局不断加强

国家测绘工程技术研究中心挂牌成立。航空遥感数据获取与服务等5个产业技术联盟被认定为国家级产业技术联盟，搭建了科技成果转化平台。长江经济带地理信息协同创新联盟、智慧中原地理信息技术协同创新中心、地信梦工厂(浙江)等一批区域协同创新中心相继成立，成为区域经济社会发展的重要科技支撑力量。国家测绘地理信息局重点实验室与工程技术研究中心建设有序推进，先后成立了海岸带地理信息环境监测、中亚地理信息开发利用、时空信息感知与融合技术等国家测绘地理信息局重点实验室与工程技术研究中心，强化了军地之间、大陆与香港之间、经济发达地区与欠发达地区之间的科技合作与交流。与诺丁汉大学等国外科研机构联合成立了首个国家级国际联合研究中心，推动测绘地理信息科技走向世界。建成目前亚洲唯一且精度和稳定性排在国际前三名的全球GNSS服务(IGS)数据分析中心。

(二)机遇和挑战

1. 创新驱动发展战略对测绘地理信息科技发展提出新使命

党的十八大提出实施创新驱动发展战略，强调科技创新是提高社会生产力和综合国力的战略支撑。创新已经成为引领发展的第一动力。必须将测绘地理信息科技创新摆在事业发展的核心位置，科技创新与制度创新、管理创新和文化创新相结合，推动事业加快转变发展方式。创新驱动是世界大势所趋，全球新一轮科技革命和产业变革加速演进，颠覆性技术不断涌现，为测绘地理信息科技发展带来了新的机遇与挑战。我国经济发展进入新常态，事业发展进入转型升级关键期，必须依靠创新驱动提供发展新动力，支撑事业新的业务体系协调发展，实现以科技创新引领事业发展的全面创新。

2. 国家重大战略实施为测绘地理信息科技发展带来新机遇

党的十八大提出了"两个一百年"的奋斗目标，提出了全面落实"五位一体"总体布局和"四个全面"战略布局，实施"一带一路"、长江经济带、京津冀协同发展等国家重大战略，都对测绘地理信息做好支撑保障提出新的需求，加强生态文明建设，加强自然资源资产管理，优化国土空间开发格局，推进"多规合一""智慧国土""生态国土"，支撑"深地探测、深海探测、深空对地观测和土地工程"(简称"三深一土")等都要求测绘地理信息推进全面创新，夯实科技发展基础，切实发挥引领驱动作用，更好地为提升事业服务保障能力和国家战略实施提供强有力的科技支撑。

3. 科技进步为测绘地理信息科技发展带来新动力

科技创新已经成为全球经济社会发展的主要推动力，发达国家纷纷加大科技投入，通过科技创新驱动发展确保其在科技领域的领先地位。科技创新链条更加灵巧，技术更新和成果转化更加快捷，产业更新换代不断加快。大数据、云计算、物联网、智能机器人等新技术的快速发展，为测绘地理信息科技发展提供了新动力。地理信息应用日益增长、全球时空基准一体化、志愿者地理信息不断发展、经济社会环境统计数据与地理信息不断整合、地理信息安全质量问题更加突出。这些问题的解决需要加快测绘地理信息科技发展。

4. 事业转型发展对测绘地理信息科技发展提出新要求

测绘地理信息事业正处于转型升级的战略机遇期，新型基础测绘、地理国情监测、航空航天遥感测绘、全球地理信息资源开发、应急测绘(以下简称"五大业务")与地理信息产业发展都迫切需要科技提供有力支撑，切实解决制约传统基础测绘向新型基础测绘转型中遇到的科技问题，突破地理国情监测以及航空航天遥感测绘的技术难关，解决全球测绘和应急测绘的前沿问题，破解地理信息产业发展中遇到的技术障碍，全面推动事业改革创新发展。

我国测绘地理信息科技整体水平已跻身国际先进行列，有着扎实的发展基础、面临着良好发展机遇，同时也存在科技创新投入不足、自主创新能力特别是原创力不够、部分关键核心技术受制于人、支撑事业转型和产业升级技术储备有待加强、重大科技成果不多、成果转化率不高、适应创新驱动的体制机制尚需健全、领军人才和高技能人才亟须充实等一系列问题。

二、总体要求

(一)指导思想

全面贯彻党的十八大和十八届三中、四中、五中全会精神，深入贯彻习近平总书记系列重要讲话精神，按照"四个全面"战略布局总要求和加快实施创新驱动发展战略总部署，深入贯彻创新、协调、绿色、开放、共享发展理念，紧密围绕"加强基础测绘、监测地理国情、强化公共服务、壮大地信产业、维护国家安全、建设测绘强国"发展战略，落实《测绘地理信息事业"十三五"规划》，以支撑"五大业务"为抓手，以创新为动力，以需求为牵引，以问题为导向，以项目为纽带，着力健全创新体制机制，提升科技自主创新能力，培养创新型科技人才队伍，攻克一批核心关键技术难题，全面推进信息化测绘体系技术能力建设。

(二)基本原则

——坚持自主创新。坚定不移地把增强自主创新能力作为科技发展的战略基点，加强应用基础研究和高技术研发，强化应用基础理论、战略性关键技术攻关。注重原始创新、集成创新、引进消化吸收再创新，打破国外对测绘地理信息核心技术与装备的垄断。

——坚持需求导向。紧扣经济社会发展重大需求，围绕测绘地理信息事业核心业务需求，着力完善科技创新体制机制，提升自主创新能力，强化成果转化与产业化，把科技创新能力变成实实在在的生产力。

——坚持人才为先。始终将人才作为科技创新的第一资源，营造尊重知识、尊重人才的浓厚氛围。坚持项目、人才、基地相结合，将创新活动同人才培养紧密结合，创新人才培养模式，使优秀科技人员脱颖而出。

——坚持统筹协调。注重市场主导和政府引导相结合，充分发挥市场配置资源的作用，促进测绘地理信息科技资源的优化配置及成果转化，充分发挥政府的宏观指导和引导作用，为科技创新营造良好政策环境。加强军民测绘地理信息科技统筹，强化协同创新。

(三)发展目标

测绘地理信息科技自主创新能力显著提升，重点领域核心关键技术取得重大突破，市场导向的技术创新机制更加健全，人才、资本、技术、知识自由流动，各类创新主体、军民科技协同发展，科技创新资源配置更加优化，创新效率明显提高，测绘地理信息标准体系更加科学完善，科技竞争力和国际影响力显著增强，信息化测绘技术体系全面建成，为构建"五大业务"协同发展的公益性保障服务体系、促进地理信息产业发展提供有力的科技支撑。

——科技创新机制更加完善。推进《关于加强测绘地理信息科技创新的意见》落实，在测绘地理信息科技体制改革的关键环节取得突破，逐步形成适应创新驱动发展要求的制度环境和体制机制。

——多元投入机制初步建立。初步形成社会资本积极参与测绘地理信息科技创新的机制。测绘地理信息行政主管部门和相关单位预算中科技创新经费投入比例达到本单位生产服务总值的2.5%。基础研究和应用基础研究项目经费在科技经费中所占比例达到10%,企业研发投入强度明显提升。

——自主创新能力显著提升。现代化测绘基准维持能力、实时化地理信息数据获取能力、自动化地理信息数据处理能力、网络化地理信息管理与服务能力以及社会化地理信息应用能力显著提升,形成一批具有国际竞争力的民族品牌软硬件产品,进一步缩小与国际领先水平的差距。

——创新平台建设再上新台阶。积极推进国家(重点)实验室建设,国家测绘地理信息局重点实验室和工程技术研究中心数量按照30个的规模,重组、调整或新建2~3个。新建3~5个创新联盟或协同中心、10个以上科普教育基地。测绘地理信息科技创新平台布局更加合理。

三、重点任务

(一)核心理论与关键技术

1. 测绘基准与导航定位

开展全国厘米级似大地水准面模型、高精度高分辨率地球重力场模型、高精度高分辨率全球平均海面高模型、全球高程基准统一等方面的理论研究。开展全国GNSS基准站网的维持与服务、国家大地坐标系框架更新、国家垂直基准框架维护、国家重力基准更新等关键技术研究。开展高精度、四维大地坐标系统的构建。开展卫星重力、航空重力、磁力、时空基准等方面的技术研究。开展综合定位、导航、授时(PNT)的核心技术开发研究,尤其是量子导航定位、泛在测量、室内外无缝导航定位等新技术研究。集成GNSS与基于位置的学习(LBL)、超短基线(USBL)等系统,开展水下目标分米级导航和厘米级定位识别技术研究。开展深地、深海、深空大地测量技术与保障体系研究。

2. 地理信息数据获取

开展空天地一体化的多源遥感数据快速获取、新型数字摄影测量和遥感机理、地理空间信息网格理论与技术、机器视觉与数字摄影测量技术统一方法等研究。研究泛在模式下的新型地理信息数据采集、地理空间传感网技术等。研究移动传感器的快速网络互联及信息交换接入技术、智能空间传感器网构建及应用,开发移动物联网地理信息采集与应用服务系统。研究激光雷达装备、干涉测量、三维精细重构与摄影测量集成等技术。开展超高速、超精细、超大尺度、超复杂(简称"四超")状态下的测量技术研究。继续开展无人机数据获取技术研究。研究组合导航、穿戴式设备集成与显示、远程移动目标监控与数据传输等增强现实地理信息技术与系统平台构建。研究地下空间移动测量关键技术。

3. 地理信息数据处理

开展多模多频GNSS数据融合和全球多源影像的联合平差关键技术研究。开展超算技术研究,构建超算云平台。研究遥感影像自动去云处理、要素快速自动解译及三维地理信息数据快速表达与更新、传感器时空标签、时空关联、联合语义理解、关联数据快速检索等关键技术,构建时空数据模型和数据库模型。研究地理信息数据的泛在网接入、时空大数据的时空检索、多源异构数据的同步和同化等技术,建立超大规模分布式时空数据管理平台。研发集航空、GNSS/CORS、卫星影像、干涉雷达、激光雷达数据处理于一体的多源对地观测数据处理平台。研究室内外一体化地图快速建模、泛在位置数据的时空特征提取方法。研究极区冰雪演变、全球环境变化耦合机制以及多源数据、跨学科信息融合。

4．数据管理与服务

开展时空大数据科学理论体系、计算系统、时空大数据驱动的颠覆性应用模型探索等基础研究，构建时空大数据基础理论与方法体系。开展时空地理信息分析与统计、全球变化模拟分析等研究。开展自然资源生态环境评价及可持续发展指标体系研究，推进自然资源资产精细化管理。开展云环境下分布式、多尺度、多时相巨量地理信息的冗余存储、加密互联网传输、并行处理、在线同步、增量更新与泛在服务等方面技术研究。开展泛在网络地理语义挖掘、空间序化、信息融合与可视化技术，建立时空大数据管理系统。开展多源海量综合信息快速集成与融合、分布式多维空间信息高效索引、网络关联地理信息数据挖掘、在线动态地图制图与渲染以及基于众包和自发性地理信息技术的地理信息补充与增值、室内外三维快速建模、大数据环境下的空间知识地图服务等技术产品研发。开展公益性地理信息数据的管理与发布平台、公益性地图服务产品体系与分发平台研发，推进地理信息公共服务平台建设与应用服务。

5．社会化应用

开展地理信息网络安全监管技术研究，形成国家智慧政务地理信息融合与智能服务能力。开展矿产资源勘查与地质灾害监测、土地资源遥感监测、自然资源综合管理等国土资源领域的测绘技术与地理信息应用服务研究，为"三深一土"提供测绘地理信息科技支撑。开展精准扶贫、智慧城市的精细化管理与动态监测等地理信息应用服务技术研究。开展地理信息系统与建筑信息模型融合(GIS+BIM)关键技术研究。开展大数据环境下的超大规模城市时空模拟过程、实时模拟系统研究，提供面向互联网用户的动态实时数据库系统服务。研发"多规合一"规划信息平台。开展形变监测、智慧矿山、地下管线探测等工程测量、矿山测量、地下水下测绘以及不动产测绘方面的应用研究。开展测绘地理信息系统测试技术研究。

(二)重点科技任务

1．地理国情动态监测关键技术研究

开展基于多源数据的变化发现、自动分类、地理国情大数据挖掘、质量指标与质量控制模型等关键技术研究。建立地理国情变化信息的快速检测方法与技术流程。开发面向地理国情大数据的数据挖掘平台系统，建立地理国情动态监测数据质量与统计分析评价指标体系、地理国情要素提取原型系统。开展城市关键地类遥感监测、生态环境评价等研究。开展基于地理国情监测数据的空间规划、"多规合一"和自然生态系统服务功能分析评价关键技术研究。开展地理国情监测时空统计与动态建模、信息识别、数据深度挖掘、信息比对以及与经济社会各要素之间的关联度研究。开展地理国情监测在政府、专业部门、公众等领域的工程化应用研究，构建地理国情监测服务产品体系和共享平台。

2．应急测绘与服务保障关键技术研究

构建网络化、分布式更新数据源的快速发现与处理、数据库动态管理、应急数据产品派生支持等技术系统，研究建立多级联动、跨区域协同更新的业务技术架构，实现对覆盖全国的多尺度基础地理信息数据库的及时更新技术突破。开展环境灾害链空天地协同观测模式与预警模型、环境生态质量评估原理与调控机理等应用理论研究。突破灾害监测预警、灾情侦查、灾害调查与评估等技术，推进基于无线传感网协同感知的环境和灾害监测多源空天地传感器网建设。研究应急现场多源数据的自动提取、快速处理和高效服务等关键技术，构建国家应急测绘服务平台。

3. 全球地理信息资源开发利用关键技术研究

开展全球高精度无控制测图理论与方法研究，解决无控制卫星影像高精度几何定标与跨国境空三区域网平差、基于低轨卫星的北斗全球广域差分增强等问题，形成全球观测能力。研究基于国产高分辨率卫星影像的高精度测图、多源地理信息快速融合、基于在线协同的全球地理信息快速生产与动态更新、全球时空大数据挖掘与知识服务、基于视频卫星的地理信息实时与准实时监测、面向全球非均衡并发访问的服务支撑等技术，研制多时相、多尺度、多分辨率全球地理信息数据产品。建立我国全球高精度立体测图基准框架，构建全球地理信息资源建设与更新技术体系，制定我国全球地理信息资源建设与更新技术标准。支持全球多尺度地理信息资源快速采集与动态更新、全球亚米级和重点区域厘米级定位服务、全球高精度地理信息综合服务等。

4. 新型多传感器数据采集与融合处理技术研究

突破传感器内部高精度自标定和多类传感器间的集成检校配准等关键技术，研制高精度的倾斜、大幅面、SAR、LiDAR、多光谱、高光谱等系列航空摄影装备。研制新一代通用型中低空民用无人机遥感系统，增强无人机平台不同传感器载荷的适应性。开展基于北斗/GPRS/3G航空多平台一体化空管监控、飞行监控、组网和综合管理等技术研究，逐步建立航空遥感局域网络飞控和监管技术体系。开展新型传感器在大规模生产中的应用技术研究，通过应用示范提升新型传感器的产业化应用水平。构建融合多类传感器数据的基础地理信息数据生产体系，逐步形成中低空遥感平台的新型多传感器数据采集、融合处理的生产服务系统。

5. 地理信息安全监管与安全态势服务技术研究

突破互联网地理信息获取技术，实现区域聚焦和主题聚焦的互联网地理大数据快速获取、自动分类和自适应定位。研究敏感内容识别技术，分布式计算、网络协作的地理信息安全保密和安全监管技术，攻克从海量异构网络信息中快速发现敏感地理目标和评估安全威胁的技术难关，实现云计算条件下的地理信息安全服务。研发支持分布式爬行与并行化计算的互联网地理大数据获取与空间安全态势服务系统，形成境内境外网络地理信息持续汇集、涉密信息与地理空间情报自动发现及可视化模拟分析能力，为维护时空信息安全、应对全球安全挑战提供地理信息保障和服务支撑。

6. 测绘卫星后续星关键技术研究

开展超高分辨率立体测绘卫星、激光测高卫星、干涉雷达卫星、重力卫星等后续卫星测绘指标论证与仿真系统研发，对辐射信号传输、相机系统、星上数据处理系统等进行建模和仿真，形成卫星测绘应用指标体系。开展多星组网联合数据获取技术研究。攻克几何检校、激光测高检校和辐射检校技术难关，构建内外参数一体化检校技术平台，形成较为完备的国产卫星测绘检校技术体系、规范与平台。开展多源、多载荷、多时相卫星遥感影像协同处理技术研究并形成测绘能力。研发国产测绘卫星影像实时服务平台，实现最新时效的影像数据服务和面向行业应用的专题信息产品服务等功能。研制测绘卫星数据国际化开发服务平台，构建全球分发服务网络。

7. 现代测绘基准维持与服务关键技术研究

开展基于多种空间大地测量技术的测绘基准自主更新维持方法研究，研制测绘基准集成化大规模数据处理系统、大地基准质量分析与监测评价系统，构建陆海统一、全球统一的空间基准。开展全国范围内新一代陆海统一的、高精度的重力基准研究，建立多种技术手段监测、维持、更新高程基准体系，研制陆海统一的重力数据获取装备与平台，具备提供全国范围内的高精度重力基准服务。构建多源数据的精化融合处理方法、全球/区域高程/深度基准统一体系和平台。构建全国CORS站网管理服务系统。研究大地基准服务平台和体系。

8. 海洋及内陆水下地形测绘关键技术研究

开展海洋垂直基准无缝化、海洋重/磁力测量、水深测量、智能浮标感知以及海洋测绘数据快速处理等技术研究，建立海洋垂直基准统一转换模型和海洋基础地理信息数据库，形成融合卫星、船测及重、磁、震等多源数据，探测、反演高分辨率海底地形技术能力。开展海岸带、近海动态监测与预警技术研究，具备海洋地理环境智能决策与服务能力。开展海岸带测绘、海洋测绘、海岛(礁)测绘、水下/海底高精度导航定位、内陆水下地形测绘、多尺度水下地形图编制、陆海时空基准统一、海底基准站网布设、地形数据无缝拼接等关键技术研究与海洋测绘装备研发。

9. 室内外无缝定位与智慧时空技术研究

开展面向多移动终端、多定位平台、多信号源、多传感器的室内外米级协同定位技术研究。开展基于视觉、光源、地磁、声波以及新信号体制无线高精度定位等新技术和新方法研究，开发适用于高精度专业用户的室内定位新技术，研发室内高精度定位终端装备等。开展基于精细化模型的三维可视化导航路径规划、传感器融合导航定位等关键技术研究，实现三维实时无缝导航。开展面向智慧时空的多源信息获取、存储及数据挖掘等技术研究，构建室内外一体化智慧时空服务平台，开展行业应用示范，逐步形成室内外一体化位置服务体系。

10. 时空大数据跨界融合关键技术研究

开展时空大数据存储管理、智能综合与多尺度时空数据库自动生成及增量级联更新、时空大数据清洗、数据分析与挖掘、时空大数据可视化、自然语言理解、人类自然智能与人工智能深度融合、信息安全等方面的技术研究，形成时空大数据技术体系，提升时空大数据分析处理、知识发现和决策支持能力。围绕时空大数据获取、处理、分析、挖掘、管理、应用等环节，研发时空大数据存储与管理、分析与挖掘、可视化等软件产品，智慧城市时空信息云平台及多样化数据产品，提供时空大数据与各行各业大数据、领域业务流程及应用需求深度融合的时空大数据解决方案，形成比较健全实用的时空大数据产品体系。

11. 新型测绘装备研发与检测检校技术研究

开展多类型无人机遥感飞行平台、飞控系统和定姿定位装置、机载传感器等系列无人机遥感技术装备研发，提升无人机遥感应用能力。开展CORS软硬件研发和无人驾驶汽车自主导航以及车道级高精度地图研究，实现基于CORS站的各类位置服务。开展地下管线探测、水下测量等数据采集装备研发。研制用于高精度工程测量的移动测量系统和地下工程基础设施移动监测系统等。

开展航空传感器类、激光测量类、导航定位/定姿类、特种/专业测量类仪器装备的计量检测技术与标准研究。开展LiDAR、航空多视角相机、惯性测量单元(IMU)、SAR、导航系统终端、移动测量平台等新型测绘装备测试检测方法研究。

四、保障措施

(一)加强组织领导

各地各单位要切实把测绘地理信息科技创新摆在事业发展全局的核心位置来谋划和推动,明确分工,落实责任,积极争取本级财政预算加大对测绘地理信息科技创新的支持,加强对本规划执行落实的监督指导。加强与各地国土资源等其他行业的对接与融合,支撑地方经济社会发展。完善测绘地理信息科技项目管理制度。健全技术创新与标准化互动支撑机制,及时将先进技术转化为标准。推进科技创新投入、科技成果评价、科技创新奖励、知识产权保护等方面的管理制度建设。鼓励测绘地理信息企业和生产单位加大技术创新投入,促进科技成果转化。

(二)加强人才培养

继续推进新世纪测绘人才培养工程,通过重点学科、重点实验室、博士后科研工作站等平台建设以及重大项目的锻炼,培养造就一支战略科技人才、科技领军人才、企业家和高技能人才、青年科技人才、科技管理人才有机结合的测绘地理信息科技人才队伍。进一步创新人才选拔、培养、使用、评价机制。鼓励科研机构、高校与测绘地理信息企事业单位之间通过相互兼职、联合共建等形式促进人才流动。联合国内高校,加强测绘地理信息相关学科建设。加大高层次人才引进力度,优先引进掌握国际测绘地理信息领先技术的高端人才。

(三)优化创新平台

推进国家(重点)实验室建设和部门重点实验室、工程技术研究中心的分类整合、布局优化,优化中东部、加强西部地区创新平台建设。加强科技创新平台的动态管理,完善国家测绘地理信息局工程技术研究中心管理办法。进一步发挥国家测绘工程技术研究中心转移转化作用,发挥科技产业园区的聚集辐射作用,鼓励各地方省局建立技术创新中心,培育科技中介服务机构。加强创新联盟、众创空间、科普教育基地等新型创新平台建设,积极推进创新平台的部局共建、军民共建等方式的联合共建。支持国内科研机构和企业建立全球(海外)研究院、国际技术转移中心等,加强野外观测台站、检测检校平台、技术转移中心等科研条件平台建设。

(四)深化合作交流

建立测绘地理信息高校、科研机构、企事业单位的合作交流机制。加强军民测绘地理信息科技资源共享和科技人员的交流合作,建立测绘地理信息科技创新成果、标准的军民双向转移机制。强化与国外科研机构、高校的合作交流,争取重要测绘地理信息国际组织秘书机构在我国安家落户,支持科技人员在国际重要组织和机构中任职。支持我国机构和人员承担或参与全球及区域性测绘地理信息科技合作计划。加大大陆与港澳台地区测绘地理信息科技交流与合作的力度。

附录五 测绘地理信息人才发展"十三五"规划

国测党发〔2016〕64号

各省、自治区、直辖市、计划单列市测绘地理信息行政主管部门,新疆生产建设兵团测绘地理信息主管部门,局所属各单位:

根据《国家中长期人才发展规划纲要(2010—2020年)》《关于深化人才发展体制机制改革的意见》及《测绘地理信息事业"十三五"规划》,结合测绘地理信息人才发展实际,我局编制了《测绘地理信息人才发展"十三五"规划》,已经局党组会议审议通过,现予印发。请结合本地区、本单位实际,认真组织实施。

中共国家测绘地理信息局党组
2016年9月19日

为深入实施人才强测战略,扎实推进测绘地理信息事业改革创新发展,根据《国家中长期人才发展规划纲要(2010—2020年)》《关于深化人才发展体制机制改革的意见》以及《测绘地理信息事业"十三五"规划》,结合测绘地理信息人才发展实际,制定本规划。

一、面临的形势

"十二五"期间,测绘地理信息人才发展紧密围绕事业发展改革需要,人才工作机制逐步完善,人才发展环境持续优化,人才规模不断扩大,人才结构趋于合理,人才支撑发展、服务发展的效能充分显现。党政人才队伍年轻化、专业化水平进一步提高,管理能力不断增强。专业技术人才队伍结构进一步优化,综合素质不断提升,造就了一批高层次创新型人才。技能人才队伍进一步壮大,高技能人才占比明显提高。涌现出了一批具有开拓创新精神的优秀企业经营管理人才。

目前,测绘地理信息人才发展还存在与事业发展需求不相适应的问题。党政人才队伍综合素质有待进一步提升,尤其是战略思维和执行能力还有差距。高层次创新型人才不足,跨学科跨专业的复合型人才紧缺。技能人才队伍结构有待优化,高技能人才缺乏。具有国际视野、市场意识和现代管理能力的企业经营管理人才偏少。东西部人才发展不平衡。市县级测绘地理信息人才队伍薄弱。人才发展机制有待进一步创新。

"十三五"时期是全面建成小康社会的决胜阶段,是测绘地理信息事业全面发展的关键时期。随着中国特色社会主义事业"五位一体"的总体布局、"四个全面"战略布局的全面推进,以及创新、协调、绿色、开放、共享发展理念的贯彻落实和"一带一路"、京津冀协同发展、长江经济带建设、"中国制造2025"、创新驱动发展等国家重大战略的部署实施,测绘地理信息事业迫切需要转型升级、加快发展,打造由新型基础测绘、地理国情监测、应急测绘、全球地理信息资源建设、航空航天遥感测绘和地理信息产业构成的"5+1"事业发展新格局。人才作为事业发展的重要支撑,既面临着需求旺盛、舞台广阔的良好机遇,又面临着加快转型、跨越发展的紧迫需求,迫切需要进一步完善人才发展机制,营造人才发展良好环境,壮大人才规模,提升人才质量,充分发挥人才效能。

二、指导思想、基本原则和发展目标

(一)指导思想

深入贯彻落实习近平总书记系列重要讲话精神和中央关于人才工作的各项决策部署,按照"加强基础测绘、监测地理国情、强化公共服务、壮大地信产业、维护国家安全、建设测绘强国"战略要求,以服务和支撑事业发展为目标,以实施重点人才工程为抓手,以创新人才发展机制为保障,统筹推进各类人才发展,广开进贤之路,广纳天下英才,把各方面优秀人才聚集到测绘地理信息事业中来,为事业转型升级、创新发展提供坚强人才保障和智力支撑。

(二)基本原则

服务发展。把服务测绘地理信息改革创新发展作为根本出发点和落脚点,围绕事业发展目标确定人才任务,制定人才措施,用发展成效检验人才工作成效。

人才优先。进一步确立人才优先发展战略布局,力求优先开发人才资源、优先投入人才经费、优先创新人才制度,充分发挥人才的基础性、战略性作用。

以用为本。把人尽其才作为人才发展的价值取向,积极为人才创新创业、实现价值提供机会、条件和舞台,最大限度发挥人才对事业的引领和支撑作用。

高端引领。以培养引进 "高精尖缺"人才为重点,充分发挥高层次创新型科技人才和科技创新团队的引领作用,统筹推进各类人才队伍发展。

改革创新。破除束缚人才发展的思想观念,创新人才培养、引进、评价、激励、流动机制,最大限度激发各类人才创新创造创业活力。

(三)发展目标

到 2020 年,培养造就一支适应事业发展总体要求、规模适度、结构合理、素质优良、作风扎实、善于创新、充满活力的人才队伍。

——形成一支信念坚定、为民服务、勤政务实、敢于担当、清正廉洁的党政人才队伍,素质进一步提升,推进事业改革创新发展的能力进一步增强。

——形成一支适应测绘地理信息高新技术发展、创新能力强的专业技术人才队伍,高层次人才、复合型人才达到一定规模。

——形成一支具有高超技艺、精湛技能和工匠精神的技能人才队伍,高技能人才在技能人才中的比例有所提升。

——形成一支适应地理信息产业快速发展,具有战略眼光、管理创新能力和社会责任感的企业经营管理人才队伍。

人才资源是第一资源的思想更加牢固,人才优先发展的理念进一步落实。人才培养、选用、评价、激励等制度取得突破性创新。人才投入优先保证且逐年增加,人才规模更加宏大。

人才结构更趋合理，人才队伍中受过高等教育的比例达到60%以上，各类人才地域层级分布、体制内外人才发展更加均衡。人才素质显著提升，人才比较优势、竞争优势凸显，效能显著增强，创新活力和创新成果不断显现。

三、主要任务

(一)党政人才队伍建设

强化理论武装，加强党政人才思想政治建设。实施党政人才素质能力提升工程，开展大规模干部教育培训。打造干部远程教育培训网络平台。坚持按照中央关于干部工作的新要求选人用人，大力加强各级测绘地理信息单位领导班子和干部队伍建设。统筹各年龄段干部队伍建设，不断优化干部队伍年龄结构。重视发挥好60后干部队伍的骨干作用，加大70后干部队伍培养力度，关注80后干部队伍成长。加强培养选拔优秀年轻干部，积极培养选拔妇女干部、少数民族干部和非中共党员干部，加强各层级后备干部队伍建设。强化干部实践锻炼，通过人才援助、扶贫、挂职等方式，有计划地选派干部人才到艰苦环境和急难险重岗位锻炼。完善领导班子和党政干部考核评价制度，提高识别干部的科学化水平。推动领导干部能上能下。严格落实从严管理干部各项制度规定，实现监督管理干部常态化。

(二)专业技术人才队伍建设

根据事业发展要求和重点工作，依托重大科研和工程专项，培养造就一批测绘地理信息事业转型升级急需的高层次人才。打造一批对事业发展有引领的创新团队。加强高等院校、科研院所、企业产学研协同，搭建专业技术人才创新平台。充分发挥博士后科研工作站、工程技术研究中心、重点实验室等科技创新平台对高端人才的培养功能。有计划地引进海外高层次专业技术人才。加大国际化人才培养力度，支持高层次人才在国际组织任职，加强高层次人才国际学习与交流。加强注册测绘师制度实施，有序推进注册测绘师开展执业，推动与有关国家、地区测绘执业资格互认。制定出台专业技术人员继续教育管理办法，大力推进专业技术人才尤其是一线专业技术人才知识更新。加强测绘地理信息学科建设，持续提高测绘地理信息院校专业人才培养质量。

(三)技能人才队伍建设

完善技能人才培养体系，建立产教融合、校企合作的技能人才培养模式。推动测绘地理信息现代职业教育加快发展。推进顶岗实习以及"订单式"人才培养。加强技能人才实训基地建设。继续开展面向行业、院校的技能竞赛，组织各种形式的技能比武、岗位练兵和技能培训。加强职业技能鉴定工作。加强对技能人才的激励和奖励，不断提高技能人才经济待遇和社会地位，发挥技能人才在提高生产效率、提升产品质量等方面的重要作用。

(四)企业经营管理人才队伍建设

结合《国务院办公厅关于促进地理信息产业发展的意见》的贯彻实施，加快推进企业经营管理人才职业化、国际化、专业化。支持企业面向海内外公开选拔经营管理人才。搭建测绘地理信息企业经营管理人才成长和交流平台，引导行业社会团体和培训机构对企业经营管理人才开展法律法规、产业政策、经营管理等方面的培训。以"一带一路"战略为契机，支持优秀企业经营管理人才开拓国际测绘地理信息市场。发挥中国地理信息产业百强企业评选等平台的作用，鼓励对做出突出贡献的优秀企业家、职业经理人进行奖励。鼓励企业经营管理人才参与测绘地理信息领域重大决策。

四、重点人才工程

(一)党政人才素质提升工程

以坚定理想信念、提高执政能力为重点,全面提升党政人才素质。有计划地选派党政人才到党校、行政学院等培训机构学习进修。充分发挥现有培训机构的作用,加大测绘地理信息系统干部调训力度,增加局党校(管理干部学院)培训班次。加大对后备干部及基层干部的培训力度。鼓励党政人才参加自主选学、网络学习以及出国留学。贯彻落实中央关于干部教育培训的有关要求,到 2020 年,县处级以上党政领导干部 5 年内参加 3 个月以上培训的比例达到 100%。继续举办以地理国情监测、智慧城市建设等重点工作为主题的地方党政领导干部专题研讨班。

(二)科技领军人才培养工程

继续面向海内外选拔培养能够引领测绘地理信息领域重大战略、关键技术发展和产业化应用的科技领军人才。实施科技创新和科技创业领军人才差别培养、动态管理。"十三五"期间,培养科技领军人才 30 人左右。以科技领军人才为核心,打造一批科技创新团队。领军人才及其团队优先承担重大项目,优先担任重大决策咨询和评审专家,在选题立项、科研条件配备、参加国际学术交流培训等方面给予倾斜。对科技领军人才成果业绩和经济社会效益进行定期考核。

(三)青年学术和技术带头人培养工程

完善青年学术和技术带头人三级培养格局,形成测绘地理信息青年科技人才梯队。"十三五"末,国家测绘地理信息部门选拔培养青年学术和技术带头人 200 人,各省级测绘地理信息部门和测绘单位选拔培养一定数量的学术和技术带头人。完善带头人考评增选制度,严格实施动态管理。各级各单位安排专项资金对带头人从事科技活动进行资助。对带头人申报项目给予倾斜。有计划地组织带头人参加学术交流和出国进修。

(四)卓越工程师培养计划

加强与国家教育主管部门合作,培养创新能力强、适应测绘地理信息生产实际的高质量工程技术人才。进一步完善测绘地理信息专业高等教育人才培养行业标准。引导测绘地理信息高等院校按照标准调整教学内容、设置课程体系、改进教学方法。支持有关企事业单位参与确定培养目标、制定培养方案。依托科研院所、企事业单位,建立测绘地理信息类专业人才实训基地。加快推进测绘地理信息类专业认证工作。

(五)测绘地理信息"工匠计划"

建立和完善以"工匠精神"为核心,以"品德、知识、能力、业绩"为要素的技能人才评价体系。充分发挥职业技能竞赛在高技能人才培养选拔中的优势作用,开辟技能人才"绿色通道"。对技能精湛、业绩突出、贡献较大的高技能人才,在技师或高级技师考评中给予政策倾斜。探索建立首席技师制度。探索成立高技能专家工作室,给予相关资助。每年培养 100 名左右的首席技师和技术能手。充分发挥全国测绘地理信息职业教育教学指导委员会的作用,加强对测绘地理信息技能人才培养的指导。

(六)企业人才素质提升计划

根据企业需求,有计划地为企业人才素质能力提升搭建平台。开展面向企业的青年科技创新和创业人才评选。通过双向挂职等方式推动测绘地理信息企业、科研单位与测绘地理信息主管部门之间的人才流动和学术技术交流。为企业人才评价提供支持和帮助。依托国内外著名高校和培训机构，举办面向测绘地理信息经营管理人才和专业技术人才培训班。每年组织30名高层次企业经营管理人才赴有关国家(地区)学习、培训。定期举办测绘地理信息企业家论坛。

(七)西部人才培养工程

结合丝绸之路经济带、西部大开发等战略实施，进一步加大对西部地区的人才援助力度。建立完善西部地区与中东部地区干部人才双向交流机制。加大对西藏、新疆干部人才的对口支援力度。继续组织开展"西部之光"访问学者、博士服务团挂职锻炼、测绘地理信息院士专家西部行等人才援助项目。支持建设西部地区人才集聚地，引导优秀人才向西部地区流动。完善"项目+人才"培养模式，加强西部地区现有人才的培养。在人才项目实施中对西部人才予以倾斜。通过选派专家短期指导、送教上门等方式，加强对西部地区人才的教育培训。

五、保障措施

(一)坚持党管人才原则

充分发挥各级党委(党组)总揽全局、协调各方的领导核心作用。完善党委(党组)统一领导、组织人事部门牵头抓总、有关部门各司其职、测绘地理信息行业单位广泛参与的人才工作新格局，形成人才工作的强大合力。完善党委(党组)联系专家制度。建立重大决策专家咨询制度。

(二)创新选用机制

强化企业成为技术创新人才培养的主体。建立测绘地理信息领域基础理论和战略发展研究人才长期稳定培养机制。通过"项目+人才"方式，加强对人才的培养，做到人才培养与项目实施同步规划、同步部署、同步推进、同步验收。通过重大项目和科研项目加大对青年优秀人才的培养支持力度。建立健全测绘地理信息党政机关、企事业单位之间的人才双向交流机制。鼓励支持通过科技合作、互派挂职和客座研究等方式，促进人才共享、成果共享。鼓励符合条件的科研人员按相关规定到企业开展创新创业工作。

(三)强化考核激励

完善党政人才考核评价办法，研究建立党政人才容错纠错机制和激励机制。根据中央部署要求，研究制定符合基础理论研究、应用研究和战略研究创新规律和特点的人才评价办法，完善专业人才职称评审标准，强化对专业技术人员创新能力的评价。启动社会组织承接全行业专业技术和技能人才评价工作。探索实行充分体现人才创新价值和特点的科研经费使用管理办法。研究制定国家关于科研人员收入分配、股权期权激励等政策在测绘地理信息领域落实的具体措施和办法。赋予创新领军人才更大人财物支配权、技术路线决策权。鼓励科技人才自主选择科研方向、组建科研团队，开展原创性基础研究和面向国家需求的应用研发。

(四)加大经费投入

建立人才发展专项经费，列入财政预算，用于落实人才工作各项任务和人才工程项目以及培养、引进、奖励高层次和急需紧缺人才。鼓励企业和社会组织加大对人才工作的投入。科研和工程项目经费要有一定份额的资金用于人才资源开发。建立完善政府、社会、用人单位和个人多元投入的人才投入机制。各单位依法履行职工教育培训和足额提取教育培训经费的责任，资质单位职工教育经费提取情况纳入测绘地理信息行业单位信用体系管理。

(五)加强基础建设

加强测绘地理信息职业规范和标准建设。建立健全人才统计制度和人才需求发布制度。加强人才工作信息化建设和法制建设。开展人才工作理论研究。建立人才项目管理制度。加强人才工作者队伍建设，加强各级人才工作交流。

(六)加强组织领导

各部门、各单位要加强对本地区、本单位人才工作的组织领导，结合本地区、本单位实际编制人才发展规划。各部门、各单位要成立人才工作专门机构，配备专职人才工作者。各级领导班子定期听取人才工作专项汇报。

(七)强化监督检查

建立人才目标责任制，将人才工作纳入年度目标进行考核。制定规划任务分工落实方案。建立测绘地理信息人才发展规划实施评估、考核机制，分阶段对人才发展规划实施情况进行跟踪、评价和反馈，并根据实施情况进行调查，做到思想落实、任务落实、政策落实、项目落实。

参 考 文 献

[1] 谢波. 测绘法规与管理[M]. 成都：西南交通大学出版社，2012.
[2] 国家测绘地理信息局职业技能鉴定指导中心. 测绘管理与法律法规[M]. 北京：测绘出版社，2013.
[3] 杨敏，魏向辉. 测绘管理与法律法规[M]. 天津：天津大学出版社，2013.
[4] 李保平，刘贵明. 测绘与土地法规[M]. 郑州：黄河水利出版社，2010.
[5] 黄华明. 测绘工程管理[M]. 北京：测绘出版社，2011.
[6] 杨爱萍. 测绘工程管理[M]. 武汉：武汉大学出版社，2013.